普通高等教育系列教材

动力机械测试技术

吴锦武　卢洪义　编著

机械工业出版社

本书系统地论述了动力机械测试技术。全书共 7 章,前 4 章为测试基础理论,主要包括测量误差及其分析、测量系统的基本特性、信号获取——传感器技术和计算机总线与测试技术;后 3 章先介绍了光电测量技术、微观纳米测试及内部结构影像测量技术,最后介绍了航空发动机特种测试技术。

本书可作为普通高等院校能源与动力工程、机械、航空航天等专业的教材,也可作为相关领域科研、工程技术人员重要的参考书。

图书在版编目(CIP)数据

动力机械测试技术/吴锦武,卢洪义编著. —北京:机械工业出版社,2022.1(2023.6 重印)

普通高等教育系列教材

ISBN 978-7-111-70171-2

Ⅰ.①动… Ⅱ.①吴… ②卢… Ⅲ.①动力机械-测试技术-高等学校-教材 Ⅳ.①TK05

中国版本图书馆 CIP 数据核字(2022)第 026260 号

机械工业出版社(北京市百万庄大街 22 号 邮政编码 100037)

策划编辑:段晓雅 责任编辑:段晓雅
责任校对:陈 越 王 延 封面设计:王 旭
责任印制:常天培
北京机工印刷厂有限公司印刷
2023 年 6 月第 1 版第 2 次印刷
184mm×260mm · 17.5 印张 · 429 千字
标准书号:ISBN 978-7-111-70171-2
定价:59.00 元

电话服务 网络服务
客服电话:010-88361066 机 工 官 网:www.cmpbook.com
　　　　　010-88379833 机 工 官 博:weibo.com/cmp1952
　　　　　010-68326294 金 书 网:www.golden-book.com
封底无防伪标均为盗版 机工教育服务网:www.cmpedu.com

前　言

党的二十大报告指出："加强基础学科、新兴学科、交叉学科建设，加快建设中国特色、世界一流的大学和优势学科。"随着科学技术的进步，特别是计算机科学与技术、材料科学、仪器科学与技术的日益发展与更新，动力机械的测试系统、测试方式与方法都会发生改变，某些测试技术面临着多学科交叉的挑战。对于安全性要求较高、工作环境恶劣的航空发动机等复杂动力机械系统而言，传统动力机械测试方法已无法满足要求，因此，有必要针对某些复杂动力机械的测试技术进行详细阐述。

本书是为航空航天、机械、能源与动力工程等工科专业而编写的教材，是编者多年从事航空航天、动力机械测试教学与科研工作的总结，在编写过程中充分考虑了众多传统动力机械测试技术教材的不足，对传统动力机械测试内容进行了必要的取舍。本书主要讲述了传统测试技术中的测试数据处理、信号特性分析、测试系统特性等基本理论和内容，着重讲述了以计算机测试技术为主的信号转换、预处理理论、计算机总线构成的测试系统以及特殊的微观领域的纳米测试方法和物体内部结构 CT 图像测试技术、特殊航空发动机参数特种测试技术和测试系统构成。

本书共 7 章。第 1 章介绍了测量误差及其分析，从测量数据的角度阐述了测量误差的相关概念及对应分析。第 2 章是测量系统的基本特性，全面介绍了测量系统的静态特性和动态特性，以及测试系统集成设计原则与步骤。第 3 章从信号获取的角度分析了传感器技术，介绍了参数型传感器、发电型传感器和其他类型的传感器以及智能传感器。第 4 章是计算机总线与测试技术，介绍了计算机总线及测试仪表专用总线等内容。第 5 章是光电测量技术，主要介绍了激光多普勒测速技术、气场中颗粒特性的散射测量技术、流动显示和观测技术、利用示踪粒子测量速度等。第 6 章主要介绍了微观纳米测试及内部结构影像测量技术。第 7 章是航空发动机特种测试技术。

本书由南昌航空大学吴锦武、卢洪义编著。其中第 1~3 章和第 7 章由吴锦武编写，第 4~6 章由卢洪义编写。本书配套二维码视频资源在南昌航空大学飞行器工程学院徐义华教授等人的大力支持下制作完成，在此向他们表示衷心的感谢。

由于写作时间较短，编者水平有限，书中的不当之处在所难免，欢迎广大读者批评指正。

编　者

目 录

第 1 章

测量误差及其分析

1.1 测量误差基本概念

1.1.1 几个名词术语

（1）真值　真值是指表征物理量与给定的特定量的定义一致的量值。真值是客观存在，但是不可测量的。随着科学技术的不断发展，人们对客观事物的认识不断提高，测量结果的数值会不断接近真值。在实际的计量和测量工作中，经常使用"约定真值"和"相对真值"。约定真值是按照国际公认的单位定义，利用科学技术发展的最高水平所复现的单位基准。约定真值常常是以法律形式规定或指定的。就给定目的而言，约定真值的误差是可以忽略的，如国际计量局保存的国际千克原器。相对真值也叫实际值，是在满足规定准确度时用来代替真值使用的值。

（2）标称值　标称值是指计量或测量器具上标注的量值。如标准砝码上标出的 1kg，标准电池上标出的 1.0186V。由于制造上不完备、测量不准确及环境条件的变化，标称值并不一定等于它的实际值，所以，在给出量具标称值的同时，通常应给出它的误差范围或准确度等级。

（3）示值　示值是指由测量仪器（设备）给出或提供的量值，也称测量值。

（4）准确度　准确度是指测量结果中系统误差和随机误差的综合，表示测量结果与真值的一致程度。准确度涉及真值，由于真值的不"可知性"，所以它只是一个定性概念，而不能用于定量表达。定量表达应该用"测量不确定度"。这里应注意，过去经常讲的两个术语"测量精密度"和"测量正确度"在《国际通用计量学基本术语》（1993 年，第 2 版）中未列出，故以后最好不用。

（5）重复性　重复性是指在相同条件下，对同一被测量进行多次连续测量所得结果之间的一致性。所谓相同条件就是重复条件，它包括：相同测量程序，相同测量条件，相同观测人员，相同测量设备，相同地点。

（6）误差公理　在实际测量中，测量设备不准确、测量方法（手段）不完善、测量程序不规范及测量环境因素的影响，都会导致测量结果或多或少地偏离被测量的真值。测量结果与被测量真值之差就是测量误差。测量误差的存在是不可避免的，也就是说"一切测量都具有误差，误差自始至终存在于所有科学试验的过程之中"，这就是误差公理。人们研究测量误差的目的就是寻找产生误差的原因，认识误差的规律、性质，进而找出减小误差的途径与方法，以求获得尽可能接近真值的测量结果。

1.1.2 测量误差的表示

1. 绝对误差

绝对误差定义为示值与真值之差，即

$$\Delta A = A_x - A_0 \tag{1-1}$$

式中，ΔA 是绝对误差；A_x 是示值，在具体应用中，示值可以用测量结果的测量值、标准量具的标称值、标准信号源的调定值或定值代替；A_0 是被测量的真值，由于真值的不可知性，常常用约定真值和相对真值代替。

绝对误差可正可负，且是一个有单位的物理量。

绝对误差的负值称之为修正值，也叫补值，一般用 C 表示，即

$$C = -\Delta A = A_0 - A_x \tag{1-2}$$

测量仪器的修正值一般是通过计量部门检定给出。从定义不难看出，仪器示值加上修正补值就可获得相对真值，即实际值。

2. 相对误差

相对误差定义为绝对误差与真值之比，一般用百分数形式表示，即

$$\gamma_0 = \frac{\Delta A}{A_0} \times 100\% \tag{1-3}$$

这里真值 A_0 也用约定真值或相对真值代替，但在约定真值或相对真值无法知道时，往往用测量值（示值）代替，即

$$\gamma_x = \frac{\Delta A}{A_x} \times 100\% \tag{1-4}$$

应注意，在误差比较小时，γ_0 和 γ_x 相差不大，无须区分，但在误差比较大时，两者相差悬殊，不能混淆。为了区分，通常把 γ_0 称为真值相对误差或实际值相对误差，而把 γ_x 称为示值相对误差。

在测量实践中，测量结果准确度的评价常常使用相对误差，因为它方便直观。相对误差越小，准确度越高。

3. 引用误差

引用误差是为了评价测量仪表的准确度等级而引入的，因为绝对误差和相对误差均不能客观正确地反映测量仪表的准确度高低。引用误差定义为绝对误差与测量仪表量程之比，用百分数表示，即

$$\gamma_n = \frac{\Delta A}{A_m} \times 100\% \tag{1-5}$$

式中，γ_n 是引用误差；A_m 是测量仪表的量程。

测量仪表的各指示（刻度）值的绝对误差有正有负，有大有小。所以，确定测量仪表

的准确度等级应用最大引用误差，即绝对误差的最大绝对值 $|\Delta A|_m$ 与量程之比。若用 γ_{nm} 表示最大引用误差，则有

$$\gamma_{nm} = \frac{|\Delta A|_m}{A_m} \times 100\% \tag{1-6}$$

按照规定，电测量仪表的准确度等级指数 a 分为 0.1、0.2、0.5、1.0、1.5、2.5、5.0 7 级。它们的基本误差（最大引用误差）不能超过仪表准确度等级指数 a 的百分数，即

$$\gamma_{nm} \leqslant a\% \tag{1-7}$$

依照上述规定，不难得出：电测量仪表在使用时所产生的最大可能误差可由下式求出：

$$\Delta A_m = \pm A_m a\% \tag{1-8}$$

$$\gamma_x = \pm(A_m/A_x)a\% \tag{1-9}$$

例 1-1　某 1.0 级电压表，量程为 300V，当测量值分别为 $U_1 = 300\text{V}$、$U_2 = 200\text{V}$、$U_3 = 100\text{V}$ 时，试求出测量值的（最大）绝对误差和示值相对误差。

解　根据式（1-8）可得绝对误差：

$$\Delta U_1 = \Delta U_2 = \Delta U_3 = \pm(300 \times 1.0\%)\text{V} = \pm 3\text{V}$$

$$\gamma_{U_1} = (\Delta U_1/U_1) \times 100\% = (\pm 3/300) \times 100\% = \pm 1.0\%$$

$$\gamma_{U_2} = (\Delta U_2/U_2) \times 100\% = (\pm 3/200) \times 100\% = \pm 1.5\%$$

$$\gamma_{U_3} = (\Delta U_3/U_3) \times 100\% = (\pm 3/100) \times 100\% = \pm 3.0\%$$

由上例不难看出：测量仪表产生的示值测量误差 γ_x 不仅与所选仪表等级指数 a 有关，而且与所选仪表的量程有关。量程 A_m 和测量值 A_x 相差越小，测量准确度越高。所以，在选择仪表量程时，测量值应尽可能接近仪表满度值，一般不小于满度值的 2/3。这样，测量结果的相对误差将不会超过仪表准确度等级指数百分数的 1.5 倍。这一结论只适合于以标度尺上量限的百分数划分仪表准确度等级的一类仪表，如电流表、电压表、功率表；而对于测量电阻的普通型欧姆表是不适合的，因为欧姆表的准确度等级是以标度尺长度的百分数划分的。可以证明欧姆表的示值接近其中值电阻时，测量误差最小，准确度最高。

4. 容许误差

容许误差是指测量仪器在使用条件下可能产生的最大误差范围，它是衡量测量仪器的重要指标。测量仪器的准确度、稳定度等指标都可用容许误差来表征。按照规定，容许误差可用工作误差、固有误差、影响误差、稳定性误差来描述。

（1）工作误差　工作误差是指在额定工作条件下仪器误差的极限值，即来自仪器外部的各种影响量和仪器内部的影响特性为任意可能的组合时，仪器误差的最大极限值。这种表示方式的优点是使用方便，即可利用工作误差直接估计测量结果误差的最大范围。不足之处是由于工作误差是在最不利组合下给出的，而在实际测量中最不利组合的可能性极小，所以，由工作误差估计的测量误差一般偏大。

（2）固有误差　固有误差是指当仪器的各种影响量和影响特性处于基准条件下仪器所具有的误差。由于基准条件比较严格，所以，固有误差可以比较准确地反映仪器所固有的性能，便于在相同条件下对同类进行比对和校准。

（3）影响误差　影响误差是指当一个影响量处在额定使用范围内，而其他所有影响量

处在基准条件时仪器所具有的误差，如频率误差、温度误差等。

（4）稳定性误差　稳定性误差是指在其他影响和影响特性保持不变的情况下，于规定的时间内，仪器输出的最大值或最小值与其标称值的偏差。

容许误差通常用绝对误差表示，具体表示方式有以下三种：

$$\Delta = \pm(\alpha\% A_x + \beta\% A_m) \tag{1-10}$$

$$\Delta = \pm(\alpha\% A_x + n) \tag{1-11}$$

$$\Delta = \pm(\alpha\% A_x + \beta\% A_m + n) \tag{1-12}$$

式中，A_x 是测量值或示值；A_m 是量限或量程值；α 是误差的相对项系数；β 是固定项系数。

三种表示方式的共同特点是都由两部分组成：一项是与示值 A_x 有关的相对项误差，即 α 项误差，它包括了基准电压的误差、放大器误差、衰减器误差和非线性误差等；另一项是与示值 A_x 无关的固定项误差，即 β 项误差（包括式中的 n），它是零点漂移、量化误差、噪声干扰等很多误差因素引起的绝对误差固定项。后两个公式主要用于数字仪表的误差表示，n 表示的误差值是数字仪表在给定量限下的分辨力的 n 倍，即末位一个字所代表的被测量量值的 n 倍。显然，这个值和数字仪表的量限及显示位数密切相关，量限不同，显示位数不同，n 所表示的误差值是不相同的。例如，某 3 位半数字电压表，当 n 为 5，在 2V 量限时，n 表示的电压误差是 5mV，而在 20V 量限时，n 表示的电压误差是 50mV。

例 1-2　某 4 位半数字电压表的 2V 量程的工作误差为：±0.025%（示值）±1。现测得示值分别为 0.0012V 和 1.9888V，求在上述两种条件下的绝对误差和相对误差。

解　4 位半表在 2V 量程下的显示范围是 0～1.9999V，分辨力为 0.0001V。

当测量值为 0.0012V 时，绝对误差和相对误差分别为

$$\Delta_1 = \pm(0.025\% \times 0.0012 + 0.0001 \times 1)\text{V} = \pm 1.0030 \times 10^{-4}\text{V}$$

$$\gamma_1 = \frac{|V_1|}{A_{x1}} \times 100\% = \frac{1.0030 \times 10^{-4}}{0.0012} \times 100\% = 8.36\%$$

当测量值为 1.9888V 时绝对误差和相对误差分别为

$$\Delta_2 = \pm(0.025\% \times 1.9888 + 0.0001 \times 1)\text{V} = \pm 5.9720 \times 10^{-4}\text{V}$$

$$\gamma_2 = \frac{|\Delta_2|}{A_{x2}} \times 100\% = \frac{5.9720 \times 10^{-4}}{1.9888} \times 100\% = 0.03\%$$

1.1.3　测量误差的分类

测量误差一般按其性质分为系统误差、随机误差和粗大误差。

1. 系统误差

系统误差是指在重复条件下，对同一物理量无限多次测量结果的平均值减去该被测量的真值。在实际应用中，真值是用约定真值和相对真值来代替的，系统误差只能是近似估计。

系统误差的性质是大小、方向恒定不变或按一定规律变化。前者为已定系统误差，在误差处理中是可被修正的；后者为未定系统误差，在实际测量工作中方向往往是不确定的，在误差估计时用可测量不确定度表示。

系统误差的来源包括测量设备的基本误差、偏离额定工作条件所产生的附加误差、测量

方法理论不完善所带来的方法误差及试验人员的生理状况、测量习惯等主观因素产生的人员误差。

2. 随机误差

随机误差是指测量示值减去在重复条件下同一被测量无限多次测量的平均值。

按测量误差的定义，测量误差包含系统误差和随机误差。对照随机误差的定义，不难得出：在重复条件下无限多次测量的平均值中只含有系统误差，也就是说，随机误差的期望值为零。这一特性常被称为随机误差抵偿特性。原则上说，凡具有抵偿特性的误差都可按随机误差进行处理。

随机误差产生于实验条件的微小变化，如温度波动、电磁场扰动、地面振动等，由于这些因素互不相关，人们难以预料和控制，所以随机误差的大小、方向随机不定，不可预见，不可修正。

3. 粗大误差

粗大误差是指明显超出规定条件下预期的误差，它是统计异常值，也就是说含有粗大误差的测量结果明显偏离被测量的期望值。产生粗大误差的原因有读错或记错数据、使用有缺陷的计量器具、实验条件的突然变化等。显然，含有粗大误差的测量值是对被测量的歪曲，故应从测量数据中剔除。

应当指出，上述三类误差的定义是科学而严谨的，是不能混淆的。但在测量实践中，对于测量误差的划分是人为的，是有条件的。在不同的测量场合，不同的测量条件下，误差之间是可以相互转化的。例如指示仪表的刻度误差，对于制造厂同型号的一批仪表来说具有随机性，故属于随机误差；对于用户的特定的一块表来说，该误差是固定不变的，故属系统误差。再如，由一块欧姆表测量某电阻时，该表的基本误差产生的测量误差属系统误差。

1.1.4　有效数字

1. 有效数字的概念

由数字组成的一个数，除最末一位数字是不确切值或可疑值外，其他数字均为可靠值或确切值，则组成该数的所有数字包括末位数字称为有效数字。除有效数字外，其余数字为多余数字。

2. 数据的舍入规则

由于测量误差不可避免，以及在数据处理过程中应用无理数（如 e、$\sqrt{2}$、$\sqrt{3}$ 等）时不可能取无穷位，所以通常得到的测量数据和测量结果均是近似数，其位数各不相同。为了使测量结果的表示确切统一，计算简便，在数据处理时需对测量数据和所用常数进行舍入处理。数据舍入规则如下：

1）小于 5 舍去，即舍去部分的数值小于所保留末位的 0.5 个单位，末位不变。

2）大于 5 进 1，即舍去部分的数值大于所保留末位的 0.5 个单位，在末位增加 1。

3）等于 5 则应用偶数法则，即舍去部分的数值等于所保留末位的 0.5 个单位，末位是偶数，则末位不变；末位是奇数，则末位增加 1。

例如，将下列数据舍入到小数第二位。

12.4344→12.43　　（因为 0.00424<0.005，舍去）

63.73501→63.74　　（因为 0.00501>0.005，进 1）

0.69499→0.69　　　（因为 0.00499<0.005，舍去）

25.3250→25.32　　（因为 0.0050 = 0.005，末位为偶数舍去）

17.6955→17.70　　（因为 0.0055 = 0.005，末位为奇数进 1）

123.105→123.10　（因为 0.0050 = 0.005，末位为 0，按偶数处理，故舍去）

需要注意，舍入应一次舍入到位，不能逐位舍入，否则会得到错误的结果，例如上例中 0.69499，错误做法是：0.69499→0.6950→0.695→0.70，而正确的结果为 0.69。

上述数据舍入规则也被称为"四舍五入"，但这与人们平时贸易中讲的四舍五入法是有区别的。区别在于"等于 5"的舍入处理上，之所以采用"偶数规则"，是为了在比较多的数据舍入处理中，使产生正负舍入误差的概率近似相等，从而使测量结果受舍入误差的影响减小到最低程度。

3. 有效数字

若截取得到的近似数，其绝对误差（截取或舍入误差）的绝对值不超过近似数末位的半个单位，则该近似数从左边第一个非零数字到最末一位数字为止的全部数字，称之为有效数字。有效数字的个数为该数的有效位数。

从上述定义可以看出：有效数字是和数据的准确度（或误差）密切相关的，它所隐含的极限误差不超过有效数字末位的半个单位。例如：

3.1416　　　五位有效数字，极限（绝对）误差 ≤0.00005

3.142　　　　四位有效数字，极限误差 ≤0.0005

8.700　　　　四位有效数字，极限误差 ≤0.5

$8.7×10^3$　　二位有效数字，极限误差 ≤$0.05×10^3$

0.87　　　　　二位有效数字，极限误差 ≤0.005

0.807　　　　三位有效数字，极限误差 ≤0.0005

由这几个示例可以看出：0、1、2、3、4、5、6、7、8、9 这十个数字都有可能是有效数字，而 0 还与位置有关。开头的 0 不是有效数字，因为它们仅与选取的测量单位有关，而与测量误差或准确度无关。例如，某电压为 15mV，也可表示为 0.015V，这里前边两个数都不是有效数字。

舍入处理后的近似数，中间的 0 和末尾的 0 都是有效数字。末尾的 0 很重要，不能随意添加。多写则夸大了测量准确度，少写则夸大了测量误差。

对于测量数据的绝对值比较大，而有效数字位数又比较少的测量数据，应采用科学记数法，即 $a×10^n$，a 的位数由有效数字的位数所决定。

4. 测量结果有效数字位数的确定

如果用有效数字的概念来表示测量结果，那么该测量结果除最末一位数字是不确切值或可疑值外，其他数字均为可靠值或确切值。

在表示误差或测量不确定度时，一般情况下只取一位有效数字，最多取两位有效数字。测量结果（或读数）的有效位数应由测量结果的误差或不确定度来确定，即测量结果的最末一位应与误差或不确定度的末位为同一量级。

例如，某物理量的测量结果的值为 63.44，且该量的测量误差 $\Delta_m = 0.4$，则根据上述原则，该测量结果的有效位数应保留到小数点后一位即 63.4，测量结果表示为 63.4±0.4。

1.2　系统误差的消除

产生系统误差的原因多种多样，因此要消除系统误差只能根据不同的测量目的，对测量仪器、仪表、测量条件、测量方法及步骤进行全面分析，以发现系统误差，进而分析系统误差。然后采用相应的措施以便将系统误差消除或减弱到与测量要求相适应的程度。

下面介绍消除系统误差的基本方法。

1.2.1　从产生系统误差的来源上消除

从产生系统误差的来源上消除是消除或减弱系统误差的最基本的方法。它要求实验者对整个测量过程要有一个全面仔细的分析，弄清楚可能产生系统误差的各种因素，然后在测量过程中予以消除。产生系统误差的原因多种多样，因此要消除系统误差只能根据不同的测量目的，对测量仪器从根源上加以消除。具体来说：

1）选择高准确度等级的仪器设备，以削弱仪器基本误差对测量结果的影响。

2）使仪器设备工作在其规定的工作条件下，严格按仪器说明书规定的操作步骤操作，以消除仪器设备的附加误差。

3）选择合理的测量方法，设计正确的测量步骤，以消除方法误差和理论误差。

4）提高测量人员的测量素质，培养良好的测量习惯，选用智能化程度高的测量设备，以消除人员误差。

1.2.2　利用修正的方法消除

所谓修正的方法就是在测量前或测量过程中，求取某类系统误差的修正值，而在测量的数据处理过程中手动或自动地将测量读数或结果与修正值相加，于是，就从测量读数或结果中消除或减弱了该类系统误差。若用 C 表示某类系统误差的修正值，用 A_x 表示测量读数或结果，则不含该类系统误差的测量读数或结果 A 可用下式求出：

$$A = A_x + C \tag{1-13}$$

修正值的获得有以下三种途径：

1）从有关资料中查取。如仪器仪表的修正值可从该表的检定证书中获取。

2）通过理论推导求取。如指针式电流表、电压表内阻不够小或不够大引起方法误差的修正值可由下式求出：

$$C_I = \frac{R_A}{R_{ab}} I_x \tag{1-14}$$

$$C_V = \frac{R_{ab}}{R_V} U_x \tag{1-15}$$

式中，C_I 和 C_V 分别是电流表、电压表读数的修正值；R_A 和 R_V 分别是电流表、电压表读数的内阻；R_{ab} 是被测网络的等效含源支路的入端电阻；I_x 和 U_x 分别是电流表、电压表的读数。

3）通过实验求取。对影响测量读数的各种影响因素，如温度、湿度、频率、电源电压等变化引起的系统误差，可通过实验作出相应的修正曲线或表格，供测量时使用。对不断变化的系统的系统误差，如仪器的零点误差、增益误差等可采取现测现修的方法解决。智能化仪表中采用的三步测量、实时校准均缘于此法。

1.2.3 利用特殊的测量方法消除

系统误差的特点是大小方向恒定不变，具有可预见性，可选用特殊的测量方法予以消除。

1. 替代法

替代法是比较测量法的一种，此方法是先将被测量 A_x 接在测量装置上，调节测量装置处于某一状态，然后用与被测量相同的同类标准量 A_N 代替 A_x，调节标准量 A_N，使测量装置恢复原来的状态，于是被测量就等于调整后的标准量，即 $A_x = A_N$。例如，在电桥上利用替代法测量电阻，先把被测电阻（R_x）户接入电桥，调整电桥的比例臂（R_1，R_2）和比较臂（R_3）使电桥平衡，得

$$R_x = (R_1/R_2) \tag{1-16}$$

则被测电阻 R_x 由桥臂参数决定，桥臂参数的误差会影响测量结果。若以标准电阻 R_N 代替被测电阻，调节标准电阻，使电桥重新平衡，得

$$R_N = (R_1/R_2)R_3 \tag{1-17}$$

显然，$R_x = R_N$，且桥臂参数的误差不影响测量结果，R_x 仅取决于 R_N 的准确度等级。不难得出，替代法的特点是测量装置的误差不影响测量结果，但测量装置必须有一定的稳定性和灵敏度。

2. 差值法

差值法就是测出被测量 A_x 与标准量 A_N 的差值 $a = A_x - A_N$，利用 $A_x = A_N + a$ 求出被测量。根据误差传递理论，被测量的绝对误差（ΔA_x）由标准量的绝对误差（ΔA_N）和测量差值的绝对误差（Δa）决定，即

$$\Delta A_x = \Delta A_N + \Delta a \tag{1-18}$$

测量结果的相对误差 $\Delta A_x/A_x$ 为

$$\frac{\Delta A_x}{A_x} = \frac{\Delta A_N}{A_x + a} + \frac{\Delta a}{A_x}$$

当 A_x 与 A_N 接近时，上式可近似为

$$\gamma_{A_x} = \gamma_{A_N} + (a/A_x)\gamma_a \tag{1-19}$$

式中，γ_{A_x} 是测量结果的相对误差，$\gamma_{A_x} = \Delta A_x/A_x$；$\gamma_{A_N}$ 是标准量具的相对误差，由标准量具的准确度等级决定，$\gamma_{A_N} = \Delta A_N/A_N$；$\gamma_a$ 是测量差值 a 的相对误差，由测量差值 a 所选用仪表的准确度等级和量程决定，$\gamma_a = \Delta a/a$。

从式（1-19）不难看出，测量结果的准确度由标准量具的准确度和测量差值的准确度决定，且差值 a 越小，测量差值仪表的误差对测量结果的影响越小。当差值 a 等于零时，测量结果的准确度与测量仪表的准确度无关，而仅和标准量具的准确度有关，且 $\gamma_{A_x} = \gamma_{A_N}$。

差值法的特点是可以大大削弱测量仪表的基本误差对测量结果的影响，也就是说，在这里（特定的条件下）可用准确度较低的测量仪表获得准确度较高的测量结果。另外，差值法中测量值较小，也容易选择准确度较高的测量仪表。

3. 正负误差补偿法

正负误差补偿法就是在不同的测量条件下，对被测量测量两次，使其中一次测量结果的误差为正，而使另一次测量结果的误差为负，取两次测量结果的平均值作为测量结果。显然，对于大小恒定的系统误差经这样的处理即可被消除。

例如，在补偿法测电阻的过程中，热电动势的影响也可用正负误差补偿法来消除。如，测量电路如图 1-1 所示，先测 R_x 上的电压 U_x，再测 R_N 上的电压 U_N。在不考虑热电动势的影响时，被测电阻可用下式求出：

$$R_x = \frac{U_x}{U_N} R_N \qquad (1\text{-}20)$$

实际上，电压（U_x，U_N）测量回路可能存在热电动势（E_x，E_N），方向如图 1-1 所示，这样测出的电压，不仅有电阻两端电压的效应，而且还有热电动势的效应。此时，显然用式（1-20）计算被测电阻，将会产生比较大的测量误差。考虑到热电动势仅和材料、温度有关，而和电流方向无关这一特点，可用改变电流方向测两次的方法消除热电动势的影响。

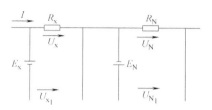

图 1-1　补偿法测电阻消除
热电动势的影响

设第一次的测量结果分别为

$$U_{x_1} = U_x - E_x \qquad (1\text{-}21)$$

$$U_{N_1} = U_N + E_N \qquad (1\text{-}22)$$

第二次改变电流方向后的测量结果分别为

$$U_{x_2} = U_x + E_x \qquad (1\text{-}23)$$

$$U_{N_2} = U_N - E_N \qquad (1\text{-}24)$$

分别将式（1-21）和式（1-22）、式（1-23）和式（1-22）联立求解，得

$$U_x = (U_{x_1} + U_{x_2})/2 \qquad (1\text{-}25)$$

$$U_N = (U_{N_1} + U_{N_2})/2 \qquad (1\text{-}26)$$

然后再用式（1-20）计算被测电阻，就可消除热电动势产生的系统误差。

4. 对称观测法

对称观测法是消除测量结果随某影响量线性变化的系统误差的有效方法。所谓对称观测法就是在测量过程中，合理设计测量步骤以获取对称的数据，配以相应的数据处理程序，以得到与该影响无关的测量结果，从而消除系统误差。

例如，在补偿法测电阻的例子中，利用式（1-20）计算被测电阻的前提是在测量过程中保持回路电流 I 不变。而实际上测量电路是由干电池供电，干电池的端电压是随测量时间延长而线性减小，导致工作电流线性下降。因而，测量结果必然产生随时间线性变化的系统误差，为消除该误差，可采用等时距对称观测法。工作电流随时间下降曲线如图 1-2 所示。测量分三步：

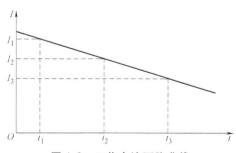

图 1-2　工作电流下降曲线

1）第一步，在 t_1 时刻，相应的工作电流为 I_1，测量被测电阻 R_x 上的电压 U_{x_1}，得

$$U_1 = I_1 R_x \tag{1-27}$$

2）第二步，在 t_2 时刻，且 $t_2 = t_1 + \Delta t$，相应的工作电流为 I_2，测量标准电阻 R_N 上的电压 U_{N_2}，得

$$U_{N_2} = I_2 R_N \tag{1-28}$$

3）第三步，在 t_3 时刻，且 $t_3 = t_2 + \Delta t$，相应的工作电流为 I_3，再测被测电阻 R_x 上的电压 U_{x_3}，得

$$U_{x_3} = I_3 R_x$$

考虑到工作电流线性下降，于是有 $I_1 = I_2 + \Delta I$，$I_3 = I_2 - \Delta I$，将此式代入式（1-27）和式（1-29），且联立求解，可得

$$U_{x_2} = (U_{x_1} + U_{x_3})/2 = I_2 R_x \tag{1-29}$$

再由式（1-28）和式（1-29）联立求解，可得

$$R_x = (U_{x_2}/U_{N_2}) R_N \tag{1-30}$$

显然，这样得到的被测电阻即可消除电流下降引起的系统误差。

5. 迭代自校法

迭代自校法就是利用多次交替测量以逐渐逼近准确值，从而消除或削弱测量环节带来的误差，下面举例加以说明。在测量过程中，由于测量环节的电路元器件，特别是电阻、电容的性能参数会随时间、温度而变化，从而导致测量误差。该误差可分为两项，即测量环节的比例系数 A 不稳定而产生的乘数误差 γ 和由零点漂移产生的加数误差 ν。设被测量（输入）为 x，测量结果（输出）为 y，则它们的关系可表示为

$$y = (A + \gamma) x + \nu \tag{1-31}$$

由于 γ 和 ν 的存在，y 的测量准确度难以提高，为此，可采用迭代自校法消除 γ 和 ν 的影响。为叙述方便，不妨假定 $A = 1$，于是式（1-31）变为

$$y = (1 + \gamma) x + \nu \tag{1-32}$$

迭代自校法的测量框图如图1-3所示。

具体步骤如下：

在测量环节的输入端输入被测量 x，在其输出端得到 y_0，即

$$y_0 = (1 + \gamma) x + \nu \tag{1-33}$$

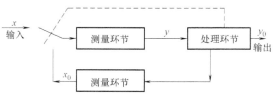

图 1-3　迭代自校法的测量框图

存储 y_0；y_0 经逆向环节精确地转换成 x_0，由于 $A = 1$，所以 x_0 为

$$x_0 = y_0 = (1 + \gamma) x + \nu \tag{1-34}$$

将 x_0 加在测量环节输入端，输出端可得

$$y_0' = (1 + \gamma) x_0 + \nu = (1 + \gamma)^2 x + (1 + \gamma) \nu + \nu \tag{1-35}$$

求差值 $\Delta y = y_0 - y_0'$；计算 $y_1 = y_0 + \Delta y = 2 y_0 - y_0'$，即

$$y_1 = (1 - \gamma^2) x - \gamma \nu \tag{1-36}$$

这里不难看出，在 γ 和 ν 比较小时，经过一次迭代计算，所得结果 y_1 比 y_0 更为准确，若再迭代一次，同理可得

$$y_2 = (1+\gamma^3)x+\gamma^2\nu$$

上式可以推广到 i 次，其误差变化规律为

$$y_i = [1+(-1)^i\gamma^{i+1}]x+(-1)^i\gamma^i\nu \tag{1-37}$$

当迭代结束时，第 i 次迭代结果即为最终测量结果，即

$$Y = y_i = [1+(-1)^i\gamma^{i+1}]x+(-1)^i\gamma^i\nu \tag{1-38}$$

式（1-38）表明，迭代次数 i 越大，测量误差 γ 和 ν 对测量结果 y 影响越小，测量结果的准确度越高，这一点从该方法的测量过程中也不难理解。因为在整个测量过程中，既有差值法的测量步骤，又有替代法的测量思想。随着迭代次数 i 的增加，差值越小，替代越完全，即标准量（这里的标准量是由精确的逆变换获得）越接近被测量。当迭代次数 i 大到一定程度时，差值近似为零，被测量几乎等于标准量，而与测量环节的误差无关。处理环节一般由微处理器组成，主要作用是数据的存储、计算和逻辑控制。这里应注意，迭代自校法的前提是逆变换比较准确，否则，迭代次数越多，测量结果的误差反而越大。

1.3　随机误差的处理

1.3.1　随机误差的统计特性和概率分布

1. 随机误差的数学表达

根据误差理论，任何一次测量中，一般都含有系统误差 ε 和随机误差 δ，即

$$\Delta A = \varepsilon+\delta = A_x-A_0 \tag{1-39}$$

在一般工程测量中，系统误差远大于随机误差，即 $\varepsilon \gg \delta$，相对来讲随机误差可以忽略不计，此时需处理和估计系统误差即可。在精密测量中，系统误差已经消除或小得可以忽略不计时，$\varepsilon \approx 0$，可得

$$\Delta A \approx \delta = A_x-A_0 \tag{1-40}$$

即随机误差等于测量值与其真值之差。在这种情况下，随机误差显得特别重要，所以，在处理和估计误差时，必须且只需考虑随机误差。

当系统误差和随机误差都不能忽略时，系统误差和随机误差应分别处理与估计，然后按一定的方式合成最后的系统误差和随机误差，以估计出测量结果的准确度。

2. 随机误差的统计特性

就单次测量而言，随机误差无规律，其大小方向不可预知。但当测量次数足够多时，随机误差的总体服从统计学规律。

对某量进行无系统误差等精度（各种测量因素相同）重复测量 n 次，其测量读数分别为 A_1，A_2，$\cdots$，A_i，$\cdots$，A_n，则随机误差分别为

$$\delta_1 = A_1-A_0, \delta_2 = A_2-A_0, \cdots, \delta_i = A_i-A_0, \cdots, \delta_n = A_n-A_0 \tag{1-41}$$

大量实验证明，上述随机误差具有下列统计特性：

1）有界性。即随机误差的绝对值不超过一定的界限。

2）单峰性。即绝对值小的随机误差比绝对值大的随机误差出现的概率大。

3）对称性。等值反号的随机误差出现的概率接近相等。

4）抵偿性。当 $n \to \infty$ 时，随机误差的代数和为零，即

$$\lim_{n \to \infty} \sum_{i=1}^{n} \delta_i = 0$$

3. 随机误差的概率分布

随机误差的概率分布有多种类型，如正态分布、均匀分布、t 分布、反正弦分布、梯形分布、三角分布等。但在计量和测量工作中经常遇到的分布则是正态分布、均匀分布和 t 分布，故本书仅介绍这三种分布类型。

（1）正态分布　随机误差是个随机变量，而这个随机变量是由大量的、相互独立的、微弱的因素所组成。在大多数情况下，随机误差的概率都服从正态分布或接近正态分布。正态分布理论是古典误差理论的基础，至今仍被广泛应用。

正态分布的随机误差，其概率密度函数为

$$\varphi(\delta) = \frac{1}{\sigma(\delta)\sqrt{2\pi}} e^{-\delta^2/[2\sigma^2(\delta)]} \tag{1-42}$$

式中，σ 和 σ^2 分别是随机误差 δ 的标准差和方差（其意义将在随机误差的数字特征值中讨论）。图 1-4 给出的是不同 σ 下的几条正态分布曲线。

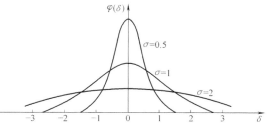

图 1-4　不同 σ 下的几条正态分布曲线

（2）均匀分布　均匀分布的特点是：在某一区域内，随机误差出现的概率处处相等，而在该区域外随机误差出现的概率为零。均匀分布的概率密度函数 $\varphi(\delta)$ 为

$$\varphi(\delta) = \begin{cases} \dfrac{1}{2a} & (-a \leqslant \delta \leqslant a) \\ 0 & (|\delta| > a) \end{cases} \tag{1-43}$$

式中，a 是随机误差 δ 的极限值。

均匀分布的随机误差其概率密度曲线呈矩形，如图 1-5 所示。均匀分布是一种常见的误差分布。

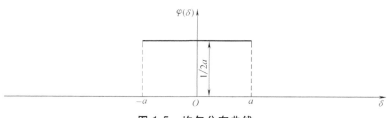

图 1-5　均匀分布曲线

（3）t 分布　t 分布是英国统计学家戈赛特（W. S. Gosset）从实验中发现，并以笔名"学生"发表，故 t 分布又称为学生分布。t 分布主要用来处理小样本（即测量数据比较少）的测量数据。正态分布理论只适合于大样本的测量数据，而对于小样本的测量数据必须用 t 分布理论来处理。所以，t 分布是处理小样本的重要理论基础。

t 分布的概率密度函数 $\varphi(t)$ 为

$$\varphi(t,k) = \frac{\Gamma\left(\dfrac{k+2}{2}\right)}{\sqrt{k\pi}\,\Gamma\left(\dfrac{k}{2}\right)}\left(1+\frac{t^2}{k}\right)^{-\frac{n}{2}} \tag{1-44}$$

式中，k 是自由度，$k=n-1$；n 是测量次数；$\Gamma(x)$ 是伽马函数，$\Gamma(x) = \displaystyle\int_0^{\infty} t^{x-1}\mathrm{e}^{-t}\mathrm{d}t$。

t 分布的概率密度曲线如图 1-6 所示，它和标准正态分布的图形类似，其特点是分布与标准差的估计值无关，但与自由度 $n-1$ 有关。当 n 较大（$n>30$）时，t 分布和正态分布的差异就很小，当 $n\to\infty$ 时，两者就完全相同了。

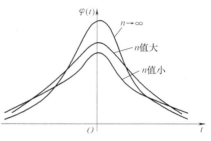

图 1-6 t 分布的概率密度曲线

1.3.2 随机变量的特征参数

随机变量通常有两个重要特征参数，即数学期望和方差（标准偏差）。数学期望体现了随机变量分布中心的位置，而方差反映了随机变量对分布中心的离散程度。

1. 测量数据的数学期望

对一个被测量在等精度条件下进行多次独立测量，若已消除了系统误差，则所得测量数据是一个随机变量，以 A 表示，其数学期望 $M(A)$ 为

$$M(A) = \frac{1}{n}\sum_{i=1}^{n} A_i \quad (n\to\infty) \tag{1-45}$$

式中，n 是测量次数；A_i 是第 i 次的测量读数。

根据随机误差的抵偿特性，随机误差的数学期望为零，即

$$M(\delta) = \frac{1}{n}\sum_{i=1}^{n} \delta_i = 0 \quad (n\to\infty) \tag{1-46}$$

若对随机误差的定义式（1-41）两边取其数学期望，可得

$$M(\delta) = M(A_{\mathrm{x}}) - M(A_0) \tag{1-47}$$

考虑到被测量真值的数学期望就是真值本身，即 $M(A_0)=A_0$，于是有

$$A_0 = M(A_{\mathrm{x}}) = \frac{1}{n}\sum_{i=1}^{n} A_i \quad (n\to\infty) \tag{1-48}$$

此式表明：在等精度重复测量中，当 $n\to\infty$ 时，测量数据的数学期望就是被测量的真值。

2. 随机变量的方差和标准差

服从正态分布的随机变量，其方差 $\sigma^2(A)$ 定义为

$$\sigma^2(A) = \frac{1}{n}\sum_{i=1}^{n}\left[A_i - M(A)\right]^2 = \frac{1}{n}\sum_{i=1}^{n}\delta_i^2 \quad (n\to\infty) \tag{1-49}$$

方差反映了随机误差均方集合，其物理意义是随机信号偏离期望值的波动程度，是信号能量的一种表示。因此可用来表征测量数据的离散程度。

方差的量纲是测量数据量纲的二次方，所以在测量结果的表示中不是很方便，因而经常

不用方差而使用标准偏差，简称标准差。标准差定义为方差的正的算术二次方根，即

$$\sigma(A) = \sqrt{\frac{1}{n}\sum_{i=1}^{n}\delta_i^2}\ (n \to \infty) \tag{1-50}$$

式中，$\sigma(A)$ 是随机变量 A 的标准差，在不引起混淆的情况下，可简写为 σ。

如前所述，标准差 σ 是测量数据离散程度的表征。如图1-4所示，σ 值越小，测量数据越集中，概率密度曲线越陡峭；反之，σ 值越大，测量数据越分散，概率密度曲线越平坦。或者说：在一定的置信概率下，σ 值越小所对应的误差极限范围越小，则测量数据的可靠性越大。

服从均匀分布的随机变量，其方差和标准差分别由下式求出：

$$\sigma^2 = a^2/3 \tag{1-51}$$

$$\sigma = a/\sqrt{3} \tag{1-52}$$

1.3.3 有限次测量数据的数学期望与方差的估计

测量数据的数学期望是在测量次数趋于无穷大的条件下定义的，而在实际测量中，不可能满足这一条件，因而，式（1-46）和式（1-51）是不可操作的。为评价测量的准确度高低，只能根据有限次数的测量数据，求出数学期望的估计值和方差的估计值。

1. 算术平均值原理

假设对某被测量 A 进行 n 次等精度（$\sigma_1 = \sigma_2 = \cdots = \sigma_n = \sigma$）无系差（$\varepsilon = 0$）独立测量，测得数据为

$$A_i(i = 1,2,\cdots,n)$$

则该测量列（由 A_1，A_2，$\cdots$，A_n 组成的数据列）的最佳可信赖值是测量列的算术平均值，也就是说，算术平均值是被测量 A 数学期望（真值）$M(A)$ 的最佳估计，这一原理被称之为算术平均值原理。

算术平均值的数学表达式为

$$\overline{A} = \frac{1}{n}\sum_{i=1}^{n}A_i \tag{1-53}$$

可以证明，算术平均值具有以下特点：

1）无偏性。即估计值 $\overline{A}$ 围绕被估计参数 $M(A)$ 摆动，且 $M(\overline{A}) = M(A)$。

2）有效性。即 $\overline{A}$ 的摆动幅度比单个测量值 A_i 小。

3）一致性。即随着测量次数 n 的增加，$\overline{A}$ 趋于被测参数的 $M(A)$。

4）充分性。即 $\overline{A}$ 包含了样本（测量列）的全部信息。

在实际工作中，当测量次数比较大，测量数据有效位数比较多时，按式（1-53）计算是比较繁琐的。为使计算简化，可先假定或估计一个准算术平均值 A'，并计算出

$$\Delta A_i = A_i - A'(i = 1,2,\cdots,n) \tag{1-54}$$

这时可由下式求出 $\overline{A}$：

$$\overline{A} = A' + \frac{1}{n}\sum_{i=1}^{n}\Delta A_i \tag{1-55}$$

当 A' 选择合适时，ΔA 的位数较少，计算可以大大简化。

当用计算机处理数据时，为减少内存单元，可采用下列递推算法：

$$\overline{A} = \overline{A}_{n-1} + \frac{1}{n}(A_n - \overline{A}_{n-1}) \tag{1-56}$$

式中，$\overline{A}_n$ 是 n 个测量数据的算术平均值；$\overline{A}_{n-1}$ 是前 $n-1$ 个测量数据的算术平均值。

2. 标准偏差的估计

随机误差的定义为测量值与真值之差，而真值是不可能知道的，这样随机误差就变成一个未知量，使得标准偏差的期望 σ 无法得到。在工程上，通常用剩余误差代替随机误差而获得方差和标准差的估计值 $\hat{\sigma}^2$ 和 $\hat{\sigma}$，即

$$\hat{\sigma}^2 = \frac{1}{n-1} \sum_{i=1}^{n} \nu_i^2 \tag{1-57}$$

$$\hat{\sigma} = \sqrt{\frac{1}{n-1} \sum_{i=1}^{n} \nu_i^2} \tag{1-58}$$

式中，ν_i 是剩余误差，其定义是

$$\nu_i = A_i - \overline{A} \quad (i = 1, 2, \cdots, n) \tag{1-59}$$

对上式求和，很容易得到剩余误差的代数和为零，即 $\sum \nu_i = 0$，这表明 n 个剩余误差是不独立的，而只有 $n-1$ 个独立变量，所以在式（1-57）和式（1-58）中是除以 $n-1$，而非 n。另外，还可以利用 $\sum \nu_i = 0$ 来检验 $\overline{A}$ 和 ν_i 计算是否正确。

方差估计值的实用算法和递推公式分别为

$$\hat{\sigma}^2 = \frac{1}{n-1} \left[\sum_{i=1}^{n} A_i - \frac{1}{n} \left(\sum_{i=1}^{n} A_i \right)^2 \right] \tag{1-60}$$

$$\hat{\sigma}_n^2 = \frac{n-2}{n-1} \hat{\sigma}_{n-1}^2 + \frac{1}{n}(A_n - \overline{A}_{n-1})^2 \tag{1-61}$$

式中，$\hat{\sigma}_n^2$ 是 n 个测量数据的方差估计值；$\hat{\sigma}_{n-1}^2$ 是前 $n-1$ 个测量数据的方差估计值。

3. 算术平均值的标准差的估计

根据概率理论可知，算术平均值也是一个随机变量，它本身也具有一定的随机性，即含有一定的随机误差，这一点从算术平均值的特性上也不难理解。因为，算术平均值是测量值的数学期望的估计值，既然是估计值，就一定存在差值，这一差值就是随机误差。那么，如何评价算术平均值的随机误差（离散度）的大小？和其他随机变量一样，算术平均值也是用其方差或标准差来评价。

算术平均值的方差可由下式求出：

$$\hat{\sigma}^2(\overline{A}) = \hat{\sigma}^2(A)/n \tag{1-62}$$

算术平均值的标准差为

$$\hat{\sigma}(\overline{A}) = \hat{\sigma}(A)/\sqrt{n} \tag{1-63}$$

式中，$\hat{\sigma}^2(A)$ 是测量列的方差估计值；$\hat{\sigma}(A)$ 是测量列的标准差估计值；$\hat{\sigma}^2(\overline{A})$ 是算术平均值的方差估计值；$\hat{\sigma}(\overline{A})$ 是算术平均值的标准差估计值。

上式表明：算术平均值的方差仅为单次测量值方差的 $1/n$，也就是说，算术平均值的离散度比测量数据的离散度要小。所以，在有限次等精度重复测量中，用算术平均值估计被测

量要比测量列中任何一个测量数据估计更为合理可信。

上式还说明，增加测量次数 n，可减小测量结果的标准偏差，以提高测量的准确度。但这里的"减小"与"提高"意义是有限的，这是因为当 n 较小时，减小比较明显，随着 n 的增大，减小的程度越来越小，当 n 大到一定数值时 $\hat{\sigma}(\overline{A})$ 就几乎不变了。另外，n 较大时不仅费时费力，而且等精度的测量条件也不易保持。所以，在实际测量中，测量次数一般取 $10 \sim 20$ 次。若要进一步提高测量准确度，则需从选择更高准确度的测量仪器、更合理的测量方法、更好的控制测量条件等方面入手。

1.3.4 测量结果的置信度

1. 置信度的概念

置信度是表征测量数据或结果可信赖程度的一个参数，它可用置信区间和置信概率来表示。置信度的物理解释如下：

1）测量数据（结果）A_i 处在数学期望（真值）$M(A)$ 附近一个置信区间内的置信概率有多大。

2）测量数据（结果）A_i 附近一个置信区间内出现数学期望 $M(A)$ 的置信概率有多大。

这里所说的置信区间是一个给定的数据区间，通常用标准差 $\sigma(A)$ 的 K 倍来表示，即 $[A-K_\sigma(A), A+K_\sigma(A)]$，$K$ 称为置信因子。这里所说的置信概率就是在置信区间下的概率，它可由在置信区间内对概率密度函数的定积分求得，即

$$P\left[M(A) - K_\sigma(A), M(A) + K_\sigma(A)\right] = \int_{M(A)-K_\sigma(A)}^{M(A)+K_\sigma(A)} \varphi(A)\, \mathrm{d}A \tag{1-64}$$

上述两种解释实际上是完全等价的，即对于同一个测量，在置信区间相等时，两种意义上的置信概率是相等的，这一点可用图 1-7 加以说明。图中（以正态分布曲线为例）A_1、A_2、A_3 为三个测量数据，A_1 和 A_2 在给定区间 $[M(A)-K_\sigma(A)$, $M(A)+K_\sigma(A)]$ 内，A_3 不在此区间内。相应有区间 $[A_1-K_\sigma(A)$, $A_1+K_\sigma(A)]$ 和 $[A_2-K_\sigma(A)$, $A_2+K_\sigma(A)]$ 内包含了 A 的数学期望 $M(A)$，而区间 $[A_3-K_\sigma(A)$, $A_3+K_\sigma(A)]$ 不包含 $M(A)$。这表明若 A_i 出现在 $[M(A)-K_\sigma(A)$, $M(A)+K_\sigma(A)]$ 区间内，则区间 $[A_i-K_\sigma(A)$, $A_i+K_\sigma(A)]$ 内一定包含 $M(A)$。

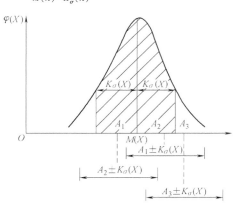

图 1-7 置信区间与置信概率

置信度的几何意义：从图 1-7 中可看出，在同一分布下，置信区间越宽，置信概率（概率曲线、置信区间和横轴围成的图形面积）也就越大，反之亦然。在不同的分布下，参看图 1-4，当置信区间给定时，标准差越小，置信因子和相应的置信概率也就越大，反映出测量数据的可信度就越高；当置信概率给定时，标准差越小，置信区间越窄，测量数据的可靠度也就越高。

2. 置信度的确定

置信度的确定分为两类问题：一类是根据给定或设定置信概率计算出置信区间；另一类

是根据给定的置信区间求出相应的置信概率。根据置信度的概念，上述问题的解决关键是置信因子 K 的确定，而置信因子是和测量数据或随机误差的概率分布紧密相关。也就是说，置信因子的确定必须以测量数据或随机误差的概率分布已知为前提。

（1）正态分布下置信因子与置信概率的关系 测量数据 A 服从正态分布，则其概率密度函数为

$$\varphi(A) = \frac{1}{\sigma(A)\sqrt{2\pi}} e^{\frac{[A-M(A)]^2}{2\sigma^2(A)}} \tag{1-65}$$

根据式（1-65），对应于区间 $[M(A)-K_\sigma(A)，M(A)+K_\sigma(A)]$ 的置信概率 P 为

$$P[M(A)-K_\sigma(A)，M(A)+K_\sigma(A)]$$

$$= \int_{M(A)-K_\sigma(A)}^{M(A)+K_\sigma(A)} \frac{1}{\sigma(A)\sqrt{2\pi}} e^{\frac{[A-M(A)]^2}{2\sigma^2(A)}} dA \tag{1-66}$$

为计算方便，不妨作积分变换，为此假设：$Z = \dfrac{A-M(A)}{\sigma(A)}$

于是有：$dZ = dA/\sigma(A)$，积分上下限分别为 K 和 $-K$，将上述关系代入式（1-66）可得

$$P[-K \leqslant Z \leqslant K] = \int_{-K}^{K} \frac{1}{\sqrt{2\pi}} e^{-\frac{z^2}{2}} dZ = \frac{2}{\sqrt{2\pi}} \int_{0}^{K} e^{-\frac{z^2}{2}} dZ = \phi(K) \tag{1-67}$$

其中 $\phi(K)$ 为拉普拉斯函数，计算比较复杂。在实际应用中，有专用表格（表 1-1）供查用。

表 1-1 $\phi(K) = \dfrac{2}{\sqrt{2\pi}} \int_{0}^{K} e^{-\frac{z^2}{2}} dZ$ 数值表

K	$\phi/(K)$	K	$\phi/(K)$	K	$\phi/(K)$
0.0	0.000	1.1	0.72867	2.3	0.97855
0.1	0.0796	1.2	0.769687	2.4	0.98361
0.2	0.15852	1.3	0.80640	2.5	0.98758
0.3	0.23582	1.4	0.83849	2.58	0.99012
0.4	0.31084	1.5	0.86639	2.6	0.99068
0.5	0.38292	1.6	0.89040	2.7	0.99307
0.6	0.45149	1.7	0.91087	2.8	0.99489
0.6745	0.50000	1.8	0.92814	2.9	0.99267
0.7	0.51607	1.9	0.94257	3.0	0.99738
0.7979	0.57507	1.96	0.95000	3.5	0.99953
0.8	0.57629	2.0	0.95450	4.0	0.99993
0.9	0.63188	2.1	0.96427	4.5	0.999993
1.0	0.68269	2.2	0.97219	5.0	0.9999994

由表 1-1 可知：$K=1$ 时，$P[|Z|<1]=0.68269$；$K=2$ 时，$P[|Z|<2]=0.95450$；$K=3$ 时，$P[|Z|<3]=0.99738$。

上述结果的物理解释是：在正态分布情况下，测量数据的期望值 $M(A)$ 处在区间 $[A_i-\sigma(A)$，$A_i+\sigma(A)]$、$[A_i-2\sigma(A)$，$A_i+2\sigma(A)]$、$[A_i-3\sigma(A)$，$A_i+3\sigma(A)]$ 的概率分别为 68.3%、95.5%、99.7%。也可以说，测量列的随机误差 δ 落在 $[-\sigma$，$+\sigma]$ 中的概率为 68.3%，而落在 $[-3\sigma$，$+3\sigma]$ 中的概率为 99.7%。由此不难看出，随机误差的绝对值大于 3σ 的概率只有 0.0027，几乎为零。所以，可近似认为随机误差的绝对值大于 3σ 属于不可能发生的随机事件。

正因为如此，人们常以标准差的 3 倍 3σ 作为正态分布下测量数据的极限误差，并以此为标准来判断随机误差中是否含有粗大误差。

（2）t 分布下置信因子与置信概率的关系　在有限次测量中，测量数据是服从 t 分布的。将式（1-44）代入式（1-64）可得 t 分布时给定区间 $[\overline{A}-K_t\hat{\sigma}(\overline{A})$，$\overline{A}+K_t\hat{\sigma}(\overline{A})]$ 的概率积分

$$P[\overline{A}-K_t\hat{\sigma}(\overline{A})，\overline{A}+K_t\hat{\sigma}(\overline{A})] = \int_{-K_t}^{K_t} s(t,k)\,\mathrm{d}t \tag{1-68}$$

式中，k 是自由度，$k=n-1$；K_t 是 t 分布的置信因子；$s(t,k)$ 是区间面积函数；$t=\sqrt{n}\dfrac{\overline{A}-M(A)}{\hat{\sigma}(A)}$。

式（1-68）的结果，即 t 分布时置信因子与置信概率的对应关系可由表 1-2 查出。

表 1-2　t 分布置信因子 K_t 数值表

k	K_t		k	K_t	
	$P=0.99$	$P=0.95$		$P=0.99$	$P=0.95$
1	63.7	12.71	18	2.88	2.10
2	9.92	4.30	19	2.86	2.09
3	5.84	3.18	20	2.84	2.09
4	4.60	2.78	21	2.83	2.08
5	4.03	2.57	22	2.82	2.07
6	3.71	2.45	23	2.81	2.07
7	3.50	2.36	24	2.80	2.06
8	3.36	2.31	25	2.79	2.06
9	3.25	2.26	26	2.78	2.06
10	3.17	2.23	27	2.77	2.05
11	3.11	2.20	28	2.76	2.05
12	3.06	2.18	29	2.76	2.04
13	3.01	2.16	30	2.75	2.04
14	2.98	2.14	40	2.70	2.02
15	2.95	2.13	60	2.66	2.00
16	2.92	2.12	120	2.62	1.98
17	2.90	2.11	∞	2.58	1.96

例 1-3 对某电容进行了 8 次等精度、无系差、独立测量，电容 C 测量值如下（单位为 μF）：

$$75.01，75.04，75.07，75.03，75.09，75.06，75.02，75.08$$

试求被测电容的估计值和当 $P=0.99$ 时被测电容真值的置信区间（这里不考虑粗大误差）。

解 根据平均值原理，被测电容的估计值是测量数据的算术平均值，即

$$\overline{C} = \frac{1}{n}\sum_1^n C_i = C' + \frac{1}{n}\sum_1^n (C_i - C')$$

$$= \left[75.00 + \frac{1}{8} \times (0.01+0.04+0.07+0.03+0.09+0.06+0.02+0.08) \right] \mu F$$

$$= (75.00+0.05)\mu F = 75.05\mu F$$

测量列的方差估计值为

$$\hat{\sigma}^2(C) = \frac{1}{n-1}\sum_1^8 \nu_i^2$$

$$= \frac{1}{7} \times [(-0.04)^2 + (-0.01)^2 + (0.02)^2 + (-0.02)^2 + (0.04)^2 + (0.01)^2 +$$

$$(-0.03)^2 + (0.03)^2] \mu F^2 \approx 0.000851\mu F^2$$

测量列的标准差估计值为

$$\hat{\sigma}(C) = \sqrt{\hat{\sigma}^2(C)} \approx 0.029\mu F$$

测量列平均值的标准差估计值为

$$\hat{\sigma}(C) = \frac{\hat{\sigma}}{\sqrt{n}} \approx 0.01\mu F$$

当 $P=0.99$，$k=7$ 时，由表 1-2 查得 $K_t = 3.50$，于是可得被测电容置信区间为 $[\overline{C} - K_t\hat{\sigma}(\overline{C})，\overline{C} + K_t\hat{\sigma}(\overline{C})] = [75.05 - 3.50 \times 0.01，75.05 + 3.50 \times 0.01] = [75.01，75.09]$，故被测电容真值 C_0 以 0.99 的置信概率可能处在 $75.01 \sim 75.09$ 范围内。

（3）均匀分布时置信度的确定 如前所述，测量数据 A 均匀分布时概率密度 $\varphi(A)$ 和标准差 σ 分别为

$$\varphi(A) = \begin{cases} \dfrac{1}{2a} & (A_0 - a \leqslant A \leqslant A_0 + a) \\ 0 & (A > A_0 + a，A < A_0 - a) \end{cases} \tag{1-69}$$

式中，a 是误差极限；A_0 是测量数据的数学期望，即真值。

当 $K \leqslant \sqrt{3}$ 时，在给定区间 $[M(A) - K\sigma(A)，M(A) + K\sigma(A)]$ 对 $\varphi(A)$ 进行概率积分，可得

$$P[M(A) - K\sigma(A)，M(A) + K\sigma(A)] = \int_{M(A)-K\sigma(A)}^{M(A)+K\sigma(A)} \frac{1}{2a}dA = \frac{1}{2a}A \bigg|_{M(A)-K\sigma(A)}^{M(A)+K\sigma(A)}$$

$$= \frac{1}{2a}\{[M(A) + K\sigma(A)] - [M(A) - K\sigma(A)]\} = \frac{K\sigma(A)}{a} = \frac{K}{\sqrt{3}}\left(\sigma(A) = \frac{a}{\sqrt{3}}\right)$$

于是可得均匀分布下置信概率 P 与置信因子 K 的关系为

$$P = K/\sqrt{3} \tag{1-70}$$

不难得出，当 $K = \sqrt{3}$ 时，$K\sigma(A) = a$，$P = 1$，即为全概率。也就是说均匀分布的测量数据的误差不可能超过 a，所以称 a 为极限误差；若 $K = 1$，相应的置信概率只有 0.577。在实际应用中，K 通常取 $\sqrt{3}$。

1.4 粗大误差的剔除

在误差分类中已经讲过，含有粗大误差的测量数据属于可疑值或异常值，不能参加测量值的数据处理，应该予以剔除。但如何剔除？首先是尽可能地提高测试人员高度的工作责任心和培养严谨的实验态度，以减少和避免粗大误差的出现。其次是正确判断粗大误差，若发现粗大误差，则将相应的测量数据从测量记录中划掉，且必须注明其原因。这里应注意，不能轻易地剔除一个测量数据，否则可能会因丢掉重要信息而得到错误的结果。判断粗大误差可从定性和定量两方面来考虑。

定性判断就是对测量条件、测量设备、测量步骤进行分析，看是否有差错或有引起粗大误差的因素，也可将测量数据同其他人员或别的方法或由不同仪器所得结果进行核对，以发现粗大误差。这种判断属于定性判断，无严格的原则，应慎重从事。

定量判断，就是以由统计学原理和有关专业知识建立起来的粗差准则为依据，对异常值或坏值进行剔除。这里所谓的定量是相对上面的定性而言的，它是建立在一定的分布规律和置信概率基础上的，并不是绝对的。

1.4.1 拉依达准则

前面已经讲过，在正态分布的等精度重复测量中，随机误差 σ 大于 3 倍标准差的置信概率仅为 0.0027，属于小概率事件。如果在测量次数不是很大（$n < 300$）的情况下，测量误差大于 3 倍标准差，则可认为该误差属于粗大误差。拉依达准则就是建立在这一理论基础上的，正因为这样，拉依达准则也被称之为 3σ 准则。

拉依达准则：设测量数据中，测量值 A_K 的随机误差为 δ_K，当

$$|\delta_K| \geqslant 3\sigma(A) \tag{1-71}$$

时，则测量值 A_K 是含有粗大误差的异常值，应予以剔除。

在实际应用中，则使用剩余误差和标准差的估计值，即

$$|\nu_K| \geqslant 3\hat{\sigma}(A) \tag{1-72}$$

该准则的特点是简单实用，但当测量次数 $n \leqslant 10$ 时，该准则失效，不能判别任何粗大误差。

1.4.2 格拉布斯准则

格拉布斯准则是由数理统计方法推导出的比较严谨的结论，具有明确的概率意义。当测量数据中，测量值 A_K 的剩余误差 ν_K 满足

$$|\nu_K| > g_0(n, \alpha)\hat{\sigma}(A) \quad (1-73)$$

则测量值 A_K 是含有粗大误差的异常值，应予以剔除。

式中，$g_0(n, \alpha)$ 是和测量次数 n、显著性水平 α 相关的临界值，可由表 1-3 查出。显著性水平 α 也称为超差概率，它和置信概率 P 的关系为

$$\alpha = 1 - P \quad (1-74)$$

表 1-3 $g_0(n, \alpha)$ 数值表

n	$g_0(n,\alpha)$		n	$g_0(n,\alpha)$		n	$g_0(n,\alpha)$	
	$\alpha = 0.01$	$\alpha = 0.05$		$\alpha = 0.01$	$\alpha = 0.05$		$\alpha = 0.01$	$\alpha = 0.05$
3	2.16	1.15	12	2.55	2.29	21	2.91	2.58
4	1.49	1.46	13	2.61	2.33	22	2.94	2.60
5	1.75	1.67	14	2.66	2.37	23	2.96	2.62
6	1.91	1.82	15	2.70	2.41	24	2.99	2.64
7	2.10	1.94	16	2.74	2.44	25	3.01	2.66
8	2.22	2.03	17	2.78	2.47	30	3.10	2.74
9	2.32	2.11	18	2.82	2.50	35	3.18	2.81
10	2.41	2.18	19	2.85	2.85	40	3.24	2.87
11	2.48	2.23	20	2.88	2.56	50	3.34	2.96

例 1-4 已知某电容的剩余误差及测量值的标准差的估计值分别为

$$\nu_1 = -0.04\mu F \quad \nu_2 = -0.01\mu F \quad \nu_3 = 0.02\mu F \quad \nu_4 = -0.02\mu F$$

$$\nu_5 = 0.04\mu F \quad \nu_6 = 0.01\mu F \quad \nu_7 = -0.03\mu F \quad \nu_8 = 0.04\mu F$$

$$\hat{\sigma}(A) = 0.031\mu F$$

在置信概率为 0.99 时，试用格拉布斯准则判断有无粗大误差。

解 因为 $n = 8$，$\alpha = 1 - 0.99 = 0.01$，查表 1-3 可得

$$g_0(n, \alpha) = g_0(8, 0.01) = 2.22$$

所以

$$g_0(n, \alpha)\hat{\sigma}(C) = (2.22 \times 0.031)\mu F \approx 0.07\mu F$$

又因

$$|\nu_i|_{max} = |\nu_1| = |\nu_5| = |\nu_8| = 0.04\mu F < g_0(n, \alpha)\hat{\sigma}(C)$$

故测量数据中不含粗大误差。

这里应当指出，粗差的剔除是一个反复过程，即当剔除一个粗差后，应重新计算平均值和标准差，再进行检验，反复进行，直到无粗大误差为止。

1.5 测量结果误差的估计

1.5.1 直接测量结果的误差估计

对于以量程的百分数表示准确度等级的仪器仪表的测量结果，测量误差用下式求出

$$\Delta A = \pm a A_m\% \quad (1-75)$$

$$\gamma_A = \pm \frac{A_m}{A_x} a\% \tag{1-76}$$

式中，ΔA 和 γ_A 分别是测量结果 A_x 的绝对误差和相对误差；A_x 是测量结果，以下相同，不再说明；a 和 A_m 分别是仪器仪表的准确度等级和量程。

对于已知仪器仪表的基本误差或允许误差的测量结果，测量误差用下式求出：

$$\Delta A = \Delta \tag{1-77}$$

$$\gamma_A = \frac{\Delta}{A_x} \times 100\% \tag{1-78}$$

式中，Δ 是仪器仪表的基本误差或允许误差，其表达形式见式（1-10）~式（1-12）。

如果进行了多次测量，则还应考虑随机误差的影响。若多次测量的标准偏差的估计值为 σ，则测量误差为

$$\Delta A = \pm (aA_m\% + K\sigma) \tag{1-79}$$

$$\Delta A = \pm (|\Delta| + K\sigma) \tag{1-80}$$

式中，K 是置信因子。

1.5.2 间接测量结果的误差估计

1. 误差合成的一般公式

设测量结果 y 是 n 个独立变量 A_1，A_2，A_3，$\cdots$，A_n 的函数，即

$$y = f(A_1, A_2, \cdots, A_n) \tag{1-81}$$

假如各独立变量所产生的绝对误差分量为 ΔF_i，相对误差分量分别为 γ_{F_i}，则由这些误差分量综合影响而产生的函数总误差等于各误差分量的代数和，即

$$\Delta y = \sum \Delta F_i \tag{1-82}$$

$$\gamma_y = \sum \gamma_{F_i} \tag{1-83}$$

式中，Δy 和 γ_y 分别是函数的绝对总误差和相对总误差；$\Delta F_i = C_\Delta \Delta A_i$，其中 C_Δ 是绝对误差传递系数，ΔA_i 是独立变量 A_i 的绝对误差；$\gamma_{F_i} = C_\gamma \gamma_{A_i}$，其中 C_γ 是相对误差传递系数，γ_{A_i} 是独立变量 A_i 的相对误差。

式（1-82）和式（1-83）是一切误差合成理论的基础，故被称之为误差合成的一般公式。

2. 误差传递系数的确定

从一般公式可看出，只要误差传递系数 C_Δ 和 C_γ 已知，就可由局部误差 ΔA_i 和 γ_{A_i} 方便地求出函数总误差。所以确定误差传递系数是误差合成的关键。传递系数确定的常用方法有微分确定法、数值计算确定法和实验确定法。

（1）微分确定法　微分确定法是利用函数各自变量的微分（导数）确定误差传递系数的方法。它适合于确切知道函数的关系式，且函数 y 是各独立变量的显函数的场合，它是一种最常用的误差传递系数确定法。

设函数 y 是 n 个独立变量 A_1，A_2，$\cdots$，A_n 的函数，即

$$y = f(A_1, A_2, \cdots, A_n)$$

独立变量 A_i 的绝对误差 ΔA_i 为

$$\Delta A_i = A_i - A_{0i} \quad (i = 1, 2, \cdots, n)$$

函数 y 的实际值为 y_0，则函数总误差 Δy 可表示为

$$\Delta y = y - y_0 \tag{1-84}$$

$$y_0 = f(A_{01}, A_{02}, \cdots, A_{0n}) \tag{1-85}$$

当函数 y 在 y_0 的邻域内连续可导，则函数 y 在 y_0 的邻域内可展开为泰勒级数，并略去高阶误差项，则有

$$y = y_0 + \frac{\partial f}{\partial A_1} \Delta A_1 + \frac{\partial f}{\partial A_2} \Delta A_2 + \cdots + \frac{\partial f}{\partial A_n} \Delta A_n$$

所以

$$\Delta y = \frac{\partial f}{\partial A_1} \Delta A_1 + \frac{\partial f}{\partial A_2} \Delta A_2 + \cdots + \frac{\partial f}{\partial A_n} \Delta A_n = \sum_{i=1}^{n} \frac{\partial f}{\partial A_i} \Delta A_i = \sum_{i=1}^{n} \Delta F_i$$

式中，ΔF_i 是函数的绝对误差分量，$\Delta F_i = \frac{\partial f}{\partial A_i} \Delta A_i$。与 $\Delta F_i = C_{\Delta_i} \Delta A_i$ 相比较可得

$$C_{\Delta_i} = \frac{\partial f}{\partial A_i} \tag{1-86}$$

式（1-86）表明：变量 A_i 对函数 y 的绝对误差传递系数等于 y 对 A_i 的一阶偏导数。

根据相对误差的定义，函数 y 的相对误差为

$$\gamma_y = \frac{\Delta y}{y} = \frac{1}{y} \sum_{i=1}^{n} \frac{\partial f}{\partial A_i} \Delta A_i = \sum_{i=1}^{n} \frac{1}{y} \frac{\partial f}{\partial A_i} \Delta A_i = \sum_{i=1}^{n} \frac{\partial \ln f}{\partial A_i} \Delta A_i = \sum_{i=1}^{n} \gamma_{F_i} \tag{1-87}$$

式中，$\ln f$ 是函数 y 的自然对数；γ_{F_i} 是函数 y 的相对误差分量，$\gamma_{F_i} = \frac{\partial \ln f}{\partial A_i} \Delta A_i$。与 $\gamma_{F_i} = C_{\gamma_i} \gamma_{A_i}$ 相比较可得

$$C_{\gamma_i} = A_i \frac{\partial \ln f}{\partial A_i} \tag{1-88}$$

式中，γ_{A_i} 是变量 A_i 的相对误差，$\gamma_{A_i} = \Delta A_i / A_i$。

此式表明，变量 A_i 对函数 y 的相对误差传递系数，等于函数 y 的对数对 A_i 的一阶偏导数乘以 A_i。

下面讨论两个特例。

若函数

$$y = a_0 + \sum_{i=1}^{n} a_i A_i$$

为线性函数，即式中 a_0、a_i 为常数，由式（1-86）可得 $C_{\Delta_i} = a_i$。所以

$$\Delta y = \sum_{i=1}^{n} a_i \Delta A_i \tag{1-89}$$

若函数为幂函数，即

$$y = a \prod_{i=1}^{n} A_i^{m_i}$$

式中，a 是常数；m_i 是正、负整数或分数。

由于

$$\ln y = \ln a + \sum_{i=1}^{n} m_i \ln A_i$$

由式（1-89）可得

$$C_{\gamma_i} = A_i \frac{\partial(m_i \ln A_i)}{\partial A_i} = m_i$$

于是有

$$\gamma_y = \sum_{i=1}^{n} \gamma_{F_i} = \sum_{i=1}^{n} m_i \gamma_{A_i} \tag{1-90}$$

通过上述讨论可看出，在进行线性函数误差估计时，先计算绝对误差比较方便，而进行幂函数误差估计时，先计算相对误差比较方便。

例 1-5 已知 R_1 的绝对误差是 ΔR_1，R_2 的绝对误差是 ΔR_2，试分别求出两电阻串联和并联时的误差表达式。

解 设串联时的总电阻为 R_C，则

$$R_C = R_1 + R_2$$

R_C 的绝对误差为

$$\Delta R_C = \Delta R_1 + \Delta R_2$$

$$\gamma_{R_C} = \frac{1}{R_1 + R_2}(R_1 \gamma_{R_1} + R_2 \gamma_{R_2})$$

设并联时的总电阻为 R_B，则

$$R_B = \frac{R_1 R_2}{R_1 + R_2}$$

因为

$$\frac{\partial R_B}{\partial R_1} = \frac{R_2^2}{(R_1 + R_2)^2}, \quad \frac{\partial R_B}{\partial R_2} = \frac{R_1^2}{(R_1 + R_2)^2}$$

所以

$$\Delta R_B = \frac{\partial R_B}{\partial R_1}\Delta R_1 + \frac{\partial R_B}{\partial R_2}\Delta R_2 = \frac{1}{(R_1 + R_2)^2}(R_2^2 \Delta R_1 + R_1^2 \Delta R_2)$$

$$\gamma_{R_B} = \frac{\Delta R_B}{R_B} = \frac{1}{(R_1 + R_2)}\left(R_2 \frac{\Delta R_1}{R_1} + R_1 \frac{\Delta R_2}{R_2}\right) = \frac{1}{(R_1 + R_2)}(R_2 \gamma_{R_1} + R_1 \gamma_{R_2})$$

（2）**数值计算确定法** 数值计算确定法是利用计算机的数值计算来确定误差传递系数的一种方法。它适合于函数关系复杂、不易求导的场合，特别是多变量的隐函数，如多元线性方程组等。

设函数 y 与 n 个独立变量 A_1，A_2，$\cdots$，A_n 满足

$$F(y, A_1, A_2, \cdots, A_n) = 0$$

则有

$$y = F^{-1}(A_1, A_2, \cdots, A_n)$$

式中，F^{-1} 是 y 的反函数，可由计算机编程求解。

在给定的计算点 A_{10}，A_{20}，$\cdots$，A_{i0}，$\cdots$，A_{n0}，函数（计算）值为 y_0，即

$$y_0 = F^{-1}(A_{10}, A_{20}, \cdots, A_{i0}, \cdots, A_{n0})$$

如果研究变量 A_i 的误差传递系数，给 A_{i0} 一个增量 ΔA_{ij}，此时函数值计为 Y_{0j}，即

$$Y_{0j}=F^{-1}(A_{10},A_{20},\cdots,A_{i0}+\Delta A_{ij},\cdots,A_{n0})$$

则函数 y 的绝对误差分量为

$$\Delta F_i=\Delta y_{ij}=y_{0j}-y_0 \tag{1-91}$$

考虑到 $\Delta F_i=C_{\Delta_{ij}}\Delta A_{ij}$，于是有

$$C_{\Delta_{ij}}=\frac{\Delta y_{ij}}{\Delta A_{ij}} \tag{1-92}$$

同理可得

$$C_{\gamma_{ij}}=\frac{\gamma_{y_{ij}}}{\gamma_{A_{ij}}}=\frac{\Delta y_{ij}/y_0}{\Delta A_{ij}/A_{i0}} \tag{1-93}$$

（3）实验确定法　如果能对某被测量的各种误差因素进行定量控制，该被测量的各种误差因素的误差传递系数即可由实验测定的方法来确定。

实验确定法的具体步骤是：在第 i 个误差原因 Q_i 变化而其他误差原因保持不变时，对被测量 y 的增量 Δy 和误差原因 Q_i 的变化量 ΔQ_i 进行测量，获得测量列 $\{\Delta y_{ij},\Delta Q_{ij}\}$，其中，$\Delta Q_{ij}$ 是第 i 个误差原因的第 j 次增量；Δy_{ij} 是 ΔQ_{ij} 引起的被测量 y 的增量。

利用最小二乘法原理，可得回归直线

$$\Delta y_i=C_{\Delta_i}\Delta Q_i+\Delta y_0$$

式中，C_{Δ_i} 是误差原因 Q_i 的传递系数的实验估计值。

以上推导中未涉及被测量 y 和误差源之间的函数关系，也就是说，不必知道它们的函数关系，即可确定误差传递系数，这一点尤为宝贵，是前两种方法无法比拟的。它不仅可以确定和被测量有函数关系的变量的误差传递系数，而且还可以确定和被测量无必然联系的测量条件和测量环境的误差传递系数。但是，该方法的前提是各种误差因素可以定量控制，这在技术上是有一定难度的。

1.5.3　已定系统误差的合成

误差合成是由局部的误差分量计算出测量结果的总误差。这里首先要解决的问题是误差因素的确定，其原则是"不能漏项，也不能重复计算"。要做到这一点，是比较困难的，但在实际的测量工作中，应力求做到这一点，其基本思路是：首先应该从已知的函数 $f(A_1,A_2,\cdots,A_n)$ 来确定误差；其次要从专业知识着手，找出已知函数式中没有得到反映，而在实际测量中又起作用的各独立误差因素 $(A_{n+1},A_{n+2},\cdots,A_{n+m})$。于是，测量结果的总误差表达式［式（1-82）］可以改写为

$$\Delta y=\sum_{j=1}^n\Delta A_j+\sum_{k=1}^m\Delta A_{n+k} \tag{1-94}$$

式中，ΔA_j 是已知函数的变量 A_j 引起的误差分量；ΔA_{n+k} 是与已知函数无关的独立误差因素 A_{n+k} 引起的误差分量。Δy 中既包含已定系统误差，又含未定系统误差和随机误差，即

$$\Delta y=\varepsilon(y)+U(y) \tag{1-95}$$

式中，$\varepsilon(y)$ 是测量结果的已定系统误差分量；$U(y)$ 是测量结果的未定系统误差和随机误差分量，也称之为测量结果的不确定度。当考虑已定系统误差合成时，可认为 $U(y)=0$，于是有

$$\varepsilon(y) = \sum_{j=1}^{n} \varepsilon_{F_j}(A_j) + \sum_{k=1}^{m} \varepsilon_{F_{(n+k)}}(A_{n+k}) \tag{1-96}$$

式中，$\varepsilon_{F_j(A_j)}$ 是 A_j 的已定系统误差分量，$\varepsilon_{F_j}(A_j) = C_{\Delta_j}\varepsilon_j(A_j)$，其中 $\varepsilon_j(A_j)$ 是自变量 A_j 的已定系统误差；$\varepsilon_{F_{(n+k)}}(A_{n+k})$ 是 A_{n+k} 的已定系统误差分量。

当不考虑独立误差分量时，式（1-96）可简写为

$$\varepsilon(y) = \sum_{j=1}^{n} \varepsilon_{F_j}(A_j) = \sum_{j=1}^{n} C_{\Delta_j}\varepsilon_j(A_j) \tag{1-97}$$

1.6 测量结果的表示

1.6.1 概述

在任何一个完整的测量过程结束时，都必须对测量结果进行报告，即给出被测量的估计值以及该估计值的测量误差。

设被测量 Y 的估计值为 y，估计值所包含的已定系统误差分量为 ε_y，估计值的极限误差为 Δ_m，则被测量 Y 的测量结果可表示为

$$Y = y - \varepsilon_y \pm U = y - \varepsilon_y \pm \Delta_m \tag{1-98}$$

或者

$$y - \varepsilon_y - \Delta_m \leqslant Y \leqslant y - \varepsilon_y + \Delta_m \tag{1-99}$$

如果对已定系统误差分量为 $\varepsilon_y = 0$，也就是说测量结果的估计值 y 不再含有可修正的系统误差，而仅含有不确定的误差分量，此时，测量结果可用下式表示：

$$Y = y \pm \Delta_m \tag{1-100}$$

$$y - \Delta_m \leqslant Y \leqslant y + \Delta_m \tag{1-101}$$

用上述两种形式给出测量结果时，应指明 k_y（方差系数）的大小或测量结果的概率分布及置信概率 P。

在测量实践中，常见的测量结果的表达形式有

$$Y = y \pm \Delta_m \quad (P = 0.68)$$

$$Y = y \pm \Delta_m \quad (P = 0.99)$$

其中，$P = 0.68$，k_y 近似为 1；$P = 0.99$，k_y 近似为 3；$P = 0.95$，不必注明 P 值，此时 k_y 近似为 2。

这说明了以下三点：

1）当测量结果的表达式采用了不同于 0.95 的其他置信概率时，在结果中均以括号给出。

2）无论采用何种方式，测量单位只能出现一次，并列于最后，除非是非十进制单位。

3）估计值 y 的有效数字位数应和相应的误差的大小相适应。

1.6.2 数据处理举例

例 1-6 用某数字电压表对某电压进行 15 次等精度重复测量，测得的值见表 1-4，单位为 V。已知数字电压的量程为 100V，显示位数为 4 位，允许误差为 $\Delta = \pm(0.15U_x\% + 3)$。试用拉依达法则判断是否有粗大误差，并求出被测量真值在 $P = 0.99730$ 时的置信区间。

表 1-4　等精度无系差重复测量

序号	x_i	ν_i	$\nu_i^2 \times 10^{-4}$	ν_i'	$\nu_i'^2 \times 10^{-4}$
1	20.42	+0.016	2.56	+0.009	0.81
2	20.43	+0.026	6.76	+0.019	3.16
3	20.40	−0.004	0.16	−0.011	1.21
4	20.43	+0.026	6.76	+0.019	3.61
5	20.42	+0.016	2.56	+0.009	0.81
6	20.43	+0.026	6.76	+0.019	3.61
7	20.39	−0.014	1.96	−0.021	4.41
8	20.30	−0.104	108.16		
9	20.40	−0.004	0.16	−0.011	1.21
10	20.43	+0.026	6.76	+0.019	3.61
11	20.42	+0.016	2.56	+0.009	0.81
12	20.41	+0.006	0.36	−0.001	0.01
13	20.39	−0.014	1.96	−0.021	4.41
14	20.39	−0.014	1.96	−0.021	4.41
15	20.40	−0.004	0.16	−0.011	1.21
		$\sum v_i = 0$	$\sum v_i^2 = 0.01496$	$\sum v_i' = 0$	$\sum v_i'^2 = 0.003374$

解　1. 标准偏差的估计

由表中数据可得被测量的平均值：$\bar{x} = \dfrac{\sum\limits_{i=1}^{n} x_i}{n} = 20.404$

标准差为：$\hat{\sigma} = \sqrt{\dfrac{\sum\limits_{i=1}^{n} \nu_i^2}{n-1}} = \sqrt{\dfrac{0.01496}{14}} \approx 0.033$

从表中发现 $|\nu_8| = 0.104 > 3\sigma = 0.099$，根据拉依达法则可知 ν_8 为粗大误差，即 x_8 为异常值，应予以剔除。于是，重新计算，得

$$\bar{x}' = 20.411$$

$$\hat{\sigma}' = \sqrt{\dfrac{0.003374}{13}} \approx 0.016$$

从表中可知 $|\nu_i'| < 3\sigma' = 0.048$，即剩余的 14 个数据不再含有粗大误差。

被测量平均值的标准差为

$$\sigma'(\bar{x}') = \hat{\sigma}'/\sqrt{n} = \dfrac{0.016}{\sqrt{14}} \approx 0.0043$$

2. 测量结果的估计

测量结果的最佳估计是其剔除粗大误差后的算术平均值，即

$$\overline{U}_x = 20.411V$$

3. 系统误差的估计

该测量的系统误差就是数字电压表的允许误差，即

$$\Delta = \pm(0.015U_x\% + 3)V = \pm(0.15 \times 20.411\% + 3 \times 0.01)V = \pm0.06V$$

4. 置信区间的估计

假设随机误差服从正态分布，当置信概率 $P = 0.99730$，从表 1-1 查得 $K = 3$。于是可得极限误差为

$$\Delta_m = \pm(|\Delta| + \Delta K_\sigma(\overline{x}')) = \pm(0.06 + 3 \times 0.0043)V = \pm0.073V$$

测量真值在 $P = 0.99$ 的置信区间为

$$[\overline{U}_x - \Delta_m, \overline{U}_m + \Delta_m] = [20.411 - 0.073, 20.411 + 0.073] = [20.338, 20.484]$$

5. 测量结果的表示

考虑到测量数据的有效位数应和误差相适应，即测量结果只能取到百分位，于是有

$$U_x = \overline{U}_x \pm \Delta_m = (20.41 \pm 0.07)V$$

1.7 最小二乘法原理及其应用

最小二乘法作为实验数据处理的一种基本方法，它给出了数据处理的一条准则——在最小二乘意义下获得的最佳结果（或最可信赖值）应使残差二次方和最小。基于这一准则所建立的一整套的理论和方法，为实验数据的处理提供了一种有力的工具，成为实验数据处理中应用十分广泛的基础内容之一。

1.7.1 最小二乘法原理

1. 最小二乘法原理

设某物理量 A 无系差、等精度、重复测量值分别为

$$A_1, A_2, \cdots, A_n$$

则该物理量的最佳估计值 a 应满足

$$\min \sum_{i=1}^{n}(A_i - a)^2 \text{ 或 } \min \sum_{i=1}^{n}\nu_i^2 \tag{1-102}$$

这就是最小二乘法原理。式中 ν_i 是 A_i 的剩余误差。所以，简单点讲最小二乘法原理就是"剩余误差的二次方和为最小"。

因为

$$\frac{\partial\left(\sum\limits_{i=1}^{n}(A_i - a)^2\right)}{\partial a} = \sum_{i=1}^{n}2(A_i - a)$$

令

$$\frac{\partial\left(\sum\limits_{i=1}^{n}(A_i - a)^2\right)}{\partial a} = 0 \quad \frac{\partial\left(\sum\limits_{i=1}^{n}(A_i - a)^2\right)}{\partial a} = 0$$

可得

$$a = \frac{1}{n} \sum_{i=1}^{n} A_i$$

表明测量列 A_1，A_2，$\cdots$，A_n 的最佳估计值是其算术平均值，这与"随机误差处理"中的算术平均值原理是相吻合的。

2. 矩阵最小二乘法原理

矩阵最小二乘法原理就是利用矩阵这一数学工具，将有限维线性变换中的最小二乘法原理变得简明扼要，便于记忆与应用。计算机的快速计算能力使比较复杂实验的数据处理和误差估计变得十分简便。

设线性函数的测量方程为

$$\begin{cases} y_1 = k_{11}Z_1 + k_{13}Z_2 + \cdots + k_{1N}Z_N \\ y_2 = k_{21}Z_1 + k_{22}Z_2 + \cdots + k_{2N}Z_N \\ \qquad \cdots \\ y_n = k_{n1}Z_1 + k_{n2}Z_2 + \cdots + k_{nN}Z_N \end{cases} \tag{1-103}$$

式中，y_i $(i=1,2,\cdots,n)$ 是第 i 个测量值；Z_j $(j=1,2,\cdots N)$ 是第 j 个待求参数；k_{ij} 是第 j 个待求参数第 i 次测量时的系数。

假定待求参数 Z_j 的最佳估计值为 $\hat{Z}_j$ $(j=1,2,\cdots,N)$，则测量值 y_j 的估计值为

$$\begin{cases} \hat{y}_1 = k_{11}\hat{Z}_1 + k_{12}\hat{Z}_2 + \cdots + k_{1N}\hat{Z}_N \\ \hat{y}_2 = k_{21}\hat{Z}_1 + k_{22}\hat{Z}_2 + \cdots + k_{2N}\hat{Z}_N \\ \qquad \cdots \\ \hat{y}_n = k_{n1}\hat{Z}_1 + k_{n2}\hat{Z}_2 + \cdots + k_{nN}\hat{Z}_N \end{cases} \tag{1-104}$$

由式（1-103）和式（1-104）可求出剩余误差方程组，即

$$\begin{cases} \nu_1 = y_1 - \hat{y}_1 = y_1 - (k_{11}\hat{Z}_1 + k_{12}\hat{Z}_2 + \cdots + k_{1N}\hat{Z}_N) \\ \nu_2 = y_2 - \hat{y}_2 = y_2 - (k_{21}\hat{Z}_1 + k_{22}\hat{Z}_2 + \cdots + k_{2N}\hat{Z}_N) \\ \qquad \cdots \\ \nu_n = y_n - \hat{y}_n = y_n - (k_{n1}\hat{Z}_1 + k_{n2}\hat{Z}_2 + \cdots + k_{nN}\hat{Z}_N) \end{cases} \tag{1-105}$$

式（1-105）用矩阵表示为

$$\begin{pmatrix} \nu_1 \\ \nu_2 \\ \vdots \\ \nu_n \end{pmatrix} = \begin{pmatrix} y_1 \\ y_2 \\ \vdots \\ y_n \end{pmatrix} = \begin{pmatrix} k_{11} & k_{12} & \cdots & k_{1N} \\ k_{21} & k_{22} & \cdots & k_{2N} \\ \vdots & \vdots & \vdots & \vdots \\ k_{n1} & k_{n2} & \cdots & k_{nN} \end{pmatrix} \begin{pmatrix} \hat{Z}_1 \\ \hat{Z}_2 \\ \vdots \\ \hat{Z}_n \end{pmatrix} \tag{1-106}$$

即

$$\boldsymbol{\nu} = \boldsymbol{Y} - \boldsymbol{K}\hat{\boldsymbol{Z}} \tag{1-107}$$

式中，$\hat{\boldsymbol{Z}} = \begin{pmatrix} \hat{Z}_1 \\ \hat{Z}_2 \\ \vdots \\ \hat{Z}_n \end{pmatrix}$ 是待求参数列矩阵；$\boldsymbol{\nu} = \begin{pmatrix} \nu_1 \\ \nu_2 \\ \vdots \\ \nu_n \end{pmatrix}$ 是剩余参数矩阵；$\boldsymbol{Y} = \begin{pmatrix} y_1 \\ y_2 \\ \vdots \\ y_n \end{pmatrix}$ 是测量值列矩阵；$\boldsymbol{K} =$

$$\begin{pmatrix} k_{11} & k_{12} & \cdots & k_{1N} \\ k_{21} & k_{22} & \cdots & k_{2N} \\ \vdots & \vdots & & \vdots \\ k_{n1} & k_{n2} & \cdots & k_{nN} \end{pmatrix} 是系数矩阵。$$

因为 $\boldsymbol{v}^{\mathrm{T}}\boldsymbol{v} = (\begin{matrix} v_1 & v_2 & \cdots & v_n \end{matrix}) \begin{pmatrix} v_1 \\ v_2 \\ \vdots \\ v_n \end{pmatrix} = \sum_{i=1}^{n} v_i^2$，所以，线性函数最小二乘法原理的矩阵

形式为

$$\min \boldsymbol{v}^{\mathrm{T}}\boldsymbol{v} = \min(\boldsymbol{Y}-\boldsymbol{K}\hat{\boldsymbol{Z}})^{\mathrm{T}}(\hat{\boldsymbol{Y}}-\boldsymbol{K}\hat{\boldsymbol{Z}})$$

要使本式为最小，必须令

$$\frac{\partial(\boldsymbol{v}^{\mathrm{T}}\boldsymbol{v})}{\partial \hat{\boldsymbol{Z}}} = \frac{\partial}{\partial \hat{\boldsymbol{Z}}}(\boldsymbol{Y}-\boldsymbol{K}\hat{\boldsymbol{Z}})^{\mathrm{T}}(\boldsymbol{Y}-\boldsymbol{K}\hat{\boldsymbol{Z}}) = 0$$

由此，可得待求参数列矩阵为

$$\hat{\boldsymbol{Z}} = (\boldsymbol{K}^{\mathrm{T}}\boldsymbol{K})^{-1}\boldsymbol{K}^{\mathrm{T}}\boldsymbol{Y} \tag{1-108}$$

测量值方差的估计值可由下式求出：

$$\hat{\sigma}^2 = \frac{\boldsymbol{v}^{\mathrm{T}}\boldsymbol{v}}{n-N} = \frac{1}{n-N}\sum_{i=1}^{n} v_i^2 = \frac{1}{n-N}\sum_{i=1}^{n}(y_i - \hat{y}_i)^2 \tag{1-109}$$

待求参数协方差的估计值矩阵由下式求出：

$$\sum_{\hat{Z}} = \begin{pmatrix} \sigma_{\hat{Z}_1}^2 & \sigma_{\hat{Z}_1\hat{Z}_2} & \cdots & \sigma_{\hat{Z}_1\hat{Z}_N} \\ \sigma_{\hat{Z}_1\hat{Z}_2} & \sigma_{\hat{Z}_2}^2 & \cdots & \sigma_{\hat{Z}_2\hat{Z}_N} \\ \vdots & \vdots & & \vdots \\ \sigma_{\hat{Z}_1\hat{Z}_N} & \sigma_{\hat{Z}_2\hat{Z}_N} & \cdots & \sigma_{\hat{Z}_N}^2 \end{pmatrix} = (\boldsymbol{K}^{\mathrm{T}}\boldsymbol{K})^{-1}\hat{\sigma}_y^2 \tag{1-110}$$

式中，$\sum_{\hat{Z}}$ 是待求参数 $\hat{\boldsymbol{Z}}$ 的协方差矩阵；$\sigma_{\hat{Z}_i}^2$ 是待求参数 Z_i 的方差；$\sigma_{\hat{Z}_i\hat{Z}_j}$ 是待求参数 Z_i 与待求参数 Z_j 的协方差，是与 Z_i 和 Z_j 的相关程度有关的一个参数，在非独立变量误差合成或估计中要用到它，因已超出本书内容，故不作介绍。

1.7.2 最小二乘法在测量中的应用

1. 在组合测量中的应用

前面讲过，组合测量是在一系列直接测量的基础上，通过求解联立方程组而获得测量结果的一种测量方法。在组合测量中，通常使联立方程组的个数 n 和被测量的个数 N 相等，以获得被测量的一组解。众所周知，各直接测量数据不可避免地存在随机误差，显然，以这些直接测量数据为基础的联立方程组的解，即测量结果必然也会存在一定的随机误差。那么，组合测量结果的随机误差分量能否评价？又如何评价？当 $n=N$ 时，因只能获得被测量的一组定解，考虑到随机误差的偶然性，故随机误差分量无法评价。如果要做出评价，人们自然而然地会想到等精度重复测量，即 $n>N$，在这种场合，数据处理是比较复杂的。矩阵最

小二乘法为这类问题的求解提供了方便。

例1-7 图1-8所示为电源电动势 E 和电源内阻 r 的测量电路，根据电路理论，测量方程为 $U=E-Ir$。已知等精度重复测量的数据，见表1-5，试求出 E 和 r 的估计值和标准差。

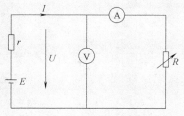

图1-8 电源电动势及内阻测量电路

解 测量方程通式为 $U_i=E-I_i r$，和最小二乘法原理的标准形式相比，不难得出

$$\hat{Z}=\begin{pmatrix} \hat{E} \\ \hat{r} \end{pmatrix},\quad K=\begin{pmatrix} 1 & -I_1 \\ 1 & -I_2 \\ \vdots & \vdots \\ 1 & -I_n \end{pmatrix},\quad U=\begin{pmatrix} U_1 \\ U_2 \\ \vdots \\ U_n \end{pmatrix}$$

表1-5 U 和 I 的测量数据

i	I_i/mA	U_i/V	i	I_i/mA	U_i/V
1	3.293	1.5145	7	7.663	1.5123
2	3.769	1.5143	8	9.052	1.5113
3	4.333	1.5140	9	11.926	1.5103
4	5.027	1.5136	10	16.922	1.5080
5	5.916	1.5132	11	33.880	1.5006
6	6.679	1.5127	12	83.580	1.4852

由式（1-108）可得

$$\hat{Z}=(K^{\mathrm{T}}K)^{-1}K^{\mathrm{T}}K=\frac{1}{n\sum_{i=1}^{n}I_i^2-\left(\sum_{i=1}^{n}I_i\right)^2}\begin{pmatrix} \sum_{i=1}^{n}U_i\sum_{i=1}^{n}I_i^2-\sum_{i=1}^{n}U_iI_i\sum_{i=1}^{n}I_i \\ \sum_{i=1}^{n}U_i\sum_{i=1}^{n}I_i-n\sum_{i=1}^{n}U_iI_i \end{pmatrix}=\begin{pmatrix} 1.515\text{V} \\ 0.3686\Omega \end{pmatrix}$$

由式（1-109）可得

$$\hat{\sigma}_U^2=\frac{\sum_{i=1}^{n}v_i^2}{n-N}=\frac{1}{12-2}\sum_{i=1}^{12}\left[U_i-(\hat{E}-I_i\hat{R})\right]^2=0.704\times10^{-6}\quad\text{V}^2$$

由式（1-110）可得

$$\begin{pmatrix} \hat{\sigma}_{\hat{E}}^2 & \hat{\sigma}_{\hat{E}\hat{R}} \\ \hat{\sigma}_{\hat{E}\hat{R}} & \hat{\sigma}_{\hat{R}}^2 \end{pmatrix}=\frac{1}{n\sum_{i=1}^{n}I_i^2-\left(\sum_{i=1}^{n}I_i\right)^2}\begin{pmatrix} \sum_{i=1}^{n}I_i^2 & \sum_{i=1}^{n}I_i \\ \sum_{i=1}^{n}I_i & n \end{pmatrix}\hat{\sigma}_U^2=\begin{pmatrix} 0.09 & 1.96 \\ 1.96 & 121.98 \end{pmatrix}\times10^{-6}$$

所以，待求参数的标准差为

$$\hat{\sigma}_{\hat{E}} = \sqrt{\hat{\sigma}_{\hat{E}}^2} = \sqrt{0.09 \times 10^{-6}}\,\mathrm{V} = 0.3 \times 10^{-3}\,\mathrm{V}$$

$$\hat{\sigma}_{\hat{R}} = \sqrt{\hat{\sigma}_{\hat{R}}^2} = \sqrt{121.98 \times 10^{-6}}\,\Omega = 0.011\,\Omega$$

由于 n 较大，计算较繁，故运算结果由计算机编程计算得出。从上述计算结果不难得出，被测电源电动势和内阻置信区间（K 取 3）分别为

$$E_x = \hat{E} \pm k\hat{\sigma}_{\hat{E}} = 1.5150 \pm 0.0009\,\mathrm{V}, \quad R_x = \hat{R} \pm k\hat{\sigma}_{\hat{R}} = 0.37 \pm 0.03\,\Omega$$

在精密测量中，有时会遇到同时测量若干个相互独立的物理量，如标准量具的比对。若要达到一定的测量准确度，常规办法是对每个物理量进行等精度重复测量 n 次，这必然使得测量总次数过多（n 的若干倍）、测量过程太长。如果巧妙地进行组合测量，配以最小二乘法算法，就可获得事半功倍的效果。

例如，欲精密测量标准电阻 R_1、R_2 和 R_3，可采取如下测量步骤：

1）R_1，读数为 r_1，即 $r_1 = R_1$。

2）R_2，读数为 r_2，即 $r_2 = R_2$。

3）R_3，读数为 r_3，即 $r_3 = R_3$。

4）R_1 和 R_2 的串联值，读数为 r_4，即 $r_4 = R_1 + R_2$。

5）R_1 和 R_3 的串联值，读数为 r_5，即 $r_5 = R_1 + R_3$。

6）R_2 和 R_3 的串联值，读数为 r_6，即 $r_6 = R_2 + R_3$。

7）R_1、R_2 和 R_3 的串联值，读数为 r_7，即 $r_7 = R_1 + R_2 + R_3$。

将上述 1）~7）的关系式整理为
$$\begin{cases} r_1 = R_1 + 0 \times R_2 + 0 \times R_3 \\ r_2 = 0 \times R_1 + R_2 + 0 \times R_3 \\ r_3 = 0 \times R_1 + 0 \times R_2 + R_3 \\ r_4 = R_1 + R_2 + 0 \times R_3 \\ r_5 = R_1 + 0 \times R_2 + R_3 \\ r_6 = 0 \times R_1 + R_2 + R_3 \\ r_7 = R_1 + R_2 + R_3 \end{cases}$$

上式为线性方程组，与最小二乘法中讨论的方程组完全类似。这里

$$\hat{\boldsymbol{Z}} = \begin{pmatrix} \hat{R}_1 \\ \hat{R}_2 \\ \hat{R}_3 \end{pmatrix}, \quad \boldsymbol{K} = \begin{pmatrix} 1 & 0 & 0 \\ 0 & 1 & 0 \\ 0 & 0 & 1 \\ 1 & 1 & 0 \\ 0 & 1 & 1 \\ 1 & 1 & 1 \end{pmatrix}, \quad \boldsymbol{Y} = \begin{pmatrix} r_1 \\ r_2 \\ r_3 \\ r_4 \\ r_5 \\ r_6 \end{pmatrix}$$

由式（1-108）和式（1-110）即可求出被测标准电阻的估计值及其方差。不难发现，在整个测量过程中，每个标准电阻均出现过 4 次，从测量理论来说，上述测量结果的准确度和每个标准电阻单独测量 4 次的准确度是相同的。这就是说，这里用 7 次组合测量，达到了通常需 12 次单独测量的准确度。

2. 在曲线拟合和回归分析中的应用

在科学实验中，经常会遇到确定两个或者两个以上物理量之间的函数关系。通常所采用的方法是进行大量的实验或测量，应用数学物理方法或数学统计理论来寻求物理量之间的客观规律（函数关系），这就是人们通常讲的曲线拟合与回归分析。

下面以确定两个物理量之间的函数关系为例，说明最小二乘法在曲线拟合与回归分析中的应用。

设变量 x 与函数 y 存在下列关系：

$$y = a_0 + a_1 x + a_2 x^2 + \cdots + a_N x^N$$

式中，a_j（$j = 1$，2，$\cdots$，N）是待求参数；x^j（$j = 1$，2，$\cdots$，N）是已知常数。

为确定上述待求参数 a_j，可在给定不同的 x_i（$i = 1$，2，$\cdots$，n）下，对 y 进行无系差、等精度、独立测量 n 次，测得值记为 y_i（$i = 1$，2，$\cdots$，n）。然后，对测量数据（x_i，y_i）应用最小二乘法原理进行处理，即可获得 a_j 的估计值及其方差。

这里应该说明 N 值的选取，应取决于所研究问题的物理本质，绝不能认为 N 越大越好。因为，首先，N 过大时关系式会变得复杂，不便于应用；其次，N 过大时所得回归曲线几乎通过每个测量点，这将失去回归分析的意义；再次，N 过大时测量时间过长，等精度条件也难以保证。在实际测量中，一般 $N \leqslant 3$。当 $N = 1$ 时，称为线性回归，所得方程称为线性回归方程。

例 1-8 已知某一热敏电容的温度和电容值的实测数据，见表 1-6。试用最小二乘法原理求其数学表达式。

表 1-6 电容值的实测数据

$T_i/{}^\circ\!C$	50	60	70	80	90	100	109	119
C_i/pF	824	725	657	561	491	433	352	333

解 1. 线性拟合

设线性回归方程为：$C = \hat{a} + \hat{b} T$

这里，$\hat{\boldsymbol{Z}} = \begin{pmatrix} \hat{a} \\ \hat{b} \end{pmatrix}$，$\boldsymbol{K} = \begin{pmatrix} 1 & T_1 \\ 1 & T_2 \\ \vdots & \vdots \\ 1 & T_n \end{pmatrix}$，$\boldsymbol{Y} = \begin{pmatrix} C_1 \\ C_2 \\ \vdots \\ C_n \end{pmatrix}$

根据式（1-109）和式（1-111）编制计算机程序，运算结果为

$$\hat{a} = 1181.24 \qquad \hat{\sigma}_{\hat{a}} = 35$$

$$\hat{b} = -7.457 \qquad \hat{\sigma}_{\hat{b}} = 0.40$$

所以，被拟合的线性回归方程为

$$C = 1.18 \times 10^3 - 7.5 T$$

式中，温度 T 的单位为 ${}^\circ\!C$；电容 C 的单位为 pF。

2. 二次拟合

设线性回归方程为

$$C = \hat{a} + \hat{b}T + \hat{c}T^2$$

这里，$\hat{Z} = \begin{pmatrix} \hat{a} \\ \hat{b} \\ \hat{c} \end{pmatrix}$，$K = \begin{pmatrix} 1 & T_1 & T_1^2 \\ 1 & T_2 & T_2^2 \\ \vdots & \vdots & \vdots \\ 1 & T_n & T_n^2 \end{pmatrix}$，$Y = \begin{pmatrix} C_1 \\ C_2 \\ \vdots \\ C_n \end{pmatrix}$

根据式（1-108）和式（1-110）编制计算机程序，运算结果为

$$\hat{a} = 1472.89 \qquad \hat{b} = -14.89 \qquad \hat{c} = -0.0444$$

所以，二次拟合的回归方程为

$$C = 1.472 \times 10^3 - 14.89T + 0.0444T^2$$

式中，温度 T 的单位为℃；电容 C 的单位为 pF。

3. 非线性模型的最小二乘法拟合

在测量实践中，经常会遇到要通过实验确定的函数和待定参数之间不具有线性形式的关系，这就使得求解变得比较复杂。此时，可通过变量替换使其线性化，再利用最小二乘法求解，问题可大大简化。下面介绍指数函数的线性化拟合。

设指数函数为

$$s = Ae^{Ct} \tag{1-111}$$

问题：通过测量 s 和 t，求解 A 和 C。为此，对式（1-111）两边取对数，得到

$$\ln s = \ln A + Ct \tag{1-112}$$

令 $\ln s = y$，$t = x$，$\ln A = a_0$，$C = a_1$，则有

$$y = a_0 + a_1 x \tag{1-113}$$

这样，可用最小二乘法求出 a_0、a_1，从而可求出 A 和 C。

例 1-9 已知某负温度系数热敏电阻的实验数据，见表 1-7。负温度系数热敏电阻的特性方程（数学模型）为 $R = R_0 \exp B \left(\dfrac{1}{T} - \dfrac{1}{T_0} \right)$。其中 R 为绝对温度 T 时的电阻，单位为 $k\Omega$；T 为绝对温度，单位为 K（开尔文），$T = T_C + T_0$，$T_0 = 273.16K$。试用最小二乘法求 R 和 B。

解 令 $T = \left(\dfrac{1}{T} - \dfrac{1}{T_0} \right)$，则负温度系数热敏电阻的特性方程变为 $R = R_0 \exp Bt$。

将该函数线性化，两端取对数，得 $\ln R = \ln R_0 + Bt$。

令 $y = \ln R$，$t = x$，$a_0 = \ln R_0$，$B = a_1$，则上式可写为 $y = a_0 + a_1 x$。

用最小二乘法原理对此函数进行线性拟合，可得 $a_0 = 4.59$，$a_1 = 3897$。

则 $R_0 = e^{a_0} = 98.01$，$B = a_1 = 3897$，由此可得负温度系数热敏电阻的特性方程（数学模型）为 $R = 98.01 \exp 3897 \left(\dfrac{1}{T} - \dfrac{1}{T_0} \right)$。

表 1-7 电阻的实验数据

T_C/℃	R/kΩ	T_C/℃	R/kΩ
0	95.14	60	7.61
10	58.77	70	5.37
20	37.29	80	3.86
30	24.25	90	2.82
40	16.14	100	2.09
50	10.97		

为讨论误差，可根据上式求出不同电阻值时的温度值 T_{CX} 和温度拟合误差 $\Delta T = T_{CX} - T_C$，结果见表 1-8。

从表 1-8 不难看出，温度拟合误差有正有负，最大为 0.89℃，拟合误差小于 1%。

表 1-8 计算结果

T_C/℃	R/kΩ	T_{CX}/℃	T/℃
0	95.14	0.57	0.57
10	58.77	10.16	0.16
20	37.29	19.85	−0.15
30	24.25	29.64	−0.36
40	16.14	39.54	−0.46
50	10.97	49.53	−0.47
60	7.61	59.61	−0.39
70	5.37	69.82	−0.18
80	3.86	80.09	0.87
90	2.82	90.43	0.43
100	2.09	100.89	0.89

1.8 微小误差准则与比对标准的选取

1.8.1 微小误差准则

对于任何一个测量过程或测试系统来说，测量结果的总误差取决于相应过程或系统的各局部误差分量。随着测试系统的扩大，误差计算的复杂度也将增加。为简化计算，在保证一定误差计算精度的前提下，人们通常只考虑对总误差影响较大的主要的局部误差分量，而对总误差影响甚微或可忽略的次要的局部误差分量不予考虑，这些不予考虑的误差分量就被称之为微小误差。如何判别微小误差是"微小误差准则"要解决的问题。根据有效数字规则，当某一项误差忽略后所带来的计算误差不超过总误差末位的半个单位，该项误差就是微小误差，也是微小误差的基本准则。

下面主要讨论微小误差的基本准则在不同误差合成时的表现形式。

由式（1-96）可知，函数 y 已定系统误差为

$$\varepsilon(y) = \sum_{j=1}^{n} \varepsilon(A_j) + \sum_{k=1}^{m} \varepsilon(A_{n+k}) \tag{1-114}$$

式中，$\varepsilon(A_j)$ 和 $\varepsilon(A_{n+k})$ 分别是函数 y 的自变量 A_j 引起的误差分量和与函数 y 无直接关系的独立误差因数 A_{n+k} 引起的误差分量。如果没有必要区分这两类误差分量时，式（1-114）可简写为

$$\varepsilon(y) = \sum_{i=1}^{N} \varepsilon_{F_i}(A_i)$$

式中，$\varepsilon_{F_i}(A_i)$ 是函数 y 的误差分量；$N = n+m$。

若上式中第 k 项误差分量 $\varepsilon_{F_k}(A_k)$ 小到可以忽略不计时，则有

$$\varepsilon'(y) = \sum_{\substack{i=1 \\ i \neq k}}^{N} \varepsilon_{F_i}(A_i)$$

当误差 $\varepsilon(y)$ 用一位有效数字表示，则有 $\varepsilon(y) = a \times 10^m = (1 \sim 9) \times 10^m$，$\varepsilon(y)$ 的一个单位的一半不会大于 $(1/20)\varepsilon(y)$，根据微小误差基本准则可得

$$\varepsilon(A_k) = \varepsilon(y) - \varepsilon'(y) \leqslant \frac{1}{20}\varepsilon(y) = 0.05\varepsilon(y) \tag{1-115}$$

式（1-115）表明，对于已定系统误差合成，若某项误差分量不大于总误差的 1/20，则该误差分量可视为微小误差，即可忽略不计。

对于工程测量，上述准则可放宽到某项误差分量不大于总误差的 1/10 时，则该误差分量即可忽略。

1.8.2 比对标准的选取

比对标准的选取在仪器、仪表的检定中是首先要解决的问题。

当被检仪器的允许误差用一位有效数字表示时，标准仪器（或量具）的误差可忽略的条件是

$$\Delta_N \leqslant \left(\frac{1}{9} - \frac{1}{3}\right)\Delta_x \tag{1-116}$$

式中，Δ_N 是标准仪器（或量具）的允许误差；Δ_x 是被检仪器的允许误差。

特别是被检误差中以正态分布的随机误差或未定系统误差为主时，标准仪器的误差可忽略的条件是

$$\Delta_N \leqslant \frac{1}{3}\Delta_x \tag{1-117}$$

若是被检误差中以均匀分布为主，则标准仪器的误差可忽略的条件是

$$\Delta_N \leqslant \frac{1}{5}\Delta_x \tag{1-118}$$

延伸阅读

1. 数据比命珍贵——郭永怀

郭永怀，中共党员，著名力学家、应用数学家、空气动力学家、中国科学院学部委员（即中国科学院院士），近代力学事业的奠基人之一。郭永怀长期从事航空工程研究，发现了上临界马赫数，发展了奇异摄动理论中的变形坐标法，即国际上公认的 PLK 方法，倡导了中国的高超声速流、电磁流体力学、爆炸力学的研究，培养了一批优秀力学人才；担负了国防科学研究的业务领导工作，为发展导弹、核弹与卫星事业做出了重要贡献。

在美国留学期间，因为从事科学研究工作，郭永怀经常会接触到一些机密资料，于是美方就要他填一张调查表，其中一项是"你为什么要到美国来？"郭永怀的回答是"到美国来，是为了有一天能回去报效祖国。"

回国后，郭永怀担任九院副院长，主管力学部分，负责原子弹的理论探索和研制工作。这样他和实验物理学家王淦昌、理论物理学家彭桓武一起，组成了中国核武器研究最初的三大支柱。1963 年，他与科研队伍迁往青海核武器研制基地。这个基地位于海拔 3800 多米的高原地区，气候变化无常，冬季最低气温达 $-40℃$，加上缺氧和当时物质匮乏，许多研究人员都因此营养不良。郭永怀经常和其他科研人员一起，喝碱水、住帐篷、睡铁床，50 岁的他因此显得特别苍老，满头白发。

爆轰物理实验是突破原子弹技术的重要一环，为了取得满意的爆炸模型，郭永怀带领队员反复试验，甚至自己跑到帐篷里去搅拌炸药。在多次试验后，郭永怀提出了两路并进、最后择优的办法，一举为第一颗原子弹爆炸确定了最佳方案，这种方案后来被应用于中国第一代武器研制过程。

1968 年 12 月 4 日下午，在青海基地待了两个多月的郭永怀在试验中发现了一个重要线索。他要急着赶回北京，把这个新得到的数据带回去。5 日凌晨，飞机即将降落北京机场。然而就在离地面 400 多米的时候，飞机突然失去了平衡，开始猛地坠落。据唯一的重伤生还者回忆，在飞机开始剧烈晃动的时候，他只听到郭永怀大喊："我的文件！我的文件！"当人们从机身残骸中寻找到郭永怀时，吃惊地发现他的遗体同警卫员牟方东紧紧抱在一起。烧焦的两具遗体被吃力地分开后，中间掉出一个装着绝密文件的公文包，数据资料完好无损！这份绝密资料，为后来的热核导弹发射成功提供了重要数据。郭永怀牺牲 22 天后，我国第一颗热核导弹成功试爆，氢弹的武器化得以实现。

多年过去，中国工程院原副院长杜祥琬讲述这段故事时动情的语气犹在耳侧："郭永怀是中国知识分子的表率，是中国共产党人的表率。"

2. 两个数据改变了世界历史

原子弹的出现深刻改变了世界格局和人类历史的进程。在原子弹的研制过程中，也有两个数据改变了国家的命运，极大地影响了世界历史。

早在二战期间，德国就掌握了原子弹的技术，然而，在德国的原子弹计划开始两年后的 1942 年，德国不但没造出原子弹，甚至还进入了完全放弃状态，只因项目负责人诺贝尔奖获得者海森堡算错了一个数据，这个毁灭世界的武器才没有被制造出来。

海森堡因没有把中子扩散率计算在内，把造原子弹所需的铀235的质量夸大了好几个数量级。原本只需要十几公斤的铀235，他竟算成了需要好几吨的铀235。好几吨铀235是什么概念呢？天然铀矿中，铀235的含量极低，只有0.7%。就是为了分离提炼一点点铀235，美国"曼哈顿工程"就修建了大量电磁分离工厂。工厂里的电磁分离装置，还是从美国财政部借来了4.7万吨银币和3.9万吨银锭，加工制造而成的。当时美国"曼哈顿计划"可是动员了50万人，耗资22亿美元，并占用了全国近1/3的电力，才得以完成计划。

海森堡在进行了反复几次运算后，确认当下不具备研制原子弹的条件，于是整个原子弹计划也被迫叫停，这样德国的原子弹计划就被整整搁置了两年。一直等到美国人投放原子弹，在得知原子弹的真实数据后，海森堡感到十分震惊。

在我国原子弹研制过程中，也遇到了一个关键数据的处理问题。

我国在开始全面建设社会主义时期，基础工业有了一定的发展，于是着手准备研制原子弹。1959年开始起步时，国民经济发生严重困难。1959年6月，苏联政府撕毁中苏在1957年10月签订的《国防新技术协定》，随后撤走专家，我国决心完全依靠自己的力量来实现这一任务。

1958年8月，我国自主设计研发核武器的工作正式启动，34岁的邓稼先成为领头羊。当时，苏联支援我国的专家实际上对我国实行技术封锁，后来中苏关系恶化，苏联更是撤走了全部专家。邓稼先带领的理论小组别无选择，只能自力更生。

但是，理论小组面临着一个现实的问题。之前苏联专家曾给过一个参数，严谨的理论小组没有轻易使用这个数值，而是进行了上万次的方程式推算。他们经常工作到天亮，算一次需要一个多月，最后他们得出的结果与苏联专家提供的参数相差一倍。光是他们计算用的纸，装进麻袋后就堆满了好几个仓库。确定这个关键参数之后，整个核武器研制的"龙头"昂起来了。数学家华罗庚称赞说这是"集世界数学难题之大成"。

1964年10月16日，我国的第一颗原子弹按照邓稼先他们的设计，顺利地在罗布泊炸响。邓稼先等人前进的脚步没有就此打住，在大漠深处，他们又开始了新的征程。仅仅两年零八个月之后我国第一颗氢弹就在罗布泊上空爆响，而从原子弹到氢弹，法国整整用了8年，美国用了7年，苏联用了4年。

复习思考题

1. 简述测量误差及其分类和表示方式。
2. 系统误差消除的主要方法有哪些？
3. 请给出随机误差标准偏差的表示式。
4. 简述等精度重复测量中的数据处理程序。
5. 简述直接测量结果的误差估计表示方法。
6. 请给出间接测量结果误差合成公式。
7. 已测得圆锥体的直径 $d = (3.321 \pm 0.003)\,\mathrm{cm}$，$h = (7.841 \pm 0.002)\,\mathrm{cm}$，求圆锥体的体积和相对误差。
8. 已知测量数据如下：

$x_i = 827.14$，827.06，827.11，827.18，827.12，827.16，827.01，827.03，827.12，827.17，827.19，

827.23，827.08，827.14，827.06，827.21，827.02，827.11，827.08，827.03（$i=20$）

（1）求出测量值的算术平均值，总体标准偏差 $\sigma(x)$ 及其估计值 $\hat{\sigma}(x)$，随机误差 δ，极限误差 Δ，并说明各误差含义。

（2）写出测量结果的误差表达式。

9. 随机误差 ρ 定义为 $P\{|\delta|\leqslant\rho\}=\dfrac{1}{2}$，求 Z、P 和 $\alpha(z)$。

10. 算术平均误差定义为 $S=\displaystyle\int_{-\infty}^{\infty}|\delta|f(\delta)\mathrm{d}\delta$，求 Z、P 和 $\alpha(z)$。

11. 在一批额定误差在 5% 的电阻中，任取三个电阻（11kΩ、8kΩ、7kΩ）进行串联，求总电阻示值的极限误差。

12. 已知电阻 $R_1=470\times(1\pm5\%)$ Ω，$R_2=470\times(1\pm10\%)$ Ω，求串联及并联后的总电阻 R 的极限误差 Δ 及相对标准偏差 $\sigma(x)$ 各为多少？

第 2 章

测量系统的基本特性

2.1 概述

测量系统既指众多环节组成的对被测物理量进行检测、调理、变换、显示或记录的完整系统，如含有传感器、调理电路、数据采集、微处理器（微型计算机）或测试仪器，又指组成完整测量系统中的某一环节或单元，如传感器、调理电路、数据采集卡（板）、测试仪器，甚至可以是单一的测量环节，如放大器、电阻分压器、RC 滤波器等。

测量系统的特性是指系统的输入与输出的关系，主要应用于以下三个方面：

1）已知测量系统的特性，输出可测，那么通过该特性和输出来推断导致该输出的输入量。这就是通常应用测量系统来测未知物理量的测量过程。

2）已知测量系统特性和输入，推断和估计系统的输出量。通常应用于根据对被测量（即输入量）的测量要求组建多个环节的测量系统。

3）由已知或观测系统的输入、输出，推断系统的特性。通常应用于系统的研究、设计与制作，一般用数学表达式（数学模型）或数表来表示测量系统的基本特性。对于连续时间测量系统，也即模拟测量系统如图 2-1 所示，它的输入 $x(t)$ 与其输出 $y(t)$ 在时域中的关系由微分方程确立。对于图 2-2 所示的离散时间测量系统，如具有采样/保持的计算机系统，它的输入 $x(nT)$ 与输出 $y(nT)$ 都是只在时刻 nT（$n=0$，1，2，…）才存在的离散变量，当时间间隔 T 很小时 $x(nT)$ 与 $y(nT)$ 的关系由差分方程描述。

$$\frac{x(t)}{输入} \rightarrow \boxed{连续时间系统} \rightarrow \frac{y(t)}{输出}$$

图 2-1 连续时间测量系统

$$\frac{x(nT)}{输入} \rightarrow \boxed{离散时间系统} \rightarrow \frac{y(nT)}{输出}$$

图 2-2 离散时间测量系统

本章只讨论连续时间系统。在工程上可以有足够精度认为大多数常见系统的输入 $x(t)$ 和输出 $y(t)$ 之间的关系可用下述常系数线性微分方程来描述：

$$a_n \frac{d^n y(t)}{dt^n} + a_{n-1} \frac{d^{n-1} y(t)}{dt^{n-1}} + \cdots + a_1 \frac{dy(t)}{dt} + a_0 y(t) = b_m \frac{d^m x(t)}{dt^m} + b_{m-1} \frac{d^{m-1} x(t)}{dt^{m-1}} + \cdots + b_1 \frac{dx(t)}{dt} + b_0 x(t)$$

$$(2-1)$$

根据输入信号 $x(t)$ 随时间变化还是不随时间而变，测量系统的基本特性分为静态特性和动态特性。它们是测量系统对外呈现出的外部特性，由其内部参数即系统本身的固有属性决定。

2.2　测量系统的静态特性

测量系统的静态特性又称"刻度特性""标准曲线"或"校准曲线"。当被测对象处于静态时，也就是测量系统的输入为不随时间变化的恒定信号，在这种情况下测量系统输入与输出之间呈现的关系就是静态特性。这时式（2-1）中各阶导数为零，于是微分方程就变为

$$y(t) = \frac{b_0}{a_0} x(t) = Sx(t) \tag{2-2}$$

或简写为 $y = Sx$，式（2-2）就是理想的定常线性测量系统的静态特性的表达式，其中 $S = b_0/a_0$。

对于实际的测量系统，其输入与输出曲线往往不是理想直线，故静态特性由多项式来表示，即

$$y = S_0 + S_1 x + S_2 x^2 + \cdots \tag{2-3}$$

式中，S_0，S_1，S_2，$\cdots$，S_n 是常量；y 是输出量；x 是输入量。

2.2.1　静态特性的获得

对一个测量系统，在使用前必须进行标定或定期进行校验，即在规定的标准工作条件下（规定的温度范围、大气压力、湿度等），由高精度输入量发生器给出一系列数值已知的、准确的、不随时间变化的输入量 x_j（$j = 1$，2，3，$\cdots$，m），用高精度测量仪器测定被校测量系统对应的输出量 y_j（$j = 1$，2，3，$\cdots$，m），从而可以获得由 y_j、x_j 数值列出的数表、绘制曲线或求得数学表达式表征的被校测量系统的输出与输入的关系，称之为静态特性。如果实际测试时的现场工作条件偏离了标定时的标准工作条件，则将产生附加误差，必要时需对读数进行修正。各个标定点输出量的数值 y_j，又称为刻度值、校准值或标定值。

2.2.2　静态特性的基本参数

1. 零位（点）

当输入量为零时，即 $x = 0$，测量系统的输出量不为零，由式（2-3）可得零位值为

$$y = S_0 \tag{2-4}$$

零位值应从测量结果中设法消除。零位值也可以"设置"或"迁移"为非零的数值。如变送器是输出标准信号的传感器，输出直流电流值 4mA 为零位值，表示输入量为零。

2. 灵敏度

灵敏度是描述测量系统对输入量变化反应的能力。通常由测量系统的输出变化量 Δy 与引起该输出量变化的输入变化量 Δx 的比值 S 来表征，即

$$S = \frac{\Delta y}{\Delta x} = \frac{\mathrm{d}y}{\mathrm{d}x} \tag{2-5}$$

当输出量与输入量采用相对变化量 $\Delta y/y$、$\Delta x/x$ 形式时，灵敏度还有多种表达形式：

$$S = \frac{\Delta y / y}{\Delta x / x} \text{或} S = \frac{\Delta y \cdot x}{\Delta x \cdot y}$$

当静态特性为一直线时，直线的斜率即为灵敏度，且为一常数。它就是式（2-3）中的 S_1，或式（2-2）中的 S。当静态特性是非线性特性时，灵敏度不是常数。如果输入量与输出量量纲相同，则灵敏度无量纲，常用"放大倍数"一词代替绝对灵敏度。

若测量系统是由灵敏度分别为 S_1、S_2、S_3 等多个相互独立的环节组成，如图 2-3 所示，则测量系统的总灵敏度 S 为

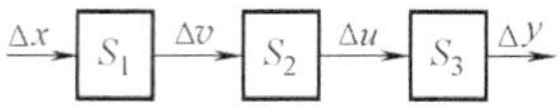

$$S = \frac{\Delta y}{\Delta x} = \frac{\Delta v}{\Delta x} \frac{\Delta u}{\Delta v} \frac{\Delta y}{\Delta u} = S_1 S_2 S_3 \qquad (2\text{-}6)$$

图 2-3 多级测量系统

式（2-6）表示总灵敏度等于各个环节灵敏度的乘积。灵敏度数值大，表示相同的输入改变量引起的输出变化量大，则测量系统的灵敏度高。对于数字显示的测量系统，用分度值（g）表征灵敏度的高低。

3. 分辨力

分辨力又称"灵敏度阈"，它表征测量系统有效辨别输入量最小变化量的能力。具有数字显示器的测量系统，其分辨力是当最小有效数字增加一个字时相应示值的改变量，也即相当于一个分度值。

4. 量程

量程又称"满度值"，表征测量系统能够承受最大输入量的能力。其数值是测量系统示值范围上限、下限之差的模。当输入量在量程范围以内时，测量系统正常工作，并保证预定的性能。

2.2.3 静态特性的质量指标

1. 迟滞

迟滞又称"滞后量""滞后"或"滞环"，表征测量系统在全量程范围内，输入量由小到大（正行程）或由大到小（反行程）两者静态特性不一致的程度，如图 2-4 所示。其值用引用误差形式表示，即

$$\delta_H = \frac{|\Delta H_m|}{Y_{FS}} \times 100\% \qquad (2\text{-}7)$$

式中，$|\Delta H_m|$ 是同一输入量对应正、反行程输出量的最大差值；Y_{FS} 是测量系统的满度值。

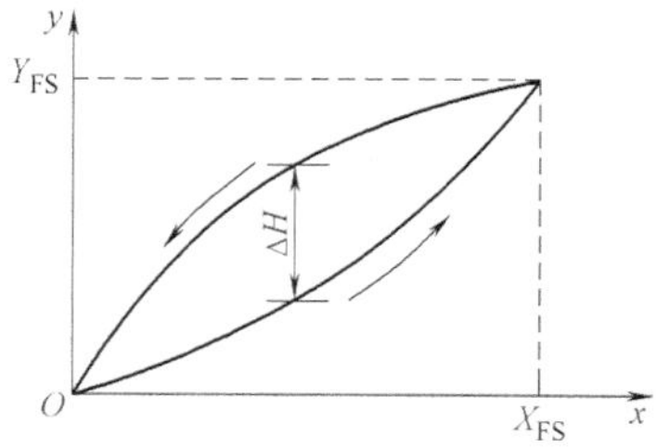

2. 重复性

重复性用于表征测量系统输入量按同一方向作全量程连续多次变动时，静态特性不一致的程度，如图 2-5 所示。用引用误差形式表示为

$$\delta_R = \frac{\Delta R}{Y_{FS}} \times 100\% \qquad (2\text{-}8)$$

图 2-4 迟滞

式中，ΔR 是同一输入量对应多次循环的同向行程输出量的绝对误差。

重复性是指标定值的分散性，是一种随机误差，可以根据标准偏差来计算 ΔR，即

$$\Delta R = \frac{KS}{\sqrt{n}} \qquad (2\text{-}9)$$

式中，S 是子样标准偏差；K 是置信因子。$K=2$ 时，置信度为 95%；$K=3$ 时，置信度为 99.73%。

标准偏差 S 的计算方法有以下两种。

（1）标准法　按贝塞尔公式计算子样的标准偏差 S，公式为

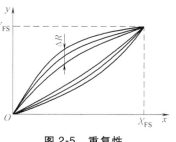

图 2-5　重复性

$$S_{jD} = \sqrt{\frac{1}{n-1}\sum_{i=1}^{n}(y_{jiD} - \overline{y}_{jD})^2}, \quad S_{jI} = \sqrt{\frac{1}{n-1}\sum_{i=1}^{n}(y_{jiI} - \overline{y}_{jI})^2}$$

$$(2\text{-}10)$$

式中，S_{jD} 和 S_{jI} 分别是正、反行程各标定点输出量的标准偏差；$\overline{y}_{jD}$ 和 $\overline{y}_{jI}$ 分别是正、反行程各标定点输出量的平均值；j 是标定点序号，$j = 1, 2, 3, \cdots, m$；i 是标定的循环次数，$i = 1, 2, 3, \cdots, n$；y_{jiD} 和 y_{jiI} 分别是正、反行程各标定点输出值。

再取 S_{jD}、S_{jI} 的平均值为子样的标准偏差 S，平均值 $\overline{y}_j$ 的标准偏差为 $S(\overline{y}_j)$，则有

$$S = \sqrt{\left(\sum_{j=1}^{m}S_{jI}^2 + \sum_{j=1}^{m}S_{jD}^2\right)\frac{1}{2m}}, \quad S(\overline{y}_j) = \frac{S}{\sqrt{n}} \qquad (2\text{-}11)$$

（2）极差法　极差 ω 是测量结果数据最大值与最小值之差，按极差法计算标准偏差的公式为

$$S = \frac{\overline{\omega}}{d_n} \qquad (2\text{-}12)$$

式中，$\overline{\omega}$ 是正、反行程标定值极差；d_n 是极差系数。

$$\overline{\omega} = \frac{1}{2m}\left(\sum_{j=1}^{m}\omega_{jD} + \sum_{j=1}^{m}\omega_{jI}\right) \qquad (2\text{-}13)$$

式中，ω_{jD} 是第 j 个标定点正行程标定值的极差（$j = 1, 2, 3, \cdots, m$）；ω_{jI} 是第 j 个标定点反行程标定值的极差（$j = 1, 2, 3, \cdots, m$）。

极差系数的大小与标定点次数（或测量次数）n 有关，其对应关系见表 2-1。

表 2-1　极差系数 d_n 与测量次数 n 的关系

n	2	3	4	5	6	7	8	9	10
d_n	1.41	1.91	2.24	2.48	2.67	2.88	2.96	3.08	3.18

3. 线性度

线性度又称"非线性"，表示测量系统静态特性对选定拟合直线 $y = b + kx$ 的接近程度。它用非线性引用误差形式来表示：

$$\delta_L = \frac{|\Delta L_m|}{Y_{FS}} \times 100\% \qquad (2\text{-}14)$$

式中，$|\Delta L_m|$ 是静态特性与选定拟合直线的最大拟合偏差。

由于拟合直线确定的方法不同，则用非线性引用误差表示的线性度数值也不同，目前常用的有理论线性度、平均选点线性度、端基线性度、最小二乘法线性度等。尤以理论线性度与最小二乘法线性度应用最普遍。

（1）最小二乘法线性度拟合直线方程的确定　设拟合直线方程通式为

$$y = b + kx$$

第 j 个标定点的标定值 y_j 与拟合直线上相应值的偏差为

$$\Delta L_j = (b + kx_j) - y_j$$

最小二乘法拟合直线的拟合原则是使 N 个标定点的均方差

$$\frac{1}{N}\sum_{j=1}^{N}\Delta L_j^2 = f(b,k) = \frac{1}{N}\sum_{j=1}^{N}\left[(b+kx_j)-y_j\right]^2$$

为最小值，由一阶偏导等于零，即

$$\frac{\partial f(b,k)}{\partial b} = 0, \quad \frac{\partial(b,k)}{\partial k} = 0$$

可得两个方程式，并解得两个未知量 b、k 的表达式，即

$$b = \frac{\left(\sum\limits_{j=1}^{N}x_j^2\right)\left(\sum\limits_{j=1}^{N}y_j\right) - \left(\sum\limits_{j=1}^{N}x_j\right)\left(\sum\limits_{j=1}^{N}x_jy_j\right)}{N\left(\sum\limits_{j=1}^{N}x_j^2\right) - \left(\sum\limits_{j=1}^{N}x_j\right)^2}, \quad k = \frac{N\left(\sum\limits_{j=1}^{N}x_jy_j\right) - \left(\sum\limits_{j=1}^{N}x_j\right)\left(\sum\limits_{j=1}^{N}y_j\right)}{N\left(\sum\limits_{j=1}^{N}x_j^2\right) - \left(\sum\limits_{j=1}^{N}x_j\right)^2} \quad (2\text{-}15)$$

（2）理论线性度　理论线性度又称"绝对线性度"，拟合直线的起始点为坐标原点（$x=0$，$y=0$）、终止点为满量程点（X_{FS}，Y_{FS}）两点所决定的直线，如图 2-6 中的直线 2 所示。

图 2-6 中，直线 1 是最小二乘法线性度拟合直线；直线 2 是理论线性度拟合直线；曲线 3 是测量系统实验标定曲线；ΔL_1 是最小二乘法线性度的最大拟合偏差；ΔL_2 是理论线性度的最大拟合偏差。

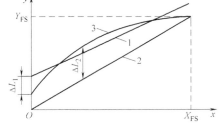

图 2-6　最小二乘法线性度与
理论线性度的拟合直线

4. 准确度

测量系统的准确度俗称精度，其定量描述有下述几种方式：

（1）用准确度等级指数来表征　准确度等级指数 a 的百分数 $a\%$ 所表示的相对值代表允许误差的大小，它不是测量系统实际出现的误差。a 值越小表示准确度越高。凡国家标准规定有准确度等级指数的正式产品都应有准确度等级指数的标志。

（2）用不确定度来表征　测量系统或测量装置的不确定度为测量系统或测量装置在规定条件下用于测量时的不确定度，即在规定条件下系统或装置用于测量时所得测量结果的不确定度。关于不确定度的评定可参阅相关文献资料。

（3）简化表示　一些国家标准未规定准确度等级指数的产品的说明书中，常用"精度"作为一项技术指标来表征该产品的准确程度。通常精度 A 由线性度 δ_L、迟滞 δ_H 与重复性 δ_R 之和得出，即

$$A = \delta_L + \delta_H + \delta_R \quad (2\text{-}16)$$

但是，用式（2-16）来表征准确度是不完善的，这只是一种粗略的简化表示。

5. 可靠性

一台装置的可靠性是指装置可在规定的时期内及在保持其运行指标不超限的情况下执行其功能的性能。这个性能对于参与生产过程监测的仪表是极为重要的，可靠性指标有：

（1）平均无故障时间（Mean Time Between Failure，MTBF）　在标准工作条件下不间断地工作，直到发生故障而失去工作能力的时间称作无故障时间。如果取若干次（或若干台仪器）无故障时间求其平均值，则为平均无故障时间，它表示相邻两次故障间隔时间的平均值。

（2）可信任概率 P　这一统计概率表征由于元件参数的渐变而使仪表误差在给定时间内仍然保持在技术条件规定限度以内的概率。显然，概率 P 值越大，测量仪器的可靠性越高，维持费用越低，但这样势必会提高测量仪器的成本。大量研究工作表明，可信任概率 P 的最佳值为 0.8~0.9。

（3）故障率或失效率　它是平均无故障时间的倒数。例如，某测量仪器的失效率为 0.03%kh，就是说若有 1 万台这种仪器工作 1000h 后，只可能有 3 台会出现故障。

6. 有效度或可用度

对于可修复的产品，用 MTTR（Mean Time to Repair）代表平均修复时间，如果这段修复时间长则有效使用时间短，有效度 A 为

$$A = \frac{\text{MTBF}}{\text{MTBF} + \text{MTTR}} \tag{2-17}$$

7. 稳定性和影响系数

（1）稳定性　测量系统或仪器的稳定性是指在规定工作条件范围之内，在规定时间内系统或仪器性能保持不变的能力，一般以重复性的数值和观测时间长短表示。时间间隔的选择根据使用要求的不同可以有很大的差别，如从几分钟到一年不等。有时也采用给出标定的有效期来表示其稳定性。下面是两种稳定性表示方法：2.1mV/8h；一个月不超过1%满量程输出。

（2）影响系数　环境温度、大气压、振动等外部状态变化给予测量系统或仪器示值的影响，以及电源电压、频率等工作条件变化给予指示值的影响，统称环境影响，用影响系数表示。一般仪器都有给定的标准工作条件，例如环境温度20℃、相对湿度65%、大气压力101.33kPa、电源电压220V 等。由于实际工作中难以完全达到这个要求，故又规定一个标准工作条件的允许变化范围：环境温度（20±5）℃，相对湿度65%±5%、电源电压（220±10）V 等。仪器实际工作条件偏离工作条件的标准值时，对仪器示值的影响用影响系数表示。影响系数为指示值变化与影响量变化量的比值，如电源电压变化10%引起示值变化1%（相对误差）；温度变化1℃引起示值变化 2.1×10^{-3}（引用误差），又可称灵敏度温度系数为 $2.1 \times 10^{-3}/℃$；温度变化1℃引起仪器零位值变化 1.9×10^{-3}（引用误差），又称零位温度系数为 $1.9 \times 10^{-3}/℃$。

8. 输入电阻与输出电阻

输入电阻与输出电阻的值对于组成测量系统的环节甚为重要。前一环节的输出电阻相当于后面环节的信号源内阻，后一环节的输入电阻相当于前面环节的负载。如果希望前级输出信号最大限度地向后级传送，则测量系统的输入电阻越大越好，而输出电阻越小越好。必要时可通过阻抗变换器连接测量环节。

2.3　测量系统的动态特性

在工程测量中，大量的被测信号是随时间变化的动态信号，即 $x(t)$ 是时间 t 的函数，

不为常量。测量系统的动态特性反映其测量动态信号的能力。一个理想的测量系统，其输出量 $y(t)$ 与输入量 $x(t)$ 随时间变化的规律相同，即具有相同的时间函数。但实际上，输入量 $x(t)$ 与输出量 $y(t)$ 只能在一定频率范围内、对应一定动态误差的条件下保持所谓的一致。本章通过讨论频率范围、动态误差与测量系统动态特性的关系达到两个目的：①根据信号频率范围及测量误差的要求确立测量系统；②已知测量系统的动态特性，估算可测量信号的频率范围与对应的动态误差。

测量系统的动态特性用数学模型来描述，主要有三种形式：①时域中的微分方程；②复频域中的传递函数；③频率域中的频率特性。测量系统的动态特性由其系统本身固有属性决定，所以只要已知描述系统动态特性三种形式模型中的任一种，就可以推导出另两种形式的模型。

2.3.1 测量系统的数学模型

1. 微分方程
工程中常见系统由常系数线性微分方程来描述，见式（2-1）。

2. 传递函数
初始条件为零时，输出 $y(t)$ 的拉普拉斯变换 $Y(s)$ 和输入 $x(t)$ 的拉普拉斯变换 $X(s)$ 之比为测量系统的传递函数，记为 $H(s)$。当 $t \leqslant 0$ 时，$x(t) = 0$，$y(t) = 0$，则它们的拉普拉斯变换 $X(s)$、$Y(s)$ 的定义式为

$$Y(s) = \int_0^\infty y(t) e^{-st} dt, \quad X(s) = \int_0^\infty x(t) e^{-st} dt \tag{2-18}$$

式中，s 是复数，$s = \sigma + j\omega$。

对式（2-18）取拉普拉斯变换，并认为输入 $x(t)$、输出 $y(t)$ 以及它们各阶时间导数在 $t = 0$ 时的初始值均为零，则得

$$Y(s)(a_n s^n + a_{n-1} s^{n-1} + \cdots + a_1 s + a_0) = X(s)(b_m s^m + b_{m-1} s^{m-1} + \cdots + b_1 s + b_0)$$

于是测量系统的传递函数为

$$H(s) = \frac{Y(s)}{X(s)} = \frac{b_m s^m + b_{m-1} s^{m-1} + \cdots + b_1 s + b_0}{a_n s^n + a_{n-1} s^{n-1} + \cdots + a_1 s + a_0}$$

式中，b_m，b_{m-1}，$\cdots$，b_1，b_0 和 a_n，a_{n-1}，$\cdots$，a_1，a_0 是由测量系统本身固有属性决定的常数。

3. 频率（响应）特性
在初始条件为零的条件下，输出 $y(t)$ 的傅里叶变换 $Y(j\omega)$ 与输入 $x(t)$ 的傅里叶变换 $X(j\omega)$ 之比为测量系统的频率响应特性，简称频率特性，记为 $H(j\omega)$ 或 $H(\omega)$。

对于稳定的常系数线性测量系统，可取 $s = j\omega$，即实部 $\sigma = 0$，在这种情况下式（2-18）变为

$$Y(j\omega) = \int_0^\infty y(t) e^{-j\omega t} dt, \quad X(j\omega) = \int_0^\infty x(t) e^{-j\omega t} dt \tag{2-19}$$

这实际上就是单边傅里叶变换，于是就有频率特性 $H(j\omega)$

$$H(j\omega) = \frac{Y(j\omega)}{X(j\omega)} = \frac{b_m (j\omega)^m + b_{m-1} (j\omega)^{m-1} + \cdots + b_1 (j\omega) + b_0}{a_n (j\omega)^n + a_{n-1} (j\omega)^{n-1} + \cdots + a_1 (j\omega) + a_0} \tag{2-20}$$

很明显，频率特性是传递函数的特例，也可写为

$$H(\omega) = Y(\omega)/X(\omega) \tag{2-21}$$

（1）幅频特性和相频特性　输入和输出的傅里叶变换 $X(\omega)$、$Y(\omega)$，以及频率响应特性 $H(\omega)$ 都是频率 ω 的函数，一般都是复数，因此 $H(\omega)$ 可用指数式来表达，即

$$H(\omega) = A(\omega)\,\mathrm{e}^{\mathrm{j}\varphi(\omega)}$$

式中，$A(\omega)$ 是频率特性 $H(\omega)$ 的模，是输出模 $|Y(\omega)|$ 与输入模 $|X(\omega)|$ 之比；$\varphi(\omega)$ 是频率特性的幅角。

$$A(\omega) = \frac{|Y(\omega)|}{|X(\omega)|} = |H(\omega)|,\ \varphi(\omega) = \arg H(\omega) \tag{2-22}$$

幅角 $\varphi(\omega)$ 与模 $A(\omega)$ 是频率 ω 的函数。以 ω 为横轴，$A(\omega) = |H(\omega)|$ 为纵轴的 $A(\omega)\text{-}\omega$ 曲线称为幅频特性曲线。若以模的分贝数 $L = 20\lg A(\omega)$ 为纵轴，则 $L\text{-}\omega$ 曲线称为对数幅频特性；以 ω 为横轴，$\varphi(\omega)$ 为纵轴的 $\varphi(\omega)\text{-}\omega$ 曲线称为测量系统的相频特性。

（2）频率特性的实验求取　通常有两种方法。第一种方法是傅里叶变换法，即在初始条件全为零的情况下，同时测得输入 $x(t)$ 和输出 $y(t)$，并分别对 $x(t)$、$y(t)$ 进行快速傅里叶变换，得 $X(\omega)$、$Y(\omega)$，其比值就是 $H(\omega)$。第二种方法是依次用不同频率 ω_i 下的幅值 $X_\mathrm{m}(\omega_i)$ 不变的正弦信号 $x(t) = X_\mathrm{m}\sin\omega_i t$ 作为测量系统的输入（激励）信号，同时测出 i 系统达到稳态时的相应输出信号 $y(t) = Y_\mathrm{m}\sin(\omega_i + \varphi_i)$ 的幅值 $Y_\mathrm{m}(\omega_i)$ 和 φ_i。这样，对于某个 φ_i，便有一组 $A(\omega_i) = \dfrac{Y_\mathrm{m}(\omega_i)}{X_\mathrm{m}(\omega_i)}$ 与 $\varphi(\omega_i)$。根据 $A(\omega_i)$ 和 $\varphi(\omega_i)$ 可绘出频率特性，即幅频特性 $A(\omega)\text{-}\omega$ 和相频特性 $\varphi(\omega)\text{-}\omega$。

2.3.2　常见测量系统的数学模型

常见测量系统大多数是一阶或二阶的系统。任何高阶系统都可以看作若干个一阶和二阶环节的串联或并联。因此，分析并了解一、二阶环节的特性是分析、了解高阶复杂系统特性的基础。

1. 一阶系统

RC 电路是典型的一阶系统，如图 2-7 所示。

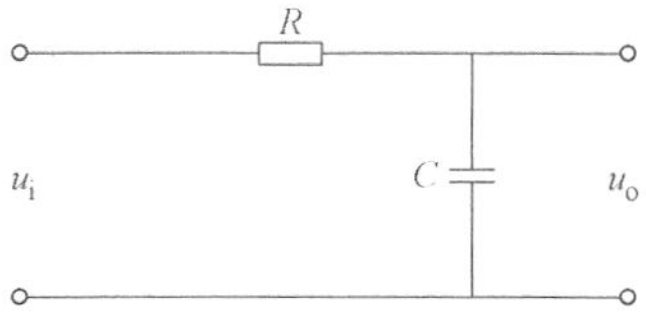

图中，当电容上的端电压 u_o 小于电源电压 u_i 时，将有充电电流 i 向电容 C 充电。

图 2-7　RC 电路

$$i = \frac{u_\mathrm{i} - u_\mathrm{o}}{R} = C\frac{\mathrm{d}u_\mathrm{o}}{\mathrm{d}t} \tag{2-23}$$

式中，R 是电阻；C 是电容。

令 $\tau = RC$，式（2-23）可改写为

$$\tau\frac{\mathrm{d}u_\mathrm{o}}{\mathrm{d}t} + u_\mathrm{o} = u_\mathrm{i} \tag{2-24}$$

2. 二阶系统

R、L、C 串联电路是典型的二阶系统，如图 2-8 所示。

在图 2-8 中，开关 S 由断至合时，RLC 电路被施加一阶跃电压 u_i，在过渡过程中其输入与输出的关系由下述二阶微分方程决定：

$$LC\frac{\mathrm{d}^2 u_C}{\mathrm{d}t^2}+RC\frac{\mathrm{d}u_C}{\mathrm{d}t}+u_C = u_s \qquad u_s = \begin{cases} 0, t \le 0_- \\ u_i, t \ge 0_+ \end{cases}$$

(2-25)

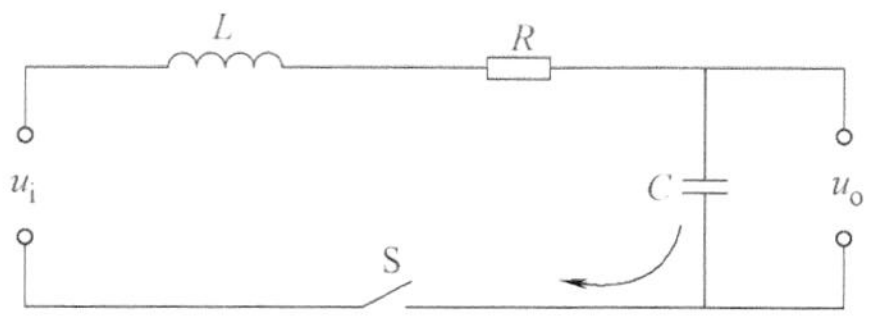

图 2-8 R、L、C 串联电路

式（2-25）是二阶微分方程。u_i（激励电压）是系统的输入量，u_C（电容两端的电压）是系统的输出量。

（1）二阶系统的微分方程 不论热力学、电学、力学二阶系统，它们均可用二阶微分方程的标准形式来表示：

$$\frac{1}{\omega_0^2}\frac{\mathrm{d}^2 y}{\mathrm{d}t^2}+\frac{2\xi}{\omega_0}\frac{\mathrm{d}y}{\mathrm{d}t}+y = Kx$$

(2-26)

式中，ω_0 是系统固有角频率，$\omega_0 = \dfrac{1}{\sqrt{LC}}$；$\xi$ 是阻尼比，$\xi = \dfrac{R}{2}\sqrt{\dfrac{C}{L}}$；$K$ 是直流放大倍数或称静态灵敏度，$K = 1$。

（2）二阶系统的传递函数

$$H(s) = \frac{Y(s)}{X(s)} = \frac{K}{\dfrac{1}{\omega_0^2}s^2+\dfrac{2\xi}{\omega_0}s+1}$$

(2-27)

（3）二阶系统的频率特性

$$H(\omega) = \frac{Y(\omega)}{X(\omega)} = \frac{K}{\left[1-\left(\dfrac{\omega}{\omega_0}\right)^2\right]+\mathrm{j}2\xi\dfrac{\omega}{\omega_0}}$$

(2-28)

2.3.3 测量系统的动态特性参数

一阶系统的特性参数是时间常数 T，二阶系统的特性参数是固有角频率 ω_0 与阻尼比 ξ_0。如果得知这些特性参数的值，就能建立系统的数学模型。若已知测量系统的数学模型，通过适当数学运算，就可以推算出系统对任一输入的输出响应。尽管这些特性参数取决于系统本身固有属性，可以由理论设定，但最终必须通过实验测定，该实验测定就是通常说的动态标定。为了测量方便和相互比较，标定时通常选定两种形式的激励（输入）信号：正弦信号和阶跃信号。测定系统动态特性的表述相应也有两种形式：第一种是频率特性，系统在正弦信号激励下，稳态输出时的幅值-频率和相位-频率的关系；第二种是阶跃响应特性，即系统对阶跃输入的响应（输出）特性。后者多用于温度、压力等非电量作为输入量的系统，因为获取随时间作阶跃规律变化的非电量信号比作正弦规律变化的非电量信号要容易得多。

1. 频率特性与特征参数

式（2-28）中的 K 为系统直流放大倍数，通常为常数，它不影响系统的动态特性。为分析方便，令 $K = 1$。

（1）一阶系统的频率特性与图示 当 $K = 1$ 时，有

$$H(\omega) = \frac{Y(\omega)}{X(\omega)} = \frac{1}{1+\mathrm{j}\omega\tau}$$

幅频特性：

$$|H(\omega)| = \frac{1}{\sqrt{1+(\omega\tau)^2}} = \frac{|Y(\omega)|}{|X(\omega)|} \qquad (2-29)$$

相频特性：

$$\varphi = -\arctan\omega\tau \qquad (2-30)$$

由图 2-9 与图 2-10 可见一阶系统频率特性的特点：

1）当 $\omega < 1/\tau$ 时，$|H(\omega)|$ 接近于 1，输入输出幅值几乎相等，$L = 20\ln|H(\omega)| \approx 0$。

2）当 ω 增大时，$|H(\omega)|$ 减小，$\omega = 10/\tau$ 处的模 $|H(10/\tau)|$ 是 $|H(1/\tau)|$ 的 $1/10$；$\omega > 1/\tau$ 时，工作频率 ω 增大 10 倍，$|H(\omega)|$ 减小 20dB。

3）当 $\omega = 1/\tau$，$|H(\omega)| = 0.707$（-3dB），$\varphi = 45°$。$1/\tau$ 点称为转折频率。可见时间常数 τ 是反映一阶系统特性的重要参数。

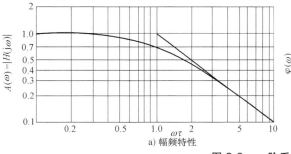

a) 幅频特性　　　　　　　　　　b) 相频特性

图 2-9　一阶系统频率特性

（2）二阶系统的频率特性与图示　当 $K = 1$ 时，有

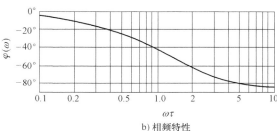

$$H(\omega) = \frac{1}{\left[1-\left(\dfrac{\omega}{\omega_0}\right)^2\right]+j2\xi\left(\dfrac{\omega}{\omega_0}\right)}$$

幅频特性：

$$|H(\omega)| = \frac{1}{\sqrt{\left[1-\left(\dfrac{\omega}{\omega_0}\right)^2\right]^2+\left(2\xi\dfrac{\omega}{\omega_0}\right)^2}}$$

$$(2-31)$$

图 2-10　一阶系统的对数幅频特性

相频特性：

$$\varphi(\omega) = -\arctan\frac{2\xi\left(\dfrac{\omega}{\omega_0}\right)}{1-\left(\dfrac{\omega}{\omega_0}\right)^2} \qquad (2-32)$$

对数幅频特性：

$$L = 20\lg|H(\omega)| = 20\lg\frac{1}{\sqrt{\left[1-\left(\dfrac{\omega}{\omega_0}\right)^2\right]^2+\left(2\xi\dfrac{\omega}{\omega_0}\right)^2}} \qquad (2-33)$$

由图 2-11 可见，二阶系统频率特性的重要参数是 ξ、ω_0，其特点如下：

1）低频段：$\omega/\omega_0 < 1$，$L \approx 0\text{dB}$。

2）高频段：$\omega/\omega_0 > 1$，$L \approx -40\lg$（ω/ω_0）。

3）信号频率 ω 每增大 10 倍，模 $|H(\omega)|$ 或输出正弦信号的模 $|Y(\omega)|$ 下降 40dB。

4）$\omega = \omega_0$ 时，$L = -20\lg 2\xi$，系统幅频特性的幅值完全取决于 ξ。

5）谐振频率 $\omega_n = \omega_0\sqrt{1+2\xi^2}$，当 $\xi < 0.707$ 时，信号频率等于固有频率（$\omega = \omega_0$），系统发生共振；当 $\xi > 0.707$ 时，系统无谐振，频率特性的模 $|H(\omega)|$ 随 ω 的增加而减小。

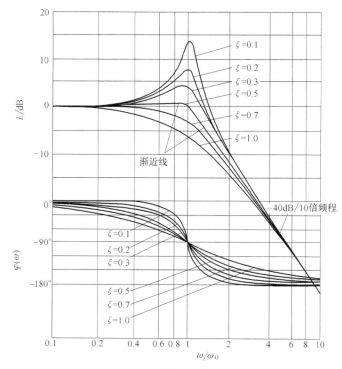

图 2-11 二阶系统频率特性曲线

2. 阶跃响应特性与特性参数

（1）一阶系统的阶跃响应特性与特性参数　当系统输入阶跃信号 $x(t)$ 为

$$x(t) = \begin{cases} 0 & (t \leq 0_-) \\ A = 常数 & (t \geq 0_+) \end{cases}$$

式（2-24）微分方程的解 $y(t)$ 如图 2-12 所示，其数学表达式为

$$y(t) = A(1-\mathrm{e}^{-\frac{t}{\tau}}) \qquad (2\text{-}34)$$

可见 $y(t)$ 为一指数曲线，初始值 $y(0)=0$，随时间 t 增加而增大，最终 $t=\infty$ 时趋于阶跃输入值 A，$y(\infty)=A$（直流放大倍数 $K=1$ 时）。也就是说在 0 至 ∞ 的时间范围内，输出值 $y(t<\infty)$ 与最终值 $y(\infty)=A$ 总存在着误差 δ，称为过渡

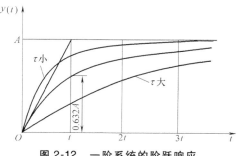

图 2-12 一阶系统的阶跃响应

过程动误差。时间常数 τ 是这样一个时间，当 $t=\tau$ 时，$y(t=\tau)=0.632A$。τ 值越大，$y(t)$ 曲线趋近最终值 A 的时间越长，表示系统对阶跃输入信号的响应速度越慢；τ 值越小，系统响应速度越快，故 τ 值反映系统的响应速度，可以计算出当 $t=3\tau$，4τ，5τ，6τ，$\cdots$ 时，$y(3\tau)=95\%A$，$y(4\tau)=98\%A$，$y(5\tau)=99.4\%A$，$y(6\tau)=99.75\%A$，$\cdots$，相应的过渡过程相对动误差为 $\delta=5\%$，2%，0.6%，0.25%，$\cdots$。通常称 $T_\tau=4\tau$ 或 5τ 为响应时间。

（2）τ 的测量与一阶系统的判定　将式（2-34）改写为

$$e^{-\frac{t}{\tau}}=1-\frac{y(t)}{A} \tag{2-35}$$

两边取对数，得

$$-\frac{t}{\tau}=Z \tag{2-36}$$

式中，$Z=\ln\left[1-\frac{y(t)}{A}\right]$。

式（2-36）表明，Z 与时间 t 呈线性关系，如图 2-13 所示，并有

$$\tau=\frac{\Delta t}{\Delta Z} \tag{2-37}$$

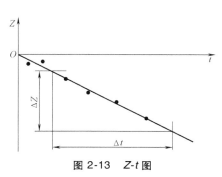

图 2-13　$Z\text{-}t$ 图

由动态标定实验数据 $y(t_i)$，$i=0$，1，2，3，$\cdots$，做出 $Z\text{-}t$ 曲线。根据 $Z\text{-}t$ 曲线的线性度，判断测量系统与一阶系统的符合程度，再由式（2-37）获得时间常数 τ。

在工程中，当由一个工况变至另一工况时，相当于对系统输入一阶跃信号，严格地说系统响应输出达到工况的最终值 $y(\infty)$ 需要 $t=\infty$ 时间，这是既不方便又不经济的。下面介绍一种在过渡过程中，$t<\infty$，实时快速推算输出最终值的方法——三点计算法。三点计算法取点示意图如图 2-14 所示。

将一阶微分方程

$$\tau\frac{\mathrm{d}U}{\mathrm{d}t}+U=A,\ t>0$$

改写为差分方程

$$\tau\frac{U_2-U_1}{\Delta t}+U_2=A \qquad ①$$

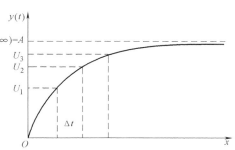

图 2-14　三点计算法取点示意图

$$\tau\frac{U_3-U_2}{\Delta t}+U_3=A \qquad ②$$

联立求解方程①、②，一阶系统的输出最终值 $y(\infty)$ 为

$$A=y(\infty)=\frac{U_2^2-U_1U_3}{2U_2-U_3-U_1} \tag{2-38}$$

为了消除偶然误差，可以连续采样 32 点得 32 个数据，$y(t_i)$，$i=1$，2，$\cdots$，32。取时间间隔 Δt 相同的三个点为一组，可求出一个 A 值，求出 9 个 A 值后取平均。

（3）二阶系统的阶跃响应特性与特性参数　当输入信号 $x(t)$ 为阶跃信号时，通过求解二阶系统的数学模型可以得到输出响应 $y(t)$，如图 2-15 所示。

在 $0<\xi<1$ 欠阻尼情况

$$y(t)=KA\left[1-\frac{\mathrm{e}^{-\xi\omega_0 t}}{\sqrt{1-\xi^2}}\sin\left(\omega_\mathrm{d}t+\arctan\frac{\sqrt{1-\xi^2}}{\xi}\right)\right]$$

$$(2-39)$$

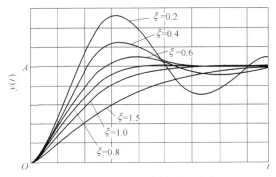

图 2-15　二阶系统的阶跃响应

式（2-39）表明，$y(t)$ 为两项之和：稳态响应 KA 加上暂态响应衰减振荡，其振荡角频率 ω_d 称为有阻尼自然振荡角频率，幅值按指数 $\dfrac{\mathrm{e}^{-\xi\omega_0 t}}{\sqrt{1-\xi^2}}$ 规律衰减。ξ 越大衰减越快，$\xi=0$ 为一等幅振荡。

当 $\xi=1$ 时，为临界阻尼情况，$y(t)$ 也为两项之和：KA 加一项单调的衰减项，系统无振荡。

当 $\xi>1$ 时，为过阻尼情况，$y(t)$ 也由稳态项 KA 与暂态响应项构成，暂态响应包括两个衰减的指数项，但其中一个衰减很快可以忽略不计，故也无振荡。一般工程中常将 $\xi>1$ 的二阶系统近似按一阶系统对待。

（4）二阶系统阶跃响应特性的特征量-时域指标　如图 2-15 所示，二阶系统阶跃响应特性的时域指标有：

1）有阻尼自然振荡角频率，$\omega_\mathrm{d}=\omega_0\sqrt{1-\xi^2}$。

2）有阻尼自然振荡周期 T_d，且 $\omega_\mathrm{d}=2\pi/T_\mathrm{d}$。

3）峰值时间 t_p。

4）相对超调量 $\sigma(t)$ 及绝对超调量 $M(t)=y(t)-y(\infty)$。

$$\sigma(t)=\frac{y(t)-y(\infty)}{y(\infty)}=\frac{\mathrm{e}^{-\xi\omega_0 t}}{\sqrt{1-\xi^2}}\sin\left(\omega_\mathrm{d}t+\arctan\frac{\sqrt{1-\xi^2}}{\xi}\right) \qquad (2-40)$$

令 $\dfrac{\partial\sigma(t)}{\partial t}=0$，可求得 $t_\mathrm{p}=\dfrac{\pi}{\omega_\mathrm{d}}$，将 t_p 值代入式（2-40）后得最大超调量

$$\sigma(t_\mathrm{p})=\mathrm{e}^{-\pi\xi/\sqrt{1-\xi^2}}=\mathrm{e}^{-\xi\omega_0 t_\mathrm{p}}$$

从而

$$\xi=\frac{\ln\sigma(t_\mathrm{p})}{\sqrt{\pi^2+\left[\ln\sigma(t_\mathrm{p})\right]^2}} \qquad (2-41)$$

于是可求得

$$\omega_0=\frac{\pi}{t_\mathrm{p}\sqrt{1-\xi^2}} \qquad (2-42)$$

从动态标定实验中获得数据 $y(t)$ 后，从数据中求出阶跃响应特性的特征量 ω_d、峰值时

间 t_p、最大超调 $\sigma(t_p)$。再由式（2-41）和式（2-42）就可进一步计算出二阶系统的特性参数 ξ 与 ω_0。

2.3.4 系统特性参数、动态误差与信号频率的关系

任何一个测量系统在执行其功能时，如传递信号或对信号进行某种运算，不可能绝对准确，都存在动态误差，这种动态误差与信号频率和系统特性参数有关。如果被测输入信号是随时间变化的，那么就要估算在信号的可能频率范围内，所采用的测量系统将会产生动态误差的数值，并且要考虑该动态误差值是否在允许范围。如果超过允许值，则必须改用动态特性更好的测量系统，或采取频率补偿措施改善现有测量系统的动态误差。实际工程测量信号中，95%以上的信号都是随时间变化的动态信号，所以动态误差估算是一个常见的重要问题。

1. 广义动态误差

一个测量系统的频率特性为 $W(j\omega)$，它所要执行的功能用理想频率特性表示为 $W_N(j\omega)$，这里所说的广义动态误差是指二者之间存在的误差。动态幅值误差表达式为

$$\gamma = \frac{|W(j\omega)| - |W_N(j\omega)|}{|W_N(j\omega)|} \times 100\% \tag{2-43}$$

式中，γ 是动态幅值误差；$|W(j\omega)|$ 是测量系统频率特性的模；$|W_N(j\omega)|$ 是理想频率特性的模。

相位误差表达式为

$$\Delta\varphi = \varphi - \varphi_N \tag{2-44}$$

式中，$\Delta\varphi$ 是动态相位绝对误差；φ 是测量系统相频特性；φ_N 是理想相频特性。

不同的测量系统有不同的频率特性，执行不同的测量功能则有不同的理想频率特性，从而有不同的动态误差表达形式。

2. 典型环节的动态误差

（1）一阶系统的动态误差 对于执行传递信号功能的一阶系统，其理想频率特性的模为

$$|W_N(j\omega)| = 常数 = |W(0)| \tag{2-45}$$

式中，$|W(0)| - \omega = 0$ 时，一阶测量系统的直流放大倍数为一常量。

将式（2-29）和式（2-45）代入式（2-43），可得一阶系统动态幅值误差表达式为

$$\gamma = \frac{1}{\sqrt{1+(\omega\tau)^2}} - 1 \quad 或 \quad \gamma = \frac{1}{\sqrt{1+\left(\dfrac{\omega}{\omega_\tau}\right)^2}} - 1 \tag{2-46}$$

式中，τ 是一阶系统的时间常数；$\omega_\tau = 1/\tau$ 是一阶系统的转折角频率；ω 是信号角频率。

相位误差的表达式就是一阶系统的相频特性，即式（2-30），再重写如下：

$$\varphi = -\arctan\omega\tau \tag{2-47}$$

信号频率与一阶系统转折频率之比（$f/f_\tau = \omega/\omega_\tau$）与动态幅值误差 γ 的关系可由式（2-46）计算，部分数值列入表 2-2。

表 2-2　一阶系统 f/f_τ 与 γ 的关系

表 2-2　一阶系统 f/f_τ 与 γ 的关系

频率比 f/f_τ	0.1	0.2	0.3	0.4	0.5	0.6	0.7	1.0
动态幅值误差 $\gamma(\%)$	0.5	1.9	4.2	7.1	10.5	14	18	29

式（2-46）建立了一个测量系统特征参数 τ、信号频率 ω 与动态误差 γ 的关系。通常用 $f_\tau(\omega_\tau/2\pi)$ 转折频率表征测量系统的通频带，实际上当信号频率 $f=f_\tau$ 时，动态幅值误差已达 -29.3%，也就是幅值已衰减了 3dB。一般测量仪器、测量系统的工作频带是指动态幅值误差 $|\gamma|\leqslant 5\%$ 或 $|\gamma|\leqslant 10\%$ 的信号频率范围，这时允许频率 $f/f_\tau\leqslant 0.3$ 或 0.5，相位误差已达 $16.7°$ 或 $26.6°$。

（2）二阶系统的动态误差　对于执行传递信号功能的二阶系统，其理想频率特性为

$$|W_N(j\omega)| = |W(0)| = 常数 \tag{2-48}$$

式中，$|W(0)|-\omega=0$ 时，二阶测量系统的直流放大倍数为一常量。

将式（2-31）和式（2-48）代入式（2-43），可得二阶系统动态幅值误差表达式为

$$\gamma = \frac{1}{\sqrt{\left[1-\left(\dfrac{\omega}{\omega_0}\right)^2\right]^2 + \left(2\xi\dfrac{\omega}{\omega_0}\right)^2}} - 1 \tag{2-49}$$

式中，ω_0 是二阶系统无阻尼振荡固有角频率；ξ 是阻尼比。

相位误差的表达式就是二阶系统的相频特性，即式（2-32），再重写如下：

$$\varphi = -\arctan \frac{2\xi\left(\dfrac{\omega}{\omega_0}\right)}{1-\left(\dfrac{\omega}{\omega_0}\right)^2} \tag{2-50}$$

式（2-49）建立了测量系统特征参数 ω_0、ξ 与信号频率 ω、动态误差 γ 的关系。根据式（2-49）可以计算出不同频率比 ω/ω_0、不同阻尼比 ξ 值时的动态幅值误差 γ。现将 $|\gamma|<10\%$ 的部分数值列入表 2-3 中，从中可见，当 $\xi=0.6\sim0.8$ 时二阶系统的工作频率最宽，但在一般情况下，生产厂家只提供测量系统的特征参数 ω_0，故用户不知 ξ 的数值，这时只能按最坏情况 $\xi=0$ 时的 ω/ω_0 值来估计动态幅值误差 γ，其数值关系见表 2-4。

表 2-3　ω/ω_0、ξ、γ 的关系

ξ	ω/ω_0								
	0.1	0.2	0.3	0.4	0.5	0.6	0.7	0.8	0.9
	$\gamma(\%)$								
0	1.01	4.16	9.89						
0.05	1.01	4.14	9.83						
0.1	0.99	4.08	9.65						
0.2	0.93	3.81	8.95						
0.3	0.83	3.36	7.80						
0.4	0.63	2.75	6.26						
0.5	0.50	1.98	4.37	7.48					
0.6	0.23	1.06	2.18	3.36	4.12	3.81	1.76	-2.47	-8.81

（续）

ξ	ω/ω_0								
	0.1	0.2	0.3	0.4	0.5	0.6	0.7	0.8	0.9
	$\gamma(\%)$								
0.7	0.015	0	−0.22	−0.95	−2.53	−5.31	−9.43		
0.8	−0.28	−1.18	−2.80	−5.31	−8.81				
0.9	−0.62	−2.47	−5.50	−9.61					
1.0	−0.99	−3.85	−8.26						
2.0	−6.35								

表 2-4 $\xi = 0$ 时 ω/ω_0 与 γ 的关系

ω/ω_0	0.1	$0.14\left(\dfrac{1}{7}\right)$	$0.17\left(\dfrac{1}{6}\right)$	$0.22\left(\dfrac{1}{5}\right)$	$0.31\left(\dfrac{1}{3}\right)$
$\gamma(\%)$	1	2	3	5	10

（3）微分器的动态误差　对于执行微分运算功能的测量系统，理想微分器频率特性表达式为

$$W_{ND}(j\omega) = j\omega \tag{2-51}$$

其理想频率特性的模为

$$|W_{ND}(j\omega)| = \omega \tag{2-52}$$

理想相频特性为

$$\varphi_{ND}(\omega) = 90° = 常数 \tag{2-53}$$

而一个实际微分器的频率特性的模 $|W_{ND}(j\omega)|$、相频特性 $\varphi_D(\omega)$ 与理想微分器的特性的模、相频特性不可能完全相同，于是实际微分器的动态幅值误差为

$$\gamma_D = \frac{|W_D(j\omega)| - |W_{ND}(j\omega)|}{|W_{ND}(j\omega)|} = \frac{1}{\omega}|W_D(j\omega)| - 1 \tag{2-54}$$

实际微分器的相位误差 $\Delta\varphi$ 为

$$\Delta\varphi = \varphi_D(\omega) - 90° \tag{2-55}$$

（4）积分器的动态误差　对于执行积分运算功能的测量系统，理想积分器的频率特性表达式为

$$W_{NI}(j\omega) = \frac{1}{j\omega} \tag{2-56}$$

理想频率特性的模为

$$|W_{NI}(j\omega)| = \frac{1}{\omega} \tag{2-57}$$

理想相频特性为

$$\varphi_{NI}(\omega) = -90° \tag{2-58}$$

而实际积分器频率特性的模 $|W_I(j\omega)|$、相频特性 $|\varphi_I(\omega)|$ 与理想积分器的频率特性的模、相频特性不可能完全相同，故实际积分器的动态幅值误差为

$$\gamma_I = \frac{|W_I(j\omega)| - |W_{NI}(j\omega)|}{|W_{NI}(j\omega)|} = \omega|W_I(j\omega)| - 1 \tag{2-59}$$

实际积分器的相位误差为

$$\Delta\varphi = \varphi_1(\omega) + 90° \tag{2-60}$$

因此，在式（2-59）中代入实际积分器频率特性的模，就可以得出动态误差 γ 的具体表达式。同样，在式（2-54）中代入实际微分器频率特性的模，就可以得出动态误差 γ_D 的具体表达式。

2.4　测试系统集成设计原则与步骤

现代测试系统的设计就是根据测试任务选择组成测试系统的基本的硬件模块，如传感器、调理电路、数模转换器或数据采集卡。选择硬件模块的基本原则为：

1）由所选择的硬件模块组成的测试系统的基本参数、静态性能及动态性能均达到预先规定的要求。这里所说的参数、性能主要是指测量不确定度或测量误差、量程、分辨力或分辨率及系统的工作频带。

2）技术先进。技术先进是指所选用的测试方法、系统构成、芯片电路应和科学技术的发展水平相适应。

3）结构简单，成本低廉。在测试系统的性能满足要求的前提下结构越简单越好，成本越低越好。

不难看出：这里"技术先进"与"结构简单，成本低廉"是矛盾的，在实际设计中应有所侧重或折中处理。既要避免一味追求新技术、高指标，虽然能满足系统性能的要求，但会使结构复杂，成本费用过高；又要避免过于看重成本，硬件模块的性能过低将导致系统性能达不到规定的要求，甚至会造成更大的浪费。

测试系统硬件设计的过程是对系统各单元模块的参数反复进行预估选择、性能评价的过程，以使按最终确定的参数指标建立的系统在实际检验时确实能达到预定要求。测试系统设计的过程首先进行单元模块的选择与优化，其次是参数预估。

2.4.1　单元模块的选择与优化

测试系统的单元模块的选择与优化首先是根据对测试系统规定的要求，宏观上确定测试系统的基本构成，如传感器+信号调理+A/D转换器+单片机最小系统，或传感器+信号调理+数据采集卡+计算机系统，或数字智能传感器+单片机最小系统等。其次以宏观上确定测试系统的基本构成为基础，根据给定的系统要求合理选择传感器、A/D转换器或数据采集卡，完成调理电路的设计。

本节以测试系统的基本形式为例来讨论系统的设计和性能评估。现代测试系统的基本形式如图2-16所示。

图2-16中的 S_1 代表传感器；S_2 代表调理电路，最简单的调理电路是放大器，故 S_2 代表放大器；S_3 代表数据采集系统的核心单元——具有采样/保持的 A/D 转换器。$W_1(j\omega)$ 与 $W_2(j\omega)$ 分别代表传感器

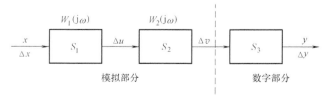

图 2-16　现代测试系统的基本形式

和放大器的频率特性。

2.4.2 参数的确定与预估

参数确定与预估就是根据对测试系统的要求和确定的测试系统的基本构成，确定系统各环节的基本参数、动态特性，预估系统各环节的误差极限。

1. 基本参数的确定

基本参数的确定主要是根据分辨力与量程的要求，确定各硬件模块或环节的灵敏度。对于图 2-16 所示的测试系统的基本形式，灵敏度的表达式为

$$S = \frac{\Delta y}{\Delta x} = \frac{\Delta u}{\Delta x}\frac{\Delta v}{\Delta u}\frac{\Delta y}{\Delta v} = S_1 S_2 S_3 \tag{2-61}$$

式中，S_1 是传感器的灵敏度，$S_1 = \frac{\Delta u}{\Delta x}$；$S_2$ 是放大器的放大倍数，又称增益，$S_2 = \frac{\Delta v}{\Delta u}$；$S_3$ 是 A/D 转换器的灵敏度，$S_3 = \frac{\Delta y}{\Delta v}$，它是 A/D 转换器量化单位 Q 的倒数，即 $S_3 = 1/Q$。

基本参数的确定通常按系统分辨力与量程的要求以及工作环境条件，先确定传感器类型及其灵敏度 S_1，然后再进行放大器增益 S_2 与 A/D 转换器分度值 S_3 的权衡。一般方法是先根据测试范围和分辨力确定 A/D 转换器或数据采集卡的位数，再根据 A/D 转换器或数据采集卡的位数、输入电压范围和传感器的灵敏度 S_1 确定放大器的增益 S_2。当测试范围较大时，可考虑分为多量程，这样可降低对 A/D 转换器或数据采集卡的要求。例如，某测温系统测量范围 200℃，分辨力若要求 0.1℃，单量程（0～200℃）需选用 11 位 A/D 转换器或数据采集卡，若分为 0～100℃ 和 100～200℃ 两个量程，10 位 A/D 转换器就可满足要求。当然量程不同，放大器增益也不相同，可考虑用程控放大器和多增益自动量程切换系统。这里应注意，选择 A/D 位数和放大器增益时，应以设计分辨力的二分之一为依据。

2. 动态性能的确定

动态性能的确定就是根据测试信号的最高频率 f_m、动态幅值误差 γ_m，确定系统各环节的动态参数。为了便于理解，这里分模拟部分（传感器与放大器）与数字部分（数据采集系统）分别讨论。

（1）模拟部分　模拟部分的传感器与放大器各自的频率特性分别有：

$$W_1(j\omega) = \frac{U(j\omega)}{X(j\omega)}, \ W_2(j\omega) = \frac{V(j\omega)}{U(j\omega)}$$

故模拟部分总频率特性 $W(j\omega)$ 为

$$W(j\omega) = \frac{V(j\omega)}{X(j\omega)} = \frac{V(j\omega)U(j\omega)}{U(j\omega)X(j\omega)} = W_1(j\omega)W_2(j\omega) \tag{2-62}$$

根据广义动态（幅值）误差定义，模拟部分的动态幅值误差 γ 为

$$\gamma = \frac{|W(j\omega)| - |W_N(j\omega)|}{|W_N(j\omega)|} \times 100\% \tag{2-63}$$

其中，$|W(j\omega)| = |W_1(j\omega)W_2(j\omega)|$；$|W_N(j\omega)| = |W(0)|$ 是理想频率特性。

传感器的频率特性通常分为一阶和二阶，故模拟部分动态幅值误差 γ 表达式有两种形式。

1）传感器与放大器均为一阶系统。

设传感器和放大器的时间常数分别为 τ_1 和 τ_2，则

$$\gamma = \frac{1}{\sqrt{1+(\omega\tau_1)^2}} \frac{1}{\sqrt{1+(\omega\tau_2)^2}} - 1 \tag{2-64}$$

将选定的 τ_1 及 τ_2 的值（令 $\omega = 2\pi f_m$）代入式（2-64），计算出动态幅值误差 γ 应小于动态幅值误差的允许值，即

$$|\gamma| < \gamma_m$$

2）传感器为二阶系统，放大器为一阶系统。

模拟部分动态幅值误差 γ 为

$$\gamma = \frac{1}{\sqrt{\left[1-\left(\frac{\omega}{\omega_0}\right)^2\right]^2 + \left(2\xi\frac{\omega}{\omega_0}\right)^2}} \frac{1}{\sqrt{1+\left(\frac{\omega}{\omega_\tau}\right)^2}} - 1 \tag{2-65}$$

式中，ω_0 是传感器的固有角频率；ξ 是传感器的阻尼比，如果说明书未给出，则按 $\xi = 0$ 进行预估；ω_τ 是放大器的转折频率，$\omega_\tau = 1/\tau$。

于是选定的 ω_0、ξ（或 $\xi = 0$）、τ 的数值在令 $\omega = 2\pi f_m$ 的条件下，由式（2-65）计算的动态幅值误差 γ 应小于动态幅值误差的允许值，即

$$|\gamma| < \gamma_m$$

（2）数字部分　数字部分与动态误差有关的器件指标是 A/D 转换器的转换时间 T_C 以及采样/保持器的孔径抖动时间 T_{AJ}。

1）A/D 转换器转换时间 T_C 的选取。

A/D 转换器转换时间 T_C 的选取原则是在 A/D 转换器的转换时间 T_C 内输入信号的变化所引起的误差应小于其量化误差的一半，这时此项误差可视为微小误差，在系统动态特性预估时可不考虑。根据该原则，A/D 转换器输入信号的频率最大值 f_H 与 T_C 的关系为

$$f_H \leqslant \frac{1}{\pi \times 2^{n+1}} \frac{1}{T_C} \tag{2-66}$$

式中，n 是 A/D 转换器的位数。

故测试系统的最高信号频率 f_m 应满足下述关系：

$$f_m \leqslant f_H \tag{2-67}$$

2）采样/保持器孔径时间 T_{AP} 与孔径抖动时间 T_{AJ} 的选取。

当测试系统的最高信号频率 f_m 不满足式（2-67）的关系时，A/D 转换器的转换时间 T_C 内输入信号的变化所引起的误差就不能忽略，解决的办法是在 A/D 转换器前加采样/保持器。影响采样/保持器动态特性的是孔径时间和孔径抖动时间，孔径时间可通过程序提前发采样脉冲解决，真正影响采样/保持器动态特性的只是孔径抖动时间。类似于 A/D 转换器转换时间 T_C 的选取原则，可得采样/保持器输入信号的频率最大值 f_H 受限于孔径抖动时间 T_{AJ}，即

$$f_H \leqslant \frac{1}{\pi \times 2^{n+1}} \frac{1}{T_{AJ}} \tag{2-68}$$

式中，n 是 A/D 转换器的位数。

故测试系统的最高信号频率 f_m 也应满足关系

$$f_m \le f_H$$

不难看出，采样/保持器和 A/D 转换器的动态误差可通过选择高速器件予以解决；信号调理电路的动态特性在电子技术飞速发展的今天，可通过电路的优化设计和选择性能优良的元器件解决；由于传感器选择的局限性，因此系统的动态性能主要是受限于传感器。传感器动态特性的不足可通过软件的频率补偿加以解决。

3. 误差极限的预估

误差极限的预估就是按系统总误差的限定值对组成系统的单元模块进行误差分配，基本思路是误差预分配、综合调整、再分配再综合，直至选定单元模块的静态性能满足系统静态性能的要求。以压力测试系统为例，要求该系统在 $(20\pm5)℃$ 环境温度内引用误差不大于 1.0%，当工作环境温度为 60℃ 时温度附加误差不大于 2.5%，试确定压阻式压力传感器、放大器、数采系统的静态性能。

对于图 2-16 所示的测试系统，输出 y 的表达式为

$$y = S_1 S_2 S_3 x$$

对上式取对数并全微分，得

$$\ln y = \ln S_1 + \ln S_2 + \ln S_3 + \ln x$$

$$\frac{\mathrm{d}y}{y} = \frac{\mathrm{d}S_1}{S_1} + \frac{\mathrm{d}S_2}{S_2} + \frac{\mathrm{d}S_3}{S_3} + \frac{\mathrm{d}x}{x}$$

由于 x 是被测对象，故令 $\dfrac{\mathrm{d}x}{x} = 0$，则由上式可得

$$\gamma_y = \gamma_1 + \gamma_2 + \gamma_3 \tag{2-69}$$

式（2-69）表明了系统整机总误差相对值 γ_y 与链形结构中各单元的相对误差分项 γ_1、γ_2、γ_3 的关系，它是误差极限预估的依据。考虑到 γ_1、γ_2、γ_3 和 γ_y 常常用极限误差表示，应用几何合成，即

$$\gamma_y = \pm\sqrt{\gamma_1^2 + \gamma_2^2 + \gamma_3^2} \tag{2-70}$$

按照整机性能要求，引用误差小于 1.0%，则有

$$|\gamma_y| = \sqrt{\gamma_1^2 + \gamma_2^2 + \gamma_3^2} \le 1\% \tag{2-71}$$

（1）传感器分项误差的评定　传感器分项误差的评定有两种方法，一是由传感器的准确度等级指数 α 评定，二是由传感器的分项指标评定。

1）传感器的准确度等级指数 α 评定。传感器的准确度等级指数是极限误差的概念，故传感器的相对标准不确定度为

$$\gamma_1 = \pm\alpha\% \tag{2-72}$$

注意：在工程中，常用"精度"进行估算，这里的精度是迟滞、非线性及重复性误差的综合。

2）用传感器的分项指标评定。传感器的分项指标有滞后 δ_H、重复性 δ_R、电源波动系数 α_E、零点温度系数 α_0 和灵敏度温度系数 α_s。在准确度等级指数未知时，传感器的误差可由传感器的分项指标评定，公式为

$$\gamma_1 = \sqrt{\gamma_{11}^2 + \gamma_{12}^2 + \gamma_{13}^2 + \gamma_{14}^2} \tag{2-73}$$

式中，γ_{11} 是由滞后 δ_H 引入的误差分量，$\gamma_{11} = \delta_H$；γ_{12} 是由重复性 δ_R 引入的误差分量，$\gamma_{12} = \delta_R$；γ_{13} 是由电源波动系数 α_E 引入的误差分量，$\gamma_{13} = \alpha_E$；γ_{14} 是由环境温度变化引入的误差分量，$\gamma_{14} = (\alpha_0 + \alpha_s)\Delta t$。

设传感器技术指标为：滞后 $\delta_H = 0.09\%$，重复性 $\delta_R = 0.09\%$，电源波动系数 $\alpha_E = 0.03\%$，温度系数 $\alpha_0 = 4.9 \times 10^{-4}/\text{℃}$，$\alpha_s = 5.1 \times 10^{-4}/\text{℃}$。将上述指标数据代入式（2-73）中，当 $\Delta t = 5\text{℃}$ 时，得

$$\gamma_1^2 = \{0.09^2 + 0.09^2 + 0.03^2 + [(4.9 + 5.1) \times 10^{-2} \times 5]^2\} \times 10^{-4} = 0.2671 \times 10^{-4}$$

$$\gamma_1 = 0.52\%$$

（2）数据采集系统 A/D 转换器误差的评定   A/D 转换器或数据采集卡对整机误差分量有：

1）A/D 转换器转换误差（精度）引起的误差分量。设 A/D 转换器转换误差为 0.25%，则误差分量 $\gamma_{31} = 0.25\%$。

2）量化误差引入的不确定度分量。当选用 8 位 A/D 时，由量化误差引入的误差分项为 $\gamma_{32} = \dfrac{1}{2^8} \approx 0.39\%$。

3）修约误差引入的误差分量。因显示结果要修约至估读值，故产生修约误差，修约误差为量化误差的，则 $\gamma_{33} = \dfrac{1}{2}\gamma_{32} = 0.2\%$，故 $\gamma_3^2 = \gamma_{31}^2 + \gamma_{32}^2 + \gamma_{33}^2 = (0.25^2 + 0.39^2 + 0.20^2) \times 10^{-4} = 0.2546 \times 10^{-4}$，$\gamma_3 = 0.5\%$。

（3）放大器误差的限定   根据整机极限误差 $|\gamma_y| = \sqrt{\gamma_1^2 + \gamma_2^2 + \gamma_3^2} \leqslant 1\%$ 的要求，并且已设定的传感器误差 γ_1，A/D 转换器的误差 γ_3，由式（2-71）可解得放大器误差 γ_2。代入求解，可得放大器的误差 $\gamma_2 \leqslant 0.69\%$。

达到上述要求，对一般放大器而言是不太困难的。值得注意的是，放大倍数的实际值偏离设计值引起的系统误差是可以消除的。产生误差的是放大倍数的波动，通常是环境温度变化引起放大器的失调温度漂移及反馈电阻阻值比的漂移。在采用实时自校的测试系统中，放大倍数是由基准电压实时标定的，因此放大器的误差则取决于基准电压源的稳定度。同样基准电压值的波动通常也受环境影响，对于 2DW232 系列稳压二极管制作的基准电压源，其温度系数可以达到 $(20 \sim 5) \times 10^{-6}/\text{℃}$，在 5℃ 范围内的波动相对值为 $(100 \sim 25) \times 10^{-6} = (0.01 \sim 0.0025)\%$。

4. 温度附加误差的估计

当环境温度在 60℃ 时，温度附加误差 $\gamma_T = (\alpha_0 + \alpha_s) \times \Delta T = (\alpha_0 + \alpha_s) \times 40$，设计要求温度附加误差小于 2.5%，即 $(\alpha_0 + \alpha_s) \leqslant 6.25 \times 10^{-4}/\text{℃}$ 时就可满足温度附加误差的要求。

5. A/D 转换器满度输入电压 V_H 的选择与最小放大倍数 S_2 的确定

放大器的放大倍数与 A/D 转换器满度输入电压 V_H 有关，而 V_H 是由 A/D 转换器或采集卡本身所决定，所以最小放大倍数的确定程序是先根据系统分辨力的要求，选择 A/D 转换器的位数和满度输入电压，然后根据式（2-61）计算放大器的放大倍数。

由式（2-61）可得

$$\Delta y_{\min} = S_1 S_2 S_3 \Delta x_{\min} \tag{2-74}$$

或

$$y_{\max} = S_1 S_2 S_3 x_{\max} \tag{2-75}$$

这里不难看出，放大倍数的计算有两种方法，一是利用式（2-74），它是从分辨力入手计算放大倍数的最小值；二是利用式（2-75），它是从量程入手计算放大倍数的最大值。对于线性系统两种方法是等价的，也就是说，放大倍数满足分辨力的要求，肯定也满足量程的要求，反之亦然。但在非线性系统中，两者有差异，若从分辨力（或量程）角度计算，必须对量程（或分辨力）进行检验。

复习思考题

1. 测量系统的静态特性指标有哪些？
2. 举例说明一阶系统的阶跃响应特性与特性参数。
3. 举例说明二阶系统的阶跃响应特性与特性参数。
4. 系统特性参数、动态误差与信号频率的关系是什么？
5. 举例说明测试系统集成设计原则与步骤。
6. 机械系统一般可简化为质量、弹簧和阻尼系统，测力计系统如图 2-17 所示。
（1）写出测力计系统的输入输出微分方程。
（2）写出测力计系统传递函数。
（3）分析测力计系统误差对测量结果的影响。

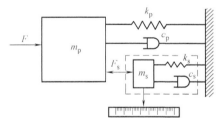

图 2-17　测力计系统

第 3 章
信号获取——传感器技术

测试的过程是信号在测试装置中不断转化和传递的过程。信号的获取是被测信号转化和传递过程中的第一个环节，一般将获取信号的装置称为传感器，它的性能优劣将直接影响测试系统的整体测试性能。

本章对几种常用的传感器的原理与特点进行了分析讨论，还分析了部分传感器的后续电路，最后介绍了智能传感器的基本知识。

本章的学习任务主要是掌握各种参数型传感器和发电型传感器的工作原理、用途和特点。

3.1 概述

传感器作为测试系统的第一个环节，它的任务是将需要观测的信息转化成为人们所熟悉的各种信号。这种转化包括各种物理形式，如机-电、热-电、声-电、机-光、热-光、光-电等，内容极其广泛，这些转化的技术称为传感技术；实现这种技术的元件称为传感元件，而以这种技术手段独立地制作成一种装置，即将传感元件通过机械结构支承固定，通过机械、电气或其他方法连接起来，并将所获信号传输出去的装置称为传感器。在动态测试中最常用的传感技术是将被测物理量转换成电的输出信号，本章主要介绍这种转换为电信号的传感器。

传感器是测试系统中获取信息过程中最前沿的一个环节，它造成的测量误差一般是无法弥补的，因此其技术性能将影响整体的测试精度，所以传感器具备以下技术性能：

1）线性度好。

2）灵敏度高与灵敏度误差小。

3）有较好的重复性和稳定性。

4）滞后误差小、漂移小。

5）具有较高的分辨力。

6）动态性能好。

7）被测对象的影响小，即"负载效应"较低。

上述这些要求只是从测量角度提出的，但是由于传感器直接与被测对象接触，其工作环境不尽相同，对传感器的要求也不一样。例如，对于在各种介质中工作的传感器，就必须根据工作对象提出不同的抗腐蚀的要求；还有的传感器在不同强度环境下工作，就需提出如抗振、抗干扰、耐高温等某些特殊要求，在航空航天器中工作的传感器，其能耗、体积与质量等就显得较为重要了；在许多场合还要求传感器进行非接触或远距离测量等。

由于被测物理量的多样性，测量范围又很广，传感技术借以变换的物理现象和定律很多，所处的工作环境又有很大的不同，所以传感器的品种、规格十分繁杂。新型的传感器被不断地研究出来，每年有上千种新的类型出现。为了便于研究，必须予以适当的科学分类。目前，分类方法常用的有两种，一是按传感器的输入量来分类，另一种是按其输出量来分类。按传感器的输入量分类就是用它所测量的物理量来分类。例如，用来测量力的则称为测力传感器；测量位移的则称为位移传感器；测量温度的则称温度传感器等。这种分类方法便于实际使用者选用。按输出量分类就是按传感器输送出何种参量来分。如果输出量是电量，则还可分为电路参数型传感器和发电型传感器。电路参数型传感器如电阻式、电容式、电感式传感器。发电型传感器可输出电源性参量如电势、电荷等。发电式传感器又可称为主动型或能量转换型等；而电路参量型又称为被动型或能量控制型传感器。按输出量分类的方法基本上反映了传感器的工作原理，便于学习和研究传感器的原理。

除了以上的分类方法外，应用较广的还有完全按工作机理分类，按照这种分类方法主要有两类，一是结构型，一是物性型。结构型传感器是依靠器的结构参数变化而实现信号变换的。例如变极距式电容传感器是依靠改变电容极板间距的结构参数来实现传感功能的。物性型传感器是在实现信号变换过程中传感器的结构参数基本不变，而仅依靠器内部的物理、化学性质变化实现传感功能的。例如光电或热电传感器在受光、受热情况下其结构参数基本不变，主要靠接受这些外界刺激后材料内部电参数变化而有输出。

由于数字技术的发展，出现的以数字量输出的传感器属于数字式传感器一类，而传统的是以连续变化信号作为输出量的则称为模拟式传感器。

随着计算机技术的发展，近年来出现的智能传感器是一种带有微处理器并兼有监测和信息处理功能的传感器，虽然它是在传统传感器的基础上发展起来的，但与传统传感器相比其各项性能指标要高得多，是传感器的发展趋势。本章以传感器的输出电特性分类方法阐述几种典型传感器的原理及必要的关联电路原理，并简要介绍智能传感器的基本知识。

3.2　参数型传感器

参数型传感器的工作原理是将被测物理量转化为电路参数，主要是电阻、电容和电感。

3.2.1　电阻式传感器

图 3-1 所示为几种可变电阻传感器的传感元件。图 3-1a 所示为用以测量直线位移的电位计，图 3-1b 所示为测量应变的电阻应变片，图 3-1c 所示为用以测量温度的热敏电阻，图 3-1d 所示为热线风速计，它是用加热金属处在周围流动介质冷却效应下的电阻变化来测量流动速度的，图 3-1e 所示为用以测量流体压力的金属丝压敏传感元件。它们都是将被测物理量转化为电阻变化的传感元件。除所列举的各项外，还有反映气体浓度或成分的气敏电

阻，反映介质含水量的湿敏电阻，反映光信号强弱的光敏电阻等。

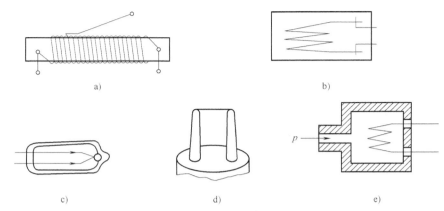

图 3-1　可变电阻传感元件

根据电阻元件在工作过程中阻值变化范围可将电阻式传感器分成两种：大电阻变化式和微电阻变化式。

1. 大电阻变化式

大电阻变化式传感器在输入量变化时，起点阻值可由零变化到一个相当于原电阻值很大百分比的数，甚至可在全部阻值范围内变化。作为这种类型传感器的代表是用来测量线位移或角位移的滑线式变阻器，或称电位计。传统的滑线式电阻器如图 3-1a 所示，它使用电阻材料导线覆以绝缘涂层后排绕而成，在工作表面上磨去绝缘层，弹性导体制成的电刷在工作表面上滑动，随着电刷位移的变化而引起电阻值的变化。

线绕电位计的特性从宏观上看显然不是平滑连续变化的，因为电刷每走一个线径电阻突变一次，所以电阻的变化是阶梯形的，降低了对被测参数的分辨力；从微观角度考察，电刷处在两导线间时会造成两圈之间的短路，如果电刷磨损严重，甚至还会造成三圈短路，这使得电阻在大阶梯变化的同时，还会有小的阶梯变化，如图 3-2 所示。为了解决这一问题，可采用表面光滑型碳膜或金属膜电阻以及近年来发展起来的导电塑料电位计。导电塑料电位计因为没有线绕，而使特性变化呈连续性。

在动态测试中，由于电刷是一弹性振动系统，具有自己的固有频率，电刷在间断平面上滑动时，速度达到某一数值时造成的受迫振动的频率若与其固有频率相近时，则会引起电刷较大的振动响应，这会造成电刷脱离接触或由此产生的噪声使输出特性急剧恶化。由于弹性振动系统固有频率较低，因此测量速度就受到限制。光滑表面的导电塑料在一定程度上缓解了这一问题。

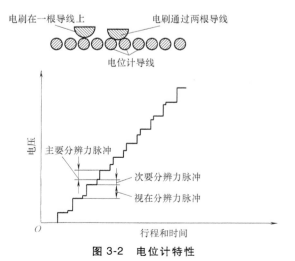

图 3-2　电位计特性

2. 微电阻变化式

在被测物理量变化时，这种传感元件

的电阻值变化范围很小，一般是在原始阻值的百分之几以下变化。例如作为微电阻变化式传感器典型的电阻应变片，若取原始电阻为120Ω，测量时其电阻变化均在1Ω以下。

电阻应变式传感元件简称电阻应变片，是传感元件中应用最为广泛的一种，它的体积小、动态响应快、测量精度高、使用简便。特别是20世纪70年代后由于引入光刻工艺，技术上有新的突破，精度和可靠性有较大的提高。同时随着传感器应用研究的不断深入，应变传感器的应用领域越来越广。

（1）电阻应变片的工作原理与结构实现 电阻应变片的结构如图3-3所示，是由电阻丝、基片、覆盖层等组成。传感元件的应变电阻丝胶接在绝缘薄膜材料基片上，用时将此带有应变电阻丝的基片再胶接在被测应变构件上，使被测应变通过基片带动应变电阻丝变形，电阻发生相应的变化，电阻的变化值与被测构件的应变值有一定的函数关系，从而实现了应变到电阻的转换。

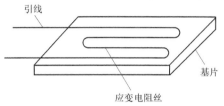

图 3-3 电阻应变片结构

被测应变与应变电阻的函数关系可以根据物理学的基本定理导出。一根导体的电阻值为

$$R = \rho \frac{l}{S} \tag{3-1}$$

式中，ρ是此导体的电阻率，单位是$\Omega \cdot \mathrm{mm}^2/\mathrm{m}$；$l$是电阻丝的长度，单位是m；$S$是电阻丝的横截面面积，单位是$\mathrm{mm}^2$。

当电阻丝在长度方向变形时，其长度l、截面积S和电阻率ρ均会变化，并且三者的变化均会引起电阻R的变化。三个因素各有的增量$\mathrm{d}l$、$\mathrm{d}S$、$\mathrm{d}\rho$所引起的$\mathrm{d}R$可由多元函数微分推导求得。假如现取电阻丝的横截面是半径为r的圆形截面，则$S=\pi r^2$，故

$$R = \rho \frac{l}{\pi r^2} \tag{3-2}$$

所以

$$\mathrm{d}R = \frac{\partial R}{\partial l}\mathrm{d}l + \frac{\partial R}{\partial r}\mathrm{d}r + \frac{\partial R}{\partial \rho}\mathrm{d}\rho = \frac{\rho}{\pi r^2}\mathrm{d}l - \frac{2\rho l}{\pi r^3}\mathrm{d}r + \frac{l}{\pi r^2}\mathrm{d}\rho = R\left(\frac{\mathrm{d}l}{l} - \frac{2\mathrm{d}r}{r} + \frac{\mathrm{d}\rho}{\rho}\right)$$

电阻的相对变化为

$$\frac{\mathrm{d}R}{R} = \frac{\mathrm{d}l}{l} - \frac{2\mathrm{d}r}{r} + \frac{\mathrm{d}\rho}{\rho} \tag{3-3}$$

若应变片沿长度方向受力而伸长Δl，通常将$\Delta l/l$称为纵向应变，记为ε，它是长度方向的相对变形或称长度变化率，是一无量纲的量。因为它的数值在通常的测量中甚小，故常用10^{-6}作为单位来表示，称为微应变，标以$\mu\varepsilon$，例如$\varepsilon = 0.001$就可以表示为1000μ，称为具有1000微应变。电阻丝沿其轴向拉长必然使其沿径向缩小，二者的关系为$\dfrac{\mathrm{d}r}{r} = -\mu\dfrac{\mathrm{d}l}{l}$，式中，$\mu$是电阻丝材料的泊松比。

式（3-3）中等号右侧的第三项$\mathrm{d}\rho/\rho$是电阻丝的电阻率相对变化。这一变化与电阻丝轴向所受正应力σ有关：

$$\frac{\mathrm{d}\rho}{\rho} = \pi_{\mathrm{L}}\sigma$$

式中，π_L 是电阻丝材料的压阻系数。

$$\sigma = E\varepsilon$$

式中，E 是电阻丝材料的弹性模量。

$$\frac{d\rho}{\rho} = \pi_L E\varepsilon$$

将这些参量式均代入式（3-3）可得

$$\frac{dR}{R} = (1+2\mu)\varepsilon + \pi_L E\varepsilon \tag{3-4}$$

分析式（3-4），等式右侧第一项是由于电阻丝几何尺寸变化而引起的电阻相对变化量；第二项是电阻丝材料电导率因材料变形而引起电阻的相对变化。

通常定义电阻应变丝的灵敏度为

$$-\frac{d\left[\frac{dR}{R}\right]}{d\left[\frac{dl}{l}\right]} = \frac{d\left[\frac{dR}{R}\right]}{d\varepsilon} \tag{3-5}$$

传统上常用的制造应变电阻丝所用的材料是金属材料，在一些特殊的场合也采用半导体材料。利用金属材料作为应变电阻材料在原理上主要是利用式（3-4）中等号右侧的前项，对于金属材料来说通常有 $(1+2\mu)\varepsilon \gg \pi_L E\varepsilon$，所以

$$\frac{dR}{R} \approx (1+2\mu)\varepsilon \tag{3-6}$$

制作金属应变片的材料有铜镍合金、镍铬合金、镍铬铝合金、铁铬铝合金以及某些贵金属铂和铂钨合金等，它们的灵敏度 S 在 $1.7\sim3.6$，常用的灵敏度 S 为 2.08。

金属材料应变片的结构形式在早期是用金属丝排布、粘贴在基体上。现在采用照相光刻工艺制作金属箔式应变片，如图 3-4a 所示。这种工艺适合于大量生产，金属箔与基片的粘结较金属丝可靠，而且适合于做成各种不同的复杂形状。照相光刻工艺制成的应变片，由于薄而面积大，有利于散热，因此稳定性好。图 3-4b 所示为用来测量两个方向、三个方向以及多个方向应变的应变片，常称应变花。随着光刻工艺的发展，不断有更新的图样或分层，或更为微小的结构问世，以适应不同行业的需要。半导体电阻材料应变片的工作原理主要是利用半导体材料的电阻率随应力变化，也就是利用式（3-4）中等号右侧的第二项，常称压阻效应。

常用半导体应变材料有 P 型和 N 型硅或锗。单晶半导体在外力作用下，原子点阵排列发生变化，导致载流子迁移率及载流子浓度变

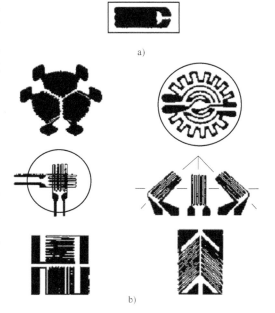

a)

b)

图 3-4　应变片与应变花

化而引起电导率的变化。对于 P 型硅半导体，当应力沿 [1,1,1] 晶轴方向作用时，以及对于 N 型硅半导体，应力沿 [1,0,0] 晶轴方向作用时，都可以得到最大的压阻效应，所以在制造时必须使灵敏度沿这些晶轴方向来切割半导体单晶。半导体应变片的灵敏度在 100～175，较之金属应变片要大数十倍，这是它的一个突出优点。但是它在性能上的严重缺陷是应变灵敏度随温度变化较大。这一缺点可以用对半导体材料进行适当地掺杂来加以改善。半导体应变片还具有机械滞后小、横向效应小，本身体积小等优点，但还是有灵敏度的离散性大、大应变下的非线性大等缺点。

应变片在使用时需将其粘贴在被测构件上，粘贴的工艺和黏结剂的选择很重要，在购置成品应变片后，使用时的误差、可靠性等完全取决于粘贴的工艺，对被测构件表面的打磨、清洗、胶层涂布、粘贴以及胶层固化等各工序均应充分重视，否则会严重影响使用效果，甚至导致失败。应变片黏结剂通常有赛璐珞、酚醛树脂、502 胶、环氧树脂等，高温情况下使用无机黏结剂如专用陶瓷等，这些材料应根据实际使用条件选择，以保证足够的黏结强度、绝缘性能、抗蠕变性能、温度范围等技术要求和粘贴操作方便等。

（2）电阻应变片的误差及其补偿 在使用应变片时，当其所处的环境温度不变时，应变片的电阻值变化与应变值之间存在着单值函数关系。实际上由于周围环境温度的变化，电阻丝工作时电流流过产生的热量也会使工作温度变化。这样会使应变电阻随温度而产生变化，某些情况下这种变化甚至比应变信号引起的电阻变化还要大，这种由于温度变化引起的电阻变化就造成了电阻应变片的温度误差。电阻随温度变化的原因主要有如下几个方面：

1）应变片本身电阻随温度的变化，可表达为

$$\frac{\Delta R_{\Delta T}}{R} = \gamma_f \Delta T \tag{3-7}$$

式中，$\Delta R_{\Delta T}$ 是因温度变化而引起的电阻变化数值；γ_f 是应变合金的电阻温度系数，即单位温度变化引起的电阻值相对变化；ΔT 是相对于校准温度的变化度数。

这一温度引起的电阻变化可以折算成相当于应变片的应变值：

$$\varepsilon_T = \frac{\Delta R_{\Delta T}}{R} \frac{1}{S} = \frac{\gamma_f \Delta T}{S} \tag{3-8}$$

2）应变丝线胀系数 a_g 与基底线胀系数 a_b 不一致，在温度变化时会引起附加应变。这可以从下面的分析中得到定量表达。

应变丝由于温度变化引起的相对伸长为

$$\left(\frac{\Delta L_{\Delta T}}{L}\right)_g = a_g \Delta T \tag{3-9}$$

基底由于温度变化引起的相对伸长为

$$\left(\frac{\Delta L_{\Delta T}}{L}\right)_b = a_b \Delta T \tag{3-10}$$

式中，a_g 和 a_b 分别是温度变化引起的电阻丝与基底的线胀系数。

当 $a_g \neq a_b$ 时，就会引起二者长度差，造成应变丝被拉伸或被压缩，相当于引起附加应变误差

$$\varepsilon_L = \left(\frac{\Delta L_{\Delta T}}{L}\right)_g - \left(\frac{\Delta L_{\Delta T}}{L}\right)_b = (a_g - a_b)\Delta T \tag{3-11}$$

3）电阻应变片的灵敏度 S 随温度而变化，变化后的灵敏度为 S_T。这样，同样的被测应变 ε 在温度变化后通过应变电阻丝测量出来再折算的应变值就会变化为 $(S_T/S)\varepsilon_0$，S 为校准温度时的灵敏度。

考虑上述各主要因素，具有被测应变和当温度变化时应变片所表现出来的应变应为

$$\varepsilon_T = \frac{S_T}{S}\varepsilon + \frac{1}{S_T}\gamma_f\Delta T + (a_g - a_b)\Delta T \tag{3-12}$$

对于这种温度误差，在实际工作中有下列补偿方法：

① 温度修正法。在所选用的应变片使用前，预先作好其温度-应变变化依存曲线，使用时在特定温度下查找变化值作相应修正。

② 参数补偿法。根据式（3-12）可以设法调整各参数使其产生的温度误差尽量减小。在使用温度与校准温度相差较小时，可以认为 $S_T \approx S$。这样温度误差的来源主要由式（3-12）等号右侧的后两项决定。补偿方法有两种，一种是局部补偿，例如采用图 3-5 所示的电阻应变结构。应变丝由两部分组成，这两部分分别由两种合金材料制作，两种材料中一种具有正电阻温度系数，则另一种取具有负温度系数的合金，而且尽可能取二者的数值相近。这样在温度变化后各自产生的温度误差就可以抵消，从而大大减小由于电阻温度系数引起的温度误差。另一

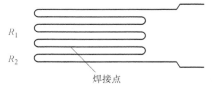

图 3-5　双丝组合应变片

种方法是相互补偿方法，为使引起温度误差的两项值总的效果达到抵消，即

$$\frac{1}{S}\gamma_f\Delta T + (a_g - a_b)\Delta T = 0$$

也就是要使所选各部分参数满足下述条件：

$$a_g = a_b - \frac{\gamma_f}{S}$$

这样就能将引起温度误差的各个因素消除。

③ 电路补偿法。在承认应变片有温度误差的前提下，在后续电路中采用必要的补偿措施来消除这种温度误差，具体方法可参阅相关专业书。

3.2.2　电容式传感器

1. 工作原理与结构

电容式传感器是将各种被测物理量转换成电容量变化的一种传感器。其最基本结构形式如图 3-6 所示。

根据物理学中的推导，两平行平面导体之间的电容量为

$$C = \frac{\varepsilon\varepsilon_0 S}{\delta} \tag{3-13}$$

式中，ε 是极板间介质的相对介电常数；ε_0 是真空中的介电常数，单位是 F/m（根据国际单位制规定，$\varepsilon_0 = 8.854 \times 10^{-12}$ F/m）；S 是两极板间相互覆盖面积，单位是 m^2；δ 是两极板之间的距离，单位是 m。

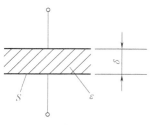

图 3-6　电容式传感器

式中，除 ε_0 外，ε、S 和 δ 三个参数都直接影响电容的大小，测量中只要使其中两个保持恒定，另一个参量的变化就与电容的变化成单值函数关系。根据这一原理可以做成各种类型的传感器，如变极距型、变面积型和变介电常数型的电容式传感器。

图 3-7 所示为变极距型电容式传感器。变极距型电容式传感器可用机械支撑和壳体安装起来，做成独立使用的传感器，它可通过电容量的大小来测量位移量，但在许多场合电容传感元件的一个极板可直接用被测金属工件平面充当，另一极板使用专门制作的金属平面。图 3-7a 是最基本的变极距型电容式传感器。定极板固定，动极板随被测位移而移动，这样就能改变两极板之间的电容量。由式（3-13）可见电容与极距之间的关系是一非线性关系，如图 3-8 所示。为了减小非线性误差，通常规定这种传感器在极小测量范围内工作，使之获得近似线性的特性。当然还可以采用后续电路做非线性校正，以进行范围更大些的测量。为了提高灵敏度和线性度，以及克服某些外界条件，如电源电压、环境温度变化的影响，常采用差动型式的电容式传感器，其原理结构如图 3-7b 所示，上下两极板是固定极板，中间极板是活动极板。未开始测量时将活动极板调整在中间位置，两边电容相等。测量时，中间极板向左或右平移，就会引起电容量的左增右减或反之。所以两边电容的差值 $C_1 - C_2$ 是二者变化量的和，其特性如图 3-9 所示。这样提高了灵敏度，同时在零点附近工作的线性度也得到改善。

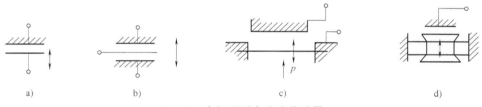

图 3-7 变极距型电容式传感器

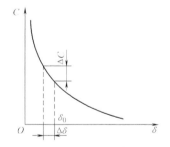

图 3-8 电容和极距的关系曲线

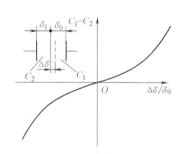

图 3-9 差动电容特性

图 3-7c 是利用压力敏感弹性元件——膜片作为电容器的活动极板。压力的变化使弹性膜片上下变形引起电容的变化，这种方法在微压测量、声压测量等方面有较多的应用。图 3-7d 是一种电容式加速度传感器。敏感加速度的质量块用两弹簧片固定，其上平面为电容器的活动极板。质量块感受加速度而有位移时电容随之变化。

图 3-10 所示为用以测量线位移（图 3-10a、b、c、d）及角位移（图 3-10e）的电容式传感器，它们都是将位移变为电容器的相互覆盖面积的变化。为了提高灵敏度，可以采用差动式（图 3-10b）、多片式（图 3-10a、e）或多齿式（图 3-10d）。因为在式（3-13）中电容的变化是与两极板相互覆盖面积呈线性关系，所以这种方案较之变极距型方案在此方面有可

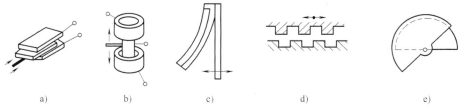

图 3-10　变面积型电容式传感器

取之处。

图 3-11 所示为利用改变介电常数的电容式传感器。图 3-11a 是在两固定极板间有一介质层通过，介质层的厚度变化或湿度变化均会引起其在极板内的介电常数总的变化，图 3-11b 是工业上广泛应用的液位计，内外两圆筒作为电容器的两极板，液位的变化引起两极板间总的介电常数的变化，介电常数的变化引起电容的变化，从而达到测量厚度、湿度或液体等物理参数的目的。

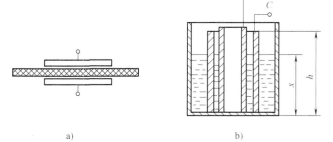

图 3-11　变介电常数型电容式传感器

电容式传感器具有结构简单、灵敏度高、动态性能好以及非接触测量等优点，所以在工程技术方面，特别是在微小尺寸变化测量方面得到广泛的应用。

2. 电容式传感器的性能改善

电容式传感器虽有许多独特的优点，但它也存在一些缺点，在实际使用时需采取相应的技术措施来改善。

（1）静电击穿问题　为了测量电容的变化，在后续电路中需对电容的两个极板施以电压，使两个极板间具有一定的电位差。由式（3-13）可知，减小两极板间的距离可以提高电容式传感器的灵敏度。但是在电位差存在时，极间距离过小会引起击穿，破坏其正常工作，为防止击穿，通常在两极板间再附加一层云母或塑料薄片，如图 3-12 所示。因击穿电压对空气介质是 3kV/mm，这样就可大大提高抗击穿性能。但此时式（3-13）应具有以下形式：

$$C = \frac{\varepsilon_0 S}{\dfrac{\delta_1}{\varepsilon_1} + \dfrac{\delta_2}{\varepsilon_2}}$$

（2）边缘效应　电容器两极板间的电场分布在中心部分是均匀的，但在边缘部分是不均匀的。如果不采取措施，需将圆极板直径增加，增加的量按极距的 3/8 来计算，才能达到名义尺寸所要求的电容量。在实际工作中也可以采取具有保护环的措施来消除边缘效应，图 3-13 所示为其结构。在需要工作面积的极板周围再加一圈保护环，这样使工作极板全部面积皆处于均匀电场的范围。

（3）寄生电容　由于电容器两极板要接出后续电路，传输导线存在电容，而且这一电容值与导线的长度、形状有关，其他过渡连续及附近结构也会构成某些极间耦合，造成一些杂散电容。这些在测量中都不是稳定的数值，会导致附加电容的数值漂移，所以在测试中要十分注意各种配置，以减轻寄生电容造成的误差。在大规模集成电路已经成熟的今天，可将后续的前置放大器集成后，置于电容式传感器的极板附近，这样可以基本消除由引出电容的导线结构引起的寄生电容的影响。

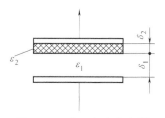

图 3-12　防止击穿电容器

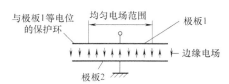

图 3-13　具有保护环的平板电容器

3. 静电引力的影响

在对某些薄膜片或超轻型金属构件做电容测量，而且以这些构件作为电容的一个极板时，两极板间的静电引力会引起被测构件位置的变化，从而影响测量结果。采用差动式电容器的结构形式可以减弱不利影响。

3.2.3　电感式传感器

电感式传感器是把被测物理量如位移、力等参量转化成自感 L、互感 M 变化的一种传感器，其主要类型有自感式、互感式、涡流式和压磁式等。电感式传感器由于输出功率大、灵敏度高、稳定性好、使用调整方便等优点，所以逐渐得到较广泛的应用。

1. 自感式传感器

（1）工作原理与结构　自感式传感器原理结构如图 3-14 所示。缠绕在铁心上的线圈中通以交变电流 i，产生磁通 ϕ_m，形成磁通回路，根据电工学中的分析，磁通与电流之间存在下列关系：

$$N\phi_m = L_i \tag{3-14}$$

式中，N 是线圈匝数；L 是比例系数，称为自感，单位是 H。

根据磁路欧姆定律，有

$$\phi_m = \frac{N_i}{R_m} \tag{3-15}$$

式中，N_i 是磁动势，单位是 A；R_m 是磁阻，单位是 H^{-1}。

将式（3-15）代入式（3-14）得

$$L = \frac{N^2}{R_m} \tag{3-16}$$

磁阻 R_m 在本例中包括三部分，即铁心、衔铁和气隙中的磁阻

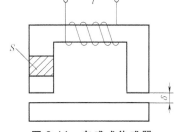

图 3-14　自感式传感器

$$R_m = \frac{l}{\mu S} + \frac{2\delta}{\mu_0 S_0} \tag{3-17}$$

式中，l 是铁心与衔铁中的磁导长度，单位是 m；μ 是铁心与衔铁的磁导率，单位是 H/m；S 是铁心与衔铁中的磁导面积，单位是 m^2；δ 是气隙宽度，单位是 m；μ_0 是气隙中的空气磁

导率，$\mu_0 = 4\pi \times 10^{-7} \mathrm{H/m}$；$S_0$ 是气隙磁导横截面积，单位是 m^2。

将式（3-17）代入式（3-16）得

$$L = N^2 \left[\frac{1}{\dfrac{l}{\mu S} + \dfrac{2\delta}{\mu_0 S_0}} \right] \qquad (3\text{-}18)$$

由式（3-18）可见，自感量 L 是各个参量的函数，如果仅使其中一个参量变化，就会得到 L 与该参量的单值函数关系，所以就可以做成各种电感式传感器。磁路中假若存在空气隙，因铁心和衔铁中的磁阻比气隙中的磁阻小得多，计算时将其忽略而得

$$L \approx \frac{N^2 \mu_0 S_0}{2\delta} \qquad (3\text{-}19)$$

根据式（3-19）可以形成两种类型的自感式传感器。图 3-15 所示为常用的三种类型，图 3-15a 是改变气隙厚度 δ，图 3-15b 是改变磁导面积，图 3-15c 是利用磁心在螺线管中的直线位移改变总的磁阻（也可认为是改变有效线圈匝数）。三种传感器均可用来测量变换为直线位移的物理参量。但根据式（3-19）可以得出，L 的变化与各参数的关系并不相同，如改变气隙的类型，L 与 δ 的关系就不是线性关系，这与电容式传感器中的情况相类似。为了提高自感式传感器的精度和灵敏度，增大特性的线性段。实际上许多自感式传感器都做成差动式的，如图 3-16 所示，其机械部分相当于两个上述变气隙厚度元件的组合，输出特性如图 3-17 所示。后续电路采用交流电桥，两电感传感元件分别接到交流电桥的相邻两臂上，形成半桥电路。利用磁导率变化引起自感变化的典型传感器是利用磁弹性敏感元件。图 3-18 是磁弹性自感式传感器的原理结构。铁磁体 T 做成封闭磁路，在被测外力 F 作用下铁磁体产生机械变形和机械应力，使铁磁体的磁导率发生变化。根据式（3-18），此时因不存在气

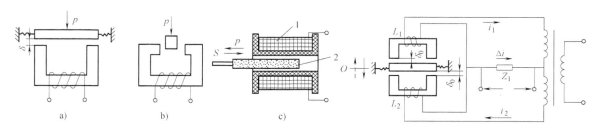

图 3-15　自感式位移传感器

1—螺线管　2—磁心

图 3-16　差动式自感传感器

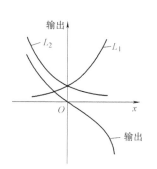

图 3-17　差动式自感传感器输出特性

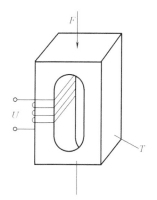

图 3-18　磁弹性自感式传感器

隙面使该式变为

$$L = \frac{N^2 \mu S}{l} \tag{3-20}$$

此式对本例来说，N、S 和 l 均不变化，仅是磁导率 μ 发生变化而引起 L 的变化，这样就可用 L 的变化来测量被测力的大小。

（2）改善性能的考虑因素

1）损耗问题。电感线圈、衔铁系统在外高频电流 i 的激励下工作时，必然存在功率的损耗，主要的损耗有以下几个方面：一是线圈，除具有电感 L 外，还存在着电阻 R_C 和分布电容 C，这就会引起铜损和无功功率。二是铁心，交变磁场的存在将使铁心中产生涡流，这可等效为一个电阻 R_K 的损耗。另外铁心中还存在磁滞现象，也可等效为一个电阻 R_e 造成的损耗。从损耗的观点可以将电感器视为图 3-19 所示的等效电路。电路右侧是电感的等效部分，左侧是铁心的等效部分。

2）气隙边缘效应的影响。在一些电感式传感器中有工作气隙，从而使磁路磁通在此处周围有散失和弯曲，使磁导有效面积下降，输出特性不能按名义尺寸理想地考虑，而是要加以修正。

3）温度误差。工作温度的变化同样会引起电感式传感器的机械参数和电参数的变化，从而造成温度误差，需加以补偿。

4）差动式电感传感器的零点剩余电压问题。差动式电感传感器由于制造中的各种因素，如绕组尺寸、所选材料和安装等，衔铁处于中央初始位置时，两路输出不等；或是在调整时对工作电流的基频可调到平衡，但对高次谐波难以调到平衡，这些都会造成零位有输出的误差。所以对于差动式电感传感器要求在制造

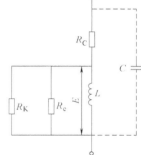

图 3-19 电感式传感器等效电路

中无论在机械上还是在电气上都应做到两路对称，在使用时后续电路上需采用补偿措施。

2. 互感式传感器

（1）工作原理与结构　互感式传感器是将被测量的物理量如力、位移等转换成互感系数的一种传感器。其基本结构与原理与常用变压器类似，故亦称其为变压器式传感器。

图 3-20 所示为一基本互感器的原理结构。线圈 1 为一次线圈，线圈 2 为二次线圈。根据变压器的原理可知，当一次侧通过一交变电流 i_1 时，由于在磁通全回路上磁通的交变变化，而在二次侧感生感应电动势，这一电动势的大小为

$$\dot{E}_{21} = -j\omega M \dot{I}_1 \tag{3-21}$$

式中，$\dot{E}_{21}$ 是二次感应电动势相量；$\dot{I}_1$ 是一次交变电流相量；ω 是工作交变电流角频率；M 是互感系数。

由于在一次线圈上还存在有自感 L_1，故

$$\dot{I}_1 = \frac{\dot{E}_1}{R_1 + j\omega L_1} \tag{3-22}$$

式中，$\dot{E}_1$ 是一次交变电动势相量；R_1 是一次线圈的电阻。

代入式（3-21）得

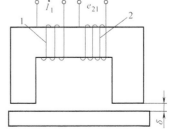

图 3-20 互感式传感器

$$\dot{E}_{21} = -j\omega \frac{\dot{E}_1}{R_1+j\omega L_1}M \tag{3-23}$$

式（3-23）表明，二次侧的感应电动势在一次侧所施加的电动势、工作频率、一次线圈参数等确定的情况下，是互感系数 M 的单值函数。

互感系数反映了两线圈的耦合紧密程度，它是一次、二次线圈匝数、长度、相互位置以及整个磁路磁阻等各因素的函数。所以变化其中任一参数都会改变互感大小，从而改变感应电动势大小。所以测量感应电动势的变化就可以测量各个参数的变化，由此可见互感式传感器可以直接导出电压输出，这对测量来说是较为方便的。

二次线圈采用单线圈的方案具有一个明显的缺点，即当被测物理量没有变化的情况下，二次线圈仍然具有感应电动势，为了维持零位参数输出为零，需在后续电路中给予补偿或抵消。但解决这一问题的最佳方案是采用差动式结构，即所谓差动变压器型的电感式传感器。

图 3-21a 和 b 是用来测量直线位移和角度位移的两种差动变压器。它们具有一个一次线圈和两个相互对称的二次线圈。根据前述分析，两二次线圈上分别具有感应电动势，将两电动势相互反接，如图 3-21c 所示，则所输出的总电动势为

$$\dot{E}_2 = \dot{E}_{21} - \dot{E}_{22} = -j\omega(M_1-M_2)\dot{I}_1 \tag{3-24}$$

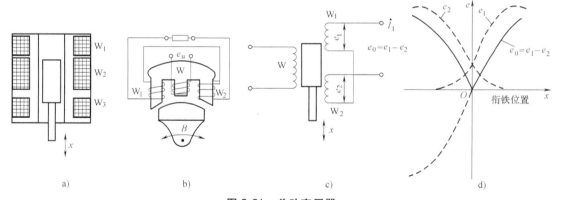

图 3-21　差动变压器

当衔铁处于中央位置时，若两二次线圈参数及磁路尺寸相等，$M_1 = M_2 = M$，故 $\dot{E}_2 = 0$；当衔铁偏离中央位置时，$M_1 \neq M_2$，由于是差动工作，$M_1 = M_2 + \Delta M_1$，$M_2 = M - \Delta M_2$，工作时使 $\Delta M_1 = \Delta M_2$，故

$$\dot{E}_2 = -j\omega(M_1-M_2)\dot{I}_1 = -j\omega \frac{\dot{E}}{R_1+j\omega L_1} \cdot 2\Delta M \tag{3-25}$$

根据电磁学理论的推导，最常用的直线螺线管（图 3-21a）中互感的变化为式（3-25）中的 ΔM，为

$$\Delta M = \frac{N_1 N_2}{4l_1 l_2}\mu_r \pi r_a^2 \left[\int_m^n f(x)g(x-\Delta x)\,dx - \int_m^n f(x)g(x)\,dx \right] \tag{3-26}$$

式中，N_1 和 N_2 分别是一次和二次线圈的匝数；l_1 和 l_2 分别是一次和二次线圈的长度；μ_r 是铁心中的磁导率；r_a 是衔铁半径；m 和 n 是一次线圈所在的位置；$f(x)$ 和 $g(x)$ 是两个

与结构有关的函数，

$$f(x) = \frac{l_1+2x}{\sqrt{(l_1+2x)^2+4r^2}} + \frac{l_1-2x}{\sqrt{(l_1-2x)^2+4r^2}},$$

$$g(x) = \frac{l_a+2x}{\sqrt{(l_a+2x)^2+4r_a^2}} + \frac{l_a-2x}{\sqrt{(l_a-2x)^2+4r_a^2}},$$

式中，r 是一次线圈平均半径；r_a 是衔铁半径；l_a 是衔铁长度。

由式（3-26）推导，经积分代入积分限后，最后得到的 ΔM 表达式在结构参数、材料选定的情况下就是 Δx 的单值函数。这样最终所得的输出电压幅值如图 3-21d 所示。

（2）差动变压器的性能及改善 差动变压器作传感元件应用越来越多，但需注意其性能的变化，以免使用时失误。

1）线性工作段。由图 3-21d 的特性曲线可见，差动变压器在一定范围内工作具有较好的线性，但超过此范围，线性度迅速恶化。为了改善这一性能，关键是使磁场均匀范围扩大。

2）灵敏度。差动变压器的灵敏度是指衔铁移动单位位移时所产生的输出电动势变化，但实际使用中常用单位激励电压所产生的单位位移输出电动势变化。在结构参数选定情况下，由式（3-25）可以看到：首先，一次电压 e_1 越高，则输出 e_2 会越大，所以要提高灵敏度可以采用提高一次电压的方法。但是过大的一次电压会引起变压器线圈的发热，造成输出信号漂移。其次，当激励电源频率过低时，$\omega L \ll R_1$，则 $e_2 \approx -\mathrm{j}(e_1/R_1)2\Delta M$，其灵敏度随 ω 而变化；当 ω 增加使 $\omega L \gg R_1$，则 $e_2 \approx -\mathrm{j}(e_1/L_1)\Delta M$，使灵敏度与 ω 无关；当 ω 过大时，导线的趋肤效应使其有效阻值增加，同时高频时的涡流损耗和磁滞损耗均增加，从而使输出值减小，降低了灵敏度。所以工作时应选取合适的激励频率。

3. 涡流式传感器

涡流式传感器的工作原理是基于金属平面置于变化着的磁场中时，就会产生感应电流，这种电流在金属平面内是自己闭合的，称为涡流。所以涡流传感器的工作对象必须是金属导体，表面应光滑。涡流传感器有高频反射式和低频透射式两种，由于其灵敏度高、非接触式测量和工作条件要求低等，得到了越来越广泛的应用。

图 3-22 是涡流传感器的工作原理图。A 为传感头，它是一个扁平线圈，B 是被测金属平面。工作时在扁平线圈上施加高频激励电流。这一电流通过线圈产生高频交变磁通 ϕ_e，ϕ_1 在靠近传感头的金属表面内产生感应电动势，而在金属表面内形成以金属为导体的回形电流，称为涡电流，此涡电流又形成涡流磁通 ϕ_e，根据电工学中的楞次定律可知，ϕ_e 是阻止 ϕ_1 变化的，这样会影响原线圈磁通的数值，从而使线圈的等效参数改变。这种改变可用等效电路作简化推导。图 3-23a 是涡流传感元件及被测金属表面所形成的电磁耦合等效电路，它相当一个变压器耦合，一次侧是扁平线圈。二次侧是涡电流形成的单圈线圈，两线圈分别可等效为一电阻与电感的组合。

一次线圈在空载时的阻抗是

$$Z_1 = R_1 + \mathrm{j}\omega L_1 \tag{3-27}$$

二次线圈的阻抗是

$$Z_2 = R_2 + j\omega L_2 \tag{3-28}$$

式中，Z_1、R_1、L_1 分别是一次线圈的等效阻抗、电阻和电感；ω 是激励电流的角频率；Z_2、R_2、L_2 分别是金属表面涡电流流过的单圈金属线圈的等效阻抗、电阻和电感。R_2、L_2 取决于所测金属的电阻率和涡流分布尺寸的大小等因素。

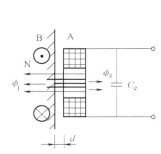

图 3-22　涡流式传感器

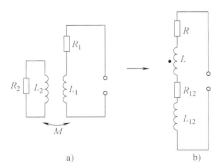

图 3-23　涡流式传感器的等效电路

两线圈通过磁通耦合，用互感系数 M 来表示它们的耦合程度。这样就可以把二次回路参数等效到一次线圈上去，如图 3-23b 所示，分别为

$$R_{12} = \frac{\omega^2 M^2}{R_2^2 + (\omega L)^2} R_2 \qquad L_{12} = \frac{\omega^2 M^2}{R_2^2 + (\omega L)^2} j\omega L_2 \tag{3-29}$$

考虑到式（3-27）所代表的一次线圈阻抗和式（3-28）所代表的二次线圈折算到一次线圈一边的等效参数值，所以总的等效阻抗为

$$Z' = R_1 + j\omega L_1 + \frac{\omega^2 M^2}{R_2^2 + (\omega L_2)^2} R_2 - \frac{\omega^2 M^2}{R_2^2 + (\omega L_2)^2} j\omega L_2$$

$$= \left[R_1 + \frac{\omega^2 M^2}{R_2^2 + (\omega L_2)^2} R_2 \right] - j\omega \left[\frac{\omega^2 M^2}{R_2^2 + (\omega L_2)^2} L_2 + L_1 \right] \tag{3-30}$$

这一等效阻抗由虚、实两部分组成，由式（3-30）可见，其实部即等效电阻部分与没有二次侧时相比有了增大；而其虚部即等效电感部分较之空载时趋于减少。这种增加和减小的程度取决于二次线圈的电阻、电感、激励电流频率和两线圈之间的互感系数。根据前述的分析，这些参数取决于二次线圈即被测金属材料的电阻率、磁导率和一次线圈间的距离等参数，所以总等效阻抗是以上各参数的函数，即

$$Z' = \int (\delta, \rho, \omega, \mu) \tag{3-31}$$

这样，涡流传感器可用来做两个方面参数的测量，一是用以测量以位移为基本量的机械量参数，也就是利用阻抗与 δ 的函数关系，测量位移、厚度、振幅、压力、转速等。另一方面是用以测量与被测材料导电导磁性能有关的参量，如电导率、磁导率、温度、硬度、材质、裂纹缺陷等。由于涡流式传感器是将被测物理量转化为电阻抗参量，所以其后续电路也就是配合测量电阻抗参量的各种电路，如调制电路、电桥电路、谐振电路等。

3.3　发电型传感器

发电型传感器是将被测物理量转化为电源性参量，如电势、电荷等。这种传感器实际上是一种能量转换元件。属于这类元件的有磁电式、压电式、热电式以及光电式等种类，它们分别应用不同的物理效应。

3.3.1　磁电式传感器

磁电式传感器是将被测机械量转化为感应电动势的一种传感器，故又称电动力式传感器。根据电磁感应定律，匝数为 N 的线圈处在变化的磁场中所感生的电势 e 取决于穿过线圈的磁通 ϕ 的变化率，即

$$e = -N\frac{\mathrm{d}\phi}{\mathrm{d}t} \tag{3-32}$$

这种磁通变化可以使线圈处于磁场中，对磁场做相对运动，切割磁力线，或是由磁路中磁阻变化而致，所以有动圈式、动磁铁式和变磁阻式等类型的传感器，图 3-24 是这几种类型传感器的原理结构。图 3-24a 是测量直线运动速度的动圈式传感器，图 3-24b 是测量角速度的动圈式传感器，图 3-24c 是测量直线速度的动磁铁式传感器，图 3-24d 是测量被测平面（需导磁）运动直线速度的变磁阻式的磁电式传感器。它们都是电磁感应原理的具体实现。本节重点讨论测量直线运动速度的动圈式传感器，因为其原理较为典型，而且在工程技术上应用也较广泛。

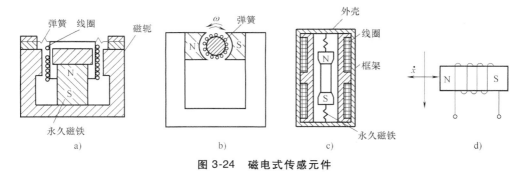

图 3-24　磁电式传感元件

图 3-24a 所示的动圈式传感器的线圈处于永久磁铁所形成的闭合磁路工作气隙中，当此线圈相对磁场做直线运动时，在其上所感生的电动势为

$$e = NBl\frac{\mathrm{d}x}{\mathrm{d}t}\sin\theta = NBlv\sin\theta \tag{3-33}$$

式中，B 是工作气隙中的磁感应强度；l 是线圈的单匝长度；v 是线圈相对于磁场的运动线速度；θ 是线圈运动方向相对于磁场方向的夹角。此处 $\theta = 90°$，故

$$e = BlvN \tag{3-34}$$

若选定结构参数，即 B、l 和 N 已定，那么感应电动势 e 与运动速度 v 就成为单值函数关系，所以可用输出的电动势值测量线圈运动的速度，故此种传感器又称为速度传感器。由于速度和位移、速度与加速度存在着积分和微分的关系，显然，速度传感器的输出通过积分

或微分的后续处理就可以得到反映位移和加速度的信号。利用这种原理在工程上制造出两种实用的速度传感器，一是测量较长行程的直线速度传感器；二是测量振动速度的传感器。

图 3-25 是一测量较长直线运动速度的传感器。它有两层线圈，线圈 1 绕在薄层绝缘材料圆筒 2 上，与外壳 4 固结在一起；线圈 3 绕在内轴上，该轴由铁磁材料制成，线圈 3 在轴上分两段绕制；外壳 4 是由铁磁材料制成的。工作时对线圈 1 加以直流电流，所产生的磁通沿内轴—气隙—外壳形成封闭回路。当内轴与外壳做相对运动时，处于两边气隙中的线圈切割磁力线而使线圈中产生感应电动势，因两边气隙中磁通走向相反，所以左右两边线圈所产生的感应电动势方向相反。若做反向串接，则使两边的感应电动势相互相加而提高其灵敏度。根据前述分析，所输出的感应电动势应与内轴和外壳相对运动速度成正比，这样就能用输出电动势来测量相对运动速度。这种传感器的输出功率较大，在一些机床的运动工作台直线运动速度测量上得到应用。

图 3-26 是用来测量两构件间相对振动速度的相对振动速度传感器。中心细轴 1 用曲片状弹簧 2 支承在外壳 6 上，可以作左右直线移动，在此轴上安装了感应线圈 4；永久磁铁 3 固定在外壳 6 上，与外壳形成封闭回路，留有一工作气隙。线圈 4 处于此工作气隙中。使用时将壳体固定在一构件上，将中心细轴 1 伸出的顶杆顶在另一需测相对运动的构件上，并作预紧。当两构件作相对振动时，小轴相对于壳体，也就是线圈相对于工作气隙中的磁通做相对直线振动，此时在线圈中产生感应电动势，这一电动势反映了两构件间的相对运动速度。感应电动势由导线 5 引出。使用时需注意顶杆需以一定的弹性压力预紧在另一构件上，以免在反向运动时因相对运动速度过大而脱开，使输出电动势不能完全反映两构件间的相对运动速度。

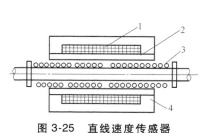

图 3-25　直线速度传感器

1、3—线圈　2—绝缘材料圆筒　4—外壳

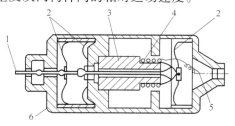

图 3-26　相对振动速度传感器

1—中心细轴　2—曲片状弹簧　3—永久磁铁
4—感应线圈　5—导线　6—外壳

3.3.2　压电式传感器

某些晶体电介质材料，在沿一定方向对其施加外力使之变形时，其表面将产生电荷，在外力去除后，介质表面又回到不带电的状态，这种现象称为正压电效应。同样，这些材料也具有逆压电效应，即对其表面施以电场，则此种介质将产生机械变形。压电效应是具有极性的，如果外加作用力从压力改变为拉力，则在介质表面上所产生的电荷也会相应改变极性。

具有压电效应的材料称为压电材料。压电材料有压电晶体，即天然的单晶体，如天然石英晶体等，另外还有压电陶瓷，即人工制造的多晶体，如钛酸钡、锆钛酸铅（简称 PZT）等；近年来新发展起来的用有机聚合物的铁电体加工出的压电薄膜，是一种具有柔性的薄膜压电材料，常用的有聚偏氟乙烯（PVF2）等，它适于特殊表面形状上的测力处，是一种很有前途的压电材料。天然晶体性能稳定，力学性能也很好，人造晶体的灵敏度较高，所以它们在不同的领域中得到应用。

压电陶瓷和压电薄膜等人造压电材料需做人工极化处理后才具有压电性能。极化处理是按一定的规范在高压电场下放置人造压电材料几小时，使之内部晶体排列整齐的处理过程。只有通过极化处理这种材料才能应用于实际测量。

为对压电现象作更深入的了解，现就石英晶体的情况作一讨论。图 3-27a 是天然石英晶体的结晶体，它是一种六角形晶柱。在其上命名三根轴线：一是纵轴线 oz，称为光轴；通过六角棱线而与光轴垂直的轴线 ox 称为电轴；垂直于棱面又垂直于光轴的轴线 oy 称为机轴。现由石英晶体内取出一片长方体晶体片，其各棱边与各轴平行，如图 3-27b 所示。

根据受力方向的不同，引起压电晶体切片不同的变形，从而在不同的表面上可以测得其电荷。图 3-28 是三压电效应的原理结构，图中的虚线形状表示压电晶体切片的原始形状，实线形状表示受力变形后的形状。图 3-28a 是纵向压电效应，压电片在 x 方向上受正应力，变形后在垂直于 x 方向的平面上产生电荷；图 3-28b 是横向压电效应，压电片在 y 方向上受正应力，则它还在垂直于 x 方向的平面上产生电荷；图 3-28c 是切向压电效应，压电片在 y 方向上受切向应力，则在垂直于 x 方向的平面上产生电荷。

压电片在某特定平面上所产生的电荷量可由下式决定：

$$q = DF = DK\delta$$

式中，q 是在某特定面上产生的电荷量；D 是压电常数，与压电片材料、切片方向，以及受力方向及性质（正应力或切应力）、在何平面上测量电荷等因素有关，有专用表格可查找；K 是压电片的刚度；δ 是压电片的变形量。

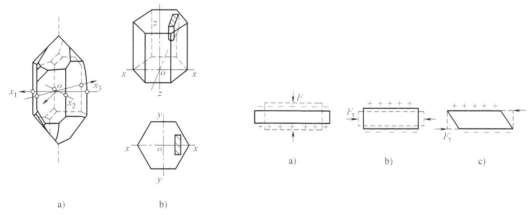

图 3-27 石英晶体结构及切片   图 3-28 三压电效应

石英晶体受力后在表面上产生电荷的机理可用其晶体的晶胞膜型来说明。石英晶体是一种二氧化硅（SiO_2）结晶体，其内部结晶结构如图 3-29a 所示，该图是由 z 方向观察的，图中的大圆是硅原子，小圆为氧原子，因硅原子带四个单位正电荷，氧原子带两个单位负电荷，所以各原子的电荷是平衡的，整个晶胞呈现中性，如图 3-29b 所示。将上述模型简化，让每个氧原子带四个单位负电荷，得到图中 6 的晶胞模型，它是一个各方向对称的形式。此时若在其 x 轴方向上施加压力，使这一晶胞变形，如图 3-29c 所示，带正电荷的硅原子 1 与带负电荷的氧原子 4 之间距离变小，氧原子 2、6 与硅原子 3、5 更接近两表面，原子间电场发生不平衡现象，而使沿 x 轴方向改变距离的两种原子两端出现极性相反的游离电荷，这就表现出纵向压电效应。若在 y 方向上施加压力，如图 3-29d 所示，则硅原子 3、5 和氧原子 2、6 皆被压入。此时在 y 轴两端电场相对平衡，所以在 y 轴两端没有游离电荷，而在 x 方向两端由于电场失去平衡而产生电荷，这就是横向压电效应。应用压电晶体受力变形产生表面电荷的原理，可以做成两种类型的传感器。

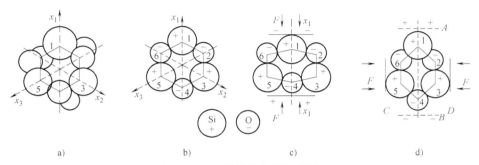

图 3-29　石英晶体的晶胞模型

压电晶体在受力变形后所产生的电荷量是极其微弱的，压电片本身的内阻很大，压电片所能输出的功率极为微弱，所以对后续放大电路有特殊的要求，主要是两个方面的要求，一是高灵敏度，二是高输入阻抗。只有满足这些要求，才能把微弱的电荷信号测量出来。现在所采用的有下列两种形式。

（1）电压放大器　图 3-30 是电压放大器的等效原理电路。压电晶体片在实际使用时为了有效地集中电荷，在其两个工作表面上镀覆以薄金属层，如图 3-30a 所示。这样压电晶体片在接入电路后，既是一个电荷源（q），又是一个小电容器（C_a）。如图 3-30b 左侧所示，由压电片至放大器之间的输出引线，由于两引线间存在着寄生电容（C_c），所以也在微弱电荷测量中起作用，须考虑输入等效电路，后续放大器由其输入端看进去可等效为总的等效电容（C_1）和等效电阻（R_1）。

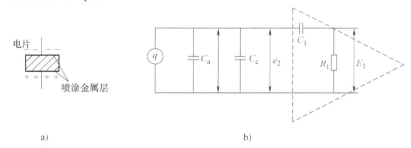

图 3-30　电压放大器

压电片在未接入电路前，如果在它两表面上存在电荷量 q，则其两极板上电位差为

$$e_{0y} = \frac{q}{C_a} \tag{3-35}$$

在接入后续电路后，放大器的输入电压为

$$e_i = \frac{q(C_a + C_c + C_i)}{(C_a + C_c)C_i} \tag{3-36}$$

后续放大器如果是线性放大的话，那么最终输出

$$e_y = Ke_i = K\frac{q(C_a + C_c + C_i)}{(C_a + C_c)C_i} \tag{3-37}$$

由式（3-37）可以看到，按照常规地接出电荷输出，经放大后其电压输出一方面与输入电荷成正比，这是所希望的特性；但另一方面输入电压还与各部分的电容有关。分析起来，公式中所含的三部分电容中压电晶体与后续放大器的等效电容通常是不会变化的，而引出电缆线的电容是会随其长度和形状变化的，这会给测量带来输出不稳定的因素；在做振动测试中若电缆随着被测物体一起振动，还会引起噪声干扰。所以在使用时需特别注意使电缆长度保持标定时的值不变，电缆布置时使其形状、位置安排妥善，以免引起输出的变动和干扰。

（2）电荷放大器　为解决电压放大器中寄生电容的影响，使输出电压仅取决于电荷，所以就出现了电荷放大器，其引入线路的等效电路如图 3-31a 所示，其主要的变化之处就是在放大器输入端增加一个带有反馈电容 C_f 的运算放大器。为简化起见，先将三个电容 C_a、C_c、C_f 和已按串并联计算折算成一个电容 C_0，则

$$C_0 = \frac{(C_a + C_c)C_f}{C_a + C_c + C_f} \tag{3-38}$$

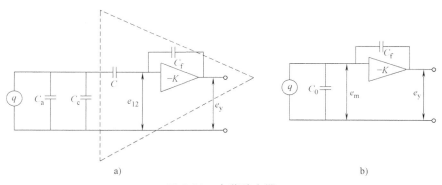

图 3-31　电荷放大器

这样电路可进一步简化成图 3-31b 的形式，现在电荷 q 分布在 C_0 和 C_f 两个电容上，具有下式的关系：

$$q = e_m C_0 + C_f(e_m - e_y) \tag{3-39}$$

因 e_m 对运算放大器作反相端输入，故

$$\frac{e_y}{e_m} = -K \tag{3-40}$$

式中，K 是运算放大器的增益。

将式（3-40）代入式（3-39）简化后得

$$e_y = \frac{Kq}{C_0 - C_f(1-K)} \tag{3-41}$$

由于 K 值极大，所以 $1+K \approx K$，又 $C_f(1+K) \gg C_0$，就可以将 C_0 略去而得

$$e_y \approx \frac{Kq}{-C_f K} \cdot \frac{q}{C_f}$$

这样，输电压与电荷成正比。若在制作电路时使 C_f 成为非常稳定的数值，那么输出电压就唯一地取决于电荷量 q 了，其他的因素就一概予以屏除。

电压放大器与电荷放大器在实际工作中均有采用，这主要是因为它们各有自己的优点。电荷放大器屏除了其他因素，特别是电缆电容的影响，所以输出稳定准确。不过它的电路比较复杂，价格较高；电压放大器虽受其他因素影响大，然而其电路较简单，所以价格较低，在一些要求不高的测量中选用，如图 3-32 所示。

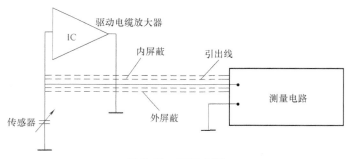

图 3-32　驱动电源

3.3.3　其他类型的发电型传感器

发电型传感器还有一些其他的类型，如热电式、光电式，它们都是把被测物理量转化为电源性信号的传感器。

1. 热电式传感器

热电偶是科技、生产领域中应用很广泛的一种测温传感器，在高温测量中，尤显其重要地位。热电偶传感原理的物理基础是温差电势现象，其原理如图 3-33 所示，A、B 为两种金属材料，在 1、2 处有两个结合端，各处于不同的温度 t_1、t_2 下。由于不同金属内自由电子的逸出电位不同，所以二者相接后逸出电位低的金属有较多的电子进入逸出电位高的金属内，形成接触电位差。又因同一金属在不同温度下的逸出电位也不相同，所以同样两种金属的两个接点处在不同的温度点上所形成的接触电位差不同，这样在图 3-33 的回路中就在 1、2 两点间产生一个净电动势。这个电动势取决于两金属材料类型和 1、2 两点间的温度差。如果选定材料，固定一端温度 t_2，则温差电动势就唯一地取决于 t_1。所以就可用温差电动势来测量温度 t_1，在此电路中对电动势的测量需插入一个测量电压表。根据上面的分析同样可以推断，所插入的第三种金属若与回路的两个接点处于相同的温度下，那么回路中的温差电动势不因第三金属的插入而改变。

热电偶元件所采用的材料随所测的温度范围而定。测低于 1100℃ 的温度常采用普通金属材料，如铜-康铜、镍铬-镍硅；测定 1100～1600℃ 的温度时，采用铂类金属；测定高于 1600℃ 的温度，需采用耐极高温的材料，如钨-铜（掺有 1% 的铁）。图 3-34 是几种热电偶的热电动势与温度间的特性曲线。值得注意的是各种热电偶均存在非线性问题，所以在后续电路中需增加非线性校正，才能得到与温度变化呈线性关系的输出。

热电偶测温元件由于其本身有较大的势容量而存在较大的热惯性，接近于一个一阶惯性环节的特性，所以用它来测量变化较快的热动态过程显然很难得到理想的不失真响应，只能用来测定静态式准静态慢速变化的热过程。另外出于它在测量过程中需由被测对象中吸收较多的热量而影响被测对象的温度场，具有较大的负载效应，需要予以必要的重视。

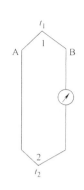

图 3-33　热电偶

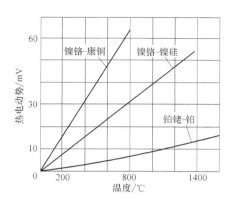

图 3-34　热电偶的热电动势-温度特性曲线

2. 光电式传感器

光电式传感器常称光电池。它的种类很多，其中最受重视的是硅光电池，因它具有性能稳定、光谱范围宽、频率特性好等主要优点而得到较多的应用。硒光电池因具有光谱峰值在人眼视觉范围内的特点，所以许多分析仪器和测量仪器经常应用它。

光电池的工作原理是基于半导体的结效应。例如硅光电池是在 N 型硅片上用扩散的方法渗入一些 P 型杂质而形成一个大面积的 PN 结。当光照射到这一 PN 结上时，如果光子能量足够大，就将在此结附近激发出电子—空穴对，在结电场作用下 P 区的光生电子向 N 区转移。N 区的光生空穴向 P 区转移，结果 P 区多余空穴，N 区多区电子，就形成了光生电动势，如接通外电路就会形成由 N 区向 P 区的光生电流。图 3-35 是硅光电池的光照特性曲线。光生电动势 U 与照度 E_e 间的特性曲线称为开路电压曲线，而光电流密度 J 与照度 E_e 间的特性曲线称为短路电流曲线。显然二者均随光照强度的增强而加大，但前者是非线性关系，后者却是线性关系。所以将光电池作传感器时，应将其当作电流源使用较好。

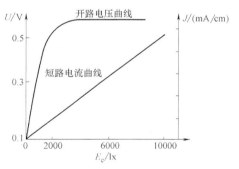

图 3-35　硅光电池的光照特性曲线

3.4　其他类型的传感器

有些传感器既不是参量型也不是发电型，或者说既不是能量控制型也不是能量转换型，同样在某些领域也得到了广泛的应用，下面简要介绍两例。

3.4.1　霍尔传感器

早在 19 世纪后期就已发现在金属中存在霍尔效应，但由于其效应很微弱，很长时间内未被重视。直到 20 世纪中叶，随着半导体科学的发展才制成较为满意的元件并进入实用阶段，20 世纪 60 年代后霍尔传感器成为值得重视的技术工具。

1. 基本原理

图 3-36 是霍尔元件工作的基本机理原理图。在厚度为 d 的 N 型半导体薄片上垂直作用了磁感应强度为 B 的磁场，若在其一个方向上通以电流 I，则在 N 型半导体中由于多数载流子为电子，它沿与电流的相反方向运动，这种带电粒子在磁场中的运动会受到洛伦兹力 F_L 的作用，其作用力方向由左手定则决定，这种作用力作用的结果，使带电粒子偏向 a、b 电极，就会在垂直于 B 和 I 的方向上产生一个感应电动势 V_H，这种现象称为霍尔效应，所产生的电动势 V_H 称为霍尔电动势。霍尔电动势的大小为

$$V_H = K_H IB \sin\alpha \tag{3-42}$$

式中，K_H 是霍尔常数，它表示单位磁感应强度和单位控制电流下所得到的开路霍尔电动势，K_H 取决于材质、元件尺寸，并受温度变化的影响；α 是电流方向与磁场方向的夹角，若二者相互垂直，则 $\sin\alpha = 1$。

式（3-42）反映了霍尔效应中各参数的基本关系。由于纯金属中自由电子浓度过高，霍尔效应很微弱，不具有实用价值，所以霍尔元件常用

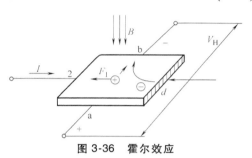

图 3-36　霍尔效应

的是各种半导体材料。而且材料的厚度 d 越小，K_H 就越大，也就是灵敏度越高。

2. 霍尔传感器的应用

根据式（3-42）可知，若改变 I 或 B，或二者同时改变均会引起 V_H 的变化。利用这一变换原理可以将其做成各种测试中的传感元件。

霍尔传感器的结构如图 3-37a 所示。片芯是一块矩形半导体薄片，一般采用 N 形锗、锑化铟、砷化铟、砷化镓和磷砷化铟等半导体材料制成。在长边两侧面上焊有两根控制电流极引线，在短边两侧面上的中点焊以两导线，以输出霍尔电动势。霍尔芯片一般用非磁性金属、陶瓷或环氧树脂封装。霍尔元件的基本电路如图 3-37b 所示。R 为调节电阻，调节控制电流的大小，V_H 两端为霍尔电动势输出端。在磁场和控制电流的作用下，输出端有电压输出。实际使用时 I 和 B 都可作为信号输入，而输出信号则正比于二者的乘积。由于建立霍尔电动势所需的时间极短，因此所测外界信号频率可以很高。

图 3-37a 也是利用霍尔元件制作成的位移传感器。霍尔元件置于两相反方向的磁场中；在 a、b 两端通大控制电流 i。由霍尔效应分析可知，霍尔元件左半部产生的霍尔电动势 V_{H1} 和右半部产生的霍尔电动势 V_{H2} 方向相反。c、d 两端输出电压是 $V_{H1}-V_{H2}$，若使初始位置时 $V_{H1}=V_{H2}$，则输出电压为零。当霍尔元件相对于磁极作 x 方向位移时，即可得到输出电压 $V_H = V_{H1}-V_{H2}$，且 ΔV_H 数值正比于位移量 Δx，正负方向取决于位移 Δx 的方向。所以这一传感器既能测量位移的大小，又能鉴别位移的方向。

霍尔元件在静止状态下具有感受磁场的独特能力，而且元件的结构简单可靠、体积小、噪声低、动态范围大（输出电压变化范围可达 1000：1）、频率范

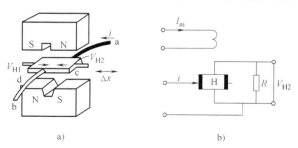

图 3-37　利用霍尔元件制成的传感器

围宽（从直流到微波频段）、寿命长、价格低，可以广泛应用于测量位移和可转化为位移的力、加速度等参量，另外还可用它来测量磁场变化。在应用中若不是用永久磁铁产生的磁场，而是用另一个可变电流作励磁的可变磁场，那么输出电压就取决于控制电流和励磁电流的乘积。这样霍尔元件就成了一种两个模拟信号的乘法器。

3.4.2 光导纤维传感元件

光导纤维是近代光信息传输科学的巨大成果。光纤传送信息的特点是低衰减、柔性好、信息量大、频带宽以及不受外界干扰等，它还具有防水性、绝缘性、尺寸小、自重轻、节省贵重金属以及成本低等优点，使它得到日益广泛的应用。

光纤是用玻璃、石英、塑料等光透射率高的电介质制作的极细纤维，在近红外线至可见光范围内传输损耗非常小，是极为理想的传输线路。实际应用的光纤为减少色散，在用作传光中心部分（纤芯）之外覆盖一层折射率比它稍低的介质（包层）（图3-38），也有采用由中心开始折射率分布在径向按平方规律减小的结构。被测光在光纤断面的入射角小于临界角时，这一光线在界面上产生全反射，并沿光纤轴向传播，具有损耗极低的传输特点。利用光纤制造的传感元件主要分为两类：一是利用光纤的低损耗传输功能的传输型光纤传感元件；二是利用光纤本身特性受被测参数影响发生变化而使通过光纤的光波某些参数如强度、相位、偏振面或频率的变化做成的传感元件，称为传感型光纤元件。以下列举几种类型的光纤传感元件，以说明其基本原理及其应用。

1. 反射式

图3-39是一反射式光纤传感器的原理结构，光源所发出的光沿光纤传输，在传感元件上有一反射面将此光束反射至接收光纤，再将之传输至接收器后加以处理，由显示器读出读数。工作时传感元件的反射表面角度随被测参数变化，使接收光纤所接受的光通量改变，而使显示器显示出这一光通量的变化，也就反映出被测参数的变化。根据这种原理可做成反映位移变化或可转化成位移变化参数的传感器。

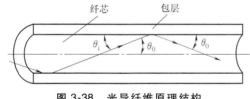

图3-38　光导纤维原理结构

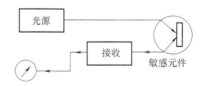

图3-39　反射式光纤传感器

2. 吸收式

图3-40是吸收式光纤传感器的原理图。由光源发射的光经敏感元件二次反射后，由接收光纤送到接收器处理后作显示。工作时敏感元件材料对光的吸收率随被测参数变化，而使显示值发生变化。利用这种原理制成的光纤温度传感器是用半导体砷化钾作敏感元件，其光吸收率随温度而变化。

3. 调制式

调制式光纤传感器原理如图3-41所示。光源发出的光经半透半反分光镜分光后，一束由参考光纤传输，另一束由敏感光纤传输，两束光均送入接收器，经比较后，显示器显示出其差异值。工作时参考光纤不发生任何变化，而敏感光纤受被测参数作用而产生传输特性的变化，使通过的光波有关参数如光强、相位、偏振面、频率等发生变化，将此变化了的光波与未变化的参考光波相比较后，做出显示，反映被测参量的数值。利用这种原理可以做成测量压力、水声、振动、温度以至大电流测量的传感器。光纤传感元件是一种很有发展前途的新技术，目前虽然实用化的光纤传感元件为数尚少；然而研究中的项目却数量甚多，像传感温度、压力、振动、音响、射线、电、磁、电磁波以及光学等许多物理量的光纤传感器都在开发研究中。

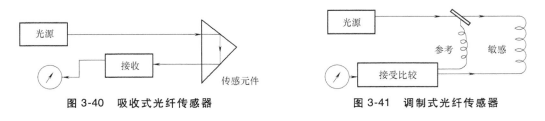

图 3-40　吸收式光纤传感器　　　　　图 3-41　调制式光纤传感器

3.5　智能传感器概述

3.5.1　智能传感器概念

传感器本身是一个系统，随着科学技术的发展，这个系统的组成与研究内容也在不断更新。智能传感器技术是一门现代综合技术，是当今世界正在迅速发展的高新技术，至今还没有形成规范化的定义。早期，人们简单、机械地强调在工艺上将传感器与微处理器两者紧密结合，认为传感器的敏感元件及其信号调理电路与微处理器集成在一块芯片上就是智能传感器。

随着以传感器系统发展为特征的传感技术的发展，人们逐渐发现将传感器与微处理器集成在一块芯片上构成智能传感器，在实际中并不总是必需的，而且也不经济，重要的是传感器（通过信号调理电路）与微处理器/微型计算机赋以智能的结合。若没有赋予足够的"智能"的结合，只能说是"传感器微机化"，还不能说是智能传感器。所谓智能传感器，就是一种带有做处理并兼有检测信息和信息处理功能的传感器。或者说传感器（通过信号调理电路）与微处理器赋予智能的结合，并兼有信息检测与信息处理功能的传感器就是智能传感器。这些提法突破了传感器与微处理器结合必须在工艺上集成在一块芯片上的制约，而着重于两者赋予智能的结合，可以使传感器系统由以往只起"信息检测"作用扩展到兼而具有"信息处理"功能。而传统观念认为，仪器系统是执行信息处理任务的，即将有用信息从含有噪声的输入信号中提取出来，并给予显示的装置。也就是说，"信息处理"功能仅属于"仪器"所有。目前，把一个大的仪器系统与敏感元件采用微机械加工与集成电路微电子工艺压缩后，共同装在一个小外壳里构成的智能传感器系统在工艺上已经实现。

另一方面，工业现场总线控制系统中的传感/变送器，都是带微处理器的智能传感/变送器。它们是形体较大的装置，既不是仅有获取信息功能的那种传统传感器，也不是只有信息处理功能的那种传统仪器。因此，传统的传感器与仪器的那种"不可逾越"的界线正在消失。智能传感器系统是既有获取信息的功能又有信息处理的功能的传感器系统。

有人更进一步强调了智能化功能，认为一个真正意义上的智能传感器，必须具备学习、推理、感知、通信以及管理等功能，这种功能相当于一个具备知识与经验丰富的专家的能力。然而，知识的最大特点是它所具有的模糊性。20世纪80年代末，人们提出了模糊传感器，它也是一种智能传感器（系统），建立了模糊传感器的概念，认为"模糊传感器是一种能够在线实现符号处理的智能传感器"，普遍认为"传感器与微处理器赋予智能的结合，并兼有信息检测与信息处理功能的传感器就是智能传感器（系统）"。

3.5.2 智能传感器的功能与特点

1. 智能传感器的功能

概括而言，智能传感器的主要功能是：

1）具有自校零、自标定、自校正功能。

2）具有自动补偿功能。

3）能够自动采集数据，并对数据进行预处理。

4）能够自动进行检验、自选量程、自寻故障。

5）具有数据存储、记忆与信息处理功能。

6）具有双向通信、标准化数字输出或者符号输出功能。

7）具有判断、决策处理功能。

2. 智能传感器的特点

与传统传感器相比，智能传感器的特点是：

（1）精度高 由于智能传感器有如下功能，如通过启动校零去除零点，与标准参考基准实时对比以自动进行整体系统标定，自动进行整体系统的非线性等系统误差的校正，通过对采集的大量数据的统计处理以消除偶然误差的影响等，从而使智能传感器具有很高的精度。

（2）高可靠性与高稳定性 智能传感器能自动补偿因工作条件与环境参数发生变化后引起系统特性的漂移，如温度变化而产生的零点和灵敏度的漂移，在当被测参数变化后能自动改换量程，能实时自动进行系统的自我检验，分析、判断所采集到的数据的合理性，并给出异常情况的应急处理（报警或故障提示）。因此，有多项功能保证了智能传感器的高可靠性与高稳定性。

（3）高信噪比与高的分辨力 由于智能传感器具有数据存储、记忆与信息处理功能，通过软件进行数字滤波、相关分析等处理，可以去除输入数据中的噪声，将有用信号提取出来；通过数据融合、神经网络技术，可以消除多参数状态下交叉灵敏度的影响，从而保证在多参数状态下对特定参数测量的分辨能力，故智能传感器具有高的信噪比与高的分辨力。

（4）强的自适应性 由于智能传感器具有判断、分析与处理的功能，它能根据系统工作情况决策各部分的供电情况、与高/上位计算机的数据传送速率，使系统工作在最优低功耗状态和优化传送效率。

（5）低的价格性能比 传感器所具有的上述高性能，不是像传统传感器技术追求传感器本身的完善、对传感器的各个环节进行精心设计与调试、进行"手工艺品"式的精雕细琢来获得，而是通过与微处理器/微计算机相结合，采用廉价的集成电路工艺和芯片以及强大的软件来实现的，所以具有低价格性能比。

3.5.3 智能传感器系统

目前传感技术的发展是沿着三条途径实现智能传感器的。

1. 非集成化实现系统

非集成化智能传感器是将传统的经典传感器（采用非集成化工艺制作的传感器，仅具有获取信号的功能）、信号调理电路、带数字总线接口的微处理器组合为一整体而构成的一个智能传感器系统。其框图如图 3-42 所示。

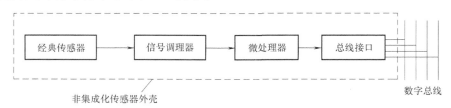

图 3-42　非集成化智能传感器框图

图 3-42 中的信号调理器是用来调理传感器输出的信号的，即将传感器输出信号进行放大并转换为数字信号后送入微处理器；再由微处理器通过数字总线接口挂接在现场数字总线上，并开发配备可进行通信、控制、自校正、自补偿，自诊断等智能化软件，从而实现智能传感器。

这种非集成化智能传感器是在现场总线控制系统的推动下迅速发展起来的。因为这种控制系统要求挂接的传感器/变送器必须是智能型的，对于自动化仪表生产厂家来说，原有的一整套生产工艺设备基本不变。因此，对于这些厂家而言，非集成化实现是一种建立智能传感器系统最经济、最快捷的途径与方式。

另外，近 10 年来发展极为迅速的模糊传感器也是一种非集成化的新型智能传感器。模糊传感器是在经典数值测量的基础上，经过模糊推理和知识合成，以模拟人类自然语言符号描述的形式输出测量结果。显然，模糊传感器的核心部分就是模拟人类自然语言符号的产生及其处理。

模糊传感器的"智能"之处在于它可以模拟人类感知的全过程。它不仅具有智能传感器的一般优点和功能，而且具有学习推理的功能，有适应测量环境变化的能力，并且能够根据测量任务的要求进行学习推理。另外，模糊传感器还具有与上级系统交换信息的能力，以及自我管理和调节的能力。通俗地说，模糊传感器的作用应当与一个具有丰富经验的测量工人的作用是等同的，甚至更好。

图 3-43 是模糊传感器的简单结构和功能示意图。其中，经典数值测量单元不仅提取传感信号，而且对其进行数值预处理，如滤波、恢复信号等。符号产生和处理单元是模糊传感器的核心部分，它利用已有的知识或经验（通常存放在知识库中），对已恢复的传感信号进一步处理，得到符合客观对象的拟人类自然语言符号的描述信息。其实现方法是利用数值模糊化方法，得到符号测量结果。符号处理则是采用模糊信息处理技术，对模糊化后得到的符号形式的传感信号，结合知识库内的知识（主要有模糊判断规则、传感信号特征、传感器特性及测量任务要求等信息），经过模糊推理和运算，得到被测量的符号描述结果及其相关知识。当然，模糊传感器可以经过学习新的变化情况（如任务发生改变，环境变化等）来修正和更新知识库内的信息。

2. 集成化实现系统

图 3-44 中这种智能传感器系统是采用微机械加工技术和大规模集成电路工艺技术，利

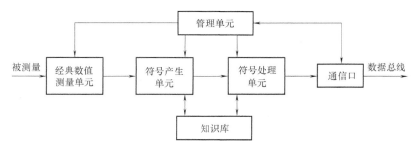

图 3-43　模糊传感器的简单结构示意图

用硅作为基本材料来制作敏感元件、信号调理电路、微处理器单元，并把它们集成在一块芯片上而构成的，故又可称为集成智能传感器。

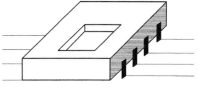

图 3-44　集成智能传感器示意图

　　现代传感器技术，是指以硅材料为基础（因为硅既有优良的电性能，又有极好的力学性能），采用微米（$1\mu m \sim 1mm$）级的微机械加工技术和大规模集成电路工艺来实现各种仪表传感器系统的微米级尺寸化。国外也称它为专用集成微型传感技术（ASIM），由此制作的智能传感器的特点是：

　　（1）微型化　微型压力传感器已经可以放在注射针头内并送进血管，用来测量血液的流动情况，还可以装在飞机或发动机叶片表面用以测量气体的流速和压力。

　　（2）结构一体化　压阻式压力（差）传感器是最早实现一体化结构的。采用微机械和集成化工艺，可以使"硅杯"一次整体成型，而且电阻变换器与硅杯是完全一体化的，进而可在硅杯非受力区制作调理电路、微处理器单元，甚至微执行器，从而实现不同程度的乃至整个系统的一体化。

　　（3）精度高　比起分体结构，传感器结构本身一体化后，迟滞、重复性指标将大大改善，时间漂移大大减小，精度提高。后续的信号调理电路与敏感元件一体化后可以大大减小由引线长度带来的寄生参量的影响，这对电容式传感器有特别重要的意义。

　　（4）多功能　微米级敏感元件结构的实现特别有利于在同一硅片上制作不同功能的多个传感器。

　　（5）阵列式　微米技术已经可以在 $1cm^2$ 大小的硅芯片上制作含有几千个压力传感器的阵列，敏感元件构成阵列后，配合相应图像处理软件，可以实现图形成像且构成多维图像传感器。

　　（6）全数字化　通过微机械加工技术可以制作各种形式的微结构，其固有谐振频率可以设计成某种物理参量（如温度或压力）的单值函数，因此可以通过检测其谐振频率来检测被测物理量。这是一种谐振式传感器，直接输出数字量（频率）。它的性能极为稳定，精度高，不需 A/D 转换器便能与微处理器方便地接口。

　　（7）简便　使用极其方便，操作极其简单。

3. 混合实现

　　根据需要与可能，将系统各个集成化环节，如敏感单元、信号调理电路、微处理器单元、数字总线接口，以不同的组合方式集成在两块或三块芯片上，并装在一个外壳里。集成化敏感单元包括（对结构型传感器）弹性敏感元件及变换器。信号调理电路包括多路开关、仪表放大器、基准、模/数转换器（A/D）等，微处理器单元包括数字存储器（EPROM、ROM、RAM）、I/O 接口、微处理器、数/模转换器（DAC）等。

复习思考题

1. 试举出你所熟悉的几种传感器，并说明它们的变换原理。

2. 在电容传感器中，影响线性度的主要因素是什么？请举例说明。

3. 按接触式与非接触式区分传感器，请列出它们的名称、变换原理和用途。

4. 电阻应变片与半导体应变片在工作原理上有何区别？各有何优缺点？应如何针对具体情况选用？

5. 分析金属应变片和半导体应变片的灵敏度差异大的原因。

6. 电阻应变片产生温度误差的原因有哪些？怎样消除误差？

7. 电感式传感器（自感型）的灵敏度与哪些因素有关？要提高灵敏度可采取哪些措施？采取这些措施会带来什么样的后果？

8. 分析电容式传感器产生非线性误差的原因和消除非线性误差的措施。

9. 电容式、电感式、电阻应变式传感器的测量电路有何异同？举例说明。

10. 光电式传感器包含哪几种类型？各有何特点？用光电式传感器可以测量哪些物理量？

11. 何谓霍尔效应？其物理性质是什么？用霍尔元件可测哪些物理量？请举出三个例子说明。

12. 压电材料有哪些？压电传感器的后续电路有哪几种？各种后续电路有什么特点？

13. 有一电阻应变片，其灵敏度 $S_g = 2$，$R = 120\Omega$，设工作时其应变为 $1000\mu\varepsilon_1$，求 ΔR。

第 4 章

计算机总线与测试技术

计算机总线实际是连接多个功能部件或系统的一组公用信号线。根据总线上传输信息不同，计算机系统总线分为地址总线、数据总线及控制总线。从系统结构层次上区分，总线分为芯片（间）总线、（系统）内总线、（系统间）外总线。根据信息传送方式，总线可分为并行总线和串行总线。

芯片总线也称片级总线，用于同一块电路板上 CPU 与外围芯片间的互连。内总线也称板级总线，通用微型计算机最常用的是 PC 总线，测试用系统总线有 VXI、PXI、PC 总线等，总线式智能测试仪就是采用该类总线将各模块相连的。外总线也称外部总线，它用于微型计算机系统之间的通信网络或用于微型计算机系统与电子仪器和其他设备的连接，这类总线并非微型计算机所特有，而是借用了工业的总线标准，如串行总线 RS-232C、并行总线 STD 总线等，测试用外总线主要有 GPIB（General Purpose Interface Bus）总线。

并行总线速度快，成本高，不宜远距离通信，通常用作计算机测试仪器内部总线，如 STD 总线、ISA 总线、Compact PCI 总线、VXI 总线等。串行总线速度较慢，但所需信号线少、成本低，特别适合远距离通信或系统间通信，构成分布式或远程测控网络，如 RS-232C、RS-422/485，以及近年来广泛采用的现场总线。目前，计算机系统中广泛采用的都是标准化的总线，具有很强的兼容性和扩展能力，有利于灵活组建系统。同时品线的标准化也促使总线接口电路的集成化，既简化了硬件设计，又提高了系统的可靠性。总线标准化按不同层次的兼容水平主要分为以下三种：

（1）信号级兼容 对接口的输入、输出信号建立统一规范，包括输入和输出信号线的数量，各信号的定义、传递方式和传递速度，信号逻辑电平和波形，信号线的输入阻抗和驱动能力等。

（2）命令级兼容 除了对接口的输入、输出信号建立统一规范外，对接口的命令系统也建立统一规范，包括命令的定义和功能、命令的编码格式等。

（3）程序级兼容 在命令级兼容的基础上，对输入、输出数据的定义和编码格式也建立统一的规范。

不论在何种层次上兼容的总线，接口的机械结构均建立统一规范，包括接插件的结构和几何尺寸、引脚定义和数量、插件板的结构和几何尺寸等。

为了准确地传递数据和系统之间能够协调工作，总线通信通常采用应答方式。应答通信要求通信双方在传递每一个（组）数据的过程中，通过接口的应答信号线彼此确认，在时间和控制方法上相互协调。图 4-1 给出了计算机测试系统中 CPU 与外设应答通信的原理框图。

图 4-1 中，CPU 作为主控模块请求与外设通信，它首先发出"读或写操作请求"信号，外设接收到 CPU 发出的请求信号后，根据 CPU 请求的操作，做好相应准备后发出相应应答信息输出给 CPU，如当 CPU 请求读取数据时，外设将数据送入数据总线，然后发出。数据准备好信息至"读应答输出"信号线；

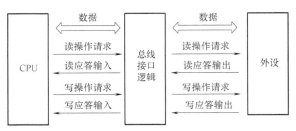

图 4-1 CPU 与外设应答通信的原理框图

当 CPU 请求输出（写入）数据给外设时，外设做好接收数据的配备后发出"准备好接收"应答信息至"写应答输出"信号线，CPU 得到相应应答后，即可读入内外设输入的数据或将数据送出给外设。

4.1 测试仪表与自动测试技术的发展概况

任何测量与控制系统都包含一定的检测技术及相应的测试仪表单元，测试仪表单元是测量与控制系统的重要基础，是实现各种测量与控制的手段和条件。随着现代科学技术的发展，测试仪表技术发生了很大的变化。

从测试仪表所采用的电子器件看，测试仪表经历了真空管、晶体管和集成电路三个时代；从组成结构、工作原理及功能特点等方面看，测试仪表经历了模拟式、数字式、智能仪器、个人仪器及虚拟仪器等发展阶段。模拟式测试仪表的特点是功能简单、精度低、响应速度慢，如指针式的电压表、电流表、功率表。数字式测试仪表的基本特点是将待测的模拟信号转换成数字信号进行测量，测量结果以数字形式输出显示并向外传递，典型的数字式测试仪表有数字万用表、数字频率计等。数字式测试仪表具有精度高，响应速度快，读数清晰、直观，测量结果可打印输出，便于与计算机技术相结合等特点。此外，数字信号便于远距离传输。智能仪器是在数字化的基础上发展起来的，是计算机技术与测试仪表相结合的产物。

20 世纪 70 年代以来，随着微处理器和计算机技术的发展，微处理器或微机被越来越多地嵌入测试仪表中，构成了所谓的智能仪器或灵巧仪器。智能仪器实际上是一个专用的微处理器系统，一般包含微处理器电路（CPU、RAM、ROM 等）、模拟量输入输出通道（A/D、D/A、传感器等）、键盘显示接口、标准通信接口（GPIB 或 RS-232）等。智能仪器使用键盘代替传统仪器面板上的旋钮或开关，对仪器实施操作与控制，使得仪器面板布置与仪器内部功能部件的分布不再互相限制和牵连；利用内置微处理器强大的数字运算和数据处理能力，智能仪器能够实现量程自动转换、自动调零、自动调整触发电平、自动校准和自诊断等"智能化"功能。智能仪器一般都带有 GPIB 或 RS-232 接口，具备可程控功能，可方便地与其他仪器实现互联，组成复杂的自动测试系统。计算机技术的发展在测试仪表技术领域引起了一场革命，出现了"计算机就是仪器"的提法。近年来，智能测试仪表已开始从较为成熟的数据处理向知识处理发展，如某些智能测试仪表已具有模糊判断、故障诊断、容错、多传感的数据融合等功能。

美国惠普（Hewlett-Packard）公司为克服 PC 仪器的上述缺点，于 1986 年推出了 6000 系列模块式 PC 仪器系统，采用外置 PC 的独立仪器机箱及独立的电源系统，设计了仪器总线 PCIB，研制了具有 PCIB 总线接口的个人仪器组件，如数字万用表、通用计数器、函数发生器、数字 I/O、数字示波器等。其结构特点是将一块专用接口卡插入 PC 扩展槽中，通过 PCIB 总线实现 PC 与外部仪器组件的连接。

1987 年 7 月诞生了用于通用模块化仪器结构的标准总线 VXI 的技术规范。VXI 总线是在 VME 计算机总线的基础上，扩展了适合仪器应用的一些规范而形成的。VXI 总线是一个公开的标准，其宗旨是为模块化电子仪器提供一个开放的平台，使所有厂商的产品均可在同一个主机箱内运行。VXI 总线是计算机技术、数字接口技术与电子仪器测量技术相结合的产物，具备接口易于组合、程控简单的特点。与传统测试系统采用的机架式结构相比，由各种 VXI 仪器模块组成的测试系统体积更小、功能更强、开放性更好、使用更灵活，并且 VXI 系统设计充分考虑了抗振、冷却、抗干扰等可靠性指标，适用于机动与现场条件下的高可靠性工作。1992 年 IEEE 正式制定了关于 VXI 总线的国际标准，1995 年 VXI 即插即用标准的推出，为 VXI 仪器驱动器的标准化提供了依据，也使得 VXI 仪器朝实现虚拟仪器方向迈出了重要的一步。

所谓虚拟仪器（Virtual Instrument，VI）就是用户在通用计算机平台上根据需求定义和设计仪器的测试功能，使得使用者在操作这台计算机时，就像是在操作一台自己设计的测试仪器一样。虚拟仪器概念的出现，打破了传统仪器由厂家定义，用户无法改变的工作模式、用户可以根据自己的需求，设计自己的仪器系统，在测试系统和仪器设计中尽量用软件代替硬件，充分利用计算机技术来实现和扩展传统测试系统与仪器的功能。"软件就是仪器"是虚拟仪器概念最简单，也是最本质的表述。

测试仪器的种类很多，功能也各异，但不论是何种仪器，其组成都可以概括为信号采集与控制单元、信号分析与处理单元、结果表达与输出单元三部分。由于传统仪器的这些功能单元基本上是以硬件或固化的软件形式存在，因此只能由生产厂家来定义、设计和制造。从理论上而言，在通用计算机平台上增加必要的信号采集与控制硬件，就已经具备了构成测试仪表的基本条件，关键是根据仪表的功能要求设计开发具有数据采集、控制、分析、处理、显示功能，并且支持灵活的人机交互操作的系统软件。

虚拟仪器实质上是一种创新的仪器设计思想，而非一种具体的仪器。换言之，虚拟仪器可以有各种各样的形式，完全取决于实际的物理系统和构成仪器数据采集单元的硬件类型。但是有一点是相同的，那就是虚拟仪器离不开计算机控制，软件是虚拟仪器设计中最重要也是最复杂的部分。

4.2　自动测试技术的发展概况

以计算机为核心，在程序控制下，自动完成特定测试任务的仪器系统称为自动测试系统（Automatic Test System，ATS）。ATS 最早是为适应多点自动巡回检测的需要而开发的，采用计算机技术之后，ATS 有了极大的发展，不但可以快速自动地完成上百个物理参数和开关状态的巡回检测，而且具有过程监测、数据分析、故障诊断及预测等多项功能。

早期的自动测试系统多为针对具体测试任务而研制的专用系统，主要用于重复工作量大的测试，或者用于高可靠性的复杂测试，或者用来提高测试速度，或者用于测试人员难以进入的恶劣环境。

第一代自动测试系统至今仍在应用。随着计算机技术的发展，特别是随着单片机与嵌入式系统应用技术及能支持第一代自动测试系统快速组成的计算机总线（如 PC-104）技术的飞速发展，这类自动测试系统已具有新的测试思路、研制策略和技术支持。第一代自动测试系统是从人工测试向自动测试迈出的重要的一步，是本质上的进步，它在测试功能、性能、测试速度和效率，以及使用方便等方面明显优于人工测试，使用这类系统能够完成一些人工测试无法完成的任务。

第一代自动测试系统的缺点突出表现在接口及标准化方面。在组建这类系统时，设计者要自行解决系统中仪器与仪器、仪器与计算机之间的接口问题。当系统比较复杂时，研制工作量很大，组建系统的时间增长，研制费用增加。除此之外，由于这类系统是针对特定的被测对象而研制的，因此系统的适应性不强，改变测试内容往往需要重新设计电路，根本的原因是其接口不具备通用性。由于这类系统的研制过程中，接口设计、仪器设备选择等方面的工作都是由系统的研制者各自单独进行的，因此系统设计者并未充分考虑所选仪器设备的复用性、通用性和互换性问题。

第二代自动测试系统是在标准的接口总线（GPIB、CAMAC）的基础上，以积木方式组建的系统，系统中的各个设备（计算机、可程控仪器、可程控开关等）均为台式设备，每台设备都配有符合接口标准的接口电路。组建系统时，用标准的接口总线电缆将系统所含的各台设备连在一起构成系统。这种系统组建方便，一般不需用户自己设计接口电路，由于组建系统时的积木式特点，这类系统更改、增减测试内容很灵活，而且设备资源的复用性好，系统中的通用仪器（如数字万用表、信号发生器、示波器等）既可作为自动试系统中的设备来用，也可作为独立的仪器使用。应用一些基本的通用智能仪器可以在不同时期，针对不同的要求，灵活地组建不同的自动测试系统。目前，组建这类自动测试系统普遍采用的接口总线为可程控仪器的通用接口总线 GPIB。这种系统已广泛应用于工业、交通、通信、航空航天、核设备研制等多个领域。

基于 GPIB 总线的自动测试系统的主要缺点表现为：

1）总线的传输速率不够高（最大传输速率为 1Mbit/s），很难以此总线为基础组建高速、数据吞吐量大的自动测试系统。

2）由于这类系统是由一些独立的台式仪器用 GPIB 电缆串接组建而成的，系统中的每台仪器都有自己的机箱、电源、显示面板、控制开关等，从系统角度看，这些机箱、电源、面板、开关大部分都是重复配置的，因此它阻碍了系统的体积、质量的进一步减小。这说明，以 GPIB 总线为基础，按积木方式难以组建体积小、自重轻的自动测试系统，而对于某些应用场合，特别是军事领域，对体积、质量方面的要求是很高的。

第三代自动测试系统是基于 VXI、PXI 等测试仪表总线，主要由模块化的仪器设备所组成。自动测试系统 VXI 具有高达 40Mbit/s 的数据传输速率，PXI 总线是 PCI 总线向仪器测量领域的扩展，其数据传输速率为 132～264Mbit/s，以这两种总线为基础，可组建高速、数据吞吐量大的自动测试系统。在 VXI（或 PXI）总线系统中，仪器、设备或嵌入式计算机均以 VXI（或 PXI）总线插卡的形式出现，系统中所采用的众多模块化仪器设备均插入带有 VXI（或 PXI）总线插座、插槽、电源的 VXI（或 PXI）总线机箱中，仪器的显示面板及操作用统一的计算机显示屏以软面板的形式来实现，从而避免了系统中各仪器设备在机箱、电源、面板、开关等方面的重复配置，大大减小了整个系统的体积、质量，并能在一定程度上节约了成本。

基于 VXI、PXI 总线等先进的总线，由模块化仪器设备组成的自动测试系统具有数据传输速率高、数据吞吐量大、体积小、自重轻、系统组建灵活、扩展容易、资源复用性好、标准化程度高等众多优点，是当前先进的自动测试系统，尤其是军用自动测试系统的主流组建方案在组建这类系统时，VXI 总线规范是其硬件标准，VXI 即插即用规范为其软件标准。一些以货架产品（COIS）形式提供的虚拟仪器开发环境（Lab Windows/CVI、LabVIEW、VEE 等）为研制测试软件提供了基本软件开发工具。目前，尚有一部分仪器不能以 VXI（或 PXI）总线模块的形式提供，因此，在以 VXI 总线系统为主的自动测试系统中，还可以用 GPIB 总线灵活连接所用的 GPIB 总线台式仪器。

4.3 总线的基本规范内容

一个测试仪表总线要成为一种标准总线，使不同厂商生产的仪器器件都能挂在这条总线上，可互换与组合，并能维持正常的工作，就需要对这种总线进行周密的设计和严格的规定，也就是制定详细的总线规范，各生产厂商只要按照总线规范去设计和生产自己的产品，就能挂在这样的标准总线上运行。这既方便了厂家的生产，也为用户组建自己的自动测试系统带来灵活性和便利性。无论哪种标准的总线规范一般都应包括以下三方面内容：

（1）机械结构规范　机械结构规范是指规定总线扩展槽的各种尺寸、规定模块插卡的各种尺寸和边沿连接器的规格及位置。

（2）电气规范　电气规范是指规定信号的高低电平、信号动态转换时间、负载能力及最大额定值等。

（3）功能结构规范　功能结构规范是指规定总线上每条信号的名称和功能、相互作用的协议及其功能。功能结构规范是总线的核心。通常以时序和状态来描述信息交换、流向和管理规则。

总线功能结构规范包括：

1）数据线、地址线、读/写控制逻辑线、模块识别线、时钟同步线、触发线和电源/地线等。

2）中断机制，其关键参数是中断线数量、直接中断能力、中断类型等。

3）总线主控仲裁。

4）应用逻辑，如挂钩联络线、复位、自启动、状态维护等。

4.4 总线的性能指标

总线的主要功能是完成模块间或系统间的通信。因此，能否保证总线间的通信通畅是衡量总线性能的关键指标。总线的一个信息传输过程可分为请求总线、总线裁决、寻址目的地址、信息传送、错误检测几个阶段，不同总线在各阶段所采用的处理方法各异。其中，信息传送是影响总线通信通畅的关键因素。

1. 总线的主要性能指标

1）总线宽度。总线宽度主要是指数据总线的宽度，以位（bit）为单位，如 16 位总线、32 位总线指的是总线具有 16 位数据和 32 位数据的传送能力。

2）寻址能力。寻址能力主要是指地址总线的位数及所能直接寻址的存储器空间的大小。一般来说，地址线位数越多，所能寻址的地址空间越大。

3）总线频率。总线周期是微处理器完成一步完整操作的最小时间单位，总线频率就是总线周期的倒数，它是衡量总线工作速度的一个重要参数，工作频率越高，传输速度越快。总线频率通常用 MHz 表示，如 33MHz、66MHz、100MHz、133MHz 等。

4）传输率。总线传输率是指在某种数据传输方式下，总线所能达到的数据传输速率，即每秒传送位数，单位为 Mbit/s。总线传输率 Q 用下式计算：

$$Q = \frac{WF}{N}$$

式中，W 是总线宽度，单位是位；F 是总线频率，单位是 Hz；N 是完成一次数据传送所需的时钟周期个数。如一种数据总线宽度为 32 位，总线频率为 66MHz，且一次数据传送需 8 个时钟周期，则数据传输速率为：$Q = (32 \times 66/8)\text{Mbit/s} = 264\text{Mbit/s}$，即每秒传输 264Mbit。

2. 总线的定时协议

在总线上进行信息传送，必须遵守定时协议，以使源与目的同步。定时协议主要有以下几种：

（1）同步总线定时　同步总线定时是指信息传送由公共时钟控制，公共时钟连接到所有模块，所有操作都是在公共时钟的固定时间发生，不依赖于源或目的。

（2）异步总线定时　异步总线定时是指一个信号出现在总线上的时刻取决于前一个信号的出现，即信号的改变是顺序发生的，且每一操作由源（或目的）的特定跳变所确定。

（3）半同步总线定时　半同步总线定时是前两种总线挂钩方式的混合，在这种情况下，操作之间的时间间隔可以变化，但仅能为公共时钟周期的整数倍。半同步总线具有同步总线的速度以及异步总线的通用性。

（4）负载能力　负载能力是指总线上所有能挂连的器件个数。由于总线上只有扩展槽能提供给用户使用，故负载能力一般是指总线上的扩展槽个数，即可以连到总线上的扩展电路板的个数。

4.5　测试仪表专用总线

4.5.1　GPIB

GPIB（通用接口总线）是 1972 年由美国惠普公司最早提出的，1975 年被 IEEE 认可为 IEEEE-488 标准；1979 年又被 IEC 认可为 IEC-625 标准；1984 年我国将此标准认可为 ZBY207，并正式命名为"可程控测量仪器的接口系统"。GPIB 的应用十分广泛，智能仪器大都配有 GPIB 通信接口。不管是哪个国家、哪家企业生产的智能仪器产品，只要配有

GPIB 标准接口，都可以借助一条无源电缆总线互连，灵活地组成各种不同用途的自动测试系统，以完成较复杂测试任务。典型的 GPIB 自动测试系统如图 4-2 所示。

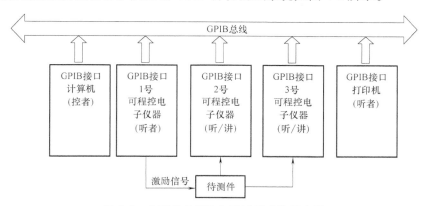

图 4-2 典型的 GPIB 自动测试系统示意图

GPIB 自动测试系统由微型计算机、若干台不同用途的可程控仪器（需配有 GPIB 接口）以及 GPIB 总线三者组成。微型计算机作为系统的控制者，通过执行测试软件，实现对测量全过程的控制和对测量数据的综合处理，每台可程控仪器均是自动测试系统中的任务执行单元。

GPIB 总线由微型计算机中的接口板和每台程控仪器中的 GPIB 标准接口以及 GPIB 标准电缆 3 部分组成。GPIB 标准总线共有 16 条信号线（双向数据总线 8 条、数据传输控制总线 3 条、管理总线 5 条），将各种仪器设备连接起来，完成系统内各种信息的变换和传输。GPIB 自动测试系统通用性强、功能完善，只需增减或更换"挂"在它上面的程控仪器设备，编制相应的测试软件，即可完成不同的测试任务，在要求测量时间极短、数据处理量大、测试现场对操作人员有害或操作人员参与容易产生人为误差等测试任务中极为适用。

4.5.2 CAMAC 总线系统

CAMAC 系统是一种总线型的模块化仪器系统。国内外对 CAMAC 这个词有多种解释，一种认为 CAMAC 是 "Computer Aided（Automated）Measurement And Control"（计算机辅助（自动）测量和控制）词头的缩写，或是 "Computer Application to Measurement And Control"（计算机在测量和控制中的应用）的缩写。另一种说法是，CAMAC 系统的前身称为 "JA-NUS" 系列，"JANUS" 的原意为古希腊 "双面神"，当 ESONE 欧洲核电子学标准委员会）对 "JANUS" 进行了一些修改而使之变为欧洲标准时，就把它改称为 CAMAC。从字面上看，CAMAC 左右对称，仍保留了双面的意义，象征着 CAMAC 系统一面是仪器，另一面是计算机。IEEEE 标准化组织在制订 CAMAC 标准时，则把它解释为 "标准模块化仪器和数字接口系统"。这几种解释都有道理，但 IEEEE 给出的定义应是比较恰当的。

20 世纪五六十年代，在原子能与核物理领域的科学研究中，越来越需要有将计算机与测控仪器结合在一起的、能够实现高精度实时数据采集和处理的综合仪器系统。首先研制 CAMAC 标准的是英国原子能研究机构的 Harwell 实验室，后来由于经费问题，JANUS 和 NIM（美国核子仪器组件委员会）承担了研制任务。1969 年 ESONE 发表了 CAMAC 的第一个标准文本。1972 年，NIM 与 ESONE 合作对原有文本进行了修改，以后的 CAMAC 系统大多是按照 1972 年的标准文本进行设计和制造的。为了扩大 CAMAC 的功能，ESONE 和 NIM 又分别于 1973 年和 1977 年制定了串行数字传输 CAMAC 规范和多控制器系统规范。1975 年，IEEE 和 IEC 正式接受了 CAMAC 标准（IEEE583 和 IEC516）。

CAMAC 系统的最大特点是它是一种模块化系统，任何 CAMAC 系统都由各种功能模块组成，不同厂商制造的功能模块都能插入标准机箱中，一个机箱有 25 个站，机箱背板装有 25 个 86 芯插座，每个插座对应一个站，控制站一般占用两个站，各模块通过 86 芯插座与背板数据路相连。数据路的标准和所用插件均与计算机的类型无关，用户可以自由选择。CAMAC 系统使用范围广，系统规模可大可小，大系统可容纳多达 62 个机箱，仅一个机箱就有 $23 \times 16 = 368$ 个测点；而小系统仅需一个机箱，内插一个模块和一个控制器即可。此外，CAMAC 规范是公开的，无需许可证或其他授权就可使用。数据路是 CAMAC 机箱的组成部分，也是 CAMAC 规范的核心内容。数据路由 86 条信号线组成，普通站有 10 条命令线、2 条定时线、48 条数据线（读、写信号线各 24 条），4 条状态线、3 条公共控制线、5 条非标准线和 14 条电源线；控制站有 33 条命令线、2 条定时线、27 条状态线、3 条公共控制线、7 条非标准线和 14 条电源线。数据路上的信号传输采用负逻辑形式的 TTL 电平。此外，CA-MAC 规范还定义了并行分支总线和串行总线，用于将单机箱系统扩展为多机箱系统。

CAMAC 系统具有标准化程度高、数据传输率高和应用范围广等优点，在核工业、航空航天、国防、工业控制、医疗卫生、交通管理、数据处理和实验室自动化等领域得到了广泛应用。20 世纪七八十年代，我国在国防、航空航天和核工业领域的一些大规模自动测试系统采用的也多是 CAMAC 系统。但是 CAMAC 系统造价较高，总线规范中也没有定义专门用于仪器的触发线、同步时钟线等，电磁屏蔽考虑得不十分充分，限于当时计算机的发展水平，指令传输速率仅为微秒级，这使系统的性能扩展和系统应用受到了限制，如今这种系统已逐渐被淘汰。

4.5.3 VXI 总线

VME 总线是 Motorola 公司 1981 年针对 32 位微处理器 6800 而开发的微机总线。VXI 总线是 VME 总线标准在智能仪器领域的扩展，是惠普等 5 家美国有影响的仪器公司于 1987 年联合提出的面向模块的总线标准，以适应测量仪器从分立的台式或框架式结构发展为更为紧凑的模块式或插件式结构的需要。VXI 总线仪器系统采用 40MHz 带宽的 VME 总线作为机箱背板总线，背板总线的功能相当于 GPIB 标准总线，但具有更高的数据吞吐量。各种卡式仪器（Instrument At Card，IAC）均挂接在背板总线上，从而在测控软件的支持下实现自动测试系统的全部功能。VXI 系统是一种微型计算机控制的新型仪器系统，允许不同厂家生产的符合 VXI 总线接口标准的 IAC 与微型计算机共存于主机箱内（主控微型计算机也可安放在机箱外部，通过多种标准通信总线与 VXI 系统连接）。采用这种总线标准的新型仪器系统具有尺寸紧凑、信息吞吐量高、配置灵活、可靠性高等特点，可以组成不同规模的自动测试系统。我国已投入了大量的人力及资金开发 VXI 自动测试系统，并在一些军工和科研部门得到了成功的应用，但是，VXI 系统价格较昂贵，这在某种程度上限制了它的推广应用。

4.5.4 PXI 总线

PXI 是 PCI 在仪器领域的扩展，是 1997 年 NI 公司推出的一种全新的开放式、模块化仪器总线规范。PXI 将 Compact PCI 规范定义的 PCI 总线技术扩展为适合于试验、测量与数据采集场合应用的机械、电气和软件规范。

PXI 继承了 PCI 总线适合高速数据传输的优点，支持 32 位或 64 位数据传输，最高数据传输速率可在 132Mbit/s 或 528Mbit/s；PXI 也继承了 Compact PCI 规范的一些优点，包括采用耐用的欧洲卡机械封装和高性能连接器，外设插槽由普通 PC 的 4 个扩展为 7 个，并可通过 PCI-PCI 桥进行扩展。这些优点使得 PXI 系统体积小、可靠性高，适合于台式、机架式或便携式等多种机型。为了满足仪器应用对一些高性能的需求，PXI 还提供了 8 条 TTL 触发总线、13 条局部总线、0MHz 系统时钟和高精度的星形触发线等资源，定义了较完善的软件规范，保持了与工业 PC 软件标准的兼容性。

作为一种开放式的体系结构，目前已经有多家厂商的 PXI 产品可供选用，而且众多与 PXI 兼容的 Compact PCI 产品也可直接用于 PXI 系统。PXI 产品填补了低价位 PC 系统与高价位 GPIB 和 VXI 系统之间的空白，已经被应用于数据采集、工业自动化与控制、军用测试、科学实验等领域。表 4-1 给出了几种微型计算机总线的性能参数，从中可以看出计算机总线技术的发展概况。

表 4-1　几种微型计算机总线的性能参数

名称	PC-XT	ISA(PC-AT)	EISA	STD	VISA (VL-BUS)	MCA	PCI
适用机型	8086 个人机	80286、386、486 系列 个人机	IBM 系列 386、486、586 计算机	Z80、V20、V40、IBM-PC 系列机	IBM486、PC-AT 兼容个人机	IBM 个人机、工作站	P5 个人机、工作站
最大传输速率/(Mbit/s)	4	16	33	2	266	40	133
总线宽度	8 位	16 位	32 位	8 位	32 位	32 位	32 位
总线工作频率/MHz	4	8	8.33	2	66	10	20~33.3
同步方式	半同步	半同步	同步	异步	同步	异步	同步
地址宽度/bit	20	24	32	20			32/64
负载能力/个	8	8	6	无限制	6	无限制	3
信号线数目	62	98	143	56	90	109	120
64 位扩展	不可以	不可以	无规定	不可以	可以	可以	可以
自动配置	无	无		无			可以
并发工作					可以		可以
猝发方式					可以		可以
多路复用	非	非	非	非	非		是

4.6　典型总线——PXI 总线技术

PXI 将台式 PC 的性价比优势与 PCI 总线面向仪器领域的扩展完美地结合起来，形成一种高性价比的虚拟仪器测试平台。早在 20 世纪 80 年代初，就有人直接用 PC 总线，加上某些软件和必要的硬件，实现传统仪器的功能，这种仪器称为 PC 仪器、个人仪器或者 PCPlug

的仪器。由于计算机软件、硬件资源的极大丰富,数字信号处理技术、图形化界面技术和自动生成程序等技术的提高,操作者不但可以在 PC 屏幕上像操作传统仪器一样操作虚拟面板,而且还可以简化操作、变换显示方式,直接经由 PC 存储或打印输出测试结果,亦可由 PC 存储或将数据传至网络,以供遥测或资源共享。这种主要利用 PC 技术,只是添加数据采集 A/D 及 D/A 变换等少许硬件和应用软件的仪器,可以称之为虚拟仪器。自从 1986 年美国 NI 公司推出虚拟仪器的概念以来,虚拟仪器系统在世界范围内得到广泛的认同和应用。强大的计算机软件已经部分代替甚至全部代替了传统仪器的硬件。

PXI 选择了 PCI 总线规范作为实现的基础,保持了与工业 PC 软件标准的兼容性,使 PXI 用户能够尽情地使用他们熟悉的各种 PC 软件工具和开发环境,包括台式 PC 的操作系统、底层的器件驱动器、高级的仪器驱动器、图形化 API 等。PXI 定义了基于 Windows 系统软件框架,规定所有 PXI 模块都应有完善的器件驱动软件以利于系统集成。PXI 实现了 VISA 规范,不仅能够控制 PXI 模块,也能够控制 VXI、GPIB 及串行接口器件。

4.6.1 PXI 总线规范

PXI 总线体系结构涵盖了三大方面的内容:机械规范、电气规范和软件规范,如图 4-3 所示。

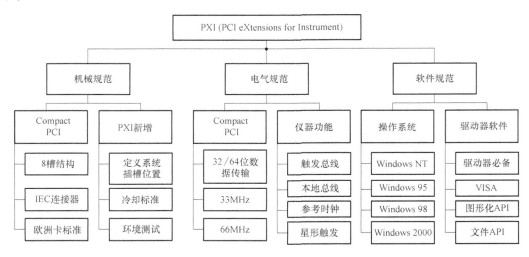

图 4-3 PXI 总线体系结构的详细图

1. PXI 总线机械规范

PXI 支持 3U 和 6U 两种尺寸的模块,分别与 VXI 总线的 A 尺寸和 B 尺寸模块相同,如图 4-4 所示。3U 模块如图 4-4a 所示,该模块的尺寸为 100mm×160mm(3.94in×4.3in),模块后部有两个连接器 J1 和 J2,连接器 J1 提供了 32 位 PCI 局部总线定义的信号线,连接器 J2 提供了用于 64 位 PCI 传输和实现 PXI 电气特性的信号线;6U 模块如图 4-4b 所示,该模块的尺寸为 233.35mm×160mm(9.19in×4.3in),除了具有 J1 和 J2 连接器外,6U 模块还提供有实现 PXI 性能扩展的 J3 和 J4 连接器。PXI 使用与 Compact PCI 相同的高密度、屏蔽型、针孔式连接器,连接器引脚间距为 2mm,符合 IEC1076 国际标准。Compact PCI 规范(PIC-MG2 OR3.0)中定义的所有机械规范均适用于 PXI-3U 和 6U 模块。

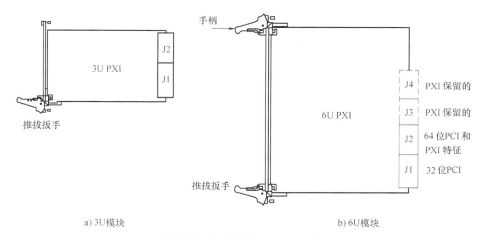

a) 3U模块   b) 6U模块

图 4-4 PXI 模块尺寸和连接器

图 4-5 所示是一个典型的 PXI 系统。PXI 系统机箱用于安装 PXI 背板，并且为系统控制模块和其他外围模块提供安装空间。每个机箱都有一个系统槽和一个或多个外围扩展槽。星状触发控制器是可选模块，如果使用该模块，应将其置于系统控制模块的右侧；如果不使用该模块，可将其槽位用于外围模块。3U 尺寸的 PXI 背板上有两类接口连接器 P1 和 P2，与 3U 模块的 J1 和 J2 连接器相对应。一个单总线段的 33MHz PXI 系统最多可以有 7 个外围模块，66MHz PXI 系统则最多可以有 4 个外围模块。使用 PCI-PCI 桥接器能够增加总线段的数目，为系统扩展更多的插槽。

Compact PCI 规范允许系统槽位于背板的任意位置，而在 PXI 系统中，系统槽的位置被定义在一个 PCI 总线段的最左端，这就简化了系统集成的复杂性，提高了 PXI 控制器与机箱之间的兼容程度。此外，PXI 规范规定：如果系统控制器需要占用多个插槽，那么它只能以固定槽宽（一个插槽宽度为 20.32mm 或 0.8in）向系统槽的左侧扩展，避免了系统控制器占用其他外围模块的槽位。控制器扩展槽没有连接器与背板相连，不能用于插接外围扩展模块。

PXI 机箱应留有能实现机箱地与大地直接（低阻）相接的端子。推荐 PXI 模块使用 PICMG2.0 R3.0 规范中描述的带金属护套的连接器，以实现 EMI/RFI 防护的功能。按照 IEEE1101.10 规范的要求，金属护套应通过低阻路径与模块的前面板实现电气连接。不推荐将机箱地与电路板上逻辑地通过低阻路径相连。

为了保证 PXI 系统和模块的性能一致性及在全球范围内的可用性，制造商应分别按照 IEC61324-1 标准与 IEC1010-1 标准完成 PXI 产品的 EMC

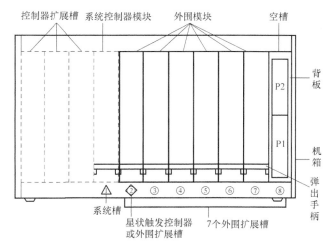

图 4-5 33MHz 3U PXI 系统实例（单总线段）

测试和电气安全性测试。特别应注意的是，对于 PXI 机箱的测试应在安装有通用的系统控制器，并向背板提供 33MHz 或更高的时钟信号的条件下进行。

2. PXI 总线电气规范

PXI 总线规范是在 PCI 规范的基础上发展而来的，具有 PCI 的性能和特点，包括 32 位/64 位数据传输能力，以及分别高达 132（Mbit/s）（32 位）和 264Mit/s（64 位）的数据传输速率，另外还支持 3.3V 系统电压、PCI-PCI 桥路扩展和即插即用。PXI 在保持 PCI 总线所有这些优点的前提下，增加了专门的系统参考时钟、触发总线、星形触发线和模块间的局部总线，以此来满足高精度的定时、同步与数据通信要求。所有这些总线都位于 PXI 总线背板上，其中星形总线是在系统槽右侧的第 1 个仪器模块槽，是与其他 6 个仪器槽之间分别配置了一条唯一确定的触发线形成的，如图 4-6 所示。PXI 电气规范描述了 PXI 系统中各种信号的特征及实现要求，规定了 PXI 连接器的引脚定义、电源规范和 6U 尺寸系统的实现规范等。

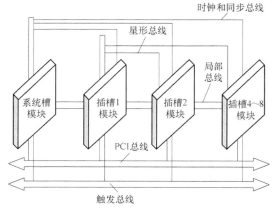

图 4-6　PXI 总线的电气结构

表 4-2 列出了 PXI 系统中使用的各种信号，并按定义该信号的原始规范对信号进行了分类。

表 4-2　PXI 系统信号

原始规范	信号		
PXI	PXI_BRSV PXI_LBL[0：12] PXI_STAR[0：12]	PXI_CLK10 PXI_LBR[0：12] PXI_TRIG[0：7]	PXI_CLK10_IN
Compact PCI	BDSEL# BRSV CLK[0：6] DEG# ENUM# FAL# GA0-GA4 GNT#[0：6]	HEALTHY# INTP INTS IPMB PWR IPMB SCL IPMA SDA PRST#	REQ#[0：6] RSV SYSEN# SMB ALERT# SMB SCL SMB SDA UNC
PCI	ACK64# D[0：63] C/BE[0：7]# CLK DEVSEL# FRAME# GND GNT# IDSEL INTA# INTB# INTC#	INTD# IRDY# LOCK# M66EN PAR PAR64 PERR# REQ# REQ64# RST# SERR# STOP#	TCK TDI TDO TMS TRDY# TRST# V(I/O) 3.3V 5V +12V −12V

3. P1/J1 连接器信号

PXI P1/J1 连接器上的所有信号均应符合 PICMG2.0 R3.0 规范（Compact PCI 规范）的要求。为确保位于系统槽的系统控制器模块在 PXI 或 Compact PCI 系统中的正常工作，应根据 Compact PCI 规范，将系统控制器的 BIOS 中断路配置成允许地址线 D［25：31］与 IDSEL 线，按照与 PCI 中断路由相关联的方式进行映射。在第一个总线段上的背板 PCI 器件、PCI-PCI 桥和外围扩展槽应将各自的 IDSEL 线与地址线 D［25：31］之一相连。然后根据这种连接，将各自的 INTA#、INTB#、INTC#和 INTD#引脚以 Compact PCI 规范规定的方式连线到系统槽的 INTA#、INTB#、INTC#和 INTD#引脚。

4. P2/J2 连接器信号

Compact PCI 规范将 P2/J2 连接器的引脚定义为开放式的，允许用户利用这些引脚实现后面板 I/O 连接。而 PXI 规范在定义这些引脚时，首先将 Compact PCI 规范用于 64 位扩展的那些 P2/J2 连接器引脚定义移植过来，然后对 Compact PCI 规范保留或没定义的一些引脚进行重新定义。因此，符合 Compact PCI 64 位规范的模块可以在 PXI 系统中应用，PXI 模块也可以在符合 Compact PCI 64 位规范的系统中应用。但在后一种情况下，PXI 在 Compact PCI 64 位规范基础上新增的一些功能不能被使用。

（1）Compact PCI 64 位规范中定义的连接器信号 PXI 系统槽上的下列信号线应符合 Compact PCI 64 位规范的相关要求：GND、V（I/O）、D［32：63］、C/BE［4：7］#、DEG#、FAL#、PRST#、SYSEN#、CLK［1：6］、GNT［1：6］#、REQ［1：6］#、GA0-GA4、SMB ALERT#、SMB SCL、SMB SDA 和 RSV。系统槽接口也应符合 Compact PCI 规范的要求。PXI 系统槽在实现后面板 I/O 时，将 Compact PCI 64 位规范中的 BRSV 引脚改用于实现仪器特性扩展。

对于 PXI 外围模块，下列信号线应符合 Compact PCI 64 位规范的相关要求：GND、V（I/O）、D［32：63］、C/BE［4：7］#、GA0-GA4 和 UNC。PXI 外围扩展槽在实现后面板 I/O 时，将 Compact PCI 64 位规范中的 BRSV、CLK［1：6］、GNT［1：6］#、REQ［1：6］#和 RSV 引脚改用于实现仪器特性扩展。应该注意：CLK［1：6］、GNT［1：6］#和 REQ［1：6］#信号线在 Compact PCI 规范的外围扩展槽和外围扩展模块中并没有使用。对于 PXI 背板而言，下列信号线应符合 Compact PCI 64 位规范的相关要求：GND、V（I/O）、D［32：63］、C/BE［4：7］#、DEG#、FAL#、PRST#、SYSEN#、UNC、GA0-GA4、SMB ALERT#、SMB SCL、SMB SDA 和 RSV。同时，PXI 背板将 CLK［1：6］、GNT［1：6］#和 REQ［1：6］#信号线按照 Compact PCI 规范的要求从系统槽连线到外围扩展槽 J1 连接器的相应引脚上，将系统槽上的 RSV 线断开不用。

（2）PXI 总线保留的信号线 PXI 总线中有两条为未来 PXI 系统功能扩展保留的信号：PXI BRSVA15 和 PXI BRSVB4，统称为 PXI BRSV。任何 PXI 系统控制器模块和外围模块都不能使用这两条信号线。与 Compact PCI BRSV 信号线的实现方式相同，PXI 背板应将各 PXI BRSV 线以总线方式连接到各个插槽。

（3）本地总线 如图 4-7 所示，PXI 定义了与 VXI 总线相似的菊花链状本地总线，各外围模块插槽的右侧本地总线与相邻插槽的左侧本地总线相连，依此类推。但是系统背板上最左侧外围模块插槽的左侧本地总线被用于星状触发，系统控制器也不使用本地总线，而将这些引脚用于实现 PCI 仲裁和时钟功能。PXI 系统最右侧插槽的右侧本地总线可用于外部背板接口（如用于与另一个总线段的连接），或者放弃不用。

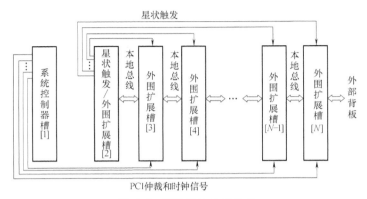

图 4-7　PXI 系统总线结构

本地总线有 13 根信号线，用户可以自行定义它们的功能。例如，用于传输高速 TTL 信号或传输高达 42V 的模拟信号，或作为相邻模块间边带数字通信的传输通道，同时不占用 PXI 系统的带宽。PXI 对于本地总线的使用有下述规定：

1）PXI 外围模块不能在本地总线上传输超过 ±42V 或 DC200mA 的信号，但允许外围模块将其左右两侧的本地总线直接相连，或是将某一条本地总线接地。

2）在 PXI 外围模块上，应将没有接地的本地总线保持在高阻状态，直到系统初始化软件已断定相邻模块的本地总线是兼容的。

3）允许外围模块将本地总线上拉至 V（I/O）引脚，以防止该信号线在系统上电时处于不稳定态。

4）外围模块在每条本地总线上的最大输入漏电流为 $100\mu A$。

5）在每个总线段，PXI 背板应将表 4-3 中 A 列对应各槽的 PXI LBR［0：12］到 B 列对应各槽的 PXI LBL［0：12］相连，前提是这些槽都在同一总线段中。

表 4-3　本地总线连线

A	B	A	B
DSEL = D31	DSEL = D30	DSEL = D28	DSEL = D27
DSEL = D30	DSEL = D29	DSEL = D27	DSEL = D26
DSEL = D29	DSEL = D28	DSEL = D26	DSEL = D25

6）PXI 背板不能在本地总线上安装端接电阻或缓冲器，各条本地信号线都应能够直接与邻近插槽的本地总线相连。

7）相邻插槽本地总线间的连线不能大于 3in（1in = 0.0254m），所有连线的长度差应在 1in 之内，连线的特征阻抗应为 $65\pm4.5\Omega$。

8）星状触发槽不使用插槽左侧的本地总线，而应将这些引脚用于星状触发信号线。

9）实现与外部背板接口的 PXI 机箱，应使用机箱中编号数最大的插槽的右侧本地总线引脚来实现对外接口。

本地总线的配置或键控由机箱的初始化文件 CHASSIS.INI 来定义。初始化软件根据各个模块的配置信息来使能本地总线，禁止类型不兼容的本地总线同时使用。这种软件键控方法比 VXI 总线的硬件键控方法具有更高的灵活性。

（4）参考时钟 PXI CLK10 PXI CLK10 是由 PXI 背板为各外围扩展插槽单独提供的 10MHz 参考时钟，该时钟是 10MHz 的 TTL 信号，在规定的运行温度和时间条件下精度不低于 ±0.01%，在 2.0V 过渡电平处测量时，占空比在 50%±5% 范围内。输入至每个外围插槽的参考时钟都由一个独立的、源阻抗与背板匹配的缓冲放大器进行驱动。参考时钟在不同插槽间引入的信号畸变应小于 1ns。PXI 规范允许由外部时钟源提供参考时钟信号，但在不同时钟源之间进行切换时，脉冲宽度不能小于 30ns，连续两个同极性脉冲沿之间的不能小于 80ns。通常 PXI CLK10 可用于测控系统中多模块间的同步，其极低的信号畸变指标也使它成为实现各种触发协议时的标准时钟。

（5）触发总线 PXI 有 8 条总线型触发信号线：PXI TRIG [0:7]。利用触发总线能够实现无法由 PXI CLK10 得到的可变频率时钟信号。例如，两个数据采集模块可以通过共享由触发总线提供的数倍于 44.1kHz 的时钟信号来实现 44.1kS/s 的 CD 音频采样。

PXI 规范定义了两种触发协议：PXI 异步触发协议和 PXI 同步触发协议。

PXI 异步触发是一种单线广播触发方式，如图 4-8 所示。图中，脉宽参数 T_H 和 T_L 的最小值为 18ns。

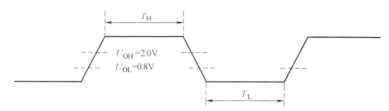

图 4-8 PXI 异步触发协议时序

PXI 同步触发是一种以 PXI CLK10 为参考时钟的触发方式。PXI TRG 线由一个 PXI 模块驱动，另一个模块在 PXI CLK10 的上升沿做出同步的响应。同步触发协议时序如图 4-9 所示。图中，输出保持时间 T_{hd} 的最小值为 2ns，输出信号对于 PXI 外围模块或系统控制器模块而言，触发总线在其印制电路板上的线长不应大于 1.5in。在上电时，PXI TRIG [0:7] 触发线及其驱动器应保持在高阻态，直到初始化软件完成触发配置。PXI TRIG [0:7] 触发线的 I/O 缓冲放大器应符合表 4-4 的 DC 规范。为了防止输入浮地，可在 PXI TRIG [0:7] 线添加上拉电阻。

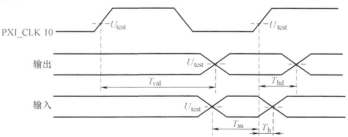

图 4-9 PXI 同步触发协议时序

有效时间 T_{val} 的最大值为 65ns，输入建立时间 T_{su} 的最小值为 23ns，输入信号保持时间 T_h 的最小值为 0ns。对于 PXI 背板而言，在每一个 PXI 总线段，PXI 背板要将各槽的触发线 PXI TRIG [0:7] 以总线的形式连接起来，但不能把不同总线段的触发信号线直接相连。每个总线段的触发线 PXI TRIG [0:7] 两端都应接有端接电路。背板上各 PXI 触发信号线的总长度应小于 10in，不同触发线间的长度差应小于 1in。

表 4-4　DC 规范

符号	名称	条件	最小值	最大值	备注
V_{IH}	输入高电压	—	2.0V	$V_{CC}+0.5V$	①
V_{IL}	输入低电压	—	-0.5V	0.8V	—
I_1	漏电流	$0<V_{IN}<V_{CC}$	—	$\pm70\mu A$	①,②
V_{OH}	输出高电压	$i_{out}=-2mA$	2.4V	$V_{CC}+0.5V$	①
V_{OL}	输出低电压	$i_{out}=4mA$	-0.5V	0.55V	—
C_{PIN}	输入、输出、双向引脚间电容			10pF	—

① V_{CC} 指的是 5V 电源。
② 漏电流包括双向缓冲器在高阻态时的输出漏电流在内。

（6）星状触发　PXI 星状触发信号线为 PXI 用户提供了更高性能的同步功能。星状触发控制器安装在第一个外围模块插槽（系统插槽的右侧，不使用星状触发的系统可在星状触发控制器槽位上安装其他外围模块）上，使用插槽左侧的 13 根本地总线引脚，实现与各外围模块星状触发信号线 PXI STAR 连接。

PXI 规范规定：一个 PXI 机箱中只能有一个星状触发槽；星状触发线的特征阻抗为 $65\Omega\pm4.5\Omega$；不同插槽间星状触发信号的传输时延不能大于 1ns，星状触发槽至各外围扩展槽间星状触发信号的传输时延不能大于 5ns；星状触发线驱动器应有与背板匹配的 $65\Omega\pm4.5\Omega$ 源阻抗，驱动信号幅度不能大于 5V；外围模块 PXI STAR 线的漏电流不能超过 $650\mu A$；适用于 PXI 触发总线的一些触发协议同样适用于星状触发线；星状触发槽的 PXI CLK10 IN 信号线仅用于为 PXI CLK10 提供外部参考信号，否则不允许星状触发控制器驱动该信号线。

PXI 系统在实现星状触发信号线的布线和连接时，采用了传输线均衡技术，以此满足对于触发信号要求苛刻的应用场合。星状触发线也可用于向星状触发控制器回馈信息，如报告插槽状态或其他响应信息等。对于星状触发的具体应用，PXI 规范没有做出更详细的规定。

使用标准的 PCI-PCI 桥接技术能够将 PXI 系统扩展为多个总线段。如图 4-10 所示，在有两个总线段的 PXI 系统中，桥接器位于第 8 和第 9 槽位上，连接两个 PCI 总线段。双总线段的 33MHz PXI 系统能够提供 13 个外围扩展槽，计算公式如下：（2 总线段）×（8 槽/总线段）-（1 系统槽）-（2PCI-PCI 桥插槽）= 13 可用扩展槽。

5. PXI 总线软件规范

PXI 在总线及电气规范的基础上定义了软件规范，以便进一步简化系统集成，提升台式 PC 软件的使用范围和效能。软件规范的内容包括定义标准的系统软件框架、支持 VXI 即插即用系统联盟定义的 VPP 规范和 VISA 规范、规定所有外围模块都应提供驱动程序等。

系统软件框架定义了 PXI 系统控制器和外围模块都应遵守的一些软件要求，包括操作

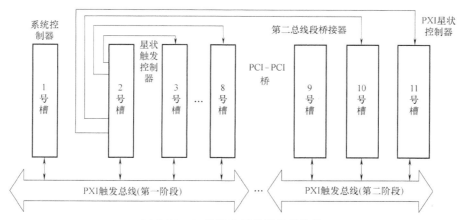

图 4-10 双总线段星状触发线结构

系统和工具软件支持等。所有 PXI 系统控制器和外围模块都必须支持 Windows 系统软件框架。

PXI 软件体系包括标准操作系统、仪器驱动程序和标准应用软件三部分。

（1）标准操作系统 PXI 规范了 PXI 系统使用的软件框架，包括支持标准的 Windows 系统。无论在哪种框架中运作的 PXI 控制器应支持当前流行的操作系统，而且必须支持未来的升级。这种要求的好处是控制器必须支持最流行的工业标准应用程序接口，包括 MICROSOFT 与 BORLAND 的 C++、VB、Lab VIEW 和 Lab Windows/CVI 。

（2）仪器驱动程序 PXI 的软件要求支持 VXI 即插即用联盟（VPP 与 VISA）开发的仪器软件标准。PXI 规范要求所有仪器模块需配置相应的驱动程序，这样可避免用户只得到硬件模块和手册，再花大量时间去编写应用程序。PXI 要求生产厂家而不是用户去开发驱动软件，以减轻用户负担，做到即插即用。PXI 也要求仪器模块和仪器制造厂商提供某些软件的组成部分。用作定义系统的配置与功能的初始化文件，是 PXI 必备的系统软件，用来确保系统的正确配置。如系统软件能确认邻近外设模块有无兼容的本地总线，如果有信息丢失，本地总线的功能就不能工作。

（3）标准应用软件 PXI 系统提供 VISA 软件标准配置与控制 GPIB、VXI、串行及 PXI 总线仪器的技术方法。PXI 引入 VISA 标准内容，以保护仪器用户的软件资源和投资。VISA 是用户系统确立与控制 PXI 模块与 VXI 机箱与仪器或分布式 GPIB 和串行接口仪器进行通信连接的标准方法。PXI 还扩充了 VISA 的接口，允许配置和控制 PXI 外围模块。这种扩充既保留了仪器工业中已采用的软件模型，又发展成 PXI、Compact PCI、PCI、PXI、GPIB 与其他仪表体系的统一结构，从而大大提升了软件的通用性。

4.6.2 基于 PXI 总线的通用测试系统

图 4-11 给出了通用测试系统的原理框图。系统由传感器、信号调理器、PXI 机箱、PC 等组成。PC 与 PXI 机箱之间用 MXI-3 连接。由传感器将被测量转换为电信号后，经信号调理模块送入 PXI 箱内。

测试系统的软件采用虚拟仪器软件开发环境 Lab VIEW 或 Lab Windows/CVI 。软件主要完成 PXI 总线仪器模块的驱动、软面板、资源管理、数字信号和模拟信号波形的编辑，响

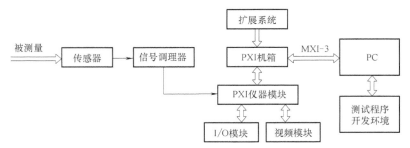

图 4-11　通用测试系统的原理框图

应数据的处理、显示和通信等。Lab VIEW 和 Lab Windows/CVI 虚拟仪器软件开发平台具有编程简单、仪器驱动库丰富、易于扩展等特点。同时还结合通用的软件开发工具 Visual C++或 Visual Basic 进行数字模块时序生成和编译程序的开发，以便给用户更为直观、方便的时序生成工具，简化测试系统操作的复杂性。

自动测试设备（ATE）主要完成被测信号的输入和测量。在硬件上由 PXI 机箱、数字信号模块、模拟信号模块、各种测试仪表模块和程控台式仪器模块组成，经 MXI 总线或 IEEE 1394 总线扩展，还可以与 GPIB 仪器、其他 PXI 系统和 VXI 系统相连。

4.6.3　虚拟仪器测试技术

虚拟仪器是指以通用计算机作为系统控制器，由软件来实现人机交互和大部分仪器功能的一种计算机仪器系统。虚拟仪器概念是对传统仪器概念的重大突破，它的出现使测量仪器与个人计算机的界限模糊了。

与传统仪器不同，虚拟仪器是由通用计算机和一些功能化硬件模块组成的仪器系统。在这种仪器系统中，不仅仪器的操控和测量结果的显示是借助于计算机显示器，以虚拟面板的形式来实现的，而且数据的传送、分析、处理、存储都是由计算机软件来完成的，这就大大突破了传统仪器仪表在这些方面的限制，方便了用户对仪器的使用、维护、扩展和升级等。

虚拟仪器一词中"虚拟"有以下两方面的含义：

1）虚拟仪器面板。在使用传统仪器时，操作人员是通过操纵仪器物理面板上安装的各种开关（通断开关、波段开关、琴键开关等）、按键、旋钮等来实现仪器电源的通断、通道选择、量程、放大倍数等参数的设置，并通过面板上安装的发光二极管、数码管、液晶或 CRT（阴极射线管）等来辨识仪器状态和测量结果。

在虚拟仪器中，计算机显示器是唯一的交互界面，物理的开关、按键、旋钮以及数码管等显示器件均由与实物外观很相似的图形控件来代替，操作人员通过鼠标或键盘操纵软件界面中这些控件来完成对仪器的操控。

2）由软件编程来实现仪器功能。在虚拟仪器系统中，仪器功能是由软件编程来实现的。测量所需的各种激励信号可由软件产生的数字采样序列控制 D/A 转换器来产生；系统硬件模块不能实现的一些数据处理功能，如 FFT 分析、小波分析、数字滤波、回归分析、统计分析等，也可由软件编程来实现；通过不同软件模块的组合，还可以实现多种自动测试功能。

虚拟仪器硬件通常包括通用计算机和外围硬件设备。通用计算机可以是便携式计算机、台式计算机或工作站等。外围硬件设备可以选择 GPIB 系统、VXI 系统、PXI 系统、数据采集系统或其他系统，也可以选择由两种或两种以上系统构成的混合系统。其中，最简单、最廉价的形式是采用基于 ISA 或 PCI 总线的数据采集卡，或是基于 RS-232 或 USB 总线的便携式数据采集模块。虚拟仪器的软件包括操作系统、仪器驱动器和应用软件 3 个层次。操作系统可以选择 Windows、SUNOS、LINUX 等。仪器驱动器软件是直接控制各种硬件接口的驱动程序。应用软件通过仪器驱动器实现与外围硬件模块的通信连接。应用软件包括实现仪器功能的软件程序和实现虚拟面板的软件程序，用户通过虚拟面板与虚拟仪器进行交互。

虚拟仪器的特点可以归纳为以下几个方面：

（1）强调"软件就是仪器"的新概念　软件在仪器中充当了以往由硬件甚至整机实现的角色。由于减少了许多随时间可能漂移、需要定期校准的分立式模拟硬件，加上标准化总线的使用，系统的测量精度、测量速度和可重复性都大大提高。根据系统设计要求，在选定系统控制用计算机以及一些标准化的仪器硬件模块或板卡后，软件部分就成为构建和使用虚拟仪器的关键所在。其中，仪器驱动软件的功能是实现与仪器硬件的接口和通信，应用软件则完成用户定义的测试功能和仪器功能，并提供良好的人机交互界面，虚拟仪器通过软件技术和相应数值算法，可实时地、直接地对测试数据进行各种分析与处理。

（2）增强和丰富了传统仪器的功能　融合计算机强大的硬件资源，突破了传统仪器在数据处理、显示、存储等方面的限制，大大增强了传统仪器的功能。虚拟仪器将信号的分析、显示、存储、打印和其他管理集中交由计算机来处理。由于充分利用计算机技术，完善了数据的传输、交换等功能，组建系统变得更加灵活、简单。

（3）仪器由用户自己定义　虚拟仪器打破了传统仪器由厂家定义功能和控制面板、用户无法更改的模式。虚拟仪器通过提供给用户组建自己仪器的可重用源代码库，使用户可以很方便地修改仪器功能和面板，设计仪器的通信、定时和触发功能。仪器用户可根据自己不断变化的需求，自由发挥自己的想象力，方便灵活地重组测量系统，系统的扩展、升级可随时进行。

（4）开放的工业标准　虚拟仪器硬件和软件都制定了开放的工业标准，因此用户可以将仪器的设计、使用和管理统一到虚拟仪器标准，使资源的可重复利用率提高，功能易于扩展，管理规范，生产、维护和开发费用降低。

（5）便于构成复杂的测试系统，经济性好　虚拟仪器既可以作为单台数字式测试仪器使用，又可以构成较为复杂的测试系统，甚至可以通过高速计算机网络构成分布式测试系统，进行远程监控及故障诊断。此外，采用基于软件体系结构的虚拟仪器系统代替基于硬件体系结构的传统仪器，还可以大大节省仪器购买、维护费用。

4.7　串行总线

串行通信是将数据一位一位地传送，它只需要一根数据线，硬件成本低，而且可使用现有的通信通道（如电话、电报等），故在分散型控制系统、计算机终端中（特别在远距离传输数据时）被广泛采用，例如微机化测试仪表与上位机（IBM-PC 等）之间，或微机化测试仪表与 CRT 间均通过串行通信来完成数据的传送。串行接口所直接面向的并不是某个具体的通信设备，而是一种串行通信的接口标准。

4.7.1 RS-232C 串行总线

RS-232C 接口标准的全称是 EIA-RS-232C 标准，是美国 EIA（电子工业联合会）与 BELL 等公司一起开发的 1969 年公布的通信协议。它适合于数据传输速率在 0~20000bit/s 范围内的通信。这个标准对串行通信接口的有关问题，如信号线功能、电气特性都做了明确规定。由于通信设备厂商都生产与 RS-232C 兼容的通信设备，因此，它作为一种标准，目前已在微机串行通信接口中被广泛采用。

1. RS-232C 标准信道

RS-232C 标准为主信道和辅信道共分配了 25 根线。

1）1 号线：几乎没有使用。

2）2 号线：发送数据 TxD，将串行数据发送到 MODEM。

3）3 号线：接收数据 RxD，通过线终端接收从 MODEM 发来的串行数据。

4）4 号线：请求发送 RTS，用来表示 DTE 请求 DCE 发送数据，即当终端要发送数据时，使该信号有效（ON 状态），向 MODEM 请求发送。它用来控制 MODEM 是否要进入发送状态。

5）5 号线：清除发送 CTS，用来表示 DCE 准备好接收 DTE 发来的数据，是对请求发送信号 RTS 的响应信号。当 MODEM 已准备好接收终端传来的数据并向前发送时，使该信号有效，通知终端开始沿发送数据线 TxD 发送数据。这对 RTS/CTS 请求应答联络信号用于半双工系统中，在采用 MODEM 的系统中用于发送方式和接收方式之间的切换。在全双工系统中，因配置双向通道，故不需 RTS/CTS 联络信号。

6）6 号线：数传机就绪 DSR，有效时（ON 状态）表明 MODEM 处于可以使用的状态。

7）7 号线：信号地线 SG，无方向。

8）8 号线：数据载波检出 DCD 线，用来表示 DCE 已接通通信链路，通知 DTE 准备接收数据。当本地的 MODEM 收到由通信链路另一端（远地）的 MODEM 送来的载波信号时，使 DCD 信号有效，通知终端准备接收，并且由 MODEM 将接收下来的载波信号解调成数字量后，沿接收数据线 RxD 送到终端。

9）20 号线：数据终端就绪 DTR，有效时（ON 状态），表明数据终端可以使用。DTR 和 DSR 这两个信号有时连到电源上，一上电就立即有效。

10）22 号线：振铃指示 RI，当 MODEM 收到交换台送来的振铃呼叫信号时，使振铃指示信号有效（ON 状态），通知终端，设备已被呼叫。

2. RS-232C 信号线的连接和使用

1）远距离与近距离通信时，所使用的信号线是不同的。所谓近距离是指传输距离小于 15m 的通信。在 15m 以上的远距离通信时，一般要加调制解调器（MODEM），故所使用的信号线较多。此时，若在通信双方的 MODEM 之间采用专用电话线进行通信，则只要使用 2~8 号信号线进行联络与控制，如图 4-12a 所示。若在双方 MODEM 之间采用普通电话线进行通信，则还要增加 RI（22 号线）和 DTR（20 号线）2 根信号线进行联络，如图 4-12b 所示。

2）近距离通信时，不采用调制解调器（称零 MODEM 方式），通信双方可以直接连接，在这种情况下，只需使用少数几根信号线。最简单的情况，在通信中根本不要 RS-232C 的

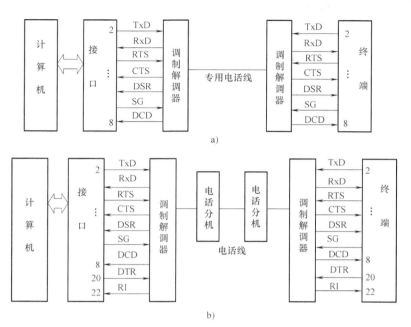

图 4-12　通信连接

控制联络信号，只需使用 3 根线（发送线 TxD、接收线 RxD、信号地线 SG）便可实现全双工异步串行通信，如图 4-13 所示。图中的 2 号线与 3 号线交叉连接是因为直连方式时，把通信双方都当作数据终端设备看待，双方都可发送也可接收。在这种方式下，通信双方的任何一方，只要请求发送 RTS 有效和数据终端准备好 DTR 有效就能开始发送和接收。如果想在直接连接时，又考虑 RS-232C 的联络控制信号，则采用零 MODEM 方式 的标准连接方法，其通信双方信号线的安排如图 4-14 所示。

从图 4-14 可知，RS-232C 接口标准定义的所有信号线都用到了，并且是按照 DTE 和 DCE 之间信息交换协议的要求进行连接的，只不过是把 DTE 本身发出的信号回送过来进行自连，当作对方 DCE 发来的信号，因此，又把这种连接称为双交叉环回接口。双方握手信号关系如下（注：甲方、乙方并未在图中标出）：

① 甲方的数据终端就绪（DTR）和乙方的数传机就绪（DSR）及振铃信号（RI）两个信号互联。这时，一旦甲方的 DTR 有效，乙方的 RI 就立即有效，产生呼叫，并应答响应，同时又使乙方的 DSR 有效。这意味着只要一方的 DTE 准备好，便同时为对方的 DCE 准备好，尽管实际上对方的 DCE 并不存在。

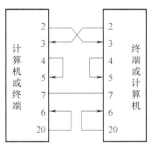

图 4-13　近距离简单通信连接

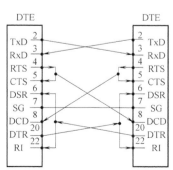

图 4-14　标准通信连接

② 甲方的请求发送（RTS）及清除发送（CTS）自连，并与乙方的数据载体检出（DCD）互联，这时，一旦甲方请求发送（RTS 有效），便立即得到发送允许（CTS 有效），同时使乙方的 DCD 有效，即检测到载波信号，表明数据通信链路已接通。这意味着只要一方的 DTE 请求发送，同时也为对方的 DCE 准备好接收（即允许发送），尽管实际上对方 DCE 并不存在。

③ 双方的发送数据（TxD）和接收数据（RxD）互联，这意味着双方都是数据终端设备（DTE），只要上述的握手关系一经建立，双方即可进行全双工传输或半双工传输。

3. EIA-RS-232C 电气特性

EIA-RS-232C 对电气特性、逻辑电平都作了规定。

在 TxD 和 RxD 数据上，逻辑 1（MARK）：$-3V \sim -15V$；逻辑 0（SPACE）：$+3V \sim +15V$。

在 RTS、CTS、DSR、DTR、CD 等控制线上信号有效（接通，ON 状态，正电压）：$+3V \sim +15V$；信号无效（断开，OFF 状态，负电压）：$-3V \sim -15V$。以上规定说明了 RS-232C 标准对逻辑电平的定义。对于数据（信息码）：逻辑"1"（传号）的电平低于$-3V$，逻辑"0"（空号）的电平高于$+3V$。对于控制信号：接通状态 83（ON）即信号有效的电平高于$+3V$，断开状态（OFF）即信号无效的电平低于$-3V$，也就是当传输电平的绝对值大于 3V 时，电路可以有效地检查出来，介于$-3V$ 和$+3V$ 之间的电压无意义，低于$-15V$ 或高于 $+15V$ 的电压也认为无意义，因此，在实际工作时，应保证电平在$\pm$（5~15）V 之间。

EIA-RS-232C 与 TTL 转换很明显，EIA-RS-232C 是用正负电压来表示逻辑状态，与 TTL 以高低电平表示逻辑状态的规定不同。因此，为了能够同计算机接口或与终端的 TTL 器件连接，必须在 EIA-RS-232C 与 TTL 电路之间进行电平和逻辑关系的变换。实现这种变换可用分立元器件，也可用集成电路芯片。目前较广泛地使用集成电路转换器件，如 MC1488、SN75150 芯片可完成 TTL 电平到 EIA 电平的转换，而 MC1489、SN75150 芯片可实现 EIA 电平到 TTL 电平的转换。MAX232 芯片可完成 TTL 与 EIA 之间的双向电平转换，图 4-15 示出了 MC1488 和 MC1489 的内部结构和引脚。

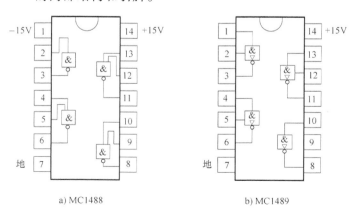

a) MC1488   b) MC1489

图 4-15　电平转换器 MC1488 和 MC1489 芯片

MC1488 的引脚 2、4、5、9、10 和 12、13 接 TTL 输入，引脚 3、6、8、11 输出端接 EIA RS-232C。MC1489 的引脚 1、4、10、13 接 EIA 输入，而引脚 3、6、8、11 接 TTL 输

出。具体连接方法如图 4-16 所示。图中左边是微机串行接口电路中的主芯片 UART，它是 TTL 器件，右边是 EIA-RS-232C 连接器，要求 EIA 电压。因此，RS-232C 所有的输出、输入信号线都要分别经过 MC1488 和 MC1489 转换器，进行电平转换后才能送到连接器上去或从连接器上送进来。由于 MC1388 要求使用±15V 高压电源，不太方便，现在有一种新型电平转换芯片 MAX232，可以实现 TTL 电平与 RS-232 电平之间的双向转换。MAX232 内部有电压倍增电路和转换电路，仅需+5V 电源便可工作，使用十分方便。图 4-17 是其内部逻辑框图，从图可知，一个 MAX232 芯片可连接两对收/发线。MAX232 把 UASRT 的 TxD 和 RxD 端的 TTL/CMOS 电平（0V～5V）转换成 RS-232 的电平（-10V～+10V）。

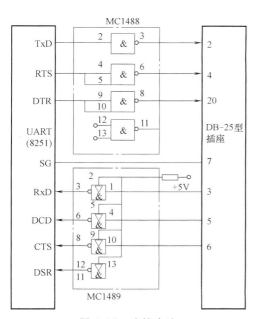

图 4-16　连接方法

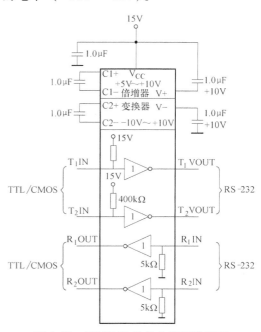

图 4-17　MAX232 芯片内部逻辑框图

4. EIA-RS-232C 机械特性

由于 RS-232 并未定义连接器的物理特性，因此，出现了 DB-25 和 DB-9 型的连接器，其引脚的定义也各不相同，使用时要特别注意。

（1）DB-25 型连接器　虽然 RS-232 标准定义了 25 根信号，但实际进行异步通信时，只需 9 个信号：2 个数据信号、6 个控制信号、1 个地线信号。由于早期 PC 除了支持 EIA 电压接口外，还支持 20mA 电流环接口，另需 4 个电流信号，故它们采用 DB-25 型连接器作为 DTE 与 DCE 之间通信电缆连接的连接器。DB-25 型连接器的外形及信号分配如图 4-18 所示。

（2）DB-9 型连接器　由于 286 以上微机串行口取消了电流环接口，故采用 DB-9 型连接器作为多功能 I/O 卡或主板上 COM1 和 COM2 两个串行口的连接器，其引脚及信号分配如图 4-19 所示。

从图 4-19 可知，DB-9 型连接器的引脚信号分配与 DB-25 型引脚信号完全不同，因此，若与配接 DB-25 型连接器的 DCE 设备连接，必须使用专门的电缆，其对应关系如图 4-20 所示。

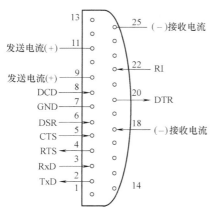

图 4-18　DB-25 型连接器

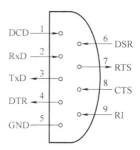

图 4-19　DB-9 型连接器

4.7.2　RS-422 接口标准

（1）RS-422 接口标准的主要特点　如果传输过程中混入干扰与噪声，由于双端输入的差分放大作用，使干扰与噪声互相抵消，从而增强了总线的抗干扰能力。

RS-422 由两条信号线形成信号回路，与信号地无关，双方的信号地也不必连在一起，这样就避免了电平偏移，同时解决了潜在的接地的问题。

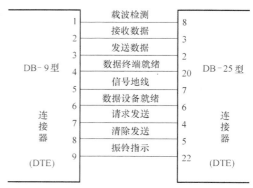

图 4-20　DB-9 型与 DB-25 型连接器的对应关系

RS-422 输出端采用双端平衡驱动，比 RS-423 输出端所采用的单端不平衡驱动对电压信号的放大倍数要大 1 倍。

RS-422 的传输速率可以达到 10Mbit/s，而 RS-423 只能达到 300Kbit/s。

为了提高抗干扰能力，RS-422 总线使用双绞线作为连接电缆。

（2）RS-422 的引脚定义　RS-449 是与 RS-422 电气规范配套的机械规范。目前的工业 PC 主板或串行通信卡提供的 RS-422 总线都未采用 RS-449 机械规范，而是采用 9 针 D 形连接器（DB-9）。连接器的引脚分配没有统一的标准，表 4-5 是大多数板卡提供 RS-422 总线时对 DB-9 连接器所做的引脚分配和定义。

表 4-5　RS-422 的引脚定义

引脚号	信号名称	信号说明	连接器
1	TX-	发送数据信号负端	
2	TX+	发送数据信号正端	
3	RX+	接收数据信号正端	
4	RX-	接收数据信号负端	
5	GND	信号地	
6	RTS- *	请求发送信号负端	
7	RTS+ *	请求发送信号正端	有 * 的信号在有的
8	CTS+ *	清除发送信号正端	板卡中不提供
9	CTS- *	清除发送信号负端	

4.7.3 RS-485 接口标准

RS-422 只能实现点对点通信，RS-485 则可以实现多点通信。RS-485 的电气规范和 S-422 基本相同，因此具有较强的抗干扰特性和长距离传输特性。S-485 通信链路 RS-485 通信链路如图 4-21 所示。常用的 RS-485 总线驱动器有 75176、MAX485 系列等。不同的 RS-485 总线驱动器可以提供不同的最大通信速率和最大通信节点数，如 MAX-IM 公司的 MAX1482 的最大通信速率为 256Kbit/s，最大通信节点数为 256；而 MAX1487 的最大通信速率为 2500Kbit/s，最大通信节点数为 128。RS-485 通信总线的通信速率随着传输距离的延长而下降，在 5000ft（1524m）的传输距离内能够可靠地提供 38.4Kbit/s 的通信速率。在长距离传输或工作环境有干扰时，应在 RS-485 总线的始端和末端加入终端匹配电阻和驱动器保护电路，以减少终端反射和削弱干扰信号。在 RS-485 通信网络中，主站可以和各从站进行点对点通信，也可以对所有从站进行广播式通信。

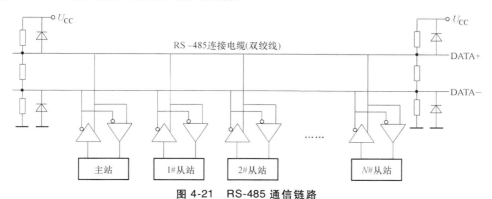

图 4-21　RS-485 通信链路

（1）RS-422 总线与 RS-485 总线的转换　RS-422 总线与 RS-485 总线的主要电气规范完全相同，因此将 RS-422 通信总线中的"RX+"和"TX+"连在一起作为"DATA+"，将"RX−"和"TX−"连在一起作为"DATA−"，即可构成 RS-485 通信总线。

（2）RS-485 接口标准的特点

1）由于 RS-485 标准采用差动发送/接收，所以，共模抑制比高，抗干扰能力强。

2）传输速率高，它允许的最大传输速率可达 10Mbit/s（传输 15m）。传输信号的摆幅小（200mV）。

3）传输距离远（指无 MODEM 的直接传输），采用双绞线，在不用 MODEM 的情况下，当传输速率为 100Kbit/s 时，可传输的距离为 1.2km，若传输速率下降，则传输距离可以更远。

4）能实现多点对多点的通信，RS-485 允许平衡电缆上连接 32 个发送器/接收器 34 对。RS-485 标准目前已在许多方面得到应用，尤其是多点通信系统中，如工业集散分布系统、商业 POS 收款机和考勤机的联网中用得很多，是一个很有发展前途的串行通信接口标准。

（3）几种标准的比较　表 4-6 列出了 RS-232C、RS-422 和 RS-485 几种标准的工作方式、直接传输的最大距离、最大数据传输速率、信号电平以及传输线上允许的驱动器和接收器的数目等特性参数。

表 4-6　RS-232C、RS-422 和 RS-485 的主要性能比较

项目	RS-232C	RS-422	RS-485
驱动方式	单端	平衡	平衡
通信节点数		驱动器和接收器为 1∶10	驱动器和接收器为 32∶32
最大传输距离/m	15	1200	1200
最大传输速率 /(Kbit/s)	20	10000(12m) 1000(120m) 100(1200m)	10000(12m) 1000(120m) 100(1200m)
驱动器输出 电压/V	±25(开路) 5~15 或 -15~-5(加载)	±5(开路) ±2(加载)	±5(开路) ±1.5(加载)
驱动器负载电阻/Ω	—	100	54
驱动器输出电流/mA	±500	±150	±150
接收器输入 电压/V	-25~+25(max) -12~+12	-12~+12(max) -7~+7	-12~+12(max) -7~+12
接收器输入阈值/V	-3~+3	-0.2~+0.2	-0.2~+0.2
接收器输入阻抗/kΩ	3~7	>4	>12

4.7.4　USB 总线

1. 概述

传统的接口电路每增加一种设备，就需要准备一种接口或插座，还要准备各自的驱动程序。这些接口、插座、驱动程序各不相同，这给使用和维护带来了困难。由 Intel 等公司开发的 USB 总线采用通用的连接器，使用热插拔技术以及相应的软件，使得外设的连接、使用大大地简化，因此受到了普遍的欢迎，已经成为流行的外设接口。USB 之所以得到广泛支持和迅速普及，是因为它具有很多优点。

用一种连接器类型连接多种外设 USB 对连接设备没有任何种类的限制，仅提出了准则和带宽上界。USB 统一的 4 针插头，取代了机箱后种类繁多的串行口/并行口插头，实现了将计算机常规 I/O 设备、多媒体设备（部分）、通信设备（电话、网络）以及家用电器统一为一种接口的愿望。用一个接口连接大量的外设 USB 采用星形层式结构和 HUB 技术，允许一个 USB 主控机连接多达 127 个外设，用户不用担心要连接的设备数目会受到限制。两个外设间的距离（电缆长度）可达 5m，扩展灵活。

连接简单快速 USB 能自动识别 USB 系统中设备的接入或移走，真正做到即插即用；USB 支持机箱外的热插拔连接，设备连到 USB 时，不必打开机箱，也不必关闭主机电源。

总线提供电源一般的串行口/并行口设备都需要自备专门的供电电源，而 USB 能提供 +5V、500MA 的电源，供低功耗设备（如键盘、鼠标和 MODEM 等）作电源使用，免除了这些设备必须自带电源的麻烦。同时，USB 采用 APM（Advanced Power Management）技术，使系统能源得到节省。

速度加快了 USB 设备有两种速度，高速（全速）为 12Mbit/s，低速是 1.5Mbit/s。这意

味着 USB 的最高传输速率比普通的串行口快了 100 倍，比普通并行口也快了十多倍。USB 也存在一些问题，例如，尽管理论上 USB 可允许多层连接 127 个设备，但实际应用中，连接到三四个设备就可能导致一些设备失效；又如，USB 虽可以提供 500mA 的电流，但一遇到高功耗的设备，就会导致供电不足等。

2. USB 接口信号线

接口信号线 USB 总线（电缆）包含 4 根信号线，用以传送信号和提供电源。其中，D+和 D-为信号线，传送信号，是一对双绞线；U_{BUS} 和 GND 是电源线，提供电源，如图 4-22a 所示。相应的 USB 接口插头（座）也比较简单，只有 4 芯。上游插头是 4 芯长方形插头，下游插头是 4 芯方形插头，两者不能弄错。在两根信号线的 D+线上，当设备在满速传输时，要求接 $1.5 \times (1 \pm 5\%) k\Omega$ 的上拉电阻，并且在 D+和 D-线上分别接入串联电阻，其阻值为 29~44Ω，如图 4-22b 所示。

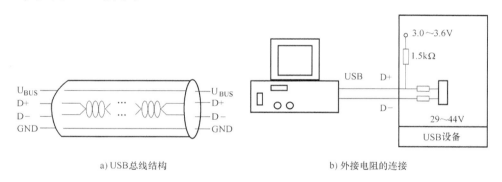

a) USB总线结构　　　　　　　　b) 外接电阻的连接

图 4-22　在满速传输时外接电阻的连接

3. USB 电气特性

主机或根 HUB 对设备提供的对地电源电压为 4.75~5.25V，设备能输入的最大电流值为 500mA。因此，USB 对设备提供的电源是有限的。当 USB 设备第一次被 USB 主机检测到时，设备从 USB HUB 输入的电流值应小于 100mA。USB 设备的电源供给有两种方式：自给方式（设备自带电源）和总线供给方式。USB HUB 采用前一种方式。USB 主机有一个独立于 USB 的电源管理系统（APM）。USB 系统软件通过与主机电源管理系统交互来处理诸如挂起、唤醒等电源事件。为了节省能源，对于暂时不用的 USB 设备，电源管理系统将其置为挂起状态，等有数据传输时，再唤醒设备。

USB 允许两种传输速度规格，1.5Mbit/s 的低速传送和 12Mbit/s 的全速传送，允许具有不同传送速度的各个节点设备相互通信。新的 USB2.0 标准最高传输速率可达 80Mbit/s。

4. USB 设备及其描述

（1）USB 设备　USB 设备分成 HUB 设备和功能设备两种。HUB 设备即集线器，是 USB 即插即用技术中的核心部分，完成 USB 设备的添加、插拔检测和电源管理等功能。HUB 设备不仅能向下层设备提供电源和设置速度类型，而且能为其他 USB 设备提供扩展端口。一个集线器由中继器和控制器构成，中继器负责连接的建立和断开，控制器管理主机与集线器间的通信及帧定时。每个集线器控制器都有一个帧定时器，主机传来的 SOF 帧开始标志

（令牌）激励帧定时器的定时功能，并且定时器的相位和周期将与帧开始标志保持一致。功能设备能在总线上发送和接收数据或控制信息，它是完成某项具体功能的硬件设备，如鼠标、键盘等。所以，一种功能设备就是一种插在 HUB 上的外设。

（2）端点　在 USB 接口中再也不用考虑 I/O 地址空间、IRQ 线及 DMA 通道的问题，只给每个 USB 外设分配一个逻辑地址，但并不指定分配任何系统资源。而 USB 外设本身应包含一定数量的独立的寄存器端口，并能由 USB 设备驱动程序直接操作，这些寄存器也就是 USB 设备的端点（End Point）。因此，可以说端点是主机和设备通信中位于设备上的末端部分。当设备插入时，系统会分给每个逻辑设备一个唯一的地址，而每个设备上的端点都有不同的端点号。通过端点号和设备地址，主机软件就可以和每个端点通信。一个设备可以有多个端点，但所有的 USB 设备都必须有一个零端点以用于设置，完成 CONTROL 类型传送。通过端点 0（End Point0），USB 系统软件读取 USB 设备的描述寄存器，这些寄存器提供了识别设备的必要信息，定义端点的数目及用途。通过这种方式，USB 软件就能识别设备的类型，并决定如何对这些设备进行操作。

（3）管道　USB 支持功能性和控制性的数据传送，这些传送发生在主机软件和 USB 设备的端点之间，把 USB 设备的端点和主机软件的联合称为管道（PIPE），因此，管道是从逻辑概念上来描述信息传输的通道。一个 USB 设备可以支持多个数据传送的端点，也就有多个管道来传送数据。例如，一个 USB 设备应有一个端点来支持接收数据的管道，还应有另一个端点来支持发送数据的管道。端点 0 所对应的管道称为默认管道。USB 主机 64 对外设的控制就是通过在与外设之间相连的默认管道上发"外设请求"来实现的。可见，默认管道主要用于控制类型的传输。

（4）USB 设备描述器　USB 设备是通过描述器来报告它的属性和特点的。描述器是一个有一定格式的数据结构。每个 USB 设备都必须有设备描述器、设置描述器、接口描述器和端点描述器。这些描述器提供的信息包括目标 USB 设备的地址、传输类型、数据包的大小和带宽请求等。

1）设备描述器。一个 USB 设备只有一个设备描述器，它包含了设备设置所用的默认管道的信息和设备的一般信息。

2）设置描述器。一个 USB 设备有一个或多个设置描述器，例如，一个高电压设备可能也支持某种低电压方式，因此，两个供电方式便需要两种描述器。设置描述器还包含设置的一般信息和设置时所需的接口数，每个设置有一个或多个接口。当主机请求设置描述器时，端点描述器和接口描述器也一同返回。

3）接口描述器。一种设置可能支持一个或多个接口。例如一个 CD-ROM，因为有 3 种设备驱动器可能使用它，因此，需要有 3 个接口，一个用于数据口，一个用于音频口，一个用于视频口。接口描述器提供接口的一般信息，也用于指定具体接口所支持的设备类型和用该接口通信时所用的端点描述器数，但不将零端点计数在内。

4）端点描述器。一个接口可能含有一个或多个端点描述器，分别定义各自的通信点（如一个寄存器）。端点描述器包含的是它所支持的传输类型（4 种）和最大传输速率。用户驱动程序通过设备的描述可以获得有关信息，特别是在设备接入时，USB 系统软件根据这些信息进行判断和决定如何操作，描述器起着很大的作用。

复习思考题

1. 总线的基本规范内容有哪些？

2. 总线的性能指标有哪些？

3. 测试仪表专用总线的特点有哪些？

4. VXI 总线电气与机械规范有哪些？

5. 以 VXI 总线技术为例，说明组成测试系统的基本构成。

6. PXI 总线电气与机械规范有哪些？

7. 以 PXI 总线技术为例，说明组成测试系统的基本构成。

8. 虚拟仪器测试技术规范有哪些？

9. 请说明串行总线的定义及规范。

10. 举例说明 RS-232C 串行总线规范及应用。

11. 举例说明 RS-422 标准规范及应用。

12. 举例说明 RS-485 接口标准规范及应用。

13. 举例说明 USB 总线规范及应用。

第 5 章

光电测量技术

本章主要介绍通过光电技术对液体流速、燃油雾化粒度直径进行测量分析。

5.1　激光多普勒测速技术

流体速度的测量是热工测量中非常重要的一部分。多年来在科学实验和工业过程的实现与控制中，一维流体速度的测量主要是依靠皮脱管和笛形管；平面气流的测量利用的是三孔型复合测压管（又称三孔探针）；空间气流测量则依靠球形或楔形五孔测压管。随后发展的热线和热膜风速仪则为测量流体的瞬时速度、方均根速度和速度相关量提供了一种更为先进的测量方法。上述方法虽然今天仍是测量流体速度的重要手段，但其共同的缺点是，它们都是一种接触测量，因而传感器本身会不可避免地对待测流场产生干扰，对回流区的测量，小尺寸管道中流速的测量，恶劣环境下的流速测量，传感器本身的影响尤其不能忽略。

1960 年，世界上第一台氦-氖激光器问世，1964 年诞生了激光多普勒测速仪。近年来激光测速技术得到了迅速发展，已经成为一种很重要的测速手段。

激光测速是一种非接触测量技术，不干扰流动，具有一切非接触测量的优点。尤其对小尺寸流道的流速测量、困难环境条件下（如低温、低速、高温、高速等）的流速测量，更加显出其独特的优点。激光测速技术的缺点是，它对流动介质有一定的光学要求，要求激光能照进并穿透流体；信号质量受散射粒子的影响，要求示踪粒子完全跟随流体流动。

激光测速技术包括激光多普勒测速技术和激光双焦点测速技术。前者主要是利用激光的多普勒效应，这种测速技术动态响应快、测量准确，其输出量仅对速度敏感，而与流体的其他参数如温度、压力、密度、成分无关。激光双焦点测速，则是测量跟随流体一起运动的粒子在光探测区内的飞行时间，从而获得粒子运动速度，即流体速度。这种测速技术的特点是测速范围宽，特别适合于测量超音速或加速度很大的流场，因为在流场中亚微米粒子往往不能产生很好的多普勒信号。

5.1.1　激光多普勒测速的基本原理

利用激光多普勒效应测量流体速度的基本原理是：当激光照射到跟随流体一起运动的微

粒上时，激光被运动着的微粒所散射；散射光的频率和入射光的频率相比较，有正比于流体速度的频率偏移；测量这个频移，就可以测得流体速度。激光多普勒测速技术又简称 LDV（Laser Doppler Velocimeter）。

1. 光学多普勒效应

声学中的多普勒效应是众所周知的。例如，对站在火车站站台上的乘客而言，鸣笛的火车进站时笛声将变尖，而火车离站远去时，笛声会变得低沉，这种因波源（或观察者）相对于传播介质的运动而使观察者接收到的波源频率发生变化的现象就被称为多普勒效应。

当光源与光接收器之间存在相对运动时，发射光波和接收光波之间就会产生频率偏移，其大小与光源和光接收器之间的相对速度有关，这就是光学的多普勒效应。根据相对论，对静止的光源而言，运动着的光接收器所接收到的光波的频率为

$$f = \frac{1 \pm \dfrac{v}{c}}{\sqrt{1 - \dfrac{v^2}{c^2}}} f_0 \tag{5-1}$$

式中，v 是光接收器的运动速度，光接收器向着光源运动时取正号，背离光源运动时取负号；c 是光速；f_0 是光源的频率。

对多普勒测速仪而言，一束单色激光（频率为 f_0）照射到运动速度为 u 的微粒子，微粒跟随流体一起运动。运动微粒接收到的光波频率 f_P 由于多普勒效应并不等于 f_0。用一个静止的光检测器（例如光电倍增管）来接收运动微粒的散射光，这相当于光源运动，而光接收器静止，因此光检测器接收到的散射光的频率 f_S 也不等于 f_P，这中间经过了二次多普勒效应，如图 5-1 所示，图中 O 为静止光源，P 为运动的微粒，S 为静止光检测器。

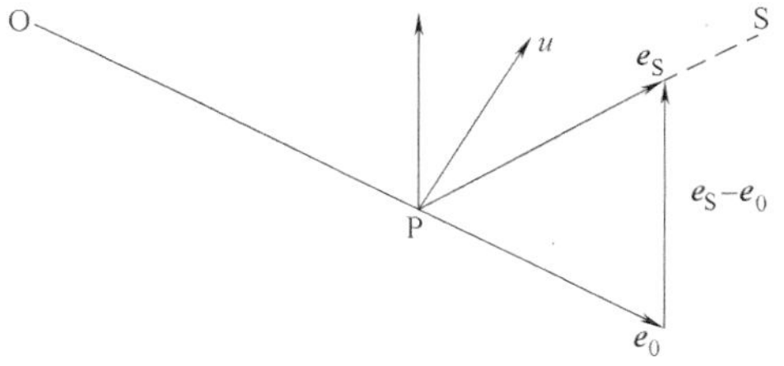

根据相对论，运动微粒 P 接收到的光波频率 f_P 与光源频率之间的关系为

$$f_P = f_0 \left(1 - \frac{u \boldsymbol{e}_0}{c} \right) \tag{5-2}$$

式中，u 是粒子运动速度；$\boldsymbol{e}_0$ 是入射光方向的单位向量；c 是介质中的光速。

图 5-1　静止光源、运动微粒和静止光检测器

同样，静止的光检测器接收到的粒子散射光的频率 f_S 为

$$f_S = f_P \left(1 + \frac{u \boldsymbol{e}_S}{c} \right) \tag{5-3}$$

式中，$\boldsymbol{e}_S$ 是粒子散射光指向光检测器方向的单位向量。将式（5-2）代入式（5-3），并忽略高次项后得

$$f_S = f_0 \left[1 + \frac{u(\boldsymbol{e}_S - \boldsymbol{e}_0)}{c} \right] \tag{5-4}$$

光检测器接收到的光波频率与入射光波频率之差称为多普勒频移，用 f_D 表示，则

$$f_D = f_S - f_0 = f_0 \frac{u(\boldsymbol{e}_S - \boldsymbol{e}_0)}{c} \tag{5-5}$$

式（5-5）用波长表示则有

$$f_D = \frac{1}{\lambda}\left[u(e - e_0)\right] \tag{5-6}$$

式中，λ 为激光波长。显然，仅仅知道光源、运动粒子和光检测器三者之间的相对位置，只能确定粒子速度 u 在 $e_s - e_0$ 方向的投影大小，而不能确定速度方向。但是，在实际测量中，被测流场的速度方向是已知的（如风洞、管道流动等），因此只要将入射光、散射光和速度方向布置成图 5-2 所示的那样，就可得到很简单的多普勒频移的表达式

$$f_D = \frac{2\sin\dfrac{\theta}{2}}{\lambda}|u_y| \tag{5-7}$$

因为在如图 5-2 所示的特殊布置中，$|e_s - e_0| = 2\sin\dfrac{\theta}{2}$，$|e_s - e_0| = 2\sin\dfrac{\theta}{2}$，$\theta$ 为入射光方向和接收光方向的夹角，粒子运动的方向则垂直于这个夹角的平分线。

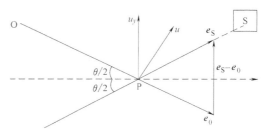

图 5-2　激光多普勒测速的特殊布置

值得注意的是，使用式（5-7）时光检测器和光源必须在相同的介质中，否则要对波长和光速进行修正。从式（5-7）可以看出，若给定 θ、λ，则 f_D 就与 $|u_y|$ 呈线性关系。图 5-3 所示为采用氦-氖激光器作光源时，典型的频率-速度特性。

2. 多普勒频移的检测

多普勒频移中包含有速度的信息，检测出多普勒频移即可求出粒子，即流体的运动速度。检测的方法有两种：直接检测和外差检测。

直接检测通常是使用法布里-珀罗干涉仪来直接检测散射光的多普勒频移，但这种方法的典型分辨力为 5MHz，一般只适合于马赫数在 0.5 以上的高速测量，对于大多数的低速测量是不适用的，所以应用有限。

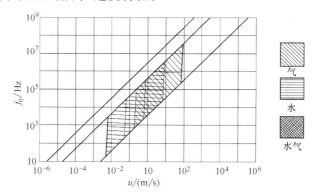

图 5-3　典型的频率-速度特性

外差检测是检测两个光源的频率差，并以此作为多普勒频移。它与收音机中采用超外差技术检测无线电信号的方法类似。外差检测的过程是：用两束频率一致的光束，其中一束经过粒子散射后与另一束会合，一起馈送到检测器件表面，通过光检测器中的混频得到它们的频差。其他与光频率接近的频率因大大超过了光检测器的频率响应范围而检测不到。外差检测有三种基本模式，即双光束系统、参考光束系统和单光束双散射系统。这三种基本系统的特点见表 5-1。

5.1.2　激光多普勒测速的光学系统

激光多普勒测速的光学系统可以分为一维光学系统、二维光学系统和三维光学系统。其

表 5-1　外差检测三种系统的特点

光束系统	计算公式	垂直于光轴测量	平行于光轴测量
双光束系统	$f_D = \dfrac{u}{\lambda}(\boldsymbol{e}_{01} - \boldsymbol{e}_{02})$		
参考光束系统	$f_D = \dfrac{u}{\lambda}(\boldsymbol{e}_S - \boldsymbol{e}_0)$		
单光束双散射系统	$f_D = \dfrac{u}{\lambda}(\boldsymbol{e}_{S1} - \boldsymbol{e}_{S2})$		

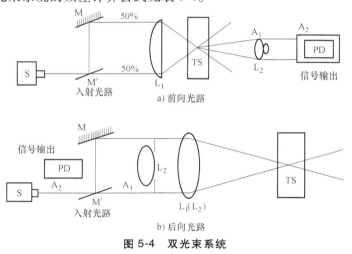

中一维光学系统是最基本的，它包括前述的双光束系统、参考光束系统和单光束双散射系统。

1. 双光束系统

双光束系统又称为双光束双散射系统，它是利用两束由不同方向射入的光，在同一方向上散射的散射光进行外差来获得多普勒频移。双光束系统可以分为前向和后向两种光路。前向光路，其入射光路部分和接收光路部分在实验段的两侧（见图 5-4a）；后向光路的入射光路部分与接收光路部分则在实验段的同一侧。双光束系统的突出优点是，其多普勒频差与接收方向无关。双光束系统的频差计算公式见表 5-1。

图 5-4　双光束系统

S—光源　L_1—聚焦透镜　M'—分光镜　L_2—收集透镜　M—反光镜

A_1—孔径光阑　TS—实验段　A_2—小孔光阑　PD—光检测器

2. 参考光束系统

参考光束系统又称为基准光束系统，它是一束入射光的散射光与另一束直接来自激光器的参考光束（基准光束）之间的外差，其光学系统如图 5-5 所示。参考光束系统的多普勒频差与入射光方向和接收方向都有关系，其频差的计算公式见表 5-1。

3. 单光束双散射系统

这种光学系统的特点是一束入射光在两个不同的方向上散射，从这两束散射光的外差可

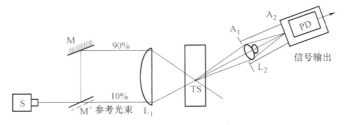

图 5-5　参考光束系统

S—光源　M′—分光镜　M—反光镜　L_1—聚焦透镜　PD—光检测器

L_2—收集透镜　A_1—孔径光阑　A_2—小孔光阑　TS—实验段

以得到速度的信息。其光学系统如图 5-6 所示。

上述三种一维系统，双光束系统容易调节，适于散射粒子浓度较低的情况。参考光束系统调节要求高，适用于粒子浓度较高的情况。单光束双散射系统，由于光路光能利用率太低，目前已很少应用。

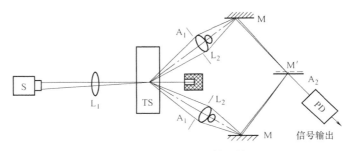

图 5-6　单光束双散射系统

S—光源　L_1—聚焦透镜　L_2—收集透镜　A_1—孔径光阑　A_2—小孔光阑

M—反光镜　M′—分光镜　PD—光检测器　TS—实验段

4. 二维参考光束系统

利用前述参考光束系统可以进行二维或三维速度测量。典型的二维参考光束系统如图 5-7 所示，它是由一束信号光和两束参考光组成的。

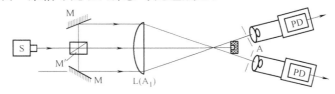

图 5-7　二维参考光束系统

S—光源　M—反射镜　M′—分光面　L、A_1—透镜　A—光阑　PD—光检测器

5. 二维双色光系统

二维双色光系统如图 5-8 所示，它是利用氩离子激光器的两种不同的波长，即波长为 $0.4880\mu m$ 的蓝光和波长为 $0.5145\mu m$ 的绿光同时测量两个垂直方向上的分速度。其具体方法是分光镜先将两种波长的激光束分成两束混合光，再将一束混合光分成蓝、绿两个光束，使一束蓝光与一束绿光互相垂直，这样在相交区，绿光与混合光的绿光相干，蓝光与混合光

中的蓝光相干，形成两组互相垂直的干涉条纹，分别接收两种颜色的散射光，即可得到两个垂直方向的分速度。

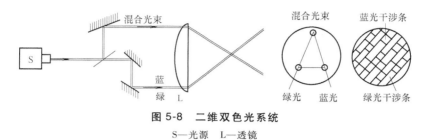

图 5-8 二维双色光系统

S—光源　L—透镜

6. 光路系统的组成

前述的激光多普勒测速的各种光学系统包括以下基本部分：光源、分光系统、聚焦发射系统、收集和光检测系统、机械系统和某些附件。

分光系统的作用是将光束分成两束或多束，它既可实现等强度分光（例如对双光束系统），也可实现不等强度分光（例如对参考光束系统）。此外，分光系统还能实现等光程分光或不等光程分光。分光的实现可以通过分光镜，也可以通过折射、双折射或偏振的方法来实现。

聚焦系统的作用首先是为了使入射光能量集中，以提高入射光的功率密度，这样散射光的强度也随之提高；另一个作用是减小控制体（即两束入射光的相交区）的体积，以提高测量的空间分辨力。利用会聚透镜即可实现光束的聚焦。在理想的情况下，两束与透镜光轴平行的入射光，通过透镜后应聚焦在透镜的焦点处，实际上由于光束不完全平行或透镜球差的影响，光束的相交处并不在焦点，为此必须调整光束的平行度及采用消球差透镜。

收集系统的主要任务是，收集包含有多普勒频移的散射光，并让它聚焦在光检测器的阴极表面上。一个好的收集系统应只允许信号散射光落到阴极面上，而阻止其他带有噪声的散光进入阴极面，为此必须在收集系统中设置孔径光阑和小孔光阑，以保证信号质量，提高激光多普勒测量的空间分辨力。

在激光多普勒测速中常用光电二极管或光电倍增管作为光检测器。在选用光检测器时应注意其光谱灵敏度，使之适合所采用的激光波长。

7. 频移装置

频移装置的作用是判断速度的方向，因为根据激光多普勒测速原理［式（5-7）］，垂直于光束夹角平分线方向的速度分量 u_y 与多普勒频差成正比；如果 u_y 大小相等，方向相反，则所得的多普勒频差是相同的。因此，仅根据频差只能求得速度分量数值的大小，而无法判别速度的方向。这种现象常称之为多普勒测速的方向模糊。

频移装置解决上述方向模糊的要点是，事先对某一路光束预置一个固定的频移，使光学系统不对称。对参考光束型光学系统，通常对参考光束进行频移，而在双散射型光学系统中可将其中一束入射光频移。预置固定的频移后，即使粒子速度为零，光检测器仍有频率为固定频移的交流信号输出。当粒子正向穿过测量点时，光检测器输出频率低于固定频移；当粒子反向穿过测量点时，光检测器将输出高于固定频移的交流信号。设固定频移为 ν_m，光检测器输出的频率为 ν_n，则可根据 ν_n 大于或小于 ν_m 来判别速度方向，而速度值则由 $|\nu_n - \nu_m|$ 来确

定。为了保证速度方向判别正确，固定频移量应满足

$$\nu_m > \frac{2u}{\lambda}\sin\frac{\theta}{2} \tag{5-8}$$

产生固定频移的方法很多，常用的有旋转光栅和声光调制器。周期为 T、移动速度为 ν 的光栅，其频移量为

$$\nu_m = \nu/T \tag{5-9}$$

因为移动速度不能很大，用旋转光栅产生的频移最大为 1MHz。旋转光栅结构简单、运转可靠，适用于几千兆赫兹以下固定频移场合。声光调制器依靠晶体在流体或固体中产生超声波，在输出端，光束的频率随晶体的频率而移动。声光调制器产生的频移一般大于 10MHz，其有效工作范围一般在 25MHz 以上，适用于固定频移量较高的场合。

8. 三个速度分量的测量

在某些流动中需要同时测量速度的三个分量。图 5-9 就是一种测量三个速度分量的参考光束型光学系统，激光束通过聚焦透镜 L_1 照射到固定散射体 F 上。再由聚焦透镜 L_2 把散射光和直射光聚焦到测量点 S 处。不在同一平面的三个光检测器按角度 θ_1、θ_2、θ_3 布置在不同方位，收集固定散射体的直接散射光和运动粒子对主光束的散射光，简单推导，即可得到三个光检测器的多普勒频移分别为

$$\nu_{D_1} = \frac{2u_1}{\lambda}\sin\frac{\theta_1}{2} \tag{5-10}$$

$$\nu_{D_2} = \frac{2u_2}{\lambda}\sin\frac{\theta_2}{2} \tag{5-11}$$

$$\nu_{D_3} = \frac{2u_3}{\lambda}\sin\frac{\theta_3}{2} \tag{5-12}$$

式中，u_1、u_2、u_3 分别为速度向量在 θ_1、θ_2、θ_3 角所在平面内的投影沿垂直于 θ_1、θ_2、θ_3 角平分线方向的速度分量。通过适当变换，可由 u_1、u_2、u_3 求得速度向量的方向和模。

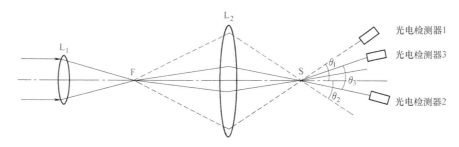

图 5-9　测量三个速度分量的光学系统

5.1.3　激光多普勒测速的信号处理系统

光检测器输出的既有幅度和频率的调制信号，也有宽频带的噪声信号，而速度的信息只由频率分量提供。信号处理系统的任务就是从光检测器输出的信号中提取反映流速的频率信号。

1. 激光多普勒信号的特点

首先多普勒信号是一个不连续的信号，在激光多普勒测速中，多普勒信号是靠跟随流体

一起运动的粒子散射得到的，而测量体中散射粒子是不连续的。粒子在测量体中的位置、速度和数量都是随机的，因此多普勒信号是不连续的。粒子浓度越低，这种不连续性就越严重；粒子浓度越高，连续性反而变好。通常用无信号的持续时间与总时间之比表示信号的不连续程度，称其为脱落率。显然，测量体体积的大小和散射微粒的浓度是影响脱落率的主要因素。降低脱落率就要求增大测量体体积或粒子浓度，但这往往会影响测量空间的分辨力或流动特性。因此针对多普勒信号不连续的特点，应选择合适的脱落率并在信号处理系统中采取适当的措施，例如增设脱落保护线路，以消除信号不连续的影响。

多普勒信号的第二个特点是，光检测器接收的是测量体体积内散射粒子的散射光束信号的总和。对定常流动，由于各粒子流入测量体时刻不同，对应的相位也不同，这相当于在多普勒频移中叠加了一项扰动量。在非定常流动中，测量体内粒子的瞬时速度不同，从而会引起附加的相位起伏和频移变化。因此当测量体中的粒子多于一个时，其多普勒频移是一个有限的带宽，称为频率加宽。妥善处理频率加宽是多普勒信号处理的重要内容之一。

多普勒信号的第三个特点是，多普勒信号弱，而整个测量系统又不可避免地会窜入各种噪声，所以多普勒频移的信噪比低。因此在多普勒信号处理中要充分考虑信噪比低这一特点。

多普勒信号是一个调频信号。以一维流动为例，某一点的速度 u 可以分解成平均速度 $\bar{u}$ 和脉动速度 Δu，对定常流动，平均速度 $\bar{u}$ 是常数，而 Δu 的大小和方向则是时间的函数，即

$$u(x,t) = \bar{u}(x) + \Delta u(x,t) \qquad (5\text{-}13)$$

与上式对应的多普勒频率 f_D 也可分为平均多普勒频率 $\bar{f}_D$ 与脉动的多普勒频率 Δf_D 或 $|\Delta f_D| S(t)$，即

$$f_D(x,t) = \bar{f}_D(x) + |\Delta f_D| S(t) \qquad (5\text{-}14)$$

与无线电技术中的调频信号对比，可以看出：f_D 为调频信号频率，对应瞬时流速；$\bar{f}_D$ 为载波频率，对应于平均流速；$|\Delta f_D|$ 为最大频偏，对应于脉动速度的幅值；$S(t)$ 为调频信号，$S(t) \le 1$，对应于脉动速度幅值的相对变化率和变化频率。

因此，如果流场中某点存在一定强度的湍流度，则对应的多普勒信号就是一个调频信号。图 5-10 表示流场中速度 u 和多普勒频率 f_D 随时间的变化。

多普勒信号还是一个变幅信号，由于激光光强的高斯分布，测量体光强分布也是不均匀的，其截面上的光强分布也近似高斯分布（见图 5-11）。当粒子横穿测量体时，由于测量体边缘光弱，中心光强，粒子穿越边缘时，散射光弱；粒子穿越中

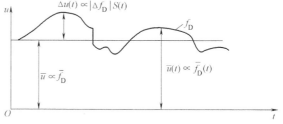

图 5-10 流场中速度和多普勒频率随时间的变化

心时，散射光强，即粒子穿越测量体时，其散射光强也近似按高斯曲线规律变化，因此，多普勒信号也是一个近似高斯曲线规律变化的变幅信号。

2. 多普勒频移信号的处理方法

（1）频谱分析法 频谱分析法是多普勒信号处理中最早使用的方法。它是采用频谱分析仪作为窄带放大器对光检测器输出的频率信号在一定频率范围内进行扫描分析，得到信号频率和功率特性曲线，并据此求出流动的统计特性，如平均速度、湍流度等。频谱分析仪通

常由中频带通滤波器、检测器、平方器和积分器组成。
在进行频谱分析时，测量体中散射粒子数的变化将引起
观察到的频率产生固有的脉动，使光输出信号也随之改
变。研究表明，光检测器输出信号的脉动与测量体中粒
子平均数的二次方根成正比，与测量体内的条纹数的二
次方根成反比，而正比于多普勒频移的二次方根。因此
通过积分器，对许多粒子的多普勒信号进行较长时间的
平均，能在一定程度上消除脉动，提高测量的精确度。

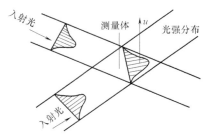

图 5-11　测量体横截面上的光强分布

　　频谱分析法仅适于湍流频率较低，允许添加高浓度
粒子的流动测量，因为只有测量体内粒子数足够多，才能减少多普勒信号的脉动，获得足够
的测量精度。频谱分析法的优点是：频率覆盖范围、扫描速度和积分时间常数的调节都非常
方便，容易满足各种流动状态的不同测量要求；扫描过程不受输入信号的控制，可以在较低
信噪比下工作。频谱分析法的缺点是：扫描速度低，不能获得实时信息，不适合测量迅变流
动的瞬时速度。

　　（2）频率跟踪法　频率跟踪法的特点是：一旦捕捉到与速度对应的多普勒信号后，可
实现自动跟踪多普勒信号频率的变化，并将此不连续的信号经仪器处理后变为连续的模拟电
压输出或频率输出，以供显示、记录用。频率跟踪器不仅可以处理不连续的频率信号，而且
还能处理小信噪比的信号，从而可以实时地测量变化频率较快的瞬时流速。

　　图 5-12 是频率跟踪器的系统框图，前置放大器把微弱的、混有高低频噪声的多普勒频
移信号滤波放大后，送入混频器，与电压控制振荡器输出的信号进行外差混频，其输出信号
是包含差频的混频信号。若输入的频移信号为 f_D，电压控制振荡器输出的信号频率为 f_V，
则混频中包含的差频信号为 $f_0 = f_D - f_V$。混频信号经中频放大器选频、放大，把含有差频 f_0
的信号选出并放大，滤掉混频信号和噪声，经限幅器消除掉多普勒信号中无用的幅度脉动
后，送到一个灵敏的鉴频器中去。

　　鉴频器由中频放大器、限幅器和相
位比较器组成。它的作用是将中频频率
转换成直流电压，其电压值正比于中频
频偏，实现频率电压转换。也就是说，
如果混频器输出的信号频率恰好是 f_0，
则鉴频器输出电压为零，当多普勒频移
信号由于被测流速变化而有 Δf 的变化
时，混频器的输出信号将偏离中频 f_0，

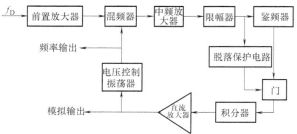

图 5-12　频率跟踪器的系统框图

这个差额被鉴别器检出并转换成直流信号 v。信号 v 经积分器积分并经直流放大器放大后变
成电压 U，该电压使电压控制振荡器的输出频率相应地变化一个增量 Δf_V，以补偿多普勒频
移增量，使混频器输出信号频率重新靠近中频 f_0，再次使系统稳定下来。因此电压 U 反映
了多普勒频率的瞬时变化值，并作为系统的模拟量输出。系统的输出可以自动地跟踪多普勒
频率信号的变化。

　　脱落保护电路的作用是，为了处理不连续的信号，以防止由于粒子浓度不够引起信号中
断而产生系统失锁，即当信号脱落时，频率跟踪器将模拟输出锁在信号脱落瞬时的位置并保

持一段时间，直到下一个信号来时系统再正常工作。具体做法是，当限幅器输出的中频方波消失，或方波频率超过两倍中频，或频率低于2/3倍中频时，都会使脱落保护电路起保护作用，输出一个指令，把积分器锁住，使直流放大器的输出电压保持在信号脱落前的电压值上，电压控制振荡器的输出频率也保持在信号脱落前的频率值上。当多普勒信号重新落在一定的频带范围内时，脱落保护电路的保护作用解除，仪器又重新投入自动跟踪。图 5-13 给出了脱落保护电路的脱落-保持-跟踪示意图。

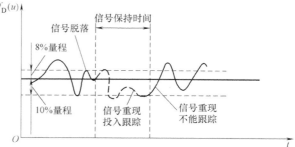

图 5-13 脱落-保持-跟踪示意图

频率跟踪法可用于非定常、脉动流场的测量。其特点为：

1）由于频率跟踪法在信号处理时既充分放大了有用信号，又有效地抑制了噪声，可用于信噪比比较低的场合。

2）响应时间短，可得到实时信息，可用于瞬时速度测量，经过一定信号处理后，还可得到平均流速、湍流强度和湍流频率，可用于湍流研究。

3）输出的模拟电压与粒子速度呈线性、容易数字化、数据处理简单，使用方便。

（3）频率计数法　频率计数法与频率跟踪法一样，广泛用于激光多普勒测速中。它采用的频率计数器又称计数式信号处理器，其工作原理是相当于一个电子停表，确定的是同相位点之间的时间间隔。频率计数器有两种计数方法：固定周期计数法和固定闸门时间计数法。固定闸门时间计数法是测量固定时间 T 内的多普勒周期数 N，从而得到多普勒频率 $f_D = N/T$。粒子穿越测量体时的闪烁数转变为电信号，通过过零检测变成一个个脉冲数，故周期计数误差为 ± 1，相对误差则与多普勒信号 f_V 成反比，速度越低，相对误差越大。因此这种计数法难以适应不同速度的情况，在多普勒测速中应用受到限制，故多采用固定周期计数法。

固定周期计数法的原理如图 5-14 所示。触发电路将一个多普勒闪烁信号变为一组触发脉冲信号。假设其中一个周期的时间为 ΔT_1，N 个周期的时间是 ΔT_N，则多普勒信号的频率 f_D 为

$$f_D = \frac{1}{\Delta T_1} = \frac{N}{\Delta T_N} \tag{5-15}$$

若粒子通过条纹数为 N_{ph} 的测量体，则信号持续时间为 $\Delta T = N_{ph}/f_D$。当周期数 N 小于单个粒子闪烁可能得到的最大周期数，则多普勒频率与 N 无关。最大周期数同触发器的阈限电平有关。

频率计数器的系统框图如图 5-15 所示。光波检测器输出的信号经宽带放大器和带通滤波器除去噪声并放大后，触发方波发生器输出周期为粒子穿过一对明暗相间干涉条纹时间的方波。条纹计数器开始记录条纹数，时钟计数器开始记录高频振荡器输出的时钟脉冲，当条纹计数器的记录数等于预先设定的条纹数时，时钟计数器把记录数输到运算器，求得粒子速度。为保证时间测量精度，高频振荡器信号频率应比多普勒频移高一个数量级。

由于多普勒波群的随机性，如果计数是从一个多普勒波群的结尾开始进行，则时钟指示

值可能包括相邻两粒子猝发的时间间隔。为了消除错误的数据，可用两组计数器分别记录不同预定取样周期的时间脉冲数，通过这两组数据的比较，判断数据的可靠性。这就是所谓的双计数法。

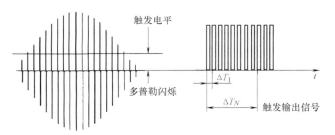

图 5-14　固定周期计数法原理图

频率计数器适用于散射粒子稀少的场合，特别适合于高速气流速度的测量。它的特点如下：

1）不存在信号脱落问题，可以在粒子浓度不高的场合使用。

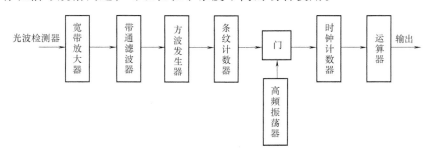

图 5-15　频率计数器的系统框图

2）可减小测量体，提高空间分辨力。

3）测量精度高、读数方便，可直接与计算机相连。

5.1.4　激光多普勒测速技术的应用

激光多普勒测速技术已成为研究流体流动的有力手段，其主要优点是：非接触测量，分辨力高，可用于某些不适于或不可能用其他方法测量流体速度的场合。

1. 测速粒子及其投放

激光多普勒测速系统只有在流体中存在适当的散射粒子的情况下才能工作，这些散射粒子又称为示踪粒子。一般地讲，为了实现正确的多普勒测速，流体中的散射粒子既要有良好的跟随性，又要有较强的散射光的能力，而上述两方面又与粒子的尺寸、形状、浓度等诸多因素有关。粒子的形状最好是球形的，为了能更好地跟随流体运动，粒子的直径不宜过大，但若直径过小的话，则粒子会在没有外力的作用下作随机的布朗运动，这也是不希望的，因为它会引起信号失真。

为了得到较强的散射光，粒子的直径应该稍大一些，但在双光束系统中，为了获得良好的多普勒频移信号，粒子的直径又不能过大，它必须小于干涉条纹的宽度。因为当粒子直径等于或大于干涉条纹宽度时，散射光强度信号中没有交流分量，因此无法获得多普勒频移量。

综上所述，激光多普勒测速中散射粒子都有一个合适的尺寸范围。在实际应用中，流体中自然存在的运动粒子都不足以产生较强的散射光和获得较高的信噪比。大多数情况下都需要人为地加入散射粒子（示踪粒子）。经验表明，对于气体，合适的粒子尺寸是 0.1 ~

$1.0\mu m$；对于液体，是 $1.0\sim10\mu m$。例如在测量燃气速度时，粒子的直径为 $1\mu m$ 比较合适，此时粒子的响应频率约为 $10kHz$。

所采用的示踪粒子应价格低廉、无毒、无腐蚀、光散射性好，对气体，特别是液体还有一个粒子密度和流体密度匹配的问题，最好是采用所谓的"中性"粒子，即粒子的密度和流体的密度相等。当然在实际应用中这一点是很难做到的，只能尽可能接近。当流体为水时，通常用牛奶作为散射粒子。当牛奶与水均匀混合时，牛奶中的脂肪粒子不溶于水，形成悬浊液，对光的散射性良好。牛奶悬浊液中脂肪粒子的平均尺寸约为 $0.3\mu m$。实践证明，最好用脱脂牛奶或奶粉调制悬蚀液，以免大颗粒脂肪引起输出信号紊乱。也可用高分子化合物制成直径为 $1\mu m$ 左右的小球，按一定比例投入水中作为散射粒子，常用的高分子材料有聚乙烯、聚苯乙烯等。与牛奶悬浊液比较，高分子化合物小球尺寸均匀，浓度容易控制，但价格较贵。测量体中粒子浓度应视测量的具体情况而定，粒子数量过多，测量体内各个粒子之间的速度差和相位差会引起频带变宽，测量精度下降。粒子数量太少，会使频率跟踪器脱落保护时间延长，系统工作的稳定性降低。最理想的粒子数量是使测量体内始终保持一个粒子。当然这是很难做到的。实验表明，浓度为 0.05% 的牛奶悬浊液具有良好的信噪比；有的资料推荐合适的粒子浓度为 $10^5\sim10^7$ 个$/cm^2$。

液体中散射粒子投放比较方便，而对气体，粒子的投放比较复杂。常用的方法有蒸汽凝结、压力雾化、化学反应和粉末液态化等。蒸气凝结技术是利用某些材料产生的蒸气，有控制地凝结成细小的液滴，与气体混合作为散射粒子，常用的材料是二辛酯，它在非燃烧系统的流动研究中用得较多。压力雾化技术是用高压使液体从喷嘴中呈细雾状喷出，与气体混合作为散射粒子，常用的液体是硅油和水。为了防止雾化水滴蒸发，可在水中加入适量十二烷醇。也可用混有少量聚苯乙烯小球的水由压力雾化器喷入气流中。此外，可以用化学方法产生散射粒子。将容器中的四氯化钛加热（见图 5-16），液态四氯化钛将产生大量蒸气。四氯化钛蒸气与干燥空气混合后引入收集室，并通入适当比例的饱和空气，由于四氯化钛与水蒸气发生化学反应，产生二氧化钛和氯化氢，其中二氧化钛是一种尺寸均匀的固态散射粒子，其尺寸为 $0.2\sim$

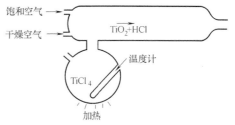

图 5-16　二氧化钛粒子发生器

$1.0\mu m$，颜色纯白，光散射特性好，因此特别适用于高温燃烧流场的研究。值得注意的是，反应产生的氯化氢是一种腐蚀性气体，在使用中应通入氨气与之中和。在超音速流动测量中，可以利用气流中含有的水蒸气凝结成冰微粒来作为散射粒子。

2. 测速系统的参数选择和调试

激光多普勒测速系统的调试，包括光路的调试和电路的调试。以图 5-17 所示的激光多普勒测速系统为例，在调试光路系统之前先要确定系统的工作方式和主要参数。其基本原则有：

1）能够用前向散射的场合尽量不用后向散射；当小功率激光器能满足信噪比要求时，尽量用小功率激光器，因为前向散射信噪比高，空间分辨力也高，而后向散射却要增加激光器的功率。

2）两束光的角度选择要适中，发射角选大了，可测的速度下限低，但空间分辨力高；相反，发散角小些，可测速度上限虽然可以提高，但空间分辨力却下降了。

3）发射透镜的焦距应使两光束相交区域达到测点位置，一般选比发射焦距小一些为好，因为发射焦距越大，分辨力越低。

4）发射透镜与测点间距离，对气体自由射流，此距离等于或略小于发射透镜焦距；对有透明窗口的测试段，发射透镜出射面到窗口外表面距离 s 为

$$s = f^{T} - \frac{d_2}{n_2} - \frac{d_3}{n_3} \tag{5-16}$$

式中，f^{T} 为发射透镜焦距；d_2、n_2 分别为透明窗口厚度和材料的折射率；d_3、n_3 分别为透明窗口内壁至测点的距离和被测介质的折射率。

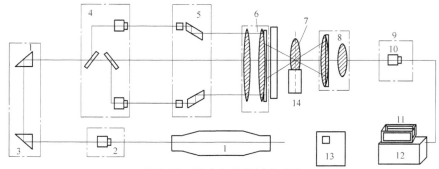

图 5-17 激光多普勒测速系统

1—氦-氖激光器　2—光束扩展器兼作光束调整器　3—折光系统　4—分光系统　5—光束分距系统　6—发射透镜组
7—喷涂枪火焰　8—接收透镜　9—接收系统　10—光电倍增管　11—TP801 单板机　12—信号处理系统
13—示波器　14—测试系统

5）两光束之间的距离 a 由下式决定：

$$a = 2f^{T} \tan \frac{\theta}{2} \tag{5-17}$$

式中，θ 为两光速之间的夹角。

确定工作方式和基本参数后即可进行光路调试，调试的主要内容为：

1）先取下接收系统、分光系统和光束分距系统，检查来自折光系统的激光束是否与中心线重合，若不重合，则应调至重合为止。

2）装上分光系统和光束分距系统，检查两束激光是否在同一圆周上，调至落于同一圆周上。然后调整分光系统光楔，使两束光平行；调节光束分距光楔，使出射两束光相互平行并与光轴平行。

3）装上发射透镜，调节两束激光，使之相交且光斑重合；调整扩束镜使屏上两光斑最小、最圆，调节干涉条纹数至十几条为宜。

4）装上测试段，调节两光束交点，使之经接收透镜后成像在小孔光阑处，通过接收系统上的观察孔观察，使经针孔光阑后两像斑完全重合，再选择合适的针孔直径。光路系统调节完毕后，利用示波器监测多普勒波形，当多普勒信号波形较好，信噪比满足要求后，即可开始采集数据。

3. 应用举例

多普勒测速技术由于空间分辨力高，能较快地跟踪快速变化的速度脉动，因此首先在湍流研究中获得了广泛的应用。图 5-18 是用于研究复杂气道中流动工况的实验装置示意图。

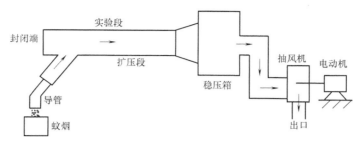

图 5-18 研究复杂气道中流动工况的实验装置

通常采用烟粒子或甘油水溶液雾化粒子作为示踪粒子。图 5-20 是利用上述实验装置对柴油机涡轮增压螺旋排气系统的螺旋气道（见图 5-19）用激光多普勒测速所获得的速度分布图。

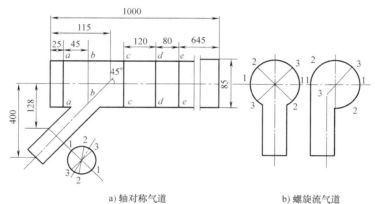

a) 轴对称气道　　　　b) 螺旋流气道

图 5-19 柴油机涡轮增压螺旋排气系统气道结构及测点布置

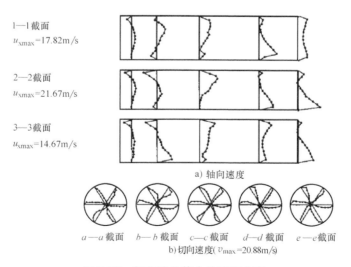

1—1 截面
u_{xmax}=17.82m/s

2—2 截面
u_{xmax}=21.67m/s

3—3 截面
u_{xmax}=14.67m/s

a) 轴向速度

a—a 截面　　b—b 截面　　c—c 截面　　d—d 截面　　e—e 截面
b) 切向速度（v_{max}=20.88m/s）

图 5-20 螺旋流总管中的速度分布

作为比较，在图 5-21 中，给出了轴对称气道用激光多普勒测速所得到的各截面的速度分布。从两种不同气道速度图的比较中可以看出，螺旋气道可以减少二次流和回流损失，其性能优于轴对称气道。这种螺旋气道已用于 N8160ZC 柴油机增压系统中。

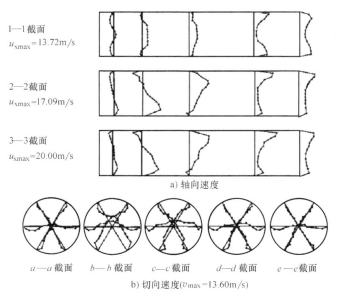

1—1截面
$u_{xmax}=13.72m/s$

2—2截面
$u_{xmax}=17.09m/s$

3—3截面
$u_{xmax}=20.00m/s$

a) 轴向速度

a—a 截面　　b—b 截面　　c—c 截面　　d—d 截面　　e—e 截面

b) 切向速度($v_{max}=13.60m/s$)

图 5-21　轴对称气道总管中的速度分布

图 5-22 是用三维激光多普勒测速系统测得的管壳式换热器封头内流场中某一截面上的三维速度分量。激光测速器采用氩离子激光器，其光学参数的设置见表 5-2。

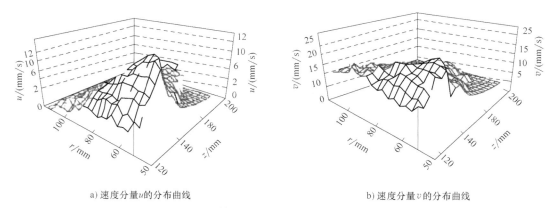

a) 速度分量u的分布曲线　　　　　　　　　　　　b) 速度分量v的分布曲线

图 5-22　r-z 截面上的三个速度分量　（$Re=45057$）

表 5-2　三维激光测速仪的光学参数设置

参数	绿光	蓝光	紫光
波长/nm	514.5	468.0	476.5
半角(°)	4.0856	4.0856	4.0856
焦距/nm	350.0	350.0	350.0
光距/nm	50.0	50.0	50.0
频移/nm	5.0	5.0	5.0
同平面内夹角(°)	—	20.7	20.7
使用功率范围/mW	13.0~20.0	5.5~25.0	7.5~11.0

由于激光多普勒测速为非接触测量，可在恶劣环境中使用，因此在燃烧研究中是首选的测速方法。虽然燃烧过程会产生未完全燃烧的燃料颗粒，但一般在激光多普勒测速时仍需投

放示踪粒子。由于燃烧时会产生高温，所以示踪粒子应有良好的耐温性、非反应性和非催化性。常用的材料有二氧化钛粉、镁粉、铝粉和硅油。由于燃烧过程存在化学反应，燃气成分、温度和压力都随空间和时间变化，因此光路中各点的介质折射率也会随之改变，这将导致光路弯曲、光束偏移，使激光束不重合或不相交。对试验用的小型燃烧室，由于测量距离较短，光束偏移影响较小，通常可以忽略，对大型工业燃烧室，可采用双散射光束型光学系统，并尽量减小散射光夹角以减小介质折射率变化的影响。燃烧产生的背景光会使激光多普勒信号的信噪比变小，此时可增大激光源的功率以提高多普勒信号的信噪比，也可用适当波长的窄带滤光片来减弱对激光以外其他光散射的敏感性。

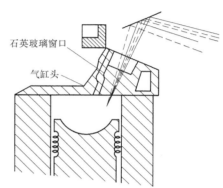

图 5-23　柴油机内部流动测量光学通道

对于柴油机这种紧凑和高速运转的动力机械，其气缸内部的流动研究特别依赖于激光多普勒测速技术。图 5-23 为研究柴油机内部流动的多普勒测速的测量光学通道的示意图。由于气缸内部处于高温高压状态，所以窗口应采用石英玻璃，而且应便于拆卸，以利于经常清洁，从而获得良好的光学效果。另外由于气缸结构的限制，通常采用后向双散射光束系统。

在旋涡的研究中，探头的存在可能引起旋涡的提前破裂，加速衰减，因此能实现无干扰测量的激光多普勒测速技术已在旋涡的研究中发挥重要的作用。通常在风洞实验中，采用矿物油的不完全燃烧产生的油雾粒子作示踪粒子，从风洞的扩散段注入。

5.1.5　激光双焦点测速技术

激光双焦点测速技术的基本原理，是测量跟随流体一起运动的粒子在光探测区内的飞行时间，从而获得流体的运动速度，所以这种测速仪又称飞行时间测速仪。与激光多普勒测速技术一样，激光双焦点测速技术也是一种不干扰流场的测速技术，具有非接触测量的一切优点，已广泛应用于各种不同流动现象的实验研究，对于叶轮机械的内部流动，特别是跨音速、超音速流动，激光双焦点测速更是一种强有力的研究手段。激光双焦点测速技术又简称 L2F（Lase Two Fouse Velocimeter）。

1. 激光双焦点测速的基本原理

激光双焦点测速的原理非常简单：激光器及相关的光学系统产生两个高强度的聚焦光束，在聚焦区（又称光探测区）呈现两个焦点，焦点的直径很小，一般为 $10\mu m$；两焦点之间的距离 s 被精确测定，并固定不变，s 通常为几百微米，测出跟随流体一起运动的粒子穿越两聚焦光点的飞行时间 t，即可获得粒子的飞行速度，亦即流体的运动速度 u。

$$u = \lim_{\substack{\Delta s \to 0 \\ \Delta t \to 0}} \frac{\Delta s}{\Delta t} \approx \frac{s}{t} \tag{5-18}$$

因此，激光双焦点测速技术最基本的检测参数是粒子从一个焦点到另一个焦点的飞行时间 t。

2. 激光双焦点测速的光学系统

激光双焦点测速光学系统的作用有：在所需的测试区内形成两聚焦光点，并以此作为光探测区；后向接受来自粒子穿越双焦点时的散射光信息。两聚焦光点的强度必须相等，其间距亦须精密确定，这是对光学系统的基本要求。

激光双焦点测速的光学系统如图 5-24 所示。来自氩离子激光器的线偏振光经 1/4 波长的波片 A 后变成圆偏振光，然后通过罗雄棱镜 B 将此偏振光分割成两束具有一定夹角、相互分离的正交线偏振光，一束沿光轴方向，另一束偏离光轴一个很小的角度。利用步进电动机控制这两束光的取向，以便获取不同方向上的流动信息，罗雄棱镜 B 的分束面应位于透镜组 C 的前焦平面上，这样在透镜组 C 的后焦面上将产生两个高度聚焦的且强度相等的激光光斑 D。利用偏折反射镜 E 和传输透镜组 F，从而在所希望的测量区域内产生聚焦激光光斑 D 的像 G。此像即为激光双焦点测速的光探测区，其中传输透镜 F 是由两块背靠背的准直透镜组成，其目的是在整个通光口

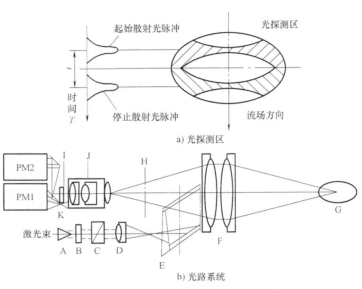

图 5-24　激光双焦点测速的光学系统

径上消除球差。当光学系统固定后，两聚焦光点的大小及间距 s 都被精密测量，并在使用过程中始终保持不变。当流场中的粒子穿越两聚焦光点 G 时，它们的后向散射光被传输透镜组 F 收集，经光阑 H 成像在透镜组 F 的后焦平面 I 处，显微物镜 J 将此像放大，再次成像在双针孔光阑 K 处。光阑 H 和双针孔光阑 K 的作用是阻挡由其他地方产生的杂散光，以提高信噪比。通过双针孔光阑 K 的光分别被两只快速、线性的光电倍增管接收，变成两个电脉冲信号，这两个电脉冲信号分别称为起始脉冲和停止脉冲（图 5-24a），两个电脉冲的时间间隔就代表了粒子穿越两聚焦点的飞行时间 t。检测这个时间 t 是由电子信号处理系统来完成。

3. 激光双焦点测速的电子信号处理系统

激光双焦点测速的电子信号处理系统框图如图 5-25 所示。其主要功能是根据光电倍增管发出的起始脉冲和停止脉冲，精确地

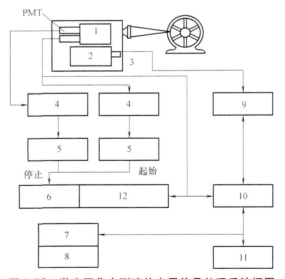

图 5-25　激光双焦点测速的电子信号处理系统框图

1—L2F 光学系统　2—激光器　3—斩光器　4—脉冲整形器、前置放大器　5—恒比甄别器（CFD）　6—时间-脉冲高度变换器（TPHC）　7—多道分析器（MCA）　8—控制键盘
9—同步器　10—L2F 控制处理器　11—计算机
12—单道分析器（SCA）、PMT-光电倍增管

测定示踪粒子从一个焦点到另一个焦点的飞行时间。电子信号处理的基本过程是：来自光电倍增管的光电信号经整形、放大后，通过恒比甄别器（简称 CFD）产生一对计时逻辑脉冲；再由时间-脉冲高度变换器将这对计时逻辑脉冲的时间间隔变成矩形波的电压模拟量，最后通过 A/D 转换器转换成粒子穿越双焦点时飞行时间的数字量。

电子信号处理系统各部分波形示意图如图 5-26 所示。光电倍增管输出的信号分两路被电子信号处理系统检测。

因此通过整形器后信号中的高频噪声被抑制，信噪比提高。由于不同大小的粒子所产生的散射光的强度是不同的，因此接收到的光电脉冲信号的幅度也不相同。如果在恒定电平处触发产生计时逻辑脉冲，将导致计时误差（图 5-27）。

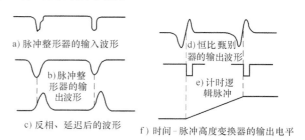

a) 脉冲整形器的输入波形
b) 脉冲整形器的输出波形
c) 反相、延迟后的波形
d) 恒比甄别器的输出波形
e) 计时逻辑脉冲
f) 时间-脉冲高度变换器的输出电平

图 5-26　电子信号处理系统各部分波形示意图

显然光电脉冲信号的幅度越大，所产生的计时逻辑脉冲在时间轴上的位置也越早。因此，不同幅度的光电脉冲产生的计时逻辑脉冲，在时间轴上的位置是不同的。如果能在脉冲波形恒定位相处触发产生计时逻辑脉冲，则可避免上述情况，即计时逻辑脉冲在时间轴上的位置将与光电脉冲信号的幅度无关。实现这一技术的方法是将前置放大器输出的单极脉冲变换成双极脉冲，并使双极脉冲的过零点相应于单极脉冲的某一恒定的位相，这样利用双极脉冲过零点触发，所产生的计时逻辑脉冲在时间轴上的位置就将与单极信号脉冲的幅度无关。恒比甄别器就能实现上述功

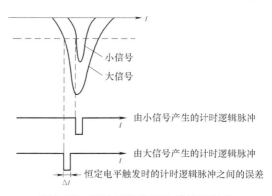

小信号
大信号
由小信号产生的计时逻辑脉冲
由大信号产生的计时逻辑脉冲
恒定电平触发时的计时逻辑脉冲之间的误差
Δt

图 5-27　恒电平触发导致的计时误差

能。它先将输入的脉冲信号反相并延迟，反相、延迟后的波形如图 5-26c 所示；然后将反相、延迟后的波形与原输入信号叠加，获得一个双极脉冲（图 5-26d）。最后利用过零触发来获得计时逻辑脉冲，这样就避免了输入脉冲幅度变化所产生的计时误差。所获得的计时逻辑脉冲如图 5-26e 所示。时间-脉冲高度变换器（简称 TPHC）的作用是将恒比甄别器输出的一对计时逻辑脉冲之间的时间间隔（即飞行时间）线性变换成具有一定幅度的矩形波输出脉冲（图 5-26f）。其原理为：当接收到一个起始计时的逻辑脉冲信号之后，变换器开门把一个精密电流注入一个积分电容器中，以产生一个恒定斜坡的电压。当停止计时的逻辑脉冲到达后，变换器关门，使积分电容器上的电压停止上升，从而输出一个矩形波的模拟脉冲电压。该脉冲的幅度呈线性并正比于所测量到的时间间隔，经 A/D 转换器转换后，其量值即代表粒子穿越双焦点的飞行时间 t。

4. 激光双焦点测速的数据采集

激光双焦点测速时，粒子在光探测区的飞行行为具有一定的随机性。如图 5-28 所示，在某一段时间间隔 T 内，示踪粒子穿越两焦点 A、B 时，会有五种不同的飞行状态：

① 在时间 T 内，同一粒子依次穿越两焦点 A 和 B。

② 一粒子先穿越 A，在时间 T 内，另一粒子再穿越 B。

③ 一粒子先穿越 B，在时间 T 内，另一粒子再穿越 A。

④ 在时间 T 内，只有一粒子穿越 A，而没有粒子穿越 B。

⑤ 在时间 T 内，只有一个粒子穿越 B，而没有粒子穿越 A。

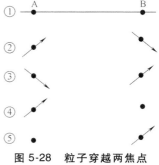

图 5-28　粒子穿越两焦点
的五种不同飞行状态

显然，对于激光双焦点测速而言，只有第一种粒子飞行状态才是所需的有用信号，其他都为非相关信号，即背景噪声。为了抑制背景噪声，在数据采集时，电子信息处理系统应有如下的逻辑关系：

1）起始状态为：接收起始脉冲的电路处于开门状态，接收停止脉冲的电路与产生时间窗口 T 的电路都处于关门状态，这意味着电子信息处理系统只能接收、处理来自焦点 A 的起始脉冲信号。

2）接收到一个由焦点 A 产生的起始脉冲信号后，接收起始脉冲的电路立即关门，与此同时，接收停止脉冲的电路和产生时间窗口 T 的电路开门，这意味着电子信息处理系统只能接收、处理来自焦点 B 的停止脉冲信号。

3）在时间窗口 T 内，接收到来自焦点 B 的停止脉冲信号，则立即将这一对起始、停止的计时逻辑脉冲输入到时间-脉高变换器中，转换成相应的飞行时间，同时电路也复位到初始状态。由此获得的是一次有效的飞行时间信息。

4）若在时间窗口 T 内接收不到来自焦点 B 的停止脉冲，则时间窗口脉冲电路的后沿将所有电路复位到初始状态。通常时间窗口 T 为飞行时间的 2~3 倍。

通过以上逻辑状态，可以抑制图 5-28 中的③、④、⑤三种飞行状态所产生的非相关信号，而①、②两种飞行状态的甄别只有依靠统计分析或相关技术。

为了获得有效的相关信号，激光双焦点测速系统是利用步进电机控制同步旋转光束系统使两聚焦光点的相对取向发生变化，从而可以在不同方向上测量大量粒子的一系列飞行时间的可能值。将此一系列的值在方向角 α 和飞行时间 t 的相空间分类，即可获得有关飞行时间的统计直方图（图 5-29）。该统计直方图反映了流场速度方向位于 $\alpha_i \to \alpha_i + \Delta\alpha_i$，飞行时间位于 $t_j \to t_j + \Delta t_j$ 内的概率事件 N_{ij}，根据信号处理技术即可获得速度的二维概率密度频谱，进而获得与光束相垂直的平面内流体运动的速度和大小。

不同的情况需采用不同的采集方法以获得可靠的有关飞行时间的统计直方图。对于一般的空气流场而言，尤其是速度高于 10m/s 的流动，粒子之间的平均自由程往往大于双焦点之间的间距 s，这意味着粒子从一个焦点穿越到另一个焦点的飞行时间要比粒子之间穿越焦点的平均时间间隔要短。这样在粒子穿越双焦点的平均飞行时间内，光探测区往往只有一个粒子。此时同一粒子依次穿越双焦点的相关事件的概率要比不是同一粒子穿越双焦点的非相关事件的概率要大得多。因此可以认为，非相关信号相对于时间轴而言近似地呈均匀分布，利用

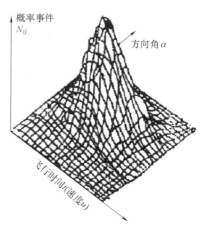

图 5-29　激光双焦点测速采集的
飞行时间的统计直方图

多道分析器（又简称 MCA）的统计累加即可获得飞行时间的统计直方图。

对于粒子密度较大的流场，由于粒子之间的平均自由程小于双焦点之间的间距 s，这时在粒子穿越双焦点的平均飞行时间内，光探测区内可能呈现两个以上的粒子。这样，非同一粒子穿越双焦点的非相关事件的概率大大增加。如果仍采用多道分析器的采集方法，将大大地降低信噪比。这时就只有利用相关技术。通常的做法是，通过时间延迟比较，利用数字相关仪来测量两散射光脉冲信号之间互相关函数的峰值，并由此建立飞行时间谱。

5. 激光双焦点测速技术的应用

激光双焦点测速技术早已商品化。表 5-3 是 L2F-400 型激光双焦点测速仪的主要技术参数。从表上可看到，该仪器的最大特点是测速范围宽，可达 $0.1 \sim 2000 \mathrm{m/s}$，即同一仪器既可测低速流动，又可测高速流动，特别是对超音速和跨音速流场都能给出良好的速度信息，而激光多普勒测速技术在超音速流场的测量上就受到限制，因为能够有很好跟随性的亚微米示踪粒子往往不能产生很好的多普勒信号。

激光双焦点测速技术的另一特点是采用简便的后向接收方式，因此测试件只需开一个简单的光学窗口，配有声光调制的同步系统后，即可很方便地测量周期性流场，因此特别适合对叶轮机械（如压气机、汽轮机、水泵、水轮机等）内部流场进行测试。

表 5-3　L2F-400 型激光双焦点测速仪的主要技术参数

名　称	参　数
测速范围	$0.1 \sim 2000 \mathrm{m/s}$
测速精度	优于 $\pm 0.5\%$
速度方向的测量误差	$<0.5°$
湍流度的测量范围	$<30\%$
可测近壁面的距离	$<1\mathrm{mm}$（壁面垂直于光轴）
工作距离（两种规格）	①276mm ②468mm
焦点直径	$<10\mu\mathrm{m}$
焦点间距（两种规格）	①160μm ②215μm
周期性流场测量	以同步工作方式，每周期可测 2×16 个测点
激光器	氩离子激光器 0.5145μm，输出功率 1W

与激光多普勒测速技术相比，激光双焦点测速技术对周围的工作环境不敏感，能抗振动、抗温度变化。这是因为激光多普勒测速技术利用了光的干涉效应，光探测区呈干涉条纹型，因此振动和温度变化都将影响探测区的光学成像质量，而激光双焦点技术是利用光的几何成像原理，光探测区呈两个聚焦光点。此外激光双焦点测速的光信号接收系统也易获得较高的空间分辨力，信噪比高，可以探测湍流度高达 20% 的近壁区或窄通道中的流场，是研究边界层流动的有力工具。

激光双焦点测速技术的不足之处是采样时间较长，为了获得速度的二维概率密度频谱，采样需时 $0.5 \sim 3\mathrm{min}$；如果被测流场的湍流度较大或背景噪声较强时，采样时间还需更长些。因此激光双焦点测速技术对稳态流场的测量比较合适，而不适于瞬变的不定常流动的测量。

5.2 气场中颗粒特性的散射测量技术

测量悬浮于气相介质或液相介质中颗粒（包括固体颗粒和液体粒子）的特性，在许多领域有着重要的意义。例如喷进锅炉炉膛的煤和气混合物中煤粉颗粒的特性，直接影响大型电站锅炉的燃烧效率；发动机的喷油雾化特性更与气缸内燃烧的完善程度有直接关系。此外，气力输送、大气中固体污染物的分布、水体中悬浮物的含量等都与颗粒特性有关。

测量颗粒特性有许多方法，其中光学方法有其独特的优点，例如非接触、无干扰、快速测量和全场记录等，因此日渐成为一种常用的测量颗粒特性的方法。

现代测量颗粒特性的光学方法，包括高速摄影法、干涉法、全息摄影法和散射法等。本节只讨论散射法。

光通过含有颗粒的介质，偏离其原有传播方向而向空间所有方向散开的现象称为"光的颗粒散射"。造成这种散射的主要原因是颗粒的反射、折射和衍射效应。散射的结果：

1）不在迎着光的入射方向也能看到光。

2）迎着入射方向的光强减弱了。

5.2.1 光的散射

按照量子理论的观点，散射是指一个光子与其他各种质点（可以是单个的电子、原子或分子，也可以是固体的颗粒或液滴）相碰撞时，光子可能改变方向，也可能部分地失去或得到能量的过程。而根据电磁波理论，电磁波的散射是和系统的非均一性（分子尺度或分子团尺度上的）相联系的。若不追究非均一性的来源，则各系统散射的物理机制都是一致的，即物质均是由离散的电荷（电子或质子）构成的，当物体被电磁波照射时，物体内部的电荷将因入射波的电场激励而振动，加速运动的电荷会向各个方向发射电磁波，这种二次辐射波就是物体的散射波。因此电磁波理论认为：散射 = 激发 + 再辐射。除了二次辐射，被激发的基本电荷可以将部分入射的电磁能转化为其他形式（如热能），这个过程就称为吸收。因而吸收与散射并非相互独立的过程。

从严格的意义上讲，除了真空以外，所有的物质都是非均匀的，即使是那些通常被认为是均匀的介质（如纯净的固体、液体或气体），在足够小的尺度（原子或分子）上仍可观察到它们的非均匀性。因此，所有的介质均会散射光。实际上，很多常见的现象都是由散射而产生的。例如，粗糙表面的漫反射；狭缝、栅格、尖角的衍射；光学光滑表面的镜反射和折射等。可以认为，颗粒的散射是颗粒表面的反射、颗粒内部的折射和颗粒对光波的衍射的综合结果。

散射可以分为多种类型。根据光子能量是否改变，可以将散射分为"弹性散射"和"非弹性散射"；前者散射后光子能量不变，即波长、频率均不变；后者散射后光子的波长和频率改变了。根据光子在空间上的散射情况，可以将散射分为"各向同性散射"和"各向异性散射"，前者，光子在任何方向上的散射概率均相等；后者存在一个沿散射方向的分布。显然弹性的各向同性的散射，对数学求解而言是一种最简单的形式。工程上大多数有意义的散射都可以看作是弹性的，或接近于弹性的。

对单颗粒散射，其散射机理可以用图 5-30 形象地表示。考虑一任意形状的颗粒，将其

划分为许多小偶极子区。当外部施加有
激励场（例如电磁波场）时，每个偶极
子将被激发而振动。这些偶极子的振动
频率将与外部激励场的频率相同，因而
向各个方向散射二次辐射。在某个特定
方向（如无限远处一点 P），各偶极子散
射波的叠加（考虑位相差），即构成该点
的总散射场。通常在不同方向上，散射
波的位相是不相同的，因此散射场会因
方向而异。当单个颗粒极小时，各二次
波位相差很小，因而散射场随方向变化

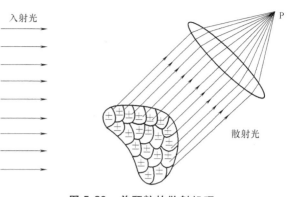

图 5-30 单颗粒的散射机理

不大。随着颗粒尺寸的增大，散射波之间相互增强和抵消的概率增加，因此对于大颗粒，散
射场强度分布上的峰谷增多。基于同样的原因，颗粒形状对于散射场也会有显著的影响。

值得注意的是，通常情况下颗粒散射波的位相差受散射方向、颗粒尺寸和形状的影响，
但在给定的频率下，偶极子振动的振幅和位相还取决于颗粒组分的性质。在实践中经常遇到
的往往不是单颗粒，而是由许多颗粒组成的粒子云，即使在实验条件下所处理的也多是粒子
云。粒子云内各颗粒的电磁辐射是相互关联的，即每个颗粒均受到外部场和其他颗粒产生的
二次辐射场的作用，特定颗粒的散射场是由它所处的总场条件决定的。

由于各颗粒的散射光之间存在着复杂的交互关系，故严格处理粒子云的散射是相当困难
的。在实际应用中常常根据具体情况采用适当的近似处理方法。当颗粒的浓度不甚高（即
颗粒间距较大），且粒子云的厚度较薄时，可采用独立散射近似，即认为可以忽略其他颗粒
的存在对特定颗粒的散射场的影响，每个颗粒独立地和外界入射场发生作用，这种处理方法
使粒子云的散射处理变得相当简单，但当颗粒间的相互作用不可忽视时，就需要采用非独立
散射处理方法，如采用 Mie 理论、Rayleigh-Gans 散射近似方法等。

5.2.2 光的衍射

在光波的传播过程中，除表现干涉现象外，还表现出一种衍射现象，即不沿直线传播而
向各方向绕射的现象。例如按几何光学的观点，自点（或线）光源发出的光波，当其通过
圆孔、狭缝、直边或其他任意形状的孔或障碍物而到达屏幕上时，在屏幕上应呈现明显的几
何阴影，阴影内应完全没有光，影外则有均匀的光强分布。然而实际上，当上述圆孔、狭缝
或其他障碍物都很小的情况下，由于它们限制了光波的波阵面，结果不但有光进入影内，而
且影外的光强分布也不均匀，这就是衍射现象。

（1）惠更斯原理 在研究波的传播时，总可以找到同位相的各点的几何位置，这些点
的轨迹就是一个等位相面，称之为波面。惠更斯原理可表达如下：任何时刻波面上的每一点
都可以作为次波的波源，各自发出球面波；在以后的任何时刻，所有这些次波波面的包络面
形成整个波在该时刻的新波面。根据这一原理，可以由某一时刻已知的波面位置，求出另一
时刻的波面位置。

如图 5-31a 所示，图中 $\sum$ 为某一时刻（$t=0$）的波面。箭头表示光的传播方向，光速为
v，为了求得另一时刻 $\tau=t$ 的波面位置，可以把原波面上的每一点作为次波的波源，各点均

发出次波。经过 t 时刻后，次波的传播距离为 $r = vt$，于是各次波的包络面 Σ' 就是 t 时刻的波面。当平面波 BB' 通过宽度为 b 的开孔 AA'（图5-31b）时，由于开孔 AA' 的限制，平面波只有一部分能够通过，此时开孔平面上的每一点都可以看作是发出次波的新波源，这些次波的包络面在中间部分是平面，在边缘处则是弯曲的，即在开孔的边缘处，光不沿原光波的方向前进，从而使几何阴影内的光强度不为零。

（2）菲涅耳原理　由于惠更斯原理投有涉及波的时空周期性，即波长、振幅和位相，因此只能定性地说明衍射现象。菲涅耳原理是对惠更斯原理的进一步阐述。它基于光的干涉原理，认为不同次级波之间也会产生干涉，从而可对衍射现象进行定量分析。如图5-32所示，波面 S 上的每个面积元 dS 都可以看成新的波源，它们各自发出次波。波面前方空间某一点 P 的振动可以用 S 面上所有面积元发出的次波在该点叠加后的合振幅来表示。

面积元 dS 所发出的次波的振幅和位相符合以下假设：

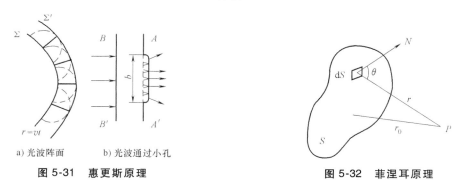

a) 光波阵面　　　b) 光波通过小孔

图 5-31　惠更斯原理　　　　　　　图 5-32　菲涅耳原理

1）由于波面是一个等位相面，因此 dS 面上各点发出的次波有相同的初位相。

2）次波在 P 点处的振幅与 P 点至 dS 的距离 r 成反比。

3）所发出的次波的振幅正比于 dS 的面积，并与 dS 的法线 N 和 dS 到 P 点的连线 r 之间的夹角 θ 有关，其到达 P 点时的振幅随 θ 的增大而减小。次波在 P 点的位相，由光程决定。

根据以上假设，面积元 dS 发出的次波在 P 点的合振动可用下式表示

$$dy = C\frac{K(\theta)}{r}\sin 2\pi\left(\frac{t}{T} - \frac{r}{\lambda}\right)dS \tag{5-19}$$

式中，C 为比例常数；$K(\theta)$ 是随 θ 增加而缓慢减小的常数；T 为周期；λ 为波长。将波阵面 S 上所有面积元发出的次波在 P 点的作用相加，即求得波阵面 S 在 P 点所产生的振动为

$$y = \int_S dy = \int_S C\frac{K(\theta)}{r}\sin 2\pi\left(\frac{t}{T} - \frac{r}{\lambda}\right)dS \tag{5-20}$$

（3）菲涅耳衍射　按光源和所研究的点到障碍物（或开孔）的距离，可以将衍射分为两类。当光源和所考察的点到障碍物的距离是有限的，或其中之一的距离是有限的，这种衍射就称为菲涅耳衍射或近场衍射，如图5-33所示。

在图5-33中，O 为光源，S 为任一瞬间的球面波的波面，R 为其半径，现研究波面 S 对对称轴上任一点 P 的作用。连接 OP 交球面波于 B_0 点。B_0 称为 P 点对波面的极点，PB_0 的距离为 r_0。现设想将波面分成许多环形带，使由每两个相邻带的边缘到 P 点的距离正好相差半个波长，即

$$B_1P - B_0P = B_2P - B_1P = B_3P - B_2P$$

$$= \cdots = B_kP - B_{k-1}P = \frac{\lambda}{2}$$

因此，任何相邻的环形带的对应部分所发出的次波到达 P 点时，其光程差均为 $\lambda/2$，即它们以相反的位相同时到达 P 点。这种环形带就称为菲涅耳半波带。从图 5-34 可以求出菲涅耳半波带的面积。以 ρ_k 表示第 k 条环带的半径，以 r_k 表示第 k 条环带到 P 点的距离，从图中可以看出：

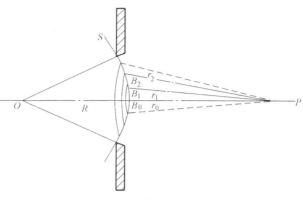

图 5-33　菲涅耳衍射

$$\rho_k^2 = r_k^2 - (r_0 + h)^2 \qquad (5\text{-}21)$$

式中，h 为 B_0 至环带半径 ρ_k 的垂直距离。从式（5-21）可得

$$h = \frac{r_k^2 - r_0^2}{2(R + r_0)} \qquad (5\text{-}22)$$

根据半波带的定义有：$r_k = r_0 + k\dfrac{\lambda}{2}$，由此得 $r_k^2 - r_0^2 = kr_0\lambda + k^2\left(\dfrac{\lambda}{2}\right)^2$，通常 λ 比 r_0 小很多，故略去高次项后有：$r_k^2 - r_0^2 \approx kr_0\lambda$，将其代入式（5-22）得

$$h = k\frac{r_0}{R + r} \cdot \frac{\lambda}{2} \qquad (5\text{-}23)$$

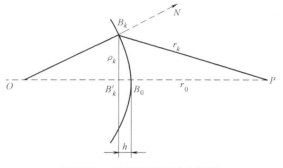

图 5-34　菲涅耳衍射的合振幅

包含有 k 个带的波面（即以 ρ_k 为孔径的这一部分球面）的面积为

$$\Delta S_k = 2\pi Rh = k\frac{2\pi Rr_0}{R + r_0}\lambda \qquad (5\text{-}24)$$

故第 k 个环带的面积为

$$\Delta S = \Delta S_k - \Delta S_{k-1} = \frac{\pi Rr_0}{R + r_0}\lambda \qquad (5\text{-}25)$$

由式（5-25）可见，第 k 个带的面积与其序号 k 无关，这意味着，对于给定点 P，所有菲涅耳半波带的面积都近似相等。如果进一步近似认为：一个给定带中的任何部分到 P 点的距离 r_k 都相等；任何部分的法线正方向与 r_k 之间的夹角也相等。因此，每个菲涅耳半波带内各处所发的次波到达 P 点时均有相同的振幅和相位。设由各环带所发次波到达 P 点时的振幅为 a_k，考虑到菲涅耳半波带的上述性质，经过简单的推导，即可得到 k 个环带所发次波到达 P 点的合振幅 A_k：

$$A_k = \frac{a_1}{2} \pm \frac{a_k}{2} \qquad (5\text{-}26)$$

式中，a_1 为第一个环带所发次波的振幅；a_k 为最末一个环带所发次波的振幅；k 为奇数时取正，k 为偶数时取负。

根据式（5-26），P 点的合振幅的大小取决于菲涅耳半波带数 k；而由式（5-23）可知，当波长 λ 和圆孔的大小（h）都给定时，k 又与观察点 P 的位置（即式中的 r_0）有关。因此与 k 为奇数相对应的 P 点的合振幅 A_k 较大，与 k 为偶数相对应的那些 P 点的合振幅较小，若波面所含涅耳半波带数不是整数，那么其合振幅就介于上述最大值和最小值之间。当将观察屏幕沿小圆孔的对称轴线移动时，在屏上将看到光强的不断变化；当屏不动，而改变圆孔的位置和圆孔的半径时，屏上给点 P 的光强也将发生变化。光学系统中常用的光学器件小孔光阑就相当于这种情况。

（4）夫琅禾费衍射　观察点和光源距障碍物均为无限远时将产生夫琅禾费衍射。所谓光源距障碍物为无限远，实际上是把光源置于第一个透镜的焦平面，使之成为平行光束；所谓观察点在无限远处，实质上是在第二个透镜的焦平面上观察衍射图像。在光学仪器中，光束多数是要通过透镜的，所以夫琅禾夫衍射比较常见。最简单的单狭缝夫琅禾夫衍射如图 5-35 所示，平行光束垂直于缝

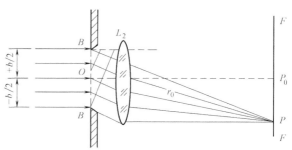

图 5-35　夫琅禾费单缝衍射

b—狭缝宽度　$B\text{-}B$—狭缝处波阵面　L_2—透镜
r_0—O 点到 P 点的距离　$F\text{-}F$—次波阵面

的平面入射时，颗粒特性一般指颗粒的平均直径、尺寸分布、颗粒形状和方位等。其中测量颗粒的平均直径对喷雾过程的研究有重要意义。接下来介绍用激光散射技术测量喷雾颗粒的平均直径。

5.2.3　测量原理

根据前述散射理论，对于粒子云中任一球形颗粒的散射，如果满足以下条件：

1）独立散射，即可以忽略粒子云中其他颗粒散射的影响。

2）入射波为平面波，该颗粒完全暴露在入射光之中。

3）颗粒的无因次尺寸参数 $x = \pi D/\lambda$ 很大。

4）颗粒对光无吸收作用。

5）观察者与颗粒的距离大于 D^2/λ。

6）散射为角度很小的前向散射。

7）只考虑衍射的影响，忽略折射和反射。

则在散射角为 θ 处的光强可用下式计算：

$$I(\theta) \approx \frac{D^2 I_0 x^2}{16 r^2} \left[\frac{2 J_1 (x\theta)}{x\theta} \right]^2 \tag{5-27}$$

式中，D 为颗粒直径；I_0 为入射光强；x 为颗粒的无因次尺寸参数；r 为观察者到散射颗粒的距离；J_1 为一阶贝塞尔函数。散射角为零时的光强为

$$I(0) = \frac{D^2 I_0 x^2}{16 r^2} \tag{5-28}$$

测量时，为了消除外界的影响，通常采用的是相对光强 $\Delta(\theta)$

$$\Delta(\theta) = \frac{I(\theta)}{I(0)} = \left[\frac{2J_1(x\theta)}{x\theta} \right]^2 \tag{5-29}$$

对于 N 个尺寸相同的颗粒组成的粒子云，若为独立散射，则在散射角 θ 处散射光的总光强为

$$I(\theta)_\Sigma = \sum_{i=1}^{N} I(\theta) = NI(\theta) \tag{5-30}$$

若为 N 个不均匀尺寸的颗粒，则式（5-30）应为

$$I(\theta)_\Sigma = \sum_{i=1}^{N} I(\theta)_\Sigma = \int_0^\infty I(\theta)N(D)\,\mathrm{d}D = N\int_0^\infty I(\theta)N_r(D)\,\mathrm{d}DI(\theta)_\Sigma$$

$$= \sum_{i=1}^{N} I(\theta)_\Sigma = \int_0^\infty I(\theta)N(D)\,\mathrm{d}D = N\int_0^\infty I(\theta)N_r(D)\,\mathrm{d}D \tag{5-31}$$

粒子云的相对光强则为

$$\Delta(\theta)_\Sigma = \frac{N\int_0^\infty I(\theta)N_r(D)\,\mathrm{d}D}{N\int_0^\infty I(0)N_r(D)\,\mathrm{d}D} = \frac{\int_0^\infty I(\theta)N_r(D)\,\mathrm{d}D}{\int_0^\infty I(0)N_r(D)\,\mathrm{d}D}$$

$$= \frac{\int_0^\infty \left[\frac{2J_1(x\theta)}{x\theta} \right]^2 N_r(D)\,\mathrm{d}D}{\int_0^\infty N_r(D)D^2\,\mathrm{d}D} \tag{5-32}$$

式（5-32）表明相对光强分布和颗粒频率分布 $N_r(D)$ 有关，式（5-32）可以作为颗粒特性散射测量的基本方程，即可以从 $N_r(D)$ 求 $\Delta(\theta)_\Sigma$，也可以由 $\Delta(\theta)_\Sigma$ 求 $N_r(D)$。如果颗粒尺寸分布函数采用上限分布函数，则将式（5-31）代入式（5-32），经化简后可得相对光强为

$$\Delta(\theta)_\Sigma = \frac{\int_0^\infty \left[\frac{2J_1(x\theta)}{x\theta} \right]^2 \frac{1}{D_\infty - D}\exp\left[-\left(\delta\ln\frac{\alpha D}{D_\infty - D} \right)^2 \right]\mathrm{d}D}{\int_0^\infty \frac{1}{D_\infty - D}\exp\left[-\left(\delta\ln\frac{\alpha D}{D_\infty - D} \right)^2 \right]\mathrm{d}D} \tag{5-33}$$

设 D_0 为特定直径，并令 $\xi = \dfrac{D}{D_0}$，$\xi_\infty = \dfrac{D_\infty}{D_0}$，$\alpha_0 = \alpha_0\theta = \dfrac{\pi D_0}{\lambda}\theta$

则

$$x\theta = \frac{\pi D}{\lambda}\theta = \left(\frac{\pi D_0}{\lambda} \right)\left(\frac{D}{D_0} \right)\theta = \alpha_0\xi$$

$$\left[\frac{2J_1(x\theta)}{x\theta} \right]^2 = \left[\frac{2J_1(\alpha_0\xi)}{\alpha_0\xi} \right]^2$$

$$\frac{1}{D_\infty - D} = \frac{1}{D_0(\xi_\infty - \xi)}, \quad \frac{\alpha D}{D_\infty - D} = \frac{\alpha\xi}{\xi_\infty - \xi}$$

$$\mathrm{d}D = D_0\mathrm{d}\xi$$

将以上各式代入式（5-33），并化简，最后得

$$\Delta(\theta)_{\Sigma} = \frac{\int_0^{\infty} \left[\frac{2J_1(\alpha_0\xi)}{\alpha_0\xi}\right]^2 \frac{\xi_{\infty}}{\xi_{\infty}-\xi}\exp\left[-\left(\delta\ln\frac{\alpha\xi}{\xi_{\infty}-\xi}\right)^2\right]\mathrm{d}\xi}{\int_0^{\infty} \frac{\xi_{\infty}}{\xi_{\infty}-\xi}\exp\left[-\left(\delta\ln\frac{\alpha\xi}{\xi_{\infty}-\xi}\right)^2\right]\mathrm{d}\xi} \tag{5-34}$$

大量的实验数据证实，选用索特平均直径 D_{32} 作为特定直径 D_0 时，对于不同的 α 和 δ 所得到的 $\Delta(\theta)_{\Sigma}$ 与 $(\pi D_{32}/\lambda)/\theta$ 的关系曲线几乎完全一样。这说明 $\Delta(\theta)_{\Sigma}$ 仅与 $(\pi D_{32}/\lambda)/\theta$ 有关。特别是在 $\Delta(\theta)_{\Sigma}=0.08$ 处，实验数据证明，各种不同的颗粒分布得到的点几乎完全重合，误差只有 1%，这就从理论上证实了由 $\Delta(\theta)_{\Sigma}$ 求解 D_{32} 的可能性。$\Delta(\theta)_{\Sigma}$ 与 $(\pi D_{32}/\lambda)/\theta$ 之间的理论平均曲线如图 5-36 所示。

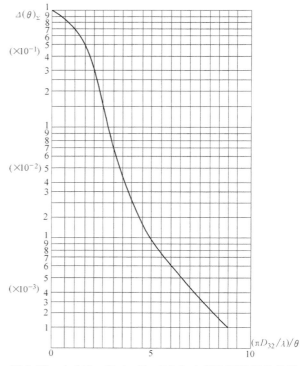

图 5-36　$\Delta(\theta)_{\Sigma}$ 与 $(\pi D_{32}/\lambda)/\theta$ 之间的理论平均曲线

5.2.4　测量系统

用散射法测量颗粒平均直径的测量系统如图 5-37 所示。它通常由以下四部分组成。

1. 光源

对光源的要求是能够提供单色的平行光束。早期的颗粒散射实验是采用高压汞灯，然后用滤色片将光过滤后得到波长为 $0.546\mu m$ 的绿光。现在都采用激光器作为光源，经扩束和光阑后成为一束高质量的平行光。

2. 喷雾室

它就是待测的实验段，其主要问题是除了保持被测颗粒的适当浓度和厚度外，还需防止颗粒对光学元件和窗口的污染。

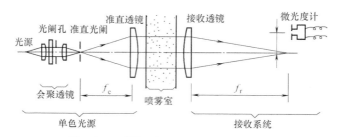

图 5-37　测量颗粒平均直径的测量系统

3. 光接收系统

它包括会聚透镜、接收光信号的光电管或光电倍增管等。

4. 数据记录和处理系统

早期简单的装置是把光强信号与位移信号接到 x-y 记录仪上，画出光强分布曲线。现在都采用计算机和相应的软件，直接将实验结果打印出来。

5.3　测量方法与数据处理

由于相对光强分布 $\Delta(\theta)_\Sigma$ 仅与 $(\pi D_{32}/\lambda)/\theta$ 有关，因此如果被测的粒子云的颗粒直径在 $20\sim200\mu m$ 范围内，且满足独立散射的实验条件，则可直接利用图 5-36 所示的理论平均曲线。

进行激光散射实验，测定激光束通过喷雾区，即获得 $\Delta(\theta)_\Sigma$ 与 θ 之间的关系，所得的实验曲线通常如图 5-38 所示。

按理论曲线，选择 $\Delta(\theta)_\Sigma = 0.08$ 这一特定的相对光强，从理论曲线上求得相应于这一光强的 $(\pi D_{32}/\lambda)/\theta$ 的值，与此同时再从所得的实验曲线上查得 $\Delta(\theta)_\Sigma = 0.08$ 时的 θ 值。最后根据实验时所采用的激光波长，从上述两值中求出索特平均直径 D_{32}。值得指出的是，上述测量方法是以单独散射为前提的，为此实验时必须保证适当的光学厚度。通常应保证散射所引起的衰减系数 $\tau l < 1.5$，l 为光学厚度。

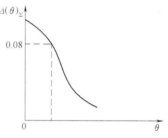

图 5-38　$\Delta(\theta)_\Sigma$-θ 实验曲线

另外，在实际进行散射测量时，所测得的光强图形是两个图形的叠加。一个是测试区入口光阑所产生的，它是一个很集中的亮斑。当介质中没有颗粒时，接收到的就是这个亮斑。另一个是颗粒散射光产生的图形。它比前者分散，而与理论计算出的衍射图像很相近，这两个图形叠加起来就成为带有中央尖峰的复合光强分布（图 5-39）。有颗粒时的中央尖峰比没有颗粒时弱得多，而且随着颗粒浓度的增加中央尖峰将变得更弱。值得注意的是，这个中央尖峰光强并不是散射光的 $I(0)$，即测量时无法直接测出 $I(0)$，因此在数据处理时，必须将尖峰去掉，而找出正确的 $I(0)$。

从复合光强分布确定 $I(0)$ 的方法很多。最简单的方法是根据分布曲线的趋势顺势外延，即通过图 5-39 上顺延的虚线获得 $I(0)$。这种方法虽然简单，但外延的随意性较大。另一种方法是迭代法，即在 $I(\theta)$-θ 曲线上选择适当的一段，并在其上选择足够多的点，对照理论曲线迭代求解。此外还可以采用曲线拟合法或其他方法，如最大光能法等。

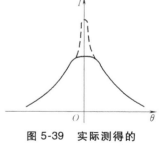

图 5-39　实际测得的
复合光强分布

在许多科学研究中常常希望获得粒子云中颗粒的尺寸分布，但用激光散射法测定颗粒的尺寸分布比仅测量颗粒的平均直径要复杂得多，因为从测得的光散射图像来确定颗粒的尺寸分布，实质上是求解颗粒的散射方程，而散射方程的求解是一个复杂的数学问题，正如前面指出的，许多研究者在这方面做了大量的工作。本节主要讨论颗粒尺寸分布的测量方法。

5.3.1　测量原理

光束通过喷雾区的散射图像可以看作由两部分组成：

1）当不存在颗粒时，所得的光强图形如前所述呈一个集中的亮斑，其理想分布是一个 δ 函数，但实际上可以看作是一个很窄的高斯函数。

2）当存在一个颗粒时，则在散射图形上其光强分布为一个爱里圆，如图 5-40a 所示；当有大量同直径颗粒时，图形仍是一个爱里圆。只有对有多种粒径的粒子云，其散射图形才呈现多个不同爱里圆的叠加，叠加的结果是形成一个带有中心亮点的高斯函数分布，如图 5-40b 所示。显然，图形的形状取决于颗粒尺寸的分布情况。

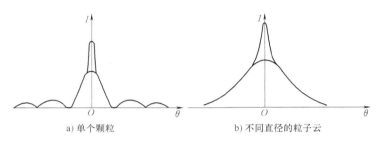

a) 单个颗粒   b) 不同直径的粒子云

图 5-40　颗粒散射图形

设沿爱里圆半径方向的光能的相对分布为

$$L(\theta_1) = \frac{E_1}{E} \tag{5-35}$$

式中，E_1 是单位时间在衍射角为 θ_1 之内的能量；E 是单位时间衍射的总能量。

根据圆孔或圆球衍射的基本原理可知

$$L(\theta_1) = 2\int_0^{\theta_1} \frac{J_1^2(x\theta)}{x\theta} d(x\theta) \tag{5-36}$$

由贝塞尔函数的性质可知

$$2\int_0^{X_1} \frac{J_1^2(X)}{X} dX = 1 - J_0^2(X_1) - J_1^2(X_1)$$

由此，式（5-36）可以写成

$$L(\theta_1) = 1 - J_0^2(x\theta_1) - J_1^2(x\theta_1) \tag{5-37}$$

式中，J_0 和 J_1 分别是零阶和一阶贝塞尔函数。

如果光能投射到一个环形面积上，环形内半径为 a，外半径为 b，对应的张角为 θ_a 和 θ_b，则环形面积上的光能份额为

$$L_{ab} = L(\theta_b) - L(\theta_a) = [1 - J_0^2(x\theta_b) - J_1^2(x\theta_b)] - [1 - J_0^2(x\theta_a) - J_1^2(x\theta_a)]$$
$$= [J_0^2(x\theta_a) + J_1^2(x\theta_a)] - [J_0^2(x\theta_b) + J_1^2(x\theta_b)]$$

简写为

$$L_{ab} = (J_0^2 + J_1^2)_a - (J_0^2 + J_1^2)_b \tag{5-38}$$

对于独立散射，N 个尺寸相同的颗粒在 a、b 环面中所散射的相对能量和单个颗粒所散射的相对能量相同，所以散射的绝对能量则为单个散射能量的 N 倍，于是单位时间内落在环面积上的能量为

$$E_{ab} = ANC[(J_0^2 + J_1^2)_a - (J_0^2 + J_1^2)_b] \tag{5-39}$$

式中，A 为常数，它是光束单位时间投射到单位面积上的能量，其大小取决于测量的光学系

统；N 为颗粒数目；C 为单个颗粒的投影面积。

因为所考虑的是衍射散射，对于球形颗粒的衍射散射，单位时间内每一颗粒所散射的能量为 AC，则 N 个颗粒所散射的能量即为 ANC。

在喷雾中含有许多不同粒径的颗粒，每一种尺寸的颗粒都有它自身的 N_i 和 C_i 以及 $\left[(J_0^2 + J_1^2)_a - (J_0^2 + J_1^2)_b \right]_i$，于是经过喷雾区在环面 a、b 上单位时间所散射的能量为

$$E_{ab} = A \sum_{i=1}^{N} N_i C_i \left[(J_0^2 + J_1^2)_a - (J_0^2 + J_1^2)_b \right]_i \tag{5-40}$$

依此类推，在内径为 b、外径为 c 的环面积上单位时间所散射的能量为

$$E_{bc} = A \sum_{i=1}^{N} N_i C_i \left[(J_0^2 + J_1^2)_b - (J_0^2 + J_1^2)_c \right]_i \tag{5-41}$$

如此，取多少个环面就能列出多少个方程。研究这些方程可知：

1）E_{ab}、E_{bc}、E_{cd}、…是实验测定的量。

2）A 是取决于实验设备的常数，可用试验方法来标定。

3）N_i 是未知数。

4）C_i 是各种粒径颗粒的投影面积，它是颗粒直径 D_i 的函数，可写成 $C_i = \dfrac{\pi}{4} D_i^2$。

5）$\left[(J_0^2 + J_1^2)_a - (J_0^2 + J_1^2)_b \right]_i$ 是 $x\theta$ 的函数，因此它取决于 a、b 和 D_i。

如果把粒径的范围分成 p 组，每一组用它的平均直径代表，于是就变成只有 p 种尺寸的颗粒，即 $n = p$，则有

$$E_{ab} = A \sum_{i=1}^{p} N_i C_i \left[(J_0^2 + J_1^2)_a - (J_0^2 + J_1^2)_b \right]_i \tag{5-42}$$

这个等式右边有 p 项，所以总共有 p 个未知数 N_1，N_2，…，N_p，而且是一个线性方程组。因此将直径分组后 D_i 是已知数，C_i 和 $\left[(J_0^2 + J_1^2)_a - (J_0^2 + J_1^2)_b \right]_i$ 均为已知量，若将衍射图形除去中心亮斑以外，分成 p 个环形面积，则可以得到 p 个方程，并求解出各个 N_i 来。这就意味着可从光强分布中计算出颗粒的尺寸分布。显然，分成的环形面积 p 越多，计算则越精确。由于是线性方程组，因此利用计算机求解是非常方便的。除了上述方法外，如果将粒子云的散射当作衍射散射来处理，则对单个颗粒的光强分布有如下的公式：

$$I(\theta) = \frac{A}{\theta^2} J_2 \left(\frac{\pi D}{\lambda} \theta \right) D^2 \tag{5-43}$$

而对尺寸颗粒分布函数为 $N_r(D)$ 的粒子云，则有

$$I(\theta) = \frac{A}{\theta^2} N \int_0^{\infty} J_1^2 \left(\frac{\pi D}{\lambda} \theta \right) D^2 N_r(D) \, \mathrm{d}D \tag{5-44}$$

这是一个第一类范德亥姆积分方程。将此方程离散化，使之成为一个线性方程组后，也可以通过数值方法求解。

5.3.2　测量系统

用激光散射法测定颗粒尺寸分布的系统简图如图 5-41 所示。它是由光源、喷雾室、光接收系统和数据处理装置等几部分组成。为了将衍射图形分成 p 个环形面积，在接收透镜 4 后专门设置了一旋转光屏 5（见图 5-42）。在光屏上沿半径方向分区开了许多小孔，开孔的

数目取决于所选定的 p 值。这样光屏每旋转一个角度，就能测出一个环面上的光强。通常将光电探测器 6 与数字电压表 7 相连，并用 A/D 转换器将光探测器的信号输入计算机系统 8。数字电压表的作用是直接显示光强的大小。

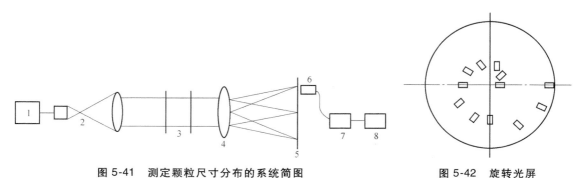

图 5-41　测定颗粒尺寸分布的系统简图　　　　　图 5-42　旋转光屏

1—氦-氖激光器　2—扩束准直镜　3—喷雾室　4—接收透镜　5—旋转光屏

6—光电探测器　7—数字电压表　8—计算机系统

5.3.3　三维粒子动态分析仪简介

丹麦 DANTEC 公司在对激光多普勒测速技术和颗粒散射测量技术进行深入研究的基础上，研发了一种三维粒子动态分析仪。该三维粒子动态分析仪（3-Dimensional Particle Dynamic Analyzer，3D-PDA）可以用来测量粒子的速度、直径、浓度等，已广泛用于燃烧学、多相流动、气动力学和传热传质学的研究中。三维粒子动态分析仪是由光学、机械、电子及计算机等四部分构成。图 5-43 所示为三维粒子动态分析仪的测试系统简图。

该仪器采用的氩离子激光器的额定功率为 5W，基本模式下工作。发射器具有频移及分光功能。20m 长的光缆探头使测试段的布置更为方便灵活。由计算机控制的三维坐标支架可以根据测量的需要任意、方便地改变测点位置。

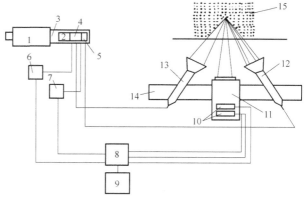

图 5-43　三维粒子动态分析仪的测试系统简图

1—氩离子激光器　2—发射器　3—导轨　4—一维光纤分配盒
5—二维光纤分配盒　6—紫光滤光片及光电倍增管　7—蓝光滤光片及光电倍增管　8—信号处理器　9—计算机　10—绿光滤光片及光电倍增管　11—光学接收系统　12—二维光纤探头
13—一维光纤探头　14—移动支架　15—测试段

计算机除用于控制采样外，还能进行数据的采集和处理。

5.4　流动显示和观测技术

由马赫所开拓的流动显示与观测技术，作为一门实验技术已广泛地应用于科学研究和工程领域之中。在科学研究中，流动显示和观测可提供正确的流动图像，揭示流动现象的本质和具体特征，为建立正确的物理模型或工程计算提供依据。即使在计算机技术日益发展的今天，由于流动现象的复杂性和随机性，流动显示技术依然显现出巨大的生命力，这是因为随着流动显示技术的发展，人们已可以从流动图像的分析中获得宝贵的定量数据。

1883年雷诺将染料注入一条长水平管道的流水中，观察到了流体由层流转变为湍流的现象，提出了以他的名字命名的雷诺准则。1904年普朗特用金属粉末作为示踪粒子，获得了一张沿平板的流谱图，提出了边界层的概念。1912年冯·卡门对水槽中的圆柱体绕流做了细致的观察、推理和演算，指出了圆柱体后所形成的稳定交替的涡街与流动的关系，这种涡街又称为卡门涡街，卡门基于观察所建立的理论，使当时许多令人迷惑不解的现象，如机翼张线的"线鸣"，水下螺旋桨的"嗡鸣"，潜艇潜望镜在某个速度下产生的强烈摇摆，以及天线塔和高烟囱在风速不大的情况下产生的横向晃动等，都得到了圆满的解释。

随着现代科学技术的发展，人们不仅深化了如烟流、油流、染色流、丝线等古典的流态显示技术，扩大了它们的应用范围，而且将电子、激光、超声波、液晶、相变、光导以及计算机图像处理等先进技术综合地用于流动的显示和观测，创造了许多新的显示方法。目前流动显示和观测技术的发展趋势是：由单一显示方法变成多种显示方法相结合；从只能获取局部、少量信息向获得整体、大量信息发展；从定性显示向定量显示发展。

5.4.1 流动显示原理

作为流动介质的气态或液态流体，它们大多数都是透明介质，因此它们的流动用人眼直接观察时是不可见的，为了辨认流体的运动，就必须提供一套使流动可视化的技术，这种技术就称为流动显示技术。除了演示性的作用外，许多流动显示技术的更重要的作用，是能够从所获得的流动图像推导出定量的数据。它们的最大优点是能够在流动不受干扰的情况下提供有关整个流场的信息。与此相反，单一的流动测量仪器，如温度和压力传感器，却只能提供流场中某一点的数据。此外传感器的存在还会对流动产生某种程度的干扰。因此尽量缩小传感器的实体尺寸和不断改善对流动显示的定量分析，是实验流体力学、传热学、燃烧学研究中亟待解决的问题。

流动显示方法大体上可以分为三类：

1. 在流动流体中添加外来物

这是一种最常用的流动显示方法。流体可以是气体或液体，所添加的外来物必须是可见的（烟雾、可见粒子、染料等）。如果外加的粒子足够小，则可以认为，在速度的大小和方向上，这些外加粒子的运动和流体的流动是一致的。因此这种显示是一种间接的显示，所看到的是粒子的运动而不是流体本身的流动。只要使外加粒子的密度和流体的密度近似相等，粒子运动和流体运动之间的差别就可以减至最小，但总不可能是完全一致的。

外加粒子的显示方法简单、显示流场直观。但由于外加粒子的跟随性问题，这种方法只能对稳定流动获得满意的结果。对于不稳定流动，由于粒子有一定尺寸，因此会带来很大的误差，尤其当流体的热力学状态在流场中有变化，像可压缩流那样，外加粒子的方法就更难给出正确的结果。图5-44是在研究同心圆环的自然对流时，用外加烟雾的方法所获得的流动图像，图5-45是该流动显示装置的示意图。

图 5-44 加热同心圆环中自然对
流所形成的流动图像

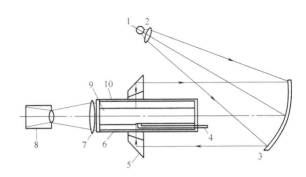

图 5-45 流动显示装置示意图

1—光源 2—会聚透镜 3—凹面镜 4—烟探头
5—多边反射镜 6—外壳 7—场透镜
8—相机 9—涂黑的内筒 10—水冷玻璃套

2. 流体折射率场的显示

气体的折射率和气体的密度有一定的关系，而气体的密度又与其压力、温度、成分、浓度等有关，所以应用光学方法显示出折射率场，就能对气体的热力学状态参数的空间分布进行定性或定量的显示。

目前常用的流体折射率场的显示方法有纹影法、阴影法和干涉法。当流场或边界层内温度梯度不大时，多采用干涉法，纹影法和阴影法主要用于研究激波和火焰现象，在激波和火焰中都存在很大的温度和密度梯度。光学显示方法的优点是，在不干扰流动的情况下能提供所要研究流场的信息。

3. 在流场中添加热或能量

这种显示方法是上述两种显示方法的结合。采用这种显示方法时，注入流动流体中的不是粒子而是热或能量。流体元接受这部分能量后能级提高了，从而可以和其余流体区别开来。火花、热斑、电子束辉光放电和化学发光等就属于这一类方法。这种外加能量的显示方法主要用于稀薄气体和低密度气体的流动。应当指出，外加能量的显示方法并不是无干扰的，因为依据释放能量的大小，这种方法的使用也会或多或少地影响原有的流场。

5.4.2 照明和记录

为了获得清晰的流动图像，在流动显示技术中照明和记录是十分重要的。

1. 照明

常用的普通照明系统均可用作流动显示的照明。采用扩散光源，如汞灯、卤素灯、聚光灯时，要特别注意照明的方向。在拍摄流动图像时应先将光源调整好角度和方向，多试验几次，以求得最佳的照明效果。例如对水体进行染色示踪时，从后面照明的效果比侧面照明好。此外还可根据示踪粒子的色调，选用不同的色光和照明强度以及适当的背景色，以获得最好的对比度和视觉效果。

但是在流动显示技术中最常用的照明系统是所谓片光。片光通常高几厘米，厚度约为 1mm。最简单的产生片光的方法如图 5-46 所示。片光是激光束通过柱形透镜扩展后，再穿过会聚透镜形成的。

在分离流动、边界层和尾流等的研究中，只需对感兴趣的某一个平面用片光进行照明，这样某些流动结构就会变得清晰可见。在用示踪粒子通过拍摄其轨迹来确定其速度大小和方向的流动显示中，用片光可以显示某一平面上的两个速度分量。将片光匀速地移动并对流动图像进行扫描，以及用具有不同颜色的好几个平行片光来代替单一的片光，是片光照明的进一步发展。

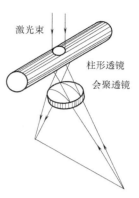

图 5-46 产生片光的方法

2. 记录

对流动图像有两种不同的记录方法：一种是直接用眼睛观察，或者用照相机、高速摄影机、电影摄影机、摄像机等对流动图像进行拍摄；一种是用光电倍增管接受来自流场的光信号。前者记录的信息在空间上是连续的，在时间上是不连续的（尽管高速摄影机可部分地解决这一问题），即它记录的是某一特定时刻的流场信息。后者主要用于光学显示与测量，它记录的信息在时间上是连续的，在空间上是不连续的（尽管光电倍增管阵列可部分地解决这一问题），即它记录的是某一特定点的信息随时间的变化。

对随时间迅速变化的过程，高速摄影机是进行图像记录的有力工具。高速摄影机必须满足以下要求：每单张图像的曝光时间要短，以避免运动图像模糊，但由于曝光时间短，就要求有强照明系统；图像频率要高到足以分辨所研究对象的快速运动；曝光和高速运动的研究对象的运动要同步。

和普通摄影机不同，高速摄影机是采用旋转棱镜，被拍摄对象通过旋转棱镜聚焦到运动的胶片上，胶片以很高的速度从一个转筒绕到另一个转筒上，中间不停顿，胶片的运动和旋转棱镜同步。一般胶片从上往下运动，棱镜则顺时针旋转，旋转速度是可调的，从而可以根据拍摄对象选择摄影速度。一盒胶片通常为 30m 长，当采用四边棱镜时，拍摄速度可达10000 帧/s，采用八边棱镜时，拍摄速度为 20000 帧/s。若要求更高的拍摄速度，需采用如图 5-47 所示的闪频灯高速拍摄系统。

闪频灯高速拍摄系统通常采用八个闪频灯，每个闪频灯的闪光持续时间约为 10^{-8}s，它们布置在不同的高度上，光由一凹面镜反射到被拍摄的对象，然后会聚到照相机上，快门开一次即可接受八个闪光。由于闪频灯排在八个不同的高度上，所以胶片上可得到八个不同位置的像。如果 $1\mu s$ 内八个闪频灯依次闪过，则在 $1\mu s$ 内可以得到八个图像，这是非常高的拍摄速度了。图 5-48 是用高速摄影机拍摄到的两相流在文丘利管中流动时液滴的运动轨迹，

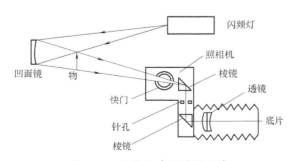

图 5-47 闪频灯高速拍摄系统

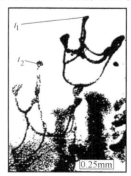

图 5-48 两相流在文丘利管中流动时液滴的运动轨迹

两幅照片之间的曝光时间为 10^{-8} s，即分别在 t_1 和 t_2 时刻得到两张图片后叠加形成的一张液滴运动轨迹图片。

5.4.3 流动图像的计算机显示

流动图像的计算机显示是随着计算机技术的发展而出现的一种新的显示方法，通常并不将其归于前述三种显示方法之中。因为一个数字摄像机就可将拍摄的流动图像直接输入计算机，并通过显示器再现出来。一种由光导摄像管成像系统及光电二极管点阵组成的流动图像处理系统已经问世，它特别适合于低信号强度的快速记录。上述情况类似于流动图像的先进记录手段，而不是流动图像的计算机显示。

流动图像的计算机显示，通常是指用一个传感器通过三维坐标架对整个流场进行扫描测量，测量结果用计算机进行实时采集和处理，将测得的电信号数字化，并用不同的灰度级或不同的颜色显示在屏幕上，这些灰度级或颜色则显示了测量信号的不同水平。通过上述方法就可获得定量的黑白或彩色的有关流场的信息。

图 5-49 是压力彩色流场显示方法的示意图。在风洞内将一个带有压力传感器及光导纤维的组合式探头 5 通过支杆插入。扫描机构 3 可使探头在选定的观察面上按一定的轨迹均匀移动，总压探头接收的信号经压力传感器转换成电压信号后送至信号处理系统 1，经放大、极性判别以及鉴幅处理后转变为数字化的二进制的编码信号，再将此信号送至彩色电视信号发生器，经处理转换成视频信号。彩色电视机再将这些视频信号转换成各种颜色的光信号。光导纤维 6 接收这些光信号并传给照相装置 4，从而获得彩色的能够用不同颜色来显示流场速度大小及其分布的图像，这种风洞和计算机相结合的先进

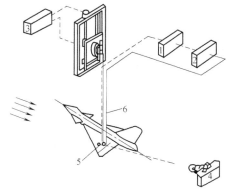

图 5-49　压力彩色流场显示方法的示意图
1—信号处理系统　2—多色光源　3—扫描机构
4—照相装置　5—组合式探头　6—光导纤维

的流动显示技术，可以实时、定量、直观地显示出气流流过模型的压力场和速度场，所使用的测量传感器也可以是热线、五孔探针或七孔探针等。

5.4.4 添加外来物的流动显示技术

在气流或液流中添加外来物是一种最常用的流动显示技术。它不但可以显示流动的方向和流动的轮廓，显示速度剖面，而且还可以利用外加的示踪粒子来测量速度。外加粒子的类型很多，应根据工作流体的性质和欲显示的对象来选择合适的外加粒子。常用的外加粒子有以下几种。

1. 染料

当工作流体为液体（大多数情况是采用水作为工作流体）时，染料是首选的外加粒子。对染料的要求是：具有良好的可见度，抗混合的稳定性好，浮力可忽略，价格便宜。要完全满足上述要求是很困难的，但在显示时可根据具体情况采取一些有效的措施。例如当工作液体为水时，可将所用染料与酒精混合以使其与水的比重相一致，从而可以忽略浮力的影响；又如将染料和牛奶混合，既可以增加染料的反射性，又可提高稳定性，从而获得更为清晰的

流迹线。

染料的种类很多，在流动显示中常用的染料有食品颜料、墨水、高锰酸钾、亚甲蓝染料等。有时为了增加可见度也采用荧光染料，如荧光素（黄）、荧光墨水、罗丹明等。但对荧光染料常常需要采用特殊的光源，如汞灯和氩离子激光等。例如罗丹明 B 在氩离子激光下发深红色的荧光，罗丹明 6G 发黄色光，荧光素（黄）会发绿色光。当工作液体为水时，通常是将上述染料先在水中完全稀释，再将其用作示踪剂。

2. 烟雾

当欲显示的是气体流动时，烟雾是最常用的外加粒子。值得注意的是，这里的"烟雾"并不限于燃烧产物，它们可能是水汽、蒸气、气溶胶、油雾或示踪气体（即可见气体或被激光激发能发出荧光的气体）。显然，上述"烟雾"中所含的液体或固体颗粒，从浮力影响的角度看，其直径应越小越好，通常都小于 $1\mu m$ 或大大小于 $1\mu m$，这样浮力的影响才能减至最小；但从可见度看，颗粒的直径又不能太小，否则显示效果就很差。因此应根据具体情况选择合适的"烟雾"。

3. 示踪粒子

当外加粒子的目的是用于测量流体的速度时，这种粒子就称为示踪粒子。对示踪粒子最基本的要求是：可见度高；粒子和流动流体之间的相对运动尽可能小。这两个要求是互相矛盾的，因为尺寸越小的粒子对流动的跟随性越好，但可见度则会变差。因此应根据工作流体的性质选择合适大小的示踪粒子。常用于测量速度的示踪粒子见表5-4。

表 5-4　常用于测量速度的示踪粒子

工作流体	粒子	直径/μm	备注
水	聚乙烯甲苯丁二烯 （固体的白色树脂）	40~200	不溶于水，高反射性 密度 1.02g/cm^3
水/水-甘油	聚苯乙烯	10~200	密度略大于水， 在甘油中可忽略浮力
水	真空玻璃球	25	
水/甘油,硅油	蜂蜡	200~1000	
水	铝-镁片状粉末	10~100	片状,长 20~50μm, 厚 5μm,显示表面流动
水	混合液滴	20~200	矿物油和四氯化碳混合而成,浮力可忽略
空气	滑石粉	10	重力不能忽略
空气	石松子	30	重力不能忽略
空气	玻璃球	20	重力不能忽略
空气	油滴	1	重力不能忽略
空气	氢气泡（充满氢气的肥皂泡）	1000	重力可忽略

4. 氢气泡

氢气泡主要用于速度剖面的显示，它是通过电解工作液体——水而产生的。·

5. 碲云

碲云也是用于速度剖面的显示，它是水电解时，碲离子和氧结合而形成的一种黑色染料。

6. 油膜

油膜主要用于表面流动的显示。

7. 油沫

油沫也是用于表面流动的显示。

5.4.5　外加粒子的方法

1. 染料的注入和产生

在流动显示技术中，有如下注入或产生染料的方法：

1）在流场中所要求的位置上，用直径小于1mm的小注射器施放染料。这种施放染料的方法最为简单，但对原有的流场会产生一定的干扰。减小干扰的办法是：尽量减小施放管的尺寸，并将它置于实验模型上游足够远处；染料注入的速度应和工作液体的流动速度相匹配。

2）在实验模型上开若干小孔，通过小孔施放染料。这种施放方法对原有流场也有干扰，因此为减小这种干扰，通过小孔施放染料的垂直速度分量应越小越好。

3）在两种流动的交界处引发一种能生成染料的化学反应。这种方法主要用于显示两股不同流动之间的轮廓和边界，其原理是利用pH指示剂的变色临界值。例如将pH指示剂溶于喷管的射流中，该射流喷射到另一原来静止的流体中，两种流体有不同的pH值，分别高于和低于变色的临界值，随后利用产生染料的反应，观察两种流体的混合。

常用的pH指示剂和变色临界值见表5-5。

表5-5　常用的pH指示剂和变色临界值

指示剂	pH和颜色	
溴甲酚绿	3.6, 黄色	5.2, 蓝色
溴苯酚红	5.2, 黄色	7.0, 红色
溴百里酚蓝	6.0, 黄色	7.6, 蓝色
亚甲酚紫	7.6, 黄色	9.2, 紫色
百里酚蓝	8.0, 黄色	9.6, 蓝色
酚酞	8.3, 无色	1.0, 红色

4）利用生成染料的定时化学反应。这种方法的特点是，工作溶液是由两种化学溶液混合配制的，从两种化学溶液混合的时刻起，经过一定时间，混合物会在一瞬间突然变色，从而可以利用它测量流体通过任意形状容器的平均流动时间。

最常采用的两种混合物，一种是硫酸钠和碘化钾，另一种是硫代硫酸钠和淀粉。硫酸钠和碘化钾起缓慢的化学反应，产生碘；碘和硫代硫酸钠迅速反应还原出碘化钠。当所有硫代硫酸钠用完后，自由碘就会和淀粉起反应，使溶液立即变为蓝色。反应时间（即变为蓝色的时间）取决于碘化钾、硫代硫酸钠和硫酸钠的起始浓度。

值得注意的是，在工作液体中注入染料后，循环水道中的水会变色，影响流动显示效果，因此应定期更换循环水。

2. 烟雾的注入和产生

常用的产生烟雾的方法有：

1）燃烧香烟、烟草、木屑、蚊香、白松木等。

2）烃类油的不完全燃烧（气化）。

3）四氯化钛和水反应生成反射性很好的白色浓雾。

烟雾的引入最常用的是烟管，此外一种发烟金属丝的方法也被广泛应用，它是在金属丝上涂上矿物油和染料组成的糊状物，然后将金属丝通电加热，即可产生有色烟雾。

其他粒子或氢气泡产生的方法将在具体显示方法中予以介绍。

5.4.6　方向和流动轮廓的显示

流动显示中最直观的是流动方向和流体轮廓的显示。最常用的方法是液体中的染色法和气体中的烟雾示踪法。

1. 液体中的染色法

液体中的染色法主要适用于层流流动和低速流动，它广泛用于水洞之中以显示水流过模型所产生的附着或分离流动，以及旋涡的形成、发展与破裂和尾流等。不同研究者用于显示流迹线和流动轮廓的常用染料溶液见表5-6。

表5-6　用于显示流迹线和流动轮廓的常用染料溶液

工作液体	染料	工作液体	染料
水	牛奶和食品颜料	水	结晶紫
盐水	牛奶	水	亚甲蓝染料
水	食品颜料	盐水	蓝色系染料
聚合物溶液	食品颜料	水	苯胺灰
水	墨水	水	罗丹明
聚乙烯/乙二醇溶液	墨水	盐水	食品颜料
水	印刷白粉	水	荧光素
水	高锰酸钾	水	荧光墨水

2. 气体中的烟雾示踪法

烟雾示踪法是烟风洞和低速风洞显示流态的经典方法，近来也被用于高速风洞中。从实验室的安全角度考虑，蒸气和油雾比燃烧产物更适用。常用的油雾发生器主要由一个加热设备和一个混合器组成（图5-50）。从粒子的平均尺寸，光散射特性、气化温度及可燃性等方面看，选择煤油最合适。

产生白色浓雾最常用的方法是四氯化钛与水反应。在这种白雾发生器中，压缩空气被泵入充满液态四氯化钛的容器中，很小的四氯化钛液滴被空气夹带送到第二个装满水的容器中，反应结果是产生有很好光反射特性的二氧化钛白雾。

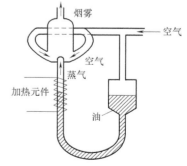

图5-50　油雾发生器的示意图

气体中的烟雾示踪可以获得很好的流动图像。图5-51所示为低雷诺数风洞中机翼周围的烟线。图5-52所示为大众汽车公司在风洞中对全尺寸的汽车模型进行烟雾示踪时所获得的流动图像。此外，烟雾还能很好地显示涡流、尾流和其他分离流动的轮廓。

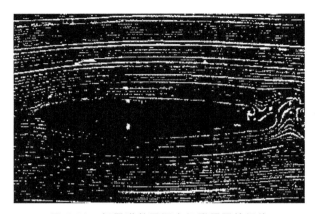

图 5-51　低雷诺数风洞中机翼周围的烟线

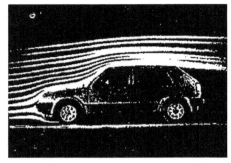

图 5-52　全尺寸的汽车模型进行烟雾示踪时所获得的流动图像

3. 汽屏

风洞的应用仅限于亚音速流，而汽屏则可用于观察超音速风洞中的流动。汽屏法的基本原理是：风洞中流动的是湿空气，湿空气通过超音速喷嘴时由于膨胀而被冷却，其中水蒸气就会在实验段内凝结成雾。于是实验段中的模型（如飞机）附近的流动图像就变成可见的了。对于不同的马赫数需要不同的增湿比。图 5-53 所示为汽屏法的示意图。

4. 丝线屏

丝线屏主要用于显示不同模型体后留下的涡流。其原理是：在模型后置一金属丝组成的栅格，在栅格的节点上粘上短的丝线束，在流动的下游方向进行观察或摄影。丝线屏法也可研究空气射流与一股交叉侧风之间的相互作用。

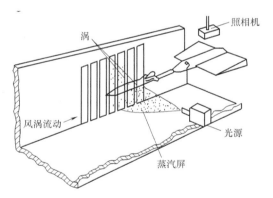

图 5-53　汽屏法的示意图

5.5　利用示踪粒子测量速度

如果在流体中施放单个粒子，粒子的跟随性又很好，则粒子的运动速度和方向就可以近似代表流体的速度和方向。前述激光多普勒测速和激光双焦点测速，就是利用示踪粒子测量速度的最好例子。

用普通照相或高速摄影的方法对示踪粒子进行拍照，也可以获得有关速度场的信息。其方法的要点是，用片光进行照明，从近似于垂直照明平面的方向进行拍照，拍照时利用机械快门或脉冲光源作定时曝光；每一示踪粒子将以一根条纹的形式出现在成像面上，该条纹的长度正比于局部的平均速度。速度测量的精度取决于曝光时间的控制精度。流速越高，所需曝光的时间越短，通常机械快门的曝光时间可达毫秒级，电火花闪光可达微秒级，红宝石激光则可达纳秒级。

近几年来,基于光干涉理论的散斑照相和全息照相技术在利用示踪粒子测速方面也开始发挥越来越重要的作用。

5.5.1 速度剖面显示

速度剖面的显示方法很多,主要有气泡法、碲云法、百里酚蓝法和光致变色染料法。

1. 气泡法

在低速流动中可用气泡作为示踪粒子显示流态,特别是速度剖面。常用的气泡有氢气泡和氦气泡,其中氢气泡法用得最为普遍。

氢气泡法的原理是:在水中置两电极,两电极间加一直流电压,水由于电解会在阴极上形成氢气泡,在阳极上形成氧气泡,因为氢气泡比氧气泡的尺寸小得多,因此用氢气泡作为示踪粒子。

具体实施氢气泡法时是在垂直于平均流动方向上置一细长的金属丝(通常为铂丝,也可以用钨丝或不锈钢丝,其直径为 $5\sim20\mu m$)作为阴极,阳极为任意形状,置于流动中的另一位置。普通自来水即可作为电解液,若水质太软,可加少许硫酸钠,以增加电导率,在阴极上加一脉冲电压(电压值为 $100\sim600V$,脉冲宽度为 $1\sim4\mu s$),随着脉冲在阴极上将产生一行行氢气泡,它们将随液体一起流动,显示出流体的局部速度剖面或模型后形成的尾流。氢气泡法也常用于研究湍流边界层的结构。

氦气泡法是用氦气泡枪发出小氦气泡作为跟随流动的示踪粒子,当把它们射入模型前方的自由流中时,它们会顺流而下绕过模型,其运动迹线显示了模型周围的流动状态。氦气泡法的最新发展是用彩色氦气泡显示流动轨迹,从而使迹线的分辨力大大提高。彩色氦气泡法与水洞中的彩色染色法相比,实验雷诺数高,而且还可对非定常流进行定性显示和定量测量。

2. 碲云法

碲云法的原理与氢气泡法类似,其不同处是阴极为一根碲丝。当电极上加有电压时,带两个负电荷的碲离子就会从碲丝表面离解出来,由于流体中有氧,碲离子与氧结合就形成了胶溶悬浮体状的黑色染料。这些黑色染料随流体一起流动,从而显示出速度剖面或模型周围的绕流。碲云所产生的悬浮粒子直径约为 $1\mu m$,沉降速度仅 $0.1mm/s$,扩散速率也低,适合于低速流动的显示。

在实施碲云法时,为使碲云胶溶体状态稳定,常在水中加有少量氢氧化钾,以增加 pH 值(通常使 pH 值达到 9 或 10)。此外加几滴 H_2O_2 可改进对比度,还可增加水中的氧含量,有利于形成碲胶溶体。碲丝上所加的脉冲电压约为 300V,电流强度根据碲丝的长度决定,通常 1cm 长的碲丝需 1A 电流。碲丝可以由碲拉拔,或在钢丝上蒸镀一层碲。碲丝寿命有限,大约可做 100 次实验。

3. 百里酚蓝法

百里酚蓝法的原理是利用 pH 指示剂的变色反应。百里酚蓝的水溶液在酸性环境中(pH<8.0)呈橘黄色,如果溶液变为碱性(pH>9.6),它就由橘黄色变为蓝色。如将两电极置于流体中,阴极是一根细金属丝(如氢气泡法),当所加电压很低(仅几伏)时,阴极上不会产生氢气泡,但在阴极附近会出现过剩的 OH^- 而呈碱性。若工作流体的酸性很弱,并接近于变成碱性的转变点，则阴极附近 pH 值的微小变化就会使该区域呈碱性而使溶液变为蓝色。如果采用脉冲电压，则在阴极附近就会形成一深蓝色的小圆柱（像碎云一样），它随流体一起流动并显示出局部的速度剖面。

具体实施百里酚蓝法的方法是：在蒸馏水中按重量比溶解 0.01% ~ 0.04% 的百里酚蓝。为使溶液刚好呈酸性，先加入几滴 NaOH，使其颜色变成深蓝，而后再一滴一滴地滴入 NaCl，直到溶液变为黄色为止，这样制备的溶液寿命可达几个月。阴极丝为直径 0.01mm 的铂丝，电压一般不超过 10V，电流不大于 10mA。为了增加橘黄色液体与蓝染料之间的对比度，可选用黄色照明光，钠灯是最合适的光源。因染料生成数量有限，故工作流体的流速不能超过 5cm/s。

4. 光致变色染料法

这种方法的特点是在流体中加入发光的示踪粒子，这些粒子在紫外线、氙灯或激光的照射下激发出荧光，从而显示流动的速度剖面或流迹线。常用的光致变色染料是吡啶和吡喃这一类物质。

5.5.2 表面流动显示

流动流体与壁面之间的相互作用包括机械的作用，如剪切应力；热学的作用，如传热；以及化学的作用，如传质。而表面流动显示将有助于了解流体与壁面之间的各种相互作用过程。

1. 表面流动图像

表面流动图像的显示方法很多，其中最常用的是油膜法和壁面丝束法。

（1）油膜法　油膜法是一种显示表面流动的标准方法，已有很长的历史。它是将一种由油剂和颜料混合配制的特殊涂料涂在模型的表面上，当进行风洞实验时，气流将使油沿模型表面流动，由于边界层内的不同流动状态对油膜的剪切应力不同，因此在模型表面会形成不同的条纹状颜料痕迹，这些条纹就给出了有关表面流动的信息。

油膜法显示表面流动的关键是选油和颜料，使之混合成一种黏度适当的涂料。理想的涂料是在风洞启动至达到所要求的流动速度前不流动，且当风洞停车时，模型表面的条纹应不受影响。常用的油类有煤油、轻柴油和轻变压器油；当气流速度低时也可以采用酒精，对高速风洞则应选用真空泵油。常用的颜料应视模型背景来选择，对深色模型可选用白色的二氧化钛或瓷土粉末；对光亮模型多用炭黑。有时在机油中加上荧光粉和丙酮涂在模型表面，风洞吹风时，油层随气流吹走或挥发，只在模型表面留下一薄层显示流态的油膜，实验后，把模型放在紫外灯下照射，就可看到彩色流动图像。

油膜法使用的涂料可连续地涂在模型表面上，亦可在模型表面上打上不连续的圆点。后一种方法可使油条纹能更清晰地显示流动方向，条纹的长度分布甚至可以作为表面剪切力的度量，并进行定量计算。

（2）壁面丝束法　为了显示靠近固体壁面处空气的流动方向，一种最简单的办法是在物体表面上贴上短的丝线束，吹风时丝束的状况就反映壁面处空气的流动状态。这种壁面丝束法在层流时能很好地反映局部流动的方向；但当空气流变为湍流时，丝线束将呈现不稳定的运动，它可以作为壁面边界层变为湍流的标志。丝线束更激烈的运动或者有从表面上离开的趋势，则可以作为分离流动状态的标志。

丝线束的尺寸与材料的选择与流动状态及试验模型的尺寸有关，进一步发展的壁面丝束法是采用荧光尼龙单线，线径为 $20\mu m$，在拍摄时用紫外线照明，能获得很清晰的图像。

2. 表面传质的显示

流体流过固体表面时和固体表面之间的传质过程，可借助于表面传质的显示来加深理解。表面传质显示的方法主要有升华法和利用传质引起的化学变化。

升华法是在模型表面上涂上易升华的固体，或者模型本身就是由升华固体制成的。将模型抛光后置于风洞中，由于升华物质气化，因此会在模型表面上形成不同深度的沟槽。通过对这些沟槽的测量即可获得模型各处的局部传质系数，以及整个模型的平均传质系数。此外还可从模型表面的状况确定边界层的状态，以及边界层转换的位置。常用于升华实验的物质有萘（樟脑）和六氯甲烷等。其中萘最方便，可将它溶于丙酮或汽油中，配成10%浓度的溶液，然后用喷枪均匀地喷在模型表面上。

利用传质引起的化学反应来改变模型表面的颜色也可用于表面传质的显示。例如，在模型表面覆盖一层含 $MnCl_2$ 和 H_2O_2 水溶液的潮湿层（滤纸），在流动气体中脉冲式地加入少量氨气。氨被潮湿层吸收而引起化学反应，形成白色的 MnO_2，因此根据其白色的程度，即可决定传质速率。

3. 表面传热的显示

显示流动流体与固体表面之间传热的方法很多，常用的有热敏涂料和液晶涂层。热敏涂料是由几种物质成分组成，每一种成分在某一特定的温度下，其内部结构或物相会发生可见的变化。两种颜色之间的边界线就是等表面温度线。如果模型是由低导热性材料制成，则指示的温度可以当作绝热壁温。最常用的热敏涂料随温度的变化可以出现 $4\sim5$ 种颜色变化。

由于热敏涂料的上述特性，多年来高速风洞实验中就常采用热敏涂料法。在实施热敏涂料法时，覆盖有涂料的模型必须尽快地放进风洞中，因为热敏涂料的颜色变化也与涂料暴露在某一温度下的时间有关，其向表面的传热则可通过记录颜色随时间的变化来确定。为了获得有关传热的定量结果，可对观察到的颜色变化先进行标定。标定的方法是，先将所用的热敏涂料涂在一个球体上，并将球体像实验模型一样放入同样流动状况的风洞中。因为球体表面与流体之间的传热关系是已知的，因此，由球体表面所产生的颜色变化及已知球的传热系数即可获得一组校准曲线。值得注意的是，通常热敏涂料的颜色变化过程是不可逆的，故只能使用一次。也可以用液晶涂层来代替热敏涂料，液晶涂层的优点是：颜色变化可逆，可多次使用；对温度敏感，且敏感的频带宽，通常用眼睛即可分辨出10种颜色。液晶涂层的缺点是：使用温度低，热敏涂料的使用温度可达近千摄氏度，而液晶涂层最多只能在250℃以下使用。

5.6 流动的光学显示

5.6.1 概述

动力工程近代测试技术中的光学方法，包括流动的光学显示方法，由于其无干扰、实时和便于记录，因此已日益为人们所重视。与流动有关的光学方法都是建立在光和流体相互作用的基础上，光由于这种相互作用而发生变化，并显示出有关流场的各种信息。

上述光与流场相互作用的信息，可以用以下两种方法获得：

1）接收穿过流场的透射光，并将其状态与入射光比较（图5-54），这样获得的信息是沿流场中光程的积分结果。因此为了求得流场的三维信息，常常需要采用层析法。

2）记录来自流场中某一位置的，朝某一特定方向散射的散射光。因为一般认为该散射光携带了流场在该散射位置处的信息，并且该散射光在进一步穿过流场时并不发生变化，因此此时记录的信息是点信息，即局部信息。

通常散射光的强度比透射光强度低得多，因此通过散射光来获取信息也困难得多。

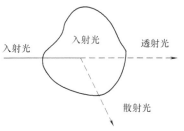

图 5-54 光波和流场的相互作用

光波携带的信息有振幅、方向、波长或频率、位相和偏振等。对于不同的信息可有不同的测量方法，表5-7给出了光波携带信息的主要测量方法。

消光法多用于两相流中，其中一个相（如固相）阻挡光束，消光度则遵循朗伯比尔定律，利用它可以得到吸收相在透明相的浓度。

由于流体折射率的变化，光会偏离原来的方向，其偏转角在气体中很小，仅零点几度，在液体中就可能相当大，利用纹影法或阴影法就能够使偏转角变成可见的。

由于多普勒效应，光波的频率会改变，这就是之前讲述过的多普勒测速的原理。

表 5-7 光波携带信息的主要测量方法

光波携带的信息	测量方法
振幅	消光法
方向	阴影法和纹影法
频率	多普勒法
位相	干涉法
偏振	—

如果线性偏振光通过液态糖溶液传播，其偏振方向将会改变，这一效应曾用来测量水中糖的浓度，但在流动显示中目前尚无应用。

对散射光而言，流体分子或散布在流体中的示踪粒子都能够起散射体的作用，但后者比分子散射的强度要大得多，这是因为散射光的强度与散射体的尺寸有很大的关系。

由于每一个散射体都有自身的散射特性，例如散射光的强度及偏振均与散射光的频率有关；散射光的频率又会随散射体的运动状态和热力学状态而变化。散射光频率随散射体运动状态变化的典型例子就是多普勒效应，而散射光频率随散射体热力学状态变化的典型例子就是拉曼效应。

散射还可区分为弹性散射和非弹性散射。前者的入射辐射和散射体之间没有能量交换，后者有能量交换。因此发生非弹性散射时，散射体内部的能量状态也会发生变化，例如荧光示踪就是如此。

瑞利散射是分子散射中强度最大的，由于瑞利散射的强度正比于散射体的数目，所以常用于测量大气中颗粒污染物的浓度。拉曼散射由于能辨别混合物中不同成分分子所发射的辐射，因此非常适用于火焰和燃烧过程的研究。

流动的光学显示有着广泛的应用，其主要应用领域有：

1）可压缩流动。其特点是气体的可压缩性会引起气体密度发生变化，从而引起折射率发生变化，因此用光学方法显示出折射率场，就可获得可压缩流动的信息。由于密度变化最大的是激波，因此光学方法是研究激波的有力工具。

2）对流传热。其特点是温度的变化会引起流体密度变化，进而改变折射率场，因此特别适合于用光学的方法显示温度场，并通过计算求得对流传热系数。

3）混合过程。其特点是不同密度的两种或多种流体混合，混合区的混合物的密度与区部浓度有关，这种由浓度引起的密度变化，也可以通过折射率场反映出来。

4）燃烧。燃烧过程既包含了压缩性影响、混合过程影响，又包含有大温差的影响，采用光学测量方法特别有利。

5）等离子体流动。这是发生在极高温时的过程，除原子和分子气体外，电子气体也起着重要作用，光学测量和显示正在进入这一领域。

6）分层流动。它既可以出现在气体中，也可以出现在液体中，由于垂直于流动方向上物质的密度不同，因此易于用光学方法使流动可视化。

5.6.2 光在非均匀密度场中的偏转

当光通过某一试验物，而试验物又具有非均匀密度场时，由于折射率与密度有关，因此相对于没有试验物而言，光会产生某种程度的偏转，偏转的程度取决于试验物中密度的变化。

图 5-55 所示为一个非均匀密度场（试验物）中光线的偏转情况。根据光学原理，光的偏转角 ε_x、ε_y，以及两束光，即偏转光和未被干扰光到达记录平面的时间差 $\Delta\tau$ 可分别用下式表示：

$$\tan\varepsilon_x = \int_{\xi_1}^{\xi_2} \frac{1}{n} \cdot \frac{\partial n}{\partial x} \mathrm{d}z \qquad (5\text{-}45)$$

$$\tan\varepsilon_y = \int_{\xi_1}^{\xi_2} \frac{1}{n} \cdot \frac{\partial n}{\partial y} \mathrm{d}z \qquad (5\text{-}46)$$

$$\Delta\tau = \frac{1}{c}\int_{\xi_1}^{\xi_2} [n(x,y,z) - n_\infty] \mathrm{d}z \qquad (5\text{-}47)$$

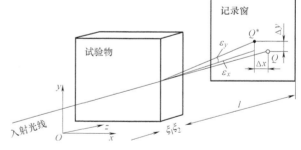

图 5-55 非均匀密度场中光线的偏转情况

式中，ξ_1 和 ξ_2 分别是光进入和离开试验物处的 z 坐标；n 是试验物的折射率；c 是真空中的光速；n_∞ 是未被干扰场的折射率。

若记录平面离试验物出口平面的距离为 l 且假定流动设备和记录平面之间的气体具有均匀的光学性质，则时间差 $\Delta\tau$ 可以转换成记录平面上被干扰和未被干扰的光线之间的相位差 $\Delta\varphi$，即

$$\frac{\Delta\varphi}{2\pi} = \frac{1}{\lambda}\int_{\xi_1}^{\xi_2} [n(x,y,z) - n_\infty] \mathrm{d}z \qquad (5\text{-}48)$$

式中，λ 是所采用光的波长。

根据上述方程就产生了三种不同的光学显示方法。阴影法就是一种用以显示式（5-45）和图 5-55 中所表示的位移 QQ^* 的方法；纹影法则测量式（5-46）中的偏转角 ε_y；干涉法则用以显示式（5-48）所表示的相位变化。

5.6.3　阴影法

阴影法又称阴影照相。实验室中常采用平行光作为阴影照相的光源。常用的阴影照相的光学系统如图 5-56 所示。

参看图 5-56，当光通过所研究的试验物时，各路光线将被折射并偏离其原来的路径。跟踪某一路偏转光线，它到达记录平面上的 Q^* 点，而不是无偏转时的 Q 点，这样，记录平面上光强的分布相对于未干扰的情况而言就被改变了。例如，Q^* 点接受的光就比原来的多，Q

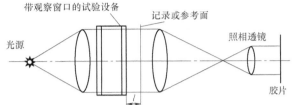

图 5-56　阴影照相的光学系统

点因为没有光线到达，可以看作相应物点的阴影，这也是称作阴影照相的原因。假设用 $I(x, y)$ 表示未被干扰情况下记录平面上的光强分布，$I^*(x^*, y^*)$ 表示干扰情况下的光强，则根据光学原理，胶片上所接受到的光强的相对变化可以用下式计算：

$$\frac{\Delta I}{I} = I \int_{\xi_1}^{\xi_2} \left(\frac{\partial^2}{\partial x^2} + \frac{\partial^2}{\partial y^2} \right) (\ln n) \, \mathrm{d}z \tag{5-49}$$

式中，$\Delta I = I^* - I$；ξ_1 是光进入试验物处的 z 坐标；ξ_2 是光离开试验物处的 z 坐标；n 是试验物的折射率。气体介质密度 ρ 和折射率 n 的关系符合格拉斯东-台尔公式，即 $k = (n-1)/\rho$，其中 k 为格拉斯东-台尔常数。由式（5-49）可知，阴影照相是通过折射率的变化来反映气体密度的二阶导数的变化。例如，当气体密度仅沿某一方向 y 变化时，根据格拉斯东-台尔公式，在 y 方向上的密度变化的一阶和二阶导数分别为

$$\frac{\partial \rho}{\partial y} = \frac{1}{k} \cdot \frac{\partial n}{\partial y} \tag{5-50}$$

$$\frac{\partial^2 \rho}{\partial y^2} = \frac{1}{k} \cdot \frac{\partial^2 n}{\partial y^2} \tag{5-51}$$

假定压力为常数，根据理想气体方程 $\rho = P/(RT)$，式（5-50）和式（5-51）又可分别写成

$$\frac{\partial n}{\partial y} = \frac{n_\infty - 1}{T} \cdot \frac{\rho}{\rho_\infty} \cdot \frac{\partial T}{\partial y} \tag{5-52}$$

$$\frac{\partial^2 n}{\partial y^2} = k \left[-\frac{\rho}{T} \cdot \frac{\partial^2 T}{\partial y^2} + \frac{\partial \rho}{T^2} \left(\frac{\partial T}{\partial y} \right)^2 \right] \tag{5-53}$$

式中，n_∞ 和 ρ_∞ 分别是未被干扰场的折射率和密度；T 是气体介质温度；ρ 是气体介质密度；k 是格拉斯东-台尔常数。由式（5-52）和式（5-53）可知，只要获得了折射率场，即可求得温度场。

可以用下面简单的模拟方法来进一步分析阴影照相。考察一束光线通过一透明的等厚的

由均质材料构成的玻璃平板（图5-57a），此种情况等效于等密度的流体场。此时光束不受影响，物体后方的记录平面将被均匀地照明。如果光束是通过一个具有平表面的楔形玻璃（图5-57b），这相当于一个$\partial n/\partial y$＝常数的流场（y方向垂直于入射光），则光束会以一个恒定的角度偏转，记录平面上仍得到均匀的照明。如果楔形的一个表面为球面（或柱面）形状（图5-57c），这相当于一个$\partial^2 n/\partial y^2$＝常数的流体场，则楔形后面光束中的各路光线将会会聚（透镜效应），记录平面上的亮度虽然更亮些，但却是均匀的。只有当楔形表面的曲率不为常数（图5-57d），这意味着流场中$\partial^2 n/\partial y^2 \neq$常数，此时记录平面

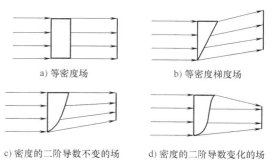

a) 等密度场　　　　　b) 等密度梯度场

c) 密度的二阶导数不变的场　　d) 密度的二阶导数变化的场

图 5-57　模拟的不同场中光线的偏转

上的照明度才是不均匀的，也只有在这种情况下才可能区分出不同光强的区域，并根据记录结果推导出有关流动的信息。

　　根据上述分析可以看出，阴影照相并不是一种适合于定量测量流体密度场的方法，因为其分析计算要求对记录平面上光强分布进行二重积分；而光强的表示，例如明影的灰度，并不能很精确的确定，通过二重积分后这一误差将更被放大。但是阴影照相法简单，故仍不失为一种定性观察流体密度场变化的可行方法。

　　由于折射率或密度的二阶导数的最剧烈的变化出现在激波中，因此阴影照相最适合于显示激波图像的几何形状，不论是超音速流动中产生的稳定的激波轮廓，还是激波管中产生的不稳定的激波轮廓，图5-58所示为超音速飞行球体的阴影照相，图中可以清楚地看到激波的轮廓和它所处的位置。

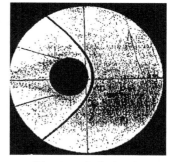

图 5-58　超音速飞行
球体的阴影照相

　　阴影照相作为一种定性的光学流动显示方法在可压缩流动、流体混合、对流传热和分层流动中也有许多应用。

5.6.4　纹影法

　　纹影法是测量式（5-46）中的偏转角ε_y，并通过它获得有关折射率场的信息，再根据式（5-52）由折射率场求得密度场或温度场。

　　图5-59是常用纹影系统的示意图。光源通过试验物（如可压缩的流动场）成像于刀口平面上，该刀口位于第二个透镜的焦平面上。第二个透镜也称为纹影头，刀口垂直于图面，光源可以是点状，也可以是平行于刀口的狭缝。照相机的透镜使实验段成像于照相胶片上，因此避免了可能的阴影效应。

　　如果光源的像有一部分被刀口切去，则照射在照相胶片上的光强将减小。设 a

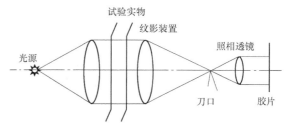

试验实物

纹影装置

照相透镜

光源

刀口　　　胶片

图 5-59　常用纹影系统的示意图

为光源像被切去的高度，b 为垂直于图面的像的宽度，当试验段内无任何干扰时，到达照相平面上任一点的光强将为常数。如果由于试验段中的干扰使光线偏转某一角度 ε，则该光线在刀口平面上所形成的光源的相应的像，将分别在垂直和平行于刀口的方向上移动一个距离 Δa 和 Δb（图 5-60）。如果 ε_y 是 ε 的垂直分量，f_2 是纹影头的焦距，由于偏转角的数量级通常都很小，一般为 $10^{-6} \sim 10^{-3}$ rad，因此下式成立：

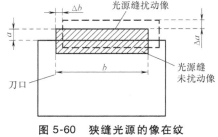

图 5-60　狭缝光源的像在纹影刀口平面上的位移

$$\Delta a = f_2 \tan \varepsilon_y \approx \varepsilon_y f_2 \tag{5-54}$$

此时用照相方法测出的光强的相对变化为

$$\frac{\Delta I}{I} = \frac{\Delta a}{a} = \varepsilon_y \left(\frac{f_2}{a} \right) \tag{5-55}$$

因此测出纹影图像中局部光强的变化 $\Delta I / I$，就可获得光线偏转角的值，从而通过式（5-46）求出试验场中的折射率梯度。利用上述方法，测得的是折射率梯度在 y 方向上的分量，若将刀口（以及线性光源）绕光轴旋转 $90°$，则该系统将对位移 Δb 敏感，从而可以测出折射率梯度在 x 方向的分量。为了适应不同的测量对象，还有许多不同的纹影光学系统，例如当视场较大，即试验对象较大时就需要采用反射镜系统，能够制造比透镜直径大得多的反射镜。图 5-61 就是带球面镜的 Z 形布置的纹影系统。此外为了提高灵敏度，还有一种双行程的纹影系统。采用双刀口可在光强大的区域改善纹影的灵敏度。由于眼睛对颜色变化的反应比对阴影灰度变化灵敏得多，于是出现了彩色纹影系统。它或者是用滤光器代替刀口，或者是在白色光源的前面加一个色散棱镜。

纹影法在空气动力学和热力学研究中已成为一种常用的光学显示系统，它不仅光学设备简单，还具有高的分辨力。图 5-62 所示为一个超高音速飞行球体周围流场的纹影照片。有关用干涉法显示流场的方法因在前面已有论述，此处不再讨论。

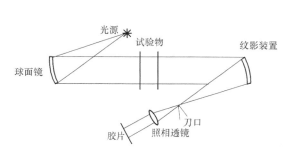

图 5-61　带球面镜的 Z 形布置的纹影系统

图 5-62　超高音速飞行球体周围流场的纹影照片

5.6.5　附加热或能量的流动显示技术

之前介绍的两种流动显示方法都各有特点，外加粒子的流动显示方法主要适用于不可压缩流，如液流和低速气流；光学显示方法则主要适用于可压缩。对于另一类特殊的流动——稀薄气流流动，上述两种方法都显得无能为力。因为在这种低密度流中，外加粒子会对流动产生显著的影响；而由于压缩性等因素引起的密度变化的绝对值又太小，以致不能用测量折射率变化的一般光学方法来予以显示。此时附加热或能量的流动显示技术就显得特别有效。

1. 引入能量人为地改变密度

在不可压缩流体中，通过在单一点上加入能量，以人为地引起密度变化，是这一方法的特点。流体接收能量后，密度有变化的部分则可用某一种现有的光学方法来予以显示。如果加入的能量足够大，接收能量的流体元有可能自己发光而被观察到。

最简单的加入能量的方法是穿过流动截面装一根电加热的细丝，通电后丝附近区域的流体元的温度将升高。由于流动中压力保持不变，所以这部分流体元的密度就低于周围未被加热流体的密度。这个密度差的大小可以通过电流来控制。采用纹影仪即可将此密度差显示出来。如果用周期性的脉冲电流而不是用恒定电流来加热细丝，则可以在流动中产生热点，这些热点也可以借助于纹影系统来观察。由于两个电脉冲之间的时间间隔是已知的，所以还可以从纹影照片上两个热点之间的距离来计算速度。当然，为了产生清晰的热点，必须在每个脉冲加热之后使细丝尽快冷却下来。

另一种加热方法是采用红外灯直接辐射加热。例如在研究均匀低速空气流中振动机翼上涡流的分布时，可将机翼表面涂黑，然后用红外灯对机翼进行辐射加热。于是流过机翼的气流也随之被加热，一个纹影系统可以显示出气流的密度或温度梯度。

2. 电火花示踪

电火花示踪的原理是：在流动的气体中置两电极，其间加上高电压，于是在气体之间就会产生电火花放电，从而显示出流动的速度分布。

电火花示踪的具体实施方法是，在被研究的气流场中相隔几厘米的距离置两电极。电极的形状可以是平行平板状或钉状，前者电火花的特性好，但对流场的干扰较大；后者对流场的干扰小，但不能给火花以确定的初始方向。利用电容器的充、放电产生电火花。电火花的持续时间约为 $100\mu s$ 量级。放电的电压高达 $250kV$，通常火花放电的频率都是可控的。电火花示踪法已应用于气体速度相当大而又不宜用烟线法研究的流动情况，如高焓和高马赫数的流动装置，旋转径向叶轮、

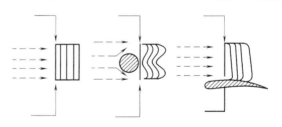

a) 均匀平行流　　b) 球后部的尾迹流　　c) 机翼上的流动

图 5-63　不同流动情况下火花示踪法所显示的速度场示意图

叶片间的空气流动等。图 5-63 所示为不同流动情况下用火花示踪法所显示的速度场示意图。

5.6.6 低密度流动的显示

当气体平均密度太低时，利用气体折射率特性的光学流动显示方法就受到了限制。因此对于低密度流动或稀薄气体流动只有采用其他显示方法，其中最主要的方法是利用某些气体的辐射特性，使流动气体的分子通过受激发而发出某些特征辐射。为使气体分子受激发，就必须把一定的能量加入到流动中，通常加入能量的方法有两种：利用电子束激发，或采用电子辉光放电。

1. 电子束激发

利用高能窄电子束，使快电子与气体分子之间产生非弹性碰撞，于是某些气体受激发返回基态而发出特征辐射。此时电子束就像一个明亮的荧光柱，因此又被称为荧光探头。在某些条件下，辐射的强度正比于气体的局部密度。因此，如果在穿过气体流动的特定平面内以恒速移动电子束，并通过定时曝光照相即可获得该平面内的密度分布图像。

电子枪应能产生直径 1mm 的细电子束，电压和电流值通常为 20kV 和 1mA。电子束的移动速度取决于具体的流动情况。风洞中的试验模型应是金属的，以避免物体表面产生荧光。此外，模型还应接地以使其上不会聚积电荷。为了防止产生二次电子，必须用一个石墨靶来接受电子束。

2. 电子辉光放电

低压气体中的放电伴随有光的发射，由于这种辐射强度取决于控制体积中的气体密度，因此可以使用这种方法来显示稀薄气体流动。电子辉光放电的基本原理是：试验体积中的自由电子及离子被外电场加速，由于与中性气体分子的碰撞而产生一连串的二次电子和离子。这些电子和离子会使气体分子受激发，并在自发地跃迁回基态时发生辐射，其辐射强度是气体密度的函数。在用电子辉光放电显

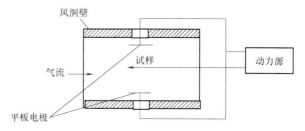

图 5-64　用于低密度超音速风洞的辉光放电装置

示低密度风洞中的可压缩流动时，试验模型作为一个放电电极，风洞壁的某一部分作为另一个电极（见图 5-64）。电极间的电压取决于试验气体，对空气和氮气流而言，1000V 较合适，对氦气则为 300V。为获得均匀照度，通常采用交流电。当电极加上电压后，气体发出辉光，从而可以观察或拍摄。流动中的密度变化表现为辐射强度的变化，有时也表现为辐射颜色的变化。

3. 激光诱导荧光法

激光诱导荧光法主要用于超音速气体流动和产生荧光反应物的燃烧过程。对于气体流动所加的荧光示踪剂是分子碘，或原子状态的钠。示踪气体由激光束激发。具体实施时，激光束像前述电子束一样穿过流场，示踪分子被激发到较高的能级上，并从此能级自发地衰减到中间的能级，从而发出波长不同于激发光的荧光辐射。

一个合适的窄光学滤波器可以滤掉所有由入射光产生的噪声。由于发射的荧光强度正比于散射体积中示踪剂分子的数密度，假定示踪剂分子在流动气体中分布均匀，则由所记录的光强可推断出可压缩流动中气体的局部密度值。实际上荧光信号还包含有关局部压力、局部温度，甚至流动速度的信息（之所以和流动速度有关，是由于多普勒效应而产生的荧光波长变化），正因为如此，激光诱导荧光法近几年已成为研究的热门课题。此外，用激光产生的片光代替单一的激光束已成为发展趋势，因为在正交于片光方向上观察荧光散射，可以获得更多的信息。

在用碘作为示踪剂时，应采用不与碘发生化学反应的气体，如氩、氮等作为实验气体。在室温下碘可以很容易地与实验气体混合在一起，但碘对许多材料有腐蚀性，应采用不锈钢材料。碘添加的比例为试验气体的 $10^{-4} \sim 10^{-3}$，用氩离子激光器的绿线（514.5μm）作为激

发光源。此时，发射的荧光是黄色的。

钠作为气体流动中的荧光示踪剂时，与碘相比有以下优点：

1）在给定的激光强度下，信号强度高出三个数量级。

2）钠蒸气的相对分子质量近似等于所采用的实验气体（如氮和氦）的相对分子质量，而碘的相对分子质量大约要高一个数量级。

为了将钠加入到实验气体氩中，需要将加压的氩气通过加热炉，在炉中氩与钠蒸气混合产生热的钠氩混合物，然后注入滞止罐中，再通过拉瓦尔喷管，喷入超音速风洞。氩气流中钠的相对质量浓度小于 10^{-3}，显示时用罗丹明 6G 的染料激光器的红色或橙色激光来激发荧光。

在流动中添加荧光示踪剂的方法也可用于混合液体的浓度测量。其中在一股液流中加入钠荧光染料，荧光用氩离子激光激发，局部染料的浓度正比于可见荧光的强度。

利用产生荧光的反应，激光诱导荧光法也可用于显示和测量火焰中某些物质的局部浓度。例如，对湍流火焰中的氢氧基团和氧化氮等就可以用激光诱导荧光法测量其浓度，由于用于激发氢氧基团共振的波长是在可见光部分及近紫外线部分，所以应采用脉冲染料激光作为激发光源。氢氧基团被入射辐射激发到一个较高的能级，其发射荧光信号的强度正比于散射体积中氢氧基团的密度。值得注意的是，这种实验中的荧光信号强度比用碘或钠作为示踪剂的荧光示踪显示的信号强度要低得多，当信号是由短激光脉冲产生时，更是如此。为此，必须采用一系列的信号图像增强手段，如采用一组光检测器阵列，或光导摄像机，所记录的图像经数字化处理后再显示出来。图 5-65 所示为用激光诱导法测量火焰时的系统布置图。来自染料激光的光脉冲被扩展成片光，然后对火焰中的一个薄平面进行照明。氢氧基团荧光被增强后用一光电二极管阵列记录，光电二极管阵列再接到一个图像处理系统上。

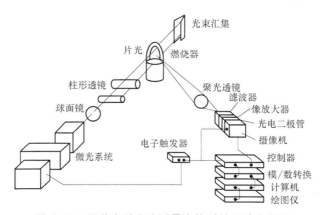

图 5-65　用激光诱导法测量火焰时的系统布置图

复习思考题

1. 简述激光多普勒测速的基本原理。
2. 简述激光多普勒测速的光学系统构成。
3. 举例说明激光多普勒测速技术的应用。
4. 简述激光双焦点测速技术。

5. 简述光的散射、光的衍射的特点及表达式。

6. 请说明粒径测量的原理。

7. 测量系统的基本构成有哪些部件？

8. 三维粒子动态分析仪的特点是什么？

9. 请说明流动显示的原理。

10. 简述利用示踪粒子测量速度的基本原理。

11. 附加热或能量的流动显示技术的特点是什么？

第 6 章
微观纳米测试及内部结构影像测量技术

6.1 扫描电子显微镜测试技术

6.1.1 概述

扫描电子显微镜（Scanning Electron Microscope，SEM）是一种用于高分辨力微区形貌分析的大型精密仪器，是介于透射电子显微镜和光学显微镜之间的一种测试仪器，具有景深大、分辨力高、成像直观、立体感强、放大倍数范围宽以及待测样品可在三维空间内进行旋转和倾斜等特点，另外具有可测样品种类丰富、几乎不损伤和污染原始样品以及可同时获得形貌、结构、成分和结晶学信息等优点。其利用聚焦的很窄的高能电子束来扫描样品，通过光束与物质间的相互作用，来激发各种物理信息，对这些信息收集、放大、再成像以达到对物质微观形貌表征的目的。新式的扫描电子显微镜的分辨力可以达到 1nm；放大倍数可以达到 30 万倍以上，且连续可调；并且景深大，视野大，成像立体效果好。此外，扫描电子显微镜和其他分析仪器相结合，可以做到观察微观形貌的同时进行物质微区成分分析。扫描电子显微镜在岩土、石墨、陶瓷及纳米材料等的研究上有广泛应用，因此扫描电子显微镜在科学研究领域具有重大作用。目前，扫描电子显微镜已被广泛应用于生命科学、物理学、化学、司法、地球科学、材料学以及工业生产等领域的微观研究，仅在地球科学方面就包括了结晶学、矿物学、矿床学、沉积学、地球化学、宝石学、微体古生物、天文地质、油气地质、工程地质和构造地质等。

1932 年，Knoll 提出了 SEM 可成像放大的概念，并在 1935 年制成了极其原始的模型。1938 年，德国的阿登纳制成了第一台采用缩小透镜用于透射样品的 SEM。由于不能获得高分辨力的样品表面电子像，SEM 一直得不到发展，只能在电子探针 X 射线微分析仪中作为一种辅助的成像装置。此后，在许多科学家的努力下，解决了 SEM 从理论到仪器结构等方面的一系列问题。最早作为商品出现的是 1965 年英国剑桥仪器公司生产的第一台 SEM，它用二次电子成像，分辨力达 25nm，使 SEM 进入了实用阶段。1968 年在美国芝加哥大学，Knoll 成功研制了场发射电子枪，并将它应用于 SEM，可获得较高分辨力的透射电子像。

1970 年他发表了用扫描透射电子显微镜拍摄的铀和钍中的铀原子和钍原子像，这使 SEM 又进展到一个新的领域。

扫描电子显微镜类型多样，不同类型的扫描电子显微镜存在性能上的差异。根据电子枪种类可将其分为以下三种：场发射扫描电子显微镜、钨丝灯扫描电子显微镜和六硼化镧扫描电子显微镜。其中，场发射扫描电子显微镜根据光源性能可分为冷场发射扫描电子显微镜和热场发射扫描电子显微镜。冷场发射扫描电子显微镜对真空条件要求高，束流不稳定，发射体使用寿命短，需要定时对针尖进行清洗，仅局限于单一的图像观察，应用范围有限；而热场发射扫描电子显微镜不仅连续工作时间长，还能与多种附件搭配实现综合分析。在地质领域中，不仅需要对样品进行初步形貌观察，还需要结合分析仪对样品的其他性质进行分析，所以热场发射扫描电子显微镜的应用更为广泛。

6.1.2 扫描电子显微镜的结构及主要性能

自从 1965 年第一台商品扫描电子显微镜问世以来，经过 40 多年的不断改进，扫描电子显微镜的分辨力从第一台的 25nm 提高到现在的 0.01nm，而且大多数扫描电子显微镜都能与 X 射线波谱仪、X 射线能谱仪等组合，成为一种对表面微观世界能够进行全面分析的多功能电子显微仪器。

在材料领域中，扫描电子显微镜技术发挥着极其重要的作用，被广泛应用于各种材料的形态结构、界面状况、损伤机制及材料性能预测等方面的研究。利用扫描电子显微镜可以直接研究晶体缺陷及其产生过程，可以观察金属材料内部原子的集结方式和它们的真实边界，也可以观察在不同条件下边界移动的方式，还可以检查晶体在表面机械加工中引起的损伤和辐射损伤等。

扫描电子显微镜由电子光学系统、信号收集及显示系统、真空系统、附件、电源系统组成，如图 6-1 所示。

1. 电子光学系统

电子光学系统由电子枪、电磁透镜、扫描线圈和样品室等部件组成。其作用是获得扫描电子束，作为信号的激发源。为了获得较高的信号强度和图像分辨力，扫描电子束应具有较高的亮度和尽可能小的束斑直径。

2. 信号收集及显示系统

检测样品在入射电子作用下产生光等物理信号，然后经信号放大后作为显像系统的视频调制信号。现在普遍使用的信号收集及显示系统是电子检测器，它由闪烁体、光导管和光电倍增器所组成。

3. 真空系统

真空系统的作用是保证电子光学系统正常工作，防止样品污染，一般情况下要求保持 $10^{-5} \sim 10^{-4}$ Torr（1Torr＝133.322Pa）的真空度。

4. 扫描电子显微镜的附件

扫描电子显微镜一般都配有波谱仪或者能谱仪。波谱仪和能谱仪是不能互相取代的，只能是互相补充。

波谱仪是利用布拉格方程 $2d\sin\theta = n\lambda$，其中 d 为晶面间距，θ 为入射线、反射线与反射晶面之间的夹角，λ 为波长，n 为反射级数。从试样激发出了 X 射线经适当的晶体分光，波长不同的特征 X 射线将有不同的衍射角 2θ。波谱仪是微观区域成分分析的有力工具。波谱仪的波长分辨力是很高的，但是由于 X 射线的利用率很低，所以它的使用范围有限。

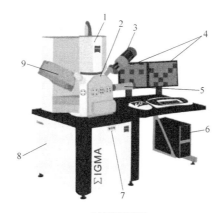

a) 结构原理图

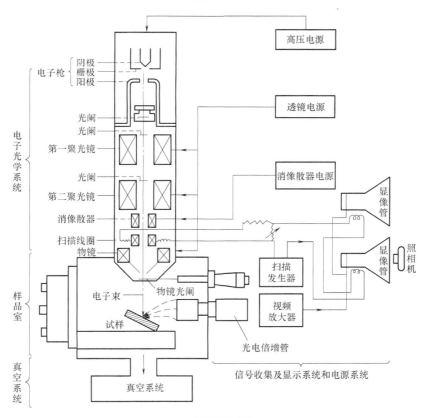

b) 结构组成图

图 6-1 扫描电子显微镜结构示意图

1—镜筒 2—样品室 3—EDS 探测器 4—监控器 5—EBSD 探测器 6—计算机主机
7—开机/待机/关机按钮 8—底座 9—WDS 探测器

能谱仪是利用 X 光量子的能量不同来进行元素分析的方法，对于某一种元素的 X 光量子，从主量子数为 n_1 的层跃迁到主量子数为 n_2 的层上时，有特定的能量 $\Delta E = E_{n_1} - E_{n_2}$。能谱仪的分辨力高，分析速度快，但分辨本领差，经常有谱线重叠现象，而且对于低含量的元素分析准确度很差。

5. 电源系统

电源系统由稳压、稳流及相应的安全保护电路所组成，其作用是提供扫描电子显微镜各部分所需的电源。

各类显微镜主要性能的比较见表 6-1。

表 6-1 各类显微镜主要性能的比较

显微镜		OM	SEM	TEM
放大倍数		1~2000	5~200000	100~80000
分辨力	最高	0.1μm	0.8nm	0.2nm
	熟练操作	0.2μm	6nm	1nm
	一般操作	5μm	10~50nm	10mm
焦深		低,例如 1μm(×100)	高,例如 100μm(×100)	中等,例如比 SEM 小 10 倍
视场		中	大	小
操作维修		方便,简便	较方便,简单	较复杂
试样制备		金相表面技术	任何表面均可	薄膜或覆膜技术
价格		低	高	高

6.1.3 扫描电子显微镜的工作原理

扫描电子显微镜测试技术广泛应用于观察各种固态物质的表面超微结构的形态测量。所谓扫描是指在图像上从左到右、从上到下依次对图像像元扫掠的工作过程，与电视一样，是由控制电子束偏转的电子系统来完成的，只是在结构和部件上稍有差异。在电子扫描中，把电子束从左到右方向的扫描运动称为行扫描或水平扫描，把电子束从上到下方向的扫描运动称为帧扫描或垂直扫描。两者的扫描速度完全不同，行扫描的速度比帧扫描的速度快，对于1000 条线的扫描图像来说，速度比为1000。电子扫描工作原理图如图 6-2 所示。

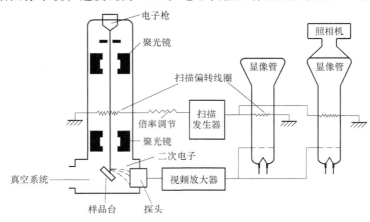

图 6-2 电子扫描工作原理图

扫描电子显微镜的工作是进入微观世界的工作。平常所说的微乎其微或微不足道的东西，在微观世界中，这个微也就不能称其微，因此，人们提出用纳米作为显微技术中的常用度量单位，即 $1nm = 10^{-6}mm$。

扫描电子显微镜成像过程与电视成像过程有很多相似之处，而与透射电镜的成像原理完全不同。透射电镜是利用成像电磁透镜一次成像，而扫描电子显微镜的成像则不需要成像透镜，其图像是按一定时间、空间顺序逐点形成并在镜体外显像管上显示。二次电子成像是使用扫描电子显微镜所获得的各种图像中应用最广泛、分辨本领最高的一种图像。下面以二次电子成像为例来说明扫描电子显微镜成像的原理。

由电子枪发射的电子束最高能量可达 30keV，经会聚透镜、物镜缩小和聚焦，在样品表面形成一个具有一定能量、强度、斑点直径的电子束。在扫描线圈的磁场作用下，入射电子束在样品表面上按照一定的空间和时间顺序做光栅式逐点扫描。由于入射电子与样品之间的相互作用，将从样品中激发出二次电子。由于二次电子收集极的作用，可将各个方向发射的二级电子汇集起来，再由加速极加速射到闪烁体上，将电子转变成光信号，经过光导管到达光电倍增管，使光信号再转变成电信号。这个电信号又经视频放大器放大并被输送至显像管的栅极，以调制显像管的亮度。因而，在荧光屏上呈现一幅亮暗程度不同的、反映样品表面形貌的二次电子像。

在扫描电子显微镜中，入射电子束在样品上的扫描和显像管中电子束在荧光屏上的扫描是用一个共同的扫描发生器控制的。这样就保证了入射电子束的扫描和显像管中电子束的扫描完全同步，以及样品上的"物点"与荧光屏上的"像点"在时间和空间上一一对应，称其为"同步扫描"。一般扫描图像是由近 100 万个与物点一一对应的图像单元构成的，正因为如此，才使得扫描电子显微镜除能显示一般的形貌外，还能将样品局部范围内的化学元素、光、电、磁等性质的差异以二维图像形式显示。

当具有一定能量的入射电子束轰击样品表面时，电子与元素的原子核及外层电子发生单次或多次弹性与非弹性碰撞，一些电子被反射出样品表面，而其余的电子则渗入样品中，逐渐失去其动能，之后停止运动，并被样品吸收。在此过程中有 99% 以上的入射电子能量转变成样品热能，而其余约 1% 的入射电子能量从样品中激发出各种信号。入射电子分布如图 6-3 所示，这些信号主要包括二次电子、背散射电子、吸收电子、透射电子、俄歇电子、电子电动势、阴极荧光、X 射线等。扫描电子显微镜设备就是通过这些信号得到讯息，从而对样品进行分析的。

视频放大器放大的二次电子信号是一个交流信号，用这个交流信号调制显像管栅极电，

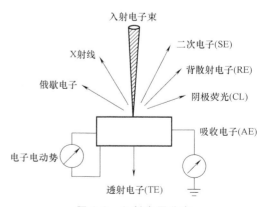

图 6-3 入射电子分布

其结果在显像管荧光屏上呈现一幅亮暗程度不同并反映样品表面起伏程度（形貌）的二次电子像。应该特别指出的是：入射电子束在样品表面上扫描和在荧光屏上的扫描必须是

"同步"的，即必须用同一个扫描发生器来控制，这样就能保证样品上任一"物点"样品 A 点，在显像管荧光屏上的电子束恰好在 A′点，即"物点"A 与"像点"A′在时间上和空间上一一对应。通常称"像点"A′为图像单元。显然，一幅图像是由很多图像单元构成的。

扫描电子显微镜除能检测二次电子图像以外，还能检测背散射电子、透射电子、特征 X 射线、阴极荧光等信号图像。其成像原理与二次电子像相同。

在进行扫描电子显微镜观察前，要对样品作相应的处理。扫描电子显微镜样品制备的主要要求是：尽可能使样品的表面结构保存好，没有变形和污染，样品干燥并且有良好导电性能。

扫描电子显微镜中，由电子枪发射出来的电子束，在加速电压的作用下，经过磁透镜系统会聚后直径为 5nm，再经过二至三个电磁透镜所组成的电子光学系统，电子束会聚成一个细的电子束聚焦在样品表面。在末级透镜上边装有扫描线圈，在它的作用下使电子束在样品表面扫描。

由于高能电子束与样品物质的交互作用，结果产生了各种信息：二次电子、背散射电子、吸收电子、X 射线、俄歇电子、阴极荧光和透射电子等。这些信号被相应的接收器接收，经放大后送到显像管的栅极上，调制显像管的亮度。由于经过扫描线圈上的电流与显像管相应的亮度一一对应，也就是说，电子束打到样品上一点时，在显像管荧光屏上就出现一个亮点。

扫描电子显微镜就是这样采用逐点成像的方法，把样品表面不同的特征，按顺序、成比例地转换为视频信号，完成一帧图像，从而使人们在荧光屏上观察到样品表面的各种特征图像，如图 6-4 所示。

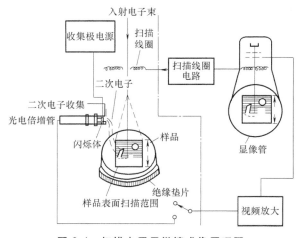

图 6-4　扫描电子显微镜成像原理图

1. 二次电子像

在入射电子束作用下被轰击出来并离开样品表面的核外电子称为二次电子。这是一种真空中的自由电子。二次电子一般都是在表层 5~10nm 深度范围内发射出来的，它对样品的表面形貌十分敏感，因此，能非常有效地显示样品的表面形貌。二次电子的产额和原子序数之间没有明显的依赖关系，所以不能用它来进行成分分析。

2. 背散射电子像

背散射电子是被固体样品中的原子核反弹回来的一部分入射电子，背散射电子来自样品表层几百纳米的深度范围。由于它的产能随样品原子序数增大而增多，所以不仅能用作形貌分析，而且可以用来显示原子序数衬度，定性地用作成分分析。

背散射电子信号强度要比二次电子低得多，所以粗糙表面的原子序数衬度往往被形貌衬度所掩盖。

6.1.4　扫描电子显微镜的测试特点

扫描电子显微镜虽然是显微镜家族中的后起之秀，但由于其本身具有许多独特的优点，发展速度是很快的。它的分辨力较高，通过二次电子像能够观察试样表面 6nm 左右的细节，采用 LaB6 电子枪，可以将分辨力进一步提高到 3nm。

扫描电子显微镜的放大倍数变化范围大，且连续可调，因此可以根据需要选择大小不同的视场进行观察，同时在高放大倍数下也可获得一般透射电镜较难达到的高亮度的清晰图像。

所能观察样品的景深大，视场大，图像富有立体感，可直接观察起伏较大的粗糙表面和试样凹凸不平的金属断口图像等，使人具有亲临微观世界现场之感。

样品制备简单，只要将块状或粉末状的样品稍加处理或不处理，就可直接放到扫描电子显微镜中进行观察，因而更接近于物质的自然状态。

可以通过电子学方法有效地控制和改善图像质量，如亮度及反差自动保持，试样倾斜角度校正，图像旋转，或通过 Y 调制改善图像反差的宽容度，以及图像各部分亮暗适中。采用双放大倍数装置或图像选择器，可在荧光屏上同时观察放大倍数不同的图像。

装上波长色散 X 射线谱仪（WDX）或能量色散 X 射线谱仪（EDX），使具有电子探针的功能，也能检测样品发出的反射电子、X 射线、阴极荧光、透射电子、俄歇电子等。把扫描电子显微镜扩大应用到各种显微的和微区的分析方式，显示出了扫描电子显微镜的多功能。另外，还可以在观察形貌图像的同时，对样品任选微区进行分析；装上半导体试样座附件，通过电动势像放大器可以直接观察晶体管或集成电路中的 PN 结和微观缺陷。由于不少扫描电子显微镜电子探针实现了电子计算机自动和半自动控制，因而大大提高了定量分析的速度。

6.1.5　扫描电子显微镜的测试应用

扫描电子显微镜测试技术具有很多优越的性能，是用途最为广泛的一种仪器，它可以进行如下基本分析：

1）三维形貌的观察和分析。

2）在观察形貌的同时，进行微区的成分分析。

① 观察纳米材料。所谓纳米材料就是指组成材料的颗粒或微晶尺寸在 0.1~100 nm 范围内，在保持表面洁净的条件下加压成形而得到的固体材料。纳米材料具有许多与晶态、非晶态不同的、独特的物理化学性质。纳米材料有着广阔的发展前景，将成为未来材料研究的重点方向。扫描电子显微镜的一个重要特点就是具有很高的分辨力，现已广泛用于观察纳米材料。

② 进行材料断口的分析。扫描电子显微镜的另一个重要特点是景深大，图像富有立体感。扫描电子显微镜的焦深比透射电子显微镜大 10 倍，比光学显微镜大几百倍。由于图像景深大，故所得扫描电子像富有立体感，具有三维形态，能够提供比其他显微镜多得多的信息，这个特点对使用者很有价值。扫描电子显微镜所显示的断口形貌从深层次、高景深的角度呈现材料断裂的本质，在教学、科研和生产中有不可替代的作用，在材料断裂原因的分析、事故原因的分析以及工艺合理性的判定等方面是一个强有力的手段。

③ 直接观察大试样的原始表面。它能够直接观察直径 100mm、高 50mm，或更大尺寸的试样，对试样的形状没有任何限制，粗糙的表面也能观察，这便免除了制备样品的麻烦，而

且能真实观察试样本身物质成分不同的衬度（背反射电子像）。

④ 观察厚试样。其在观察厚试样时，能得到高的分辨力和最真实的形貌。扫描电子显微镜的分辨力介于光学显微镜和透射电子显微镜之间。但在对厚块试样的观察进行比较时，因为在透射电子显微镜中还要采用覆膜方法，而覆膜的分辨力通常只能达到10nm，且观察的不是试样本身，因此，用扫描电子显微镜观察厚块试样更有利，更能得到真实的试样表面资料。

⑤ 观察试样的各个区域的细节。试样在样品室中可动的范围非常大。其他方式显微镜的工作距离通常只有2~3cm，故实际上只许可试样在两度空间内运动。但在扫描电子显微镜中则不同，由于工作距离大（可大于20mm），焦深大（比透射电子显微镜大10倍），样品室的空间也大，因此，可以让试样在三度空间内有6个自由度运动（即三度空间平移和三度空间旋转），且可动范围大，这对观察不规则形状试样的各个区域细节带来极大的方便。

⑥ 在大视场、低放大倍数下观察样品。用扫描电子显微镜观察试样的视场大。在扫描电子显微镜中，能同时观察试样的视场范围 F 由下式来确定：

$$F = L/M \tag{6-1}$$

式中，F 是场范围；L 是显像管的荧光屏尺寸；M 是观察时的放大倍数。

若扫描电子显微镜采用30cm（12in）的显像管，放大倍数为15倍时，其视场范围可达20mm。大视场、低倍数观察样品的形貌对某些领域是很必要的，如刑事侦查和考古。

⑦ 进行从高倍到低倍的连续观察。放大倍数的可变范围很宽，且不用经常对焦。扫描电子显微镜的放大倍数范围很宽（从5到20万倍连续可调），且一次聚焦好后即可从高倍到低倍，从低倍到高倍连续观察，不用重新聚焦，这对进行事故分析特别方便。

⑧ 观察生物试样。因电子照射而发生试样的损伤和污染程度很小，同其他方式的电子显微镜比较，因为观察时所用的电子探针电流小（一般为 $10^{-10} \sim 10^{-12}$A），电子探针的束斑尺寸小（通常是5nm到几十nm），电子探针的能量也比较小（加速电压可以小到2kV），而且不是固定一点照射试样，而是以光栅状扫描方式照射试样，因此，由于电子照射而发生试样的损伤和污染程度很小，这一点对观察一些生物试样特别重要。

⑨ 进行动态观察。在扫描电子显微镜中，成像的信息主要是电子信息。根据近代的电子工业技术水平，即使是高速变化的电子信息，也能毫不困难地及时接收、处理和储存，故可进行一些动态过程的观察。如果在样品室内装有加热、冷却、弯曲、拉伸和离子刻蚀等附件，则可以通过电视装置，观察相变、断裂等动态的变化过程。

⑩ 从试样表面形貌获得多方面资料。在扫描电子显微镜中，不仅可以利用入射电子和试样相互作用产生各种信息来成像，而且可以通过信号处理方法，获得多种图像的特殊显示方法，还可以从试样的表面形貌获得多方面资料。因为扫描电子像不是同时记录的，它是分解为近百万个逐次记录构成的，因而使得扫描电子显微镜除了观察表面形貌外，还能进行成分和元素的分析，以及通过电子通道花样进行结晶学分析，选区尺寸可以从 $10\mu m$ 到 $2\mu m$。

6.1.6 检测图像表征

（1）导电性材料制备 导电性材料主要是指金属，一些矿物和半导体材料也具有一定的导电性。这类材料的试样制备最为简单，只要使试样大小不超过仪器规定（如试样直径最大为25mm，最厚不超过20mm等），然后用双面胶带将试样粘在载物盘，再用导电银浆连通试样与载物盘（以确保导电良好），等银浆干了（一般用台灯近距离照射10min，如果银浆没干透的话，在蒸金抽真空时将会不断挥发出气体，使得抽真空过程变慢）之后就可放到扫描电子显微镜中直接进行观察。

（2）非导电性材料制备　非导电性材料试样的制备也比较简单，基本可以像导电性块状材料试样的制备一样，但要注意的是在涂导电银浆的时候一定要从载物盘一直涂到块状材料试样的上表面，因为观察时电子束是直接照射在试样的上表面的。

（3）粉末状试样的制备　首先在载物盘上粘上双面胶带，然后取少量粉末试样在胶带上的靠近载物盘圆心部位，用洗耳球朝载物盘径向朝外方向轻吹（注意不可用嘴吹气，以免唾液粘在试样上，也不可用工具拨粉末，以免破坏试样表面形貌），以使粉末可以均匀分布在胶带上，也可以把粘结不牢的粉末吹走（以免污染镜体）。之后在胶带边缘涂上导电银浆以连接样品与载物盘，等银浆干了之后就可以进行最后的蒸金处理。

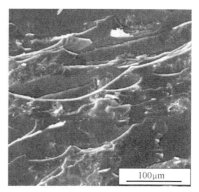

图 6-5　热轧态 Mg 侧剥离
面的 SEM 形貌

（4）溶液试样的制备　对于溶液试样一般采用薄铜片作为载体。首先，在载物盘上粘上双面胶带，然后粘上干净的薄铜片，把溶液小心滴在铜片上，等干了（一般用台灯近距离照射10min）之后观察析出来的样品量是否足够，如果不够再滴一次，等干了之后就可以涂导电银浆和蒸金了。

热轧包铝镁板（轧制温度为400℃、压下率为45%）Mg 侧剥离面的 SEM 形貌如图 6-5 所示。由图可清楚地观察到在剥离面上存在大量撕裂棱、撕裂平台，在撕裂平台上还存在许多放射状小条纹和韧窝。

图 6-6 所示为 AZ31 镁合金 SEM 高倍显微组织。图中 $Mg_{17}Al_{12}$ 为破碎后的第二相，尺寸约为 $4\mu m$，在"大块"$Mg_{17}Al_{12}$ 附近有许多弥散分布的小颗粒，尺寸在 $0.5\mu m$ 左右，此为热轧后冷却过程中由 α-Mg 基过饱和固溶体中析出的二次 $Mg_{17}Al_{12}$ 相，呈这种形态分布的细小第二相 $Mg_{17}Al_{12}$ 能有效地阻碍位错运动，提高材料强度，起到弥散强化的作用，而不会明显降低 AZ31 镁合金的塑性。

Mg/Al 轧制界面线扫描检测图如图 6-7 所示，是 Mg/Al 轧制复合界面的线扫描图像，从

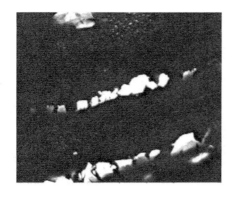

图 6-6　AZ31 镁合金 SEM 高倍显微组织

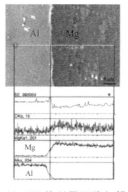

图 6-7　Mg/Al 轧制界面线扫描检测图

图中可以看到，穿过 Mg 和 Al 的界面进行线扫描，可以得到：在 Al 的一侧，Mg 含量低，在 Mg 的一侧，Al 几乎为零；但在界面处，Mg 和 Al 各大约占一半，说明在界面处发生了扩散，形成了 Mg 和 Al 的扩散层。

图 6-8 所示为 AZ31 镁合金铸态试样拉伸断口 SEM 扫描检测图。从图可以观察到明显的解理断裂平台，在最后撕裂处存在少量韧窝，基本上属于准解理断裂，塑性较差。

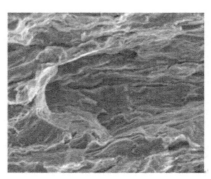 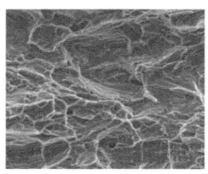

a) 铸态　　　　　　　　　　　　　　　　b) 热轧态

图 6-8　AZ31 镁合金铸态试样拉伸断口 SEM 扫描检测图

这是因为铸态 AZ31 镁合金晶界处存在粗大的脆性第 2 相 Mg17Al12，在拉伸变形过程中容易破碎形成裂纹源。热轧态 AZ31 镁合金拉伸试样断口处有明显的缩颈现象，其宏观断口 SEM 扫描形貌如图 6-8b 所示，呈现出以韧窝为主的延性断口形貌特征，韧窝大小为 $5\sim20\mu m$。

6.2　微观纳米透射检测技术

6.2.1　透射电子显微镜检测技术的发展历程

透射电子显微镜（Transmission Electron Microscope，TEM）可以看到在光学显微镜下无法看清的小于 $0.2\mu m$ 的细微结构，这些结构称为亚显微结构或超微结构。要想看清这些结构，就必须选择波长更短的光源，以提高显微镜的分辨力。1932 年恩斯特·鲁斯卡发明了以电子束为光源的透射电子显微镜，电子束的波长要比可见光和紫外光短得多，并且电子束的波长与发射电子束的电压二次方根成反比，也就是说电压越高波长越短。目前 TEM 的分辨力可达 0.2nm。

电子显微镜与光学显微镜的成像原理基本一样，所不同的是前者用电子束作为光源，用电磁场作为透镜。另外，由于电子束的穿透力很弱，因此用于电子显微镜的标本须制成厚度约 50nm 的超薄切片。这种切片需要用超薄切片机制作。电子显微镜的放大倍数最高可达近百万倍，由照明系统、成像系统、真空系统、记录系统、电源系统 5 部分构成，如果细分的话，其主体部分是电子透镜和显像记录系统，由置于真空中的电子枪、聚光镜、物样室、物镜、衍射镜、中间镜、投影镜、荧光屏和照相机组成，如图 6-9 所示。电子显微镜是使用电子来展示物件的内部或表面的显微镜。高速的电子的波长比可见光的波长短，而显微镜的分辨力受其使用的波长的限制，因此电子显微镜的理论分辨力（约 0.1nm）远高于光学显微镜的分辨力（约 200nm）。

在放大倍数较低的时候，TEM 成像的对比度不同主要是由于材料的不同厚度和成分造成对电子的吸收不同而造成的。而当放大倍数较高的时候，复杂的波动作用会造成成像的亮度的不同，因此需要专业知识来对所得到的像进行分析。使用 TEM 不同的模式，可以通过物质的化学特性、晶体方向、电子结构、样品造成的电子相移以及通常的对电子吸收对样品成像。

恩斯特·阿贝最开始指出，对物体细节的分辨力受到用于成像的光波波长的限制，因此使用光学显微镜仅能对微米级的结构进行放大观察。通过使用由奥古斯特·柯勒

图 6-9　透射电子显微镜

和莫里茨·冯·罗尔研制的紫外光显微镜，可以将极限分辨力提升约一倍。然而，由于常用的玻璃会吸收紫外线，这种方法需要更昂贵的石英光学元件。当时人们认为由于光学波长的限制，无法得到亚微米分辨力的图像。

1858 年，尤利乌斯·普吕克认识到可以通过使用磁场来使阴极射线弯曲。1897 年费迪南德·布劳恩利用此效应制造一种被称为阴极射线示波器的测量设备。1891 年里克认识到使用磁场可以使阴极射线聚焦。后来，汉斯·布斯在 1926 年发表了他的工作成果，证明了制镜者方程在适当的条件下可以用于电子射线。

1928 年，柏林科技大学的高电压技术教授阿道夫·马蒂亚斯让马克斯·克诺尔来领导一个研究小组来改进阴极射线示波器。这个研究小组由几个博士生组成，这些博士生包括恩斯特·鲁斯卡和博多·冯·博里斯。这组研究人员考虑了透镜设计和示波器的列排列，试图通过这种方式来找到更好的示波器设计方案，同时研制可以用于产生低放大倍数（接近 1∶1）的电子光学元件。1931 年，这个研究组成功地产生了在阳极光圈上放置的网格的电子放大图像。这个设备使用了两个磁透镜来达到更高的放大倍数，因此被称为第一台电子显微镜。在同一年，西门子公司的研究室主任莱因霍尔德·卢登堡提出了电子显微镜的静电透镜的专利。

1927 年，德布罗意发表的论文中揭示了电子这种本认为是带有电荷的物质粒子的波动特性。TEM 研究组直到 1932 年才知道这篇论文，随后，他们迅速意识到电子波的波长比光波波长小了若干数量级，理论上允许人们观察原子尺度的物质。1932 年 4 月，鲁斯卡建议建造一种新的电子显微镜以直接观察插入显微镜的样品，而不是观察格点或者光圈的像。通过这个设备，人们成功地得到了铝片的衍射图像和正常图像，然而，其超过了光学显微镜的分辨力的特点仍然没有得到完全的证明。直到 1933 年，通过对棉纤维成像，才正式地证明了 TEM 的高分辨力。然而由于电子束会损害棉纤维，成像速度需要非常快。

1936 年，西门子公司继续对电子显微镜进行研究，他们的研究目的是改进 TEM 的成像效果，尤其是对生物样品的成像。此时，电子显微镜已经由不同的研究组制造出来，如英国国家物理实验室制造的 EM1 设备。1939 年，第一台商用的电子显微镜安装在了 I. G Farben-Werke 的物理系。由于西门子公司建立的新实验室在第二次世界大战中的一次空袭中被摧毁，同时两名研究人员丧生，电子显微镜的进一步研究工作被极大地阻碍。

第二次世界大战之后，鲁斯卡在西门子公司继续他的研究工作。在这里，他继续研究电子显微镜，生产了第一台能够放大十万倍的显微镜。这台显微镜的基本设计仍然在今天的现代显微镜中使用。第一次关于电子显微镜的国际会议于 1942 年在代尔夫特举行，参加者超过 100 人。随后的会议包括 1950 年的巴黎会议和 1954 年的伦敦会议。

随着 TEM 的发展，相应的扫描透射电子显微镜技术被重新研究，而在 1970 年，芝加哥大学的阿尔伯特·克鲁发明了场发射枪，同时添加了高质量的物镜，从而发明了现代的扫描透射电子显微镜。这种设计可以通过环形暗场成像技术来对原子成像。克鲁和他的同事发明了冷场电子发射源，同时建造了一台能够对很薄的碳衬底之上的重原子进行观察的扫描透射电子显微镜。

6.2.2 透射电子显微镜的检测原理

1. 电子检测机理

理论上，光学显微镜所能达到的最大分辨率 d 受到照射在样品上的光子波长 λ 以及光学系统的数值孔径 NA 的限制：

$$d = \frac{\lambda}{2n\sin\alpha} \approx \frac{\lambda}{2NA} \tag{6-2}$$

$$\lambda_e \approx \frac{h}{\sqrt{2m_0 E\left(1 + \frac{E}{2m_0 c^2}\right)}} \tag{6-3}$$

式中，n 是物镜空间折射率；α 是显微镜孔径角的一半；λ_e 是电子波长；h 是普朗克常数；m_0 是电子的静质量；E 是加速后电子的能量；c 是光速。电子显微镜中的电子通常通过电子热发射过程从钨灯丝上射出，或者采用场电子发射方式得到。随后电子借助电势差进行加速，并通过静电场与电磁透镜聚焦在样品上。透射出的电子束包含电子强度、相位以及周期性的信息，这些信息将被用于成像。

二十世纪早期，科学家发现理论上使用电子可以突破可见光光波波长的限制（波长为 400～700nm）。与其他物质类似，电子具有波粒二象性，而它们的波动特性意味着一束电子具有与一束电磁辐射相似的性质。电子波长可以通过德布罗意公式使用电子的动能得出。由于在 TEM 中电子的速度接近光速，需要对其进行相对论修正。

根据上述机理，透射电子显微镜需要一个电子生成装置，即电子源。一般电子源可以是一个由钨丝或六硼化镧制成的电子发射源。对于钨丝，灯丝的形状可能是别针形，也可能是小的钉形。而六硼化镧使用了很小的一块单晶，通过将电子枪与高达 10 万～30 万 V 的高电压源相连，在电流足够大的时候，电子枪将会通过热电子发射或者场电子发射机制将电子发射入真空。该过程通常会使用栅极来加速电子产生。一旦产生电子，需要设置透镜装置，将电子束形成需要的大小射在需要的位置，以和样品发生作用。

对电子束的控制主要通过两种物理效应来实现。运动的电子在磁场中将会受到洛伦兹力的作用，因此可以使用磁场来控制电子束。使用磁场可以形成不同聚焦能力的磁透镜，透镜的形状根据磁通量的分布确定。另外，电场可以使电子偏斜固定的角度。通过对电子束进行连续两次相反的偏斜操作，可以使电子束发生平移。这种在 TEM 中被用作电子束移动的方式，起到了非常重要的作用。通过这两种效应以及使用电子成像系统，可以对电子束通路进行足够的控制。与光学显微镜不同，对 TEM 的光学配置可以非常快，这是由于位于电子束通路上的透镜可以通过快速的电子开关进行打开、改变和关闭。改变的速度仅仅受到透镜的磁滞效应的影响。

2. 电子成像原理

TEM 的成像系统包括一个可能由极细颗粒（$10 \sim 100\mu m$）的硫化锌制成的荧光屏，可以向操作者提供直接的图像。此外，还可以使用基于胶片或者基于 CCD 的图像记录系统。通常这些设备可以由操作人员根据需要从电子束通路中移除或者插入通路中。

（1）透射电子显微镜的总体成像过程　由电子枪发射出来的电子束，在真空通道中沿着镜体光轴穿越聚光镜，通过聚光镜将之会聚成一束尖细、明亮而又均匀的光斑，照射在样品室内的样品上；透过样品后的电子束携带有样品内部的结构信息，样品内致密处透过的电子量少，稀疏处透过的电子量多；经过物镜的会聚调焦和初级放大后，电子束进入下级的中间透镜和第 1、第 2 投影镜进行综合放大成像，最终被放大了的电子影像投射在观察室内的荧光屏板上；荧光屏将电子影像转化为可见光影像以供使用者观察。

（2）成像方式　电子束穿过样品时会携带有样品的信息，TEM 的成像设备使用这些信息来成像。投射透镜将处于正确位置的电子波分布投射在观察系统上。观察到的图像强度 I，在假定成像设备质量很高的情况下，近似的与电子波函数的时间平均幅度成正比。若将从样品射出的电子波函数表示为 Ψ，则

$$I(x) = \frac{k}{t_1 - t_0} \int_{t_0}^{t_1} \Psi\Psi^* \, \mathrm{d}t \tag{6-4}$$

式中，k 是比例系数；t_1 是观察结束时刻；t_0 是观察起始时刻；Ψ^* 是电子波复共轭函数。

不同的成像方法试图通过修改样品射出的电子束的波函数来得到与样品相关的信息。根据式（6-4），可以推出观察到的图像强度依赖于电子波的幅度，同时也依赖于电子波的相位。虽然在电子波幅度较低的时候相位的影响可以忽略不计，但是相位信息仍然非常重要。高分辨率的图像要求样品尽量薄，电子束的能量尽量高，因此可以认为电子不会被样品吸收，样品也就无法改变电子波的振幅。由于在这种情况下样品仅仅对波的相位造成影响，这样的样品被称作纯相位物体。纯相位物体对波相位的影响远远超过对波振幅的影响，因此需要复杂的分析来得到观察到的图像强度。例如，为了增加图像的对比度，TEM 需要稍稍离开聚焦位置一点。这是由于如果样品不是一个相位物体，和 TEM 的对比度传输函数卷积以后将会降低图像的对比度。

TEM 中的对比度信息与操作的模式关系很大。复杂的成像技术通过改变透镜的强度或取消一个透镜等构成了许多操作模式。这些模式可以用于获得研究人员所关注的特别信息。

1）亮场成像模式。TEM 最常见的操作模式是亮场成像模式。在这一模式中，经典的对比度信息根据样品对电子束的吸收所获得。样品中较厚的区域或者含有原子数较多的区域对电子吸收较多，于是在图像上显得比较暗，而对电子吸收较小的区域看起来就比较亮，这也是亮场这一术语的来历。图像可以认为是样品沿光轴方向上的二维投影，而且可以使用朗伯比尔定律来近似。对亮场模式的更复杂的分析需要考虑到电子波穿过样品时的相位信息。

2）衍射对比度成像模式。由于电子束射入样品时会发生布拉格散射，样品的衍射对比度信息会由电子束携带出来。例如晶体样品会将电子束散射至后焦平面上离散的点上。通过将光圈放置在后焦平面上，可以选择合适的反射电子束以观察到需要的布拉格散射的图像。

通常仅有非常少的样品造成的电子衍射会投影在成像设备上。如果选择的反射电子束不包括位于透镜焦点的未散射电子束，那么在图像上没有样品散射电子束的位置上，也就是没有样品的区域将会是暗的。这样的图像被称为暗场图像。

现代的 TEM 经常装备有允许操作人员将样品倾斜一定角度的夹具，以获得特定的衍射条件，而光圈也放在样品的上方，以允许用户选择能够以合适的角度进入样品的电子束。

这种成像模式称为衍射对比度成像模式，可以用来研究晶体的晶格缺陷。通过认真选择样品的方向，不仅能够确定晶体缺陷的位置，也能确定缺陷的类型。如果样品某一特定的晶平面仅比最强的衍射角小一点点，任何晶平面缺陷将会产生非常强的对比度变化。然而原子的位错缺陷不会改变布拉格散射角，因此也就不会产生很强的对比度。图 6-10 所示为钢铁中原子尺度上晶格错位的 TEM 图像。

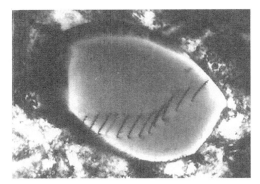

图 6-10　钢铁中原子尺度上
晶格错位的 TEM 图像

3）电子能量损失成像模式。通过使用电子能量损失光谱仪，适当的电子可以根据它们的电压被分离出来。这些设备允许选择具有特定能量的电子，由于电子带有的电荷相同，特定能量也就意味着特定的电压。这样，这些特定能量的电子可以对样品产生特定的影响。例如，样品中不同的元素可以导致射出样品的电子能量不同。这种效应通常会导致色散，然而这种效应可以用来产生元素成分的信息图像。

电子能量损失光谱仪通常在光谱模式和图像模式上操作，这样就可以隔离或者排除特定的散射电子束。由于在许多图像中，非弹性散射电子束包含了许多操作者不关心的信息，从而降低了有用信息的可观测性。这样，电子能量损失光谱学技术可以通过排除不需要的电子束来有效提高亮场观测图像与暗场观测图像的对比度。

4）相衬显微技术成像模式。晶体结构可以通过高分辨率透射电子显微镜来研究，这种技术也被称为相衬显微技术。当使用场发射电子源的时候，观测图像通过由电子与样品相互作用导致的电子波相位的差别重构得出。然而由于图像还依赖于射在屏幕上的电子的数量，对相衬图像的识别更加复杂。这种成像模法的优势在于可以提供有关样品的更多信息。

5）衍射图样成像模式。如前所述，通过调整磁透镜使得成像的光圈处于透镜的后焦平面处而不是像平面上，就会产生衍射图样。对于单晶体样品，衍射图样表现为一组排列规则的点，对于多晶或无定形固体将会产生一组圆环。对于单晶体，衍射图样与电子束照射在样品的方向以及样品的原子结构有关。通常仅仅根据衍射图样上的点的位置与观测图像的对称性就可以分析出晶体样品的空间群信息以及样品晶体方向与电子束通路的方向的相对关系。

衍射图样的动态范围通常非常大。对于晶体样品，这个动态范围大多超出了 CCD 所能记录的最大范围，因此 TEM 常装备有胶卷暗盒以记录这些图像。面心立方奥氏体不锈钢孪晶结晶衍射图如图 6-11 所示。对衍射图样点对点的分析非常复杂，这是由于图像与样品的厚度和方向、物镜的失焦、球面像差和色差等因素都有非常密切的关系。尽管可以对格点图像对比度进行定量的解释，然而分析本质上非常复杂，需要大量的计算机仿真来计算。

衍射平面还有更加复杂的表现，例如晶体格点的多次衍射造成的菊池线。在会聚电子束衍射技术中，会聚电子束在样品表面形成一个极细的探针，从而产生了不平行的会聚波前，而汇聚电子束与样品的作用可以提供样品结构以外的信息，例如样品的厚度等。

3. 透射电子显微镜的成像原理

透射电子显微镜的成像原理可分为三种情况：

（1）吸收像 当电子射到质量、密度大的样品时，主要的成像作用是散射作用。样品上质量和密度大的地方对电子的散射角大，通过的电子较少，像的亮度较暗。早期的透射电子显微镜都是基于这种原理。

图 6-11 面心立方奥氏体不锈钢孪晶结晶衍射图

（2）衍射像 电子束被样品衍射后，样品不同位置的衍射波振幅分布对应于样品中晶体各部分不同的衍射能力，当出现晶体缺陷时，缺陷部分的衍射能力与完整区域不同，从而使衍射波的振幅分布不均匀，反映出晶体缺陷的分布。

（3）相位像 当样品薄至 100Å （$1\text{Å} = 0.1\text{nm} = 10^{-10}\text{m}$）以下时，电子可以穿过样品，波的振幅变化可以忽略，成像来自于相位的变化。

6.2.3 透射电子显微镜的结构组成

TEM 系统由以下几部分组成（图 6-12）：

1）电子枪发射电子，由阴极、栅极、阳极组成。阴极管发射的电子通过栅极上的小孔形成射线束，经阳极电压加速后射向聚光镜，起到对电子束加速、加压的作用。

2）聚光镜将电子束聚集，可用于控制照明强度和孔径角。

3）样品室放置待观察的样品，并装有倾转台，用以改变试样的角度，还装配有加热、冷却等设备。

4）物镜为放大率很高的短距透镜，作用是放大电子像。物镜是决定透射电子显微镜分辨能力和成像质量的关键。

5）中间镜为可变倍的弱透镜，作用是对电子像进行二次放大。通过调节中间镜的电流，可选择物体的像或电子衍射图来进行放大。

6）透射镜为高倍的强透镜，用来放大中间像后在荧光屏上成像。

7）二级真空泵用来对样品室抽真空。

8）照相装置用以记录影像。

9）根据电子束的控制，一般来说，TEM 包含有三级透镜。这些透镜包括聚焦透镜、物镜和投影透镜。聚焦透镜用于将最初的电子束成形；物镜用于将穿过样品的电子束聚焦，使其穿过样品（在透射电子显微镜的扫描模式中，样品上方也有物镜，使得射入的电子束聚焦）。投影透镜用于将电子束投射在荧光屏上或者其他显示设备，例如胶片上面。

TEM 的放大倍数通过样品与物镜的像平面距离之比来确定。另外的四极子或者六极子

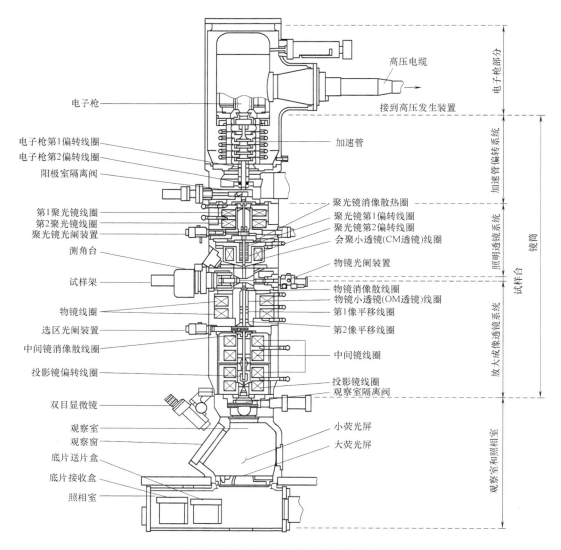

图 6-12　透射电子显微镜的结构组成

透镜用于补偿电子束的不对称失真，被称为散光。需要注意的是，TEM 的光学配置与实际实现有非常大的不同，制造商们会使用自定义的镜头配置，如球面像差补偿系统或者利用能量滤波来修正电子的色差。

10）照明系统包括电子枪和聚光镜 2 个主要部件，它的功用主要在于向样品及成像系统提供亮度足够的光源，对电子束流的要求是输出的电子束波长单一稳定，亮度均匀一致，调整方便，像散小。

1. 电子枪（Electronic Gun）

电子枪由阴极（Cathode）、阳极（Anode）和栅极（Grid）组成，图 6-13 所示为它的结构示意图。

（1）阴极　阴极是产生自由电子的源头，一般有直热式和

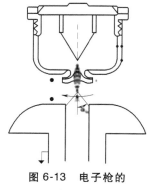

图 6-13　电子枪的结构示意图

旁热式2种，旁热式阴极是将加热体和阴极分离，各自保持独立。在透射电子显微镜中，通常由加热灯丝兼做阴极，称为直热式阴极，材料多用金属钨丝制成，其特点是成本低，但亮度低，寿命也较短。灯丝的直径为0.10~0.12mm，当几安培的加热电流流过时，即可开始发射出自由电子，不过灯丝周围必须保持高度真空，否则就像漏气灯泡一样，加热的灯丝会在顷刻间被氧化烧毁。灯丝的形状最常采用的是发叉式，也有采用箭斧式或点状式的（图6-14），后2种灯丝发光亮度高，光束尖细集中，适用于高分辨率透射电子显微镜照片的拍摄，但使用寿命更短。

发叉式　　箭斧式　　点状式

图6-14　透射电子显微镜常用的钨之阴极灯丝形状

阴极灯丝被安装在高绝缘的陶瓷灯座上，既能绝缘、耐受几千K的高温，还方便更换。灯丝的加热电流值是连续可调的。

在一定的界限内，灯丝发射出来的自由电子量与加热电流强度成正比，但在超越这个界限后，电流继续加大只能降低灯丝的使用寿命，却不能增大自由电子的发射量，把这个临界点称作灯丝饱和点，意即自由电子的发射量已达"满额"。正常使用时常把灯丝的加热电流调整设定在接近饱和的位置上，称作"欠饱和点"。这样在保证能获得较大的自由电子发射量的情况下，可以最大限度地延长灯丝的使用寿命。钨制灯丝的正常使用寿命为40h左右，现代透射电子显微镜中有时使用新型材料六硼化镧来制作灯丝，其价格较贵，但发光效率高、亮度大，并且使用寿命远较钨制灯丝长得多，可以达到1000h，是一种很好的新型材料。

（2）阳极　阳极为一中心有孔的金属圆筒，处在阴极下方，当阳极上加有数十千伏或上百千伏的正高压加速电子时，将对阴极受热发射出来的自由电子产生强烈的引力作用，并使之从杂乱无章的状态变为有序的定向运动，同时把自由电子加速到一定的运动速度，形成一股束流射向阳极靶面。凡在轴心运动的电子束流，将穿过阳极中心的圆孔射出电子枪外，成为照射样品的光源。

（3）栅极　栅极位于阴、阳极之间，靠近灯丝顶端，为形似帽状的金属物，中心亦有一小孔供电子束通过。栅极上加有0~1000V的负电压（对阴极而言），这个负电压称为栅极偏压V_G，它的大小可由使用者根据需要调整，栅极偏压能使电子束产生向中心轴会聚的作用，同时对灯丝上自由电子的发射量也有一定的调控抑制作用。

（4）工作原理　图6-15表明，在灯丝电源V_F作用下，电流I_F流过灯丝阴极，使之发热，温度达2500K以上时，便可产生自由电子并逸出灯丝表面。加速电压V_A使阳极表面聚集

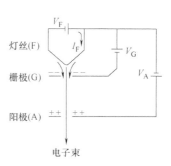

图6-15　电子束产生示意图

了密集的正电荷，形成了一个强大的正电场，在这个正电场的作用下自由电子便飞出了电子枪外。调整 V_F 可使灯丝工作在欠饱和点，透射电子显微镜使用过程中可根据对亮度的需要调节栅极偏压 V_G 的大小来控制电子束流量的大小。

透射电子显微镜中加速电压 V_A 也是可调的，V_A 增大时，电子束的波长 λ 缩短，有利于透射电子显微镜分辨力的提高。同时穿透能力增强，对样品的热损伤小，但此时会由于电子束与样品碰撞，导致弹性散射电子的散射角随之增大，成像反差会因此而有所下降，所以，在不追求高分辨力观察应用时，选择较低的加速电压反而可以获得较大的成像反差，尤其对于自身反差对比较小的生物样品，选用较低的加速电压有时是有利的。

还有一种新型的电子枪场发射式电子枪（见图 6-16），由 1 个阴极和 2 个阳极构成，第 1 阳极上施加一稍低（相对第 2 阳极）的吸附电压，用以将阴极上面的自由电子吸引出来，而第 2 阳极上面的极高电压，将自由电子加速到很高的速度发射出电子束流，这需要超高电压和超高真空为工作条件，它工作时要求真空度达到 10^{-7}Pa，热损耗极小，使用寿命可达 2000h；电子束斑的光点更为尖细，直径可达到 10nm 以下，较钨丝阴极（大于 10nm）缩小了 3 个数量级；由于发光效率高，它发出光斑的亮度能达到 10^9A/cm·s，较钨丝阴极（10^6A/cm·s）也提

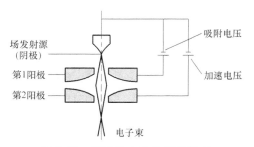

吸附电压
场发射源（阴极）
第1阳极
第2阳极
加速电压
电子束

图 6-16　新型的电子枪场发射式电子枪工作原理示意图

高了 3 个数量级。场发射式电子枪因技术先进、造价昂贵，只应用于高档高分辨透射电子显微镜当中。

2. 聚光镜

聚光镜处在电子枪的下方，一般由 2~3 级组成，从上至下依次称为第 1、第 2 聚光镜（以 C_1 和 C_2 表示）。关于电磁透镜的结构和工作原理已经在上一节中介绍，透射电子显微镜中设置聚光镜的用途是将电子枪发射出来的电子束流会聚成亮度均匀且照射范围可调的光斑，投射在下面的样品上。C_1 和 C_2 的结构相似，但极靴形状和工作电流不同，所以形成的磁场强度和作用也不相同。C_1 为强磁场透镜，C_2 为弱磁场透镜，各级聚光镜组合在一起使用，可以调节照明束斑的直径大小，从而改变了照明亮度的强弱，在透射电子显微镜操纵面板上一般都设有对应的调节旋钮。C_1、C_2 的工作原理是通过改变聚光透镜线圈中的电流，来达到改变透镜所形成的磁场强度的变化，磁场强度的变化（亦即折射率发生变化）能使电子束的会聚点上下移动，在样品表面上电子束斑会聚得越小，能量越集中，亮度也越大；反之束斑发散，照射区域变大则亮度就减小。通过调整聚光镜电流来改变照明亮度的方法，实际上是一个间接的调整方法，亮度的最大值受到电子束流量的限制。若想更大程度地改变照明亮度，只有通过调整前面提到的电子枪中的栅极偏压，才能从根本上改变电子束流的大小。在 C_2 上通常装配有活动光阑，用以改变光束照明的孔径角，一方面可以限制投射在样品表面的照明区域，使样品上无需观察的部分免受电子束的轰击损伤；另一方面也能减少散射电子等不利信号带来的影响。

3. 成像系统

（1）样品室　样品室处在聚光镜之下，内有载放样品的样品台。样品台必须能做水平

面上 X、Y 方向的移动，以选择、移动观察视野，相对应地配备了 2 个操纵杆或者旋转手轮，这是一个精密的调节机构，每一个操纵杆旋转 10 圈时，样品台才能沿着某个方向移动 3mm 左右。现代高档透射电子显微镜可配有由计算机控制的电动机驱动的样品台，力求样品在移动时精确，固定时稳定；并能由计算机对样品做出标签式定位标记，以便使用者在需要做回顾性对照时依靠计算机定位查找，这是在手动选区操作中很难实现的。生物医学样品在做透射电子显微镜观察时，基本上都是将原始样品以环氧树脂包埋，然后用非常精密的超薄切片机切成薄片，刀具为特制的玻璃刀或者是钻石刀。切下的生物医学样品的厚度通常只有几十纳米，这在一般情况下用肉眼是不能直接看到的，必须让切片漂浮在水面上，由操作熟练的技术人员借助特殊的照明光线，并以特殊的角度才能观察到如此薄的切片。切好的薄片被捞放在铜网上，经过染色和干燥后才能用于观察。透射电子显微镜样品的制作是一个漫长、复杂而又精密的过程，技术性非常强。但是前面介绍过，要想获得优良的透射电子显微镜影像，制作优良的样品标本是非常重要的第一步。

盛放样品的铜网根据需要可以是多种多样的，直径一般均为 3mm，通常铜网上有多少个栅格，就把它称作多少目。之所以选择铜制作样品网，是由于它不会与电子束及电磁场发生作用，同理还可以选择其他磁导率低的金属材料（如镍）制作样品网，样品网属于易耗品，铜网加工容易、成本低，故使用十分普及。

透射电子显微镜常见的样品台有 2 种：①顶入式样品台，样品室空间大，一次可放入多个（常见为 6 个）样品网，样品网盛载杯呈环状排列。使用时可以依靠机械手装置进行依次交换。它的优点是每观察完多个样品后，才在更换样品时破坏一次样品室的真空，比较方便、省时间；但所需空间太大，致使样品距下面物镜的距离较远，不适于缩短物镜焦距，影响透射电子显微镜分辨力的提高。②侧插式样品台，样品台制成杆状，样品网载放在前端，只能盛放 1~2 个铜网。样品台的体积小，所占空间也小，可以设置在物镜内部的上半端，有利于透射电子显微镜分辨力的提高。它的缺点是一次不能同时放入多个样品网，每次更换样品必须破坏一次样品室的真空，不够方便。

在性能较高的透射电子显微镜中，大多采用上述侧插式样品台，为的是最大限度地提高透射电子显微镜的分辨能力。高档次的透射电子显微镜可以配备多种式样的侧插式样品台，某些样品台通过金属连接能对样品网加热或者致冷，以适应不同的用途。样品是先盛载在铜网上，然后固定在样品台上的，样品台与样品握持杆合为一体，是一个非常精巧的部件。样品杆的中部有一个"O"形橡胶密封圈，胶圈表面涂有真空脂，以隔离样品室与镜体外部的真空（两端的气压差极大，比值可达 10^{-10}）。样品室的上下电子束通道各设了一个真空阀，用以在更换样品时切断电子束通道，只破坏样品室内的真空，而不影响整个镜筒内的真空，这样在更换样品后样品室重又抽回真空时，可节省许多时间。当样品室的真空度与镜筒内达到平衡时，再重新开启与镜筒相通的真空阀。

（2）物镜　物镜处于样品室下面，紧贴样品台，是透射电子显微镜中的第 1 个成像元件，在物镜上产生哪怕是极微小的误差，都会经过多级高倍率放大而明显地暴露出来，所以这是透射电子显微镜一个最重要的部件，决定了一台透射电子显微镜的分辨本领，可看作是透射电子显微镜的心脏。

1）特点。物镜是一块强磁透镜，焦距很短，对材料的质地纯度、加工精度、使用中污染的状况等工作条件都要求极高。致力于提高一台透射电子显微镜的分辨力指标的核心问题，便是对物镜的性能设计和工艺制作的综合考核。尽可能地使之焦距短、像差小，又希望其空间大，便于样品操作，但这中间存在着不少相互矛盾的环节。

2）作用。进行初步成像放大，改变物镜的工作电流，可以起到调节焦距的作用。透射电子显微镜操作面板上粗、细调焦旋钮，即为改变物镜工作电流之用。

为满足物镜的前述要求，不仅要将样品台设计在物镜内部，以缩短物镜焦距，还要配置良好的冷却水管，以降低物镜电流的热飘移；此外，还装有提高成像反差的可调活动光阑，及其要达到高分辨力的消像散器。对于高性能的透射电子显微镜，都通过物镜装有以液氮为媒质的防污染冷阱，给样品降温。

3）中间镜和投影镜。在物镜下方，依次设有中间镜和第1投影镜、第2投影镜，以共同完成对物镜成像的进一步放大任务。从结构上看，它们都是相类似的电磁透镜，但由于各自的位置和作用不尽相同，故其工作参数、励磁电流和焦距的长短也不相同。透射电子显微镜总放大率为

$$M = MO \cdot MI \cdot MP1 \cdot MP2$$

式中，MO 是物镜放大率；MI 是中间镜放大率；MP1 是 1 级投影镜放大率；MP2 是 2 级投影镜放大率。电镜总放大率即为物镜、中间镜和投影镜的各自放大率之积。当透射电子显微镜放大率在使用中需要变换时，就必须使它们的焦距长短相应做出变化，通常是改变靠中间镜和第 1 投影镜线圈的励磁工作电流来达到的。透射电子显微镜操纵面板上的放大率变换旋钮即为控制中间镜和投影镜的电流之用。

对中间镜和投影镜这类放大成像透镜的主要要求是：在尽可能缩短镜筒高度的条件下，得到满足高分辨力所需的最高放大率，以及为寻找合适视野所需的最低放大率；可以进行电子衍射像分析，做选区衍射和小角度衍射等特殊观察；同样也希望它们的像差、畸变和轴上像散都尽可能地小。

4. 观察记录

（1）观察室　透射电子显微镜的最终成像结果显现在观察室内的荧光屏上，观察室处于投影镜下，空间较大，开有 1~3 个铅玻璃窗，可供操作者从外部观察分析用。对铅玻璃的要求是既有良好的透光特性，又能阻断 X 射线和其他有害射线的逸出，还要能可靠地耐受极高的压力差以隔离真空。

由于电子束的成像波长太短，不能被人的眼睛直接观察，透射电子显微镜中采用了涂有荧光物质的荧光屏板把接收到的电子影像转换成可见光的影像。观察者需要在荧光屏上对电子显微影像进行选区和聚焦等调整与观察分析，这要求荧光屏的发光效率高，光谱和余辉适当，分辨力好。多采用能发黄绿色光的硫化锌-镉类荧光粉作为涂布材料，直径为 15~20cm。

荧光屏的中心部分为一直径约 10cm 的圆形活动荧光屏板，平放时与外周荧屏吻合，可以进行大面积观察。使用外部操纵手柄可将活动荧屏拉起，斜放在 45°角位置，此时可用透射电子显微镜置配的双目放大镜，在观察室外部通过玻璃窗来精确聚焦或细致分析影像结构；而活动荧光屏完全直立竖起时能让电子影像通过，照射在下面的感光胶片上进行曝光。

（2）照相室　在观察中电子束长时间轰击生物医学样品标本，必会使样品污染或损伤。所以对有诊断分析价值的区域，若想长久地观察分析和反复使用透射电子显微镜成像结果，应该尽快把它保留下来，将因为电子束轰击生物医学样品造成的污染或损伤降低到最小。此外，荧光屏上的粉质颗粒的解像力还不够高，尚不能充分反映出透射电子显微镜成像的分辨

本领。将影像记录存储在胶片上照相，便解决了这些问题。

照相室处在镜筒的最下部，内有送片盒（用于储存未曝光底片）和接收盒（用于收存已曝光底片）及一套胶片传输机构。透射电子显微镜生产的厂家、机型不同，片盒的储片数目也不相同，一般为 20~50 片/盒。每张底片都由特制的一个不锈钢底片夹夹持，叠放在片盒内。工作时由输片机构相继有序地推放底片夹到荧光屏下方电子束成像的位置上。曝光控制有手控和自控两种方法，快门启动装置通常并联在活动荧光屏板的扳手柄上。电子束流的大小可由探测器检测，给操作者以曝光指示；或者应用由计算机控制的全自动曝光模式，按程序选择曝光亮度和最佳曝光时间完成影像的拍摄记录。

现代透射电子显微镜都可以在底片上打印出每张照片拍摄时的工作参数，如加速电压值、放大率、微米标尺、简要文字说明、成像日期、底片序列号及操作者注解等备查的记录参数。观察室与照相室之间有真空隔离阀，以便在更换底片时，只打开照相室而不影响整个镜筒的真空。

（3）阴极射线管（CRT）显示器　透射电子显微镜的操作面板上的 CRT 显示器主要用于透射电子显微镜总体工作状态的显示、操作键盘的输入内容显示、计算机与操作者之间的人机对话交流提示以及透射电子显微镜维修调整过程中的程序提示、故障警示等。

5. 真空系统

透射电子显微镜镜筒内的电子束通道对真空度要求很高，透射电子显微镜工作时，必须保持在 10^{-3} ~ 10Pa 的真空度（高性能的透射电子显微镜对真空度的要求更达 10^{-10}Pa 以上），因为镜筒中的残留气体分子如果与高速电子碰撞，就会产生电离放电和散射电子，从而引起电子束不稳定，增加像差，污染样品，并且残留气体将加速高热灯丝的氧化，缩短灯丝寿命。高真空是由各种真空泵来共同配合抽取的。

（1）机械泵（旋转泵）　机械泵因在其他场合使用非常广泛而比较常见，它工作时是靠泵体内的旋转叶轮刮片将空气吸入、压缩、排放到外界。机械泵的抽气速度每分钟仅为160L 左右，工作能力也只能达到 0.01~0.1Pa，远不能满足透射电子显微镜镜筒对真空度的要求，所以机械泵只作为真空系统的前级泵来使用。

（2）扩散泵　扩散泵的工作原理是用电炉将特种扩散泵油加热至蒸气状态，高温油蒸气膨胀向上升起，靠油蒸气吸附透射电子显微镜镜体内的气体，从喷嘴朝着扩散泵内壁射出，在环绕扩散泵外壁的冷却水的强制降温下，油蒸气冷却成液体时析出气体排至泵外，由机械泵抽走气体，油蒸气冷却成液体后靠重力回落到加热电炉上的油槽里循环使用。扩散泵的抽气速度很快，约为每秒钟 570L，工作能力也较强，可达 10^{-10}Pa。但它只能在气体分子较稀薄时使用，这是由于氧气成分较多时易使高温油蒸气燃烧，所以扩散泵通常与机械泵串联使用，在机械泵将镜筒真空度抽到一定程度时，才启动扩散泵。

近年透射电子显微镜厂商在制作中为实现超高压、超高分辨率，必须满足超高真空度的要求，为此在透射电子显微镜的真空系统中又推出了离子泵和涡轮分子泵，把它们与前述的机械泵和扩散泵联用可以达到 10^{-10}Pa 的超高真空度水平。

6. 调校系统

（1）消像散器　像散（指轴上像散）的产生除了前面介绍的材质、加工精度等原因以外，实际上在使用过程中，会因为各部件的疲劳损耗、真空油脂的扩散沉积以及生物医学样品中的有机物在电子束照射下的热蒸发污染等众多因素而逐渐积累，像散也在不断变化。所以像散的消除在透射电子显微镜制造和应用之中都成了必不可少的重要技术。

早期透射电子显微镜中曾采用过机械式消像散器，利用手动机械装置来调整电磁透镜周围的小磁铁组成的消像散器，从而改善透镜磁场分布的缺陷。但由于调整的精确性和使用的方便性均难以令人满意，这种方式已被淘汰。消像散器由围绕光轴对称环状均匀分布的 8 个小电磁线圈构成，用以消除（或减小）电磁透镜因材料、加工、污染等因素造成的像散。其中每 4 个互相垂直的线圈为 1 组，在任一直径方向上的 2 个线圈产生的磁场方向相反，用 2 组控制电路来分别调节这 2 组线圈中的直流电流的大小和方向，即能产生 1 个强度和方向可变的合成磁场，以补偿透镜中原有的不均匀磁场缺陷，从而达到消除或降低轴上像散的效果。

一般透射电子显微镜在第 2 聚光镜中和物镜中各装有 2 组消像器，称为聚光镜消像散器和物镜消像散器。聚光镜产生的像散可从电子束斑的椭圆度上看出，它会造成成像面上亮度不均匀和限制分辨力的提高。调整聚光镜消像散器（镜体操作面板上装有对应可调旋钮），使椭圆形光斑恢复到最接近圆状，即可基本上消除聚光镜中存在的像散。

物镜像散能在很大程度上影响成像质量，消除起来也比较困难。通常使用放大镜观察样品支持膜上小孔在欠焦时产生的菲涅尔圆环的均匀度，或者使用专门的消像散特制标本来调整消除，这需要一定的经验和操作技巧。在一些高档透射电子显微镜机型之中，开始出现自动消像散和自动聚焦等新功能，为透射电子显微镜的使用和操作提供了极大的方便。

（2）束取向调整器及合轴　　最理想的透射电子显微镜工作状态，应该是使电子枪、各级透镜与荧光屏中心的轴线绝对重合。但这是很难达到的，它们的空间几何位置多多少少会存在着一些偏差，轻者使电子束的运行发生偏离和倾斜，影响分辨力；稍微严重时会使透射电子显微镜无法成像甚至不能出光（电子束严重偏离中轴，不能射及荧光屏面）。为此透射电子显微镜采取的对应弥补调整方法为机械合轴加电气合轴的操作。

机械合轴是整个合轴操作的先行步骤，通过逐级调节电子枪及各透镜的定位螺钉，来形成共同的中心轴线。这种调节方法很难达到十分精细的程度，只能较为粗略地调整，然后再辅之以电气合轴补偿。

电气合轴是利用束取向调整器来完成的，它能使照明系统产生的电子束做平行移动和倾斜移动，以对准成像系统的中心轴线。束取向调整器分枪（电子枪）平移、倾斜和束（电子束）平移、倾斜线圈两部分。前者用以调整电子枪发射出电子束的水平位置和倾斜角度，后者用以对聚光镜通道中电子束的调整，均是通过在照明光路中加装小型电磁线圈，改变线圈产生的磁场强度和方向，进而推动电子束做细微的移位动作。

合轴的操作较为复杂，不过在合轴操作完成后，一般不需经常调整。只是束平移调节作为一个经常调动的旋钮，放在透射电子显微镜的操作面板上，供操作者在改变某些工作状态（如放大率变换）后，将偏移了的电子束亮斑中心拉回荧光屏的中心，此调节器旋钮也称为"亮度对中"旋钮。

（3）光阑　　如前所述，为限制电子束的散射，更有效地利用近轴光线，消除球差，提高成像质量和反差，透射电子显微镜光学通道上多处加有光阑，以遮挡旁轴光线及散射光。光阑有固定光阑和活动光阑两种，固定光阑为管状无磁金属物，嵌入透镜中心，操作者无法调整（如聚光镜固定光阑）。活动光阑是用长条状无磁性金属钼薄片制成，上面纵向等距离排列有几个大小不同的光阑孔，直径从数十到数百个微米不等，以供选择使用。活动光阑钼片被安装在调节手柄的前端，处于光路的中心，手柄端在镜体的外部。活动光阑手柄整体的中部，嵌有"O"形橡胶圈来隔离镜体内外部的真空。可供调节用的手柄上标有 1、2、3、4 号定位标记，号数越大，所选的孔径越小。光阑孔要求很圆而且光滑，并能在 X、Y 方向上的平面里做几何位置移动，使光阑孔精确地处于光路轴心。因此，活动光阑的调节手柄，应能让操作者在镜体外部方便地选择光阑孔径，调整、移动活动光阑在光路上的空间几何位置。

透射电子显微镜上常设 3 个活动光阑供操作者变换选用：

1）聚光镜 C2 光阑，孔径为 $20 \sim 200 \mu m$，用于改变照射孔径角，避免大面积照射对样品产生不必要的热损伤。光阑孔的变换会影响光束斑点的大小和照明亮度。

2）物镜光阑，能显著改变成像反差，孔径为 $10 \sim 100 \mu m$，光阑孔越小，反差就越大，亮度和视场也越小（低倍观察时才能看到视场的变化）。若选择的物镜光阑孔径太小，虽能提高影像反差，但会因电子线衍射增大而影响分辨能力，且易受到照射污染。如果真空油脂等非导电杂质沉积在上面，就可能在电子束的轰击下充放电，形成的小电场会干扰电子束成像，引起像散，所以物镜光阑孔径的选择也应适当。

3）中间镜光阑，也称选区衍射光阑，孔径为 $50 \sim 400 \mu m$，应用于衍射成像等特殊的观察之中。

6.3 内部结构成像检测技术

在利用计算机辅助设计（Computer Aided Design，CAD）、快速成型（Rapid Prototyping，RP）、3D 打印（3D Printing）等手段和相关专业知识，实现直接由实物生产实物的工程技术中，针对快速成型物体的直线、圆弧、球面、圆柱面和圆锥面等不同类型结构特征，准确获取其几何尺寸参数信息是一个关键问题。为解决这一问题，需要选择合适的几何尺寸测量方法，实现对快速成型物体的高精度几何尺寸测量。几何尺寸测量方法可以分成破坏性和非破坏性两类。

破坏性测量方法包括逐层切削照相法、层析法等，这类方法虽然测量精度高，但是速度慢，并且因其具有破坏性，无法对一些贵重物品开展测量。

非破坏性测量方法可分为接触式和非接触式测量方法。接触式测量方法一般需要根据快速成型物体的材料和形状，选择合适的探针，通过预先设定的移动路径获取物体的表面轮廓，如扫描探针显微镜（Scanning Probe Microscope，SPM）、三坐标测量机（Coordinate Measuring Machine，CMM）等，这类测量设备只能对物体表面进行测量，其精度与物体的形状有很大的关系。非接触式测量方法主要有光学测量、磁共振成像（Magnetic Resonance Imaging，MRI）、超声成像（Ultrasonic Imaging，USG）、计算机断层成像（Computed Tomography，CT）等方法，其中光学测量法只能对物体表面进行测量，其测量精度易受到被逆向物体的光照、颜色等因素的影响，磁共振成像和超声成像虽然能同时获取物体的内部和外部几何结构信息，但是空间分辨率较低。

CT 利用具有一定能量和穿透能力的 X 射线与物体相互作用成像，通过采集物体在不同角度下的投影数据，完成对物体的图像重建。基于工业 CT 的几何尺寸测量方法能在无损的条件下同时获取被测量物体的外部和内部几何结构信息，扫描成像过程对被测量物体的材料和形状都没有限制，是综合考虑各种影响因素后的一种较优的测量方法，因此得到了越来越多研究人员的青睐。

工业 CT 断层成像技术是被测物体结构缺陷可视化检测的先进技术手段，它可从断层的扫描图像直观地看到被测物体内部细节的空间位置、形状、大小。感兴趣的被测物体不受周围细节特征的遮挡，图像容易识别和理解，空间分辨率和密度分辨率高，而且图像数字化，便于分析、处理、存储、传输。应用工业 CT 技术能够重建被测物体内部结构的任意部位三维空间效果图，而且能够精确测量缺陷的几何特征参数，准确定位缺陷的空间位置，这些都是其他检测手段所不能比拟的。图 6-17 所示为利用工业 CT 技术对 3D 打印气缸壁厚进行二维和三维测量的结果。工业 CT 技术已经成为被测物体结构故障诊断及可靠性保证的重要手段。

与其他测量方法一样，工业 CT 几何尺寸测量中，也存在测量误差，其可能引入误差的原因众多，并且很多因素之间相互关联，共同影响最终的 CT 图像质量。数据处理方面引入的测量误差主要是指图像分割算法、表面提取算法以及数据降维等因素对测量的影响；系统硬件方面主要是指工业 CT 系统的 X 射线源、探测器和机械转台三大部件引入的测量误差，其中 X 射线源包括能谱分布特性、焦斑的非质点特性以及投影采集过程中的稳定性等因素，探测器包括动态范围、灵敏度和噪声等因素，机械转台包括定位精度、重复定位精度等因素；被测量物体方面主要指表面粗糙程度、几何结构和材料衰减系数对测量带来的影响；环境因素包括实验中的温度、湿度以及地面震动等；采集中设置的 X 射线源电压电流、扫描几何放大比、投影采集数量和探测器积分时间等都会对工业 CT 几何尺寸测量造成误差。为了能够准确掌握工业 CT 测量方法，需要从测量原理和硬件结构方面进行分析研究。

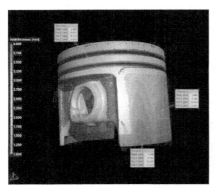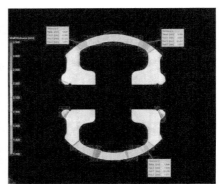

图 6-17　3D 打印的气缸壁厚 CT 测量

6.3.1　工业 CT 图像检测理论

CT 图像重建（Image Reconstruction）的基本问题是由投影数据（Projection）获得断层图像（Section）的运算。所谓投影，实际上是物质的某种物理特性沿某一方向的线积分。同一物体在不同方向上可以得到不同的投影，图像重建的任务就是由这些投影数据反演出代表物体某种物理特性的灰度分布图像。

CT 的基本物理原理是以物体与射线的相互作用为基础的。当一束经过准直的足够窄的单能 X 射线（强度为 I_0）穿过被测物体后，该射线束的强度 I 与通过材料的密度、厚度、成分以及射线束的原始能量 I_0 有密切关系。当射线穿过均匀物质时，满足朗伯比尔定律：

$$I = I_0 e^{-\mu l} \tag{6-5}$$

式中，μ 是被测物质的线性衰减系数（由被检物质的物理性质以及射线束的辐射强度决定）；l 是射线穿过该物质的直线长度。

若多个物体分段均匀，各段物体的线性衰减系数分别为 μ_1，μ_2，μ_3，$\cdots$，相应的线段长度为分别为 l_1，l_2，l_3，$\cdots$，则

$$\mu_1 l_1 + \mu_2 l_2 + \mu_3 l_3 + \cdots = \ln\left(\frac{I_0}{I}\right) \tag{6-6}$$

更一般地，如果物体在 x-y 平面内都不均匀，即衰减系数 $\mu = \mu(x, y)$，则在某一方向沿某一路径 L 的密度总衰减为

$$\int_L \mu(x, y)\,\mathrm{d}l = \ln\left(\frac{I_0}{I}\right) \tag{6-7}$$

此即射线投影，实际上就是物质对该强度射线的吸收系数沿直线 L 方向的线积分。式中只有 μ 为未知量。在理想情况下，欲得到一幅 $M \times N$ 个像素组成的图像，必须有 $M \times N$ 个独立的方程式，才能唯一得出衰减系数矩阵内每一点的 μ 值，在物体的一极薄断层内，如果衰减系数正比于密度，根据对应于各个像素的 μ 值即可重建出显示二维密度或衰减系数分布的灰度图像。在提及投影的时候，往往要涉及投影的方向，即投影路径 L 的方向。这里使用视角的概念来描述投影的方向：射线投影的积分路径 L 与 y 轴正方向的夹角，称为该投影的视角。这里的视角在理想情况下是以 $180°$ 为一个周期的，因为理想情况下射线投影旋转 $180°$ 是与原投影完全一致的。如果考虑射束的硬化实际情况，射线投影即使是在同一位置，但是方向正好相反时，投影值一般来说是不同的，这时候的视角应当是以 $360°$ 为周期的。

对二维的情况做合理地推广，可以得到在三维空间中的射线投影的定义。此时，$\mu = \mu(x, y, z)$，即物体吸收系数是关于 x、y 和 z 的函数，三维情况下，射线的投影表达式为

$$\int_L \mu(x, y, z)\,\mathrm{d}l = \ln\left(\frac{I_0}{I}\right) \tag{6-8}$$

这里的 L 是三维空间的任意直线。

在实际条件下，X 射线本身不满足朗伯比尔定律的条件，其射束具有一定的宽度，能量呈连续谱分布，同时探测器准直条件不良，信号受到散射 X 射线干扰，响应曲线复杂等，使得实际情况与理论推导有一些出入。在某种原因引起的误差对结果影响比较大时，工程上有许多方法可以对引起误差的上述原因做适当的补偿。这里不做讨论。由投影重建图像的方法很多，就二维重建方法而言，大体上可以分为四种：卷积反投影算法（CBP）、直接傅里叶变换算法、迭代重建算法和小波重建算法。目前使用最为普遍的是 CBP 算法。

1. Radon 变换与中心切片定理

（1）图像重建的理论基础——Radon 变换　最早奠定图像重建理论的人是奥地利数学家 J. Radon，Radon 在 1917 年证明了下述定理：

若已知某函数 $f(x, y) = \hat{f}(r, \theta)$ 沿直线 z 的线积分为

$$p(l, \varphi) = \int_{-\infty}^{\infty} f(x, y)\,\mathrm{d}z = \int_{-\infty}^{\infty} \hat{f}(r, \theta)\,\mathrm{d}z$$

$$= \int_{-\infty}^{\infty} \hat{f}\left(\sqrt{l^2 + z^2},\ \varphi + \arctan\frac{z}{l}\right) \mathrm{d}z \tag{6-9}$$

则

$$\hat{f}(r,\theta) = \frac{1}{2\pi^2}\int_0^\pi\int_{-\infty}^{\infty}\frac{1}{r\cos(\theta - \varphi) - l}\frac{\partial p}{\partial l}\mathrm{d}l\mathrm{d}\varphi \tag{6-10}$$

对式（6-7），用 $p(l,\ \varphi)$ 表示 $\ln(I_0/I)$，以 $f(x,\ y)$ 表示 $\mu(x,\ y)$，则式（6-7）等同于式（6-10）。在物体的一个极薄断层内，假设衰减系数正比于密度，根据式（6-10）可实现由投影重建图像，从而获得物体的密度分布。式（6-9）称为 Radon 变换，实际上就是所谓的射线投影；而式（6-10）为 Radon 反变换，即根据投影 $p(l,\ \varphi)$ 重建图像 $\hat{f}(r,\ \theta)$。式（6-10）中各量的意义如图 6-18 所示。Radon 定理奠定了 CT 成像的理论基础。

图 6-18 所示的坐标系包括直角坐标系 xOy、极坐标系，以及一个随着投影的视角而旋转的旋转坐标系，它总是相对于直角坐标系旋转一个角度，而该角度正是投影的视角。这个旋转坐标系能够方便地表示一组平行的投影，这组投影的视角相同，只是在 L 轴上的位置不同。

自 1917 年 Radon 变换公式提出后，应当说由投影重建断面图像的基本问题就已经解决了。只要使用 Radon 反变换公式 [式（6-10）]，便可以获得被检测物体的断层图像。然而应用到实际的 CT 系统中，Radon 变换对于非理想化问题的数学求解还存在着实际困难，很难获得应用。

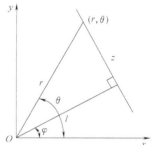

图 6-18　Radon 公式
中所用坐标系统

（2）反投影重建算法　滤波反投影算法在 CT 系统中是应用最为广泛的一种图像重建方法。首先了解一下更为基本的算法，即反投影重建算法。

在反投影重建算法中，断层平面中某一点的密度值可看作这一平面内所有经过该点的射线（反）投影之和（的平均值）。整幅重建图像可看作所有方向下的（反）投影累加而成。

反投影的主要运算是求和，因此，该方法也称为累加法。这里"反投影"是指在某一投影视角下，令投影路径经过的所有像素在数值上等于该投影的投影值。由此对断层中任一点 $(r,\ \theta)$ 进行重建时，应当找出经过该点的所有投影，将投影值累加并除以投影角度数（即不同视角的数目），从而求得过该点的射线投影之均值，将该均值赋予密度的量纲作为重建点的像素深度。

由图 6-19 可知，过给定点 $(r,\ \theta)$ 的射线 $(l,\ \varphi)$ 均在以 $\left(\dfrac{1}{2}r,\ \theta\right)$ 为圆心，以 r 为直径的圆周上。即射线满足方程：

$$l = r\cos(\theta - \varphi) \tag{6-11}$$

如以视角 θ 为纵坐标，l 为横坐标，在 $(l,\ \varphi)$ 空间中给定 $(r,\ \theta)$ 时，式（6-9）画出的是一条正（余）弦曲线，如图 6-20 所示。在 CT 系统中以探测器阵列接收衰减信号，正弦曲线经过的点，分别对应于一维阵列中的某一探测器。若 ϕ 以 Δ 为增量，l 以 d 为增量，则

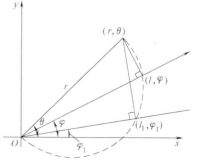

图 6-19　过定点 $(r,\ \theta)$
的射线正弦位置图

（$m\Delta$，nd）或（m，n）对应于二维探测器阵列的地址。在Δ、d足够小的情况下，把这些地址中的内容取出相加再求平均，就可足够精确地认为是该点的重建像素值。图像中的每一点，都位于（l，φ）空间中的一条线上，一般说来是几条正弦曲线上。全部图像对应于一簇相互重叠的正弦曲线，这就是正弦图。

正弦图是由投影重建图像算法中一个十分重要的概念，它把点的投影关系转换为探测器阵列中各探测器单元和射线源及待测样品的位置关系。图 6-20 所示为空间点（$r=1$，$\theta=\pi/4$）及相应的正弦图。通过正弦图，可以更直观地理解反投影重建算法。

图 6-21 所示为发动机断层 CT 图像及其正弦图。对重建图像矩阵中的给定点（r，θ），由正弦图获得各个投影视角下的探测器阵列地址，将该探测器测得的投影值累加到该给定点，所有视角下通过该点的投影值累加完毕后，将该累计值除以投影的视角数目，并赋予其密度的量纲。简单地说，就是将该点在正弦图上经过的所有投影值的算术平均值作为该点重建后的密度值。反投影算法存在着显而易见的缺陷：由于反投影是把投影路径上的所有像素统一赋值，各个像素之间没有任何差别，导致重建后的图像产生放射状的伪像，严重影响了重建图像的空间分辨率和密度分辨率。图 6-22 所示为图 6-21 中所示物体经过反投影重建后的结果，原本清晰的边界显得相当模糊，高亮度区域已经无法分辨出物体的结构了。反投影算法存在着天生的缺陷，在实际的应用中，需要对该方法进行改进，于是得到了滤波反投影算法。

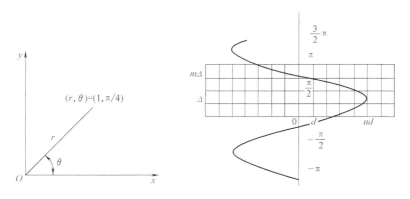

图 6-20　空间点（1，$\pi/4$）及相应的正弦图

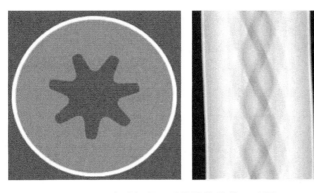

图 6-21　发动机断层 CT 图像及其正弦图

图 6-22　直接反投影重建的发动机 CT 图像

（3）图像重建算法的基础——中心切片定理　由投影重建图像的许多算法中，中心切片定理起着重要作用，它也是大多数实际 CT 系统所采用的卷积反投影算法的基础。

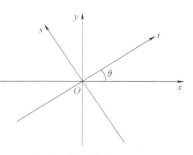

图 6-23　旋转坐标系 (t, s)

在 (x, y) 平面上引入一个旋转坐标系 (t, s)，如图 6-23 所示，它们之间满足：

$$\begin{pmatrix} t \\ s \end{pmatrix} = \begin{pmatrix} \cos\theta & \sin\theta \\ -\sin\theta & \cos\theta \end{pmatrix} \begin{pmatrix} x \\ y \end{pmatrix} \tag{6-12}$$

将 $f(x, y)$ 在 (t, s) 坐标系中用 $f_1(t, s)$ 表示，则式（6-9）变为

$$p(t,\theta) = \int f(x,y)\,\mathrm{d}z = \int_{-\infty}^{\infty} f_1(t,s)\,\mathrm{d}s \tag{6-13}$$

对式（6-13）做一维傅里叶变换，有

$$P(\omega,\theta) = R[p(t,\theta)] = \int_{-\infty}^{\infty} p(t,\theta)\mathrm{e}^{-2\pi\mathrm{j}\omega t}\,\mathrm{d}t$$

$$= \int_{-\infty}^{\infty}\int_{-\infty}^{\infty} f_1(t,s)\mathrm{e}^{-2\pi\mathrm{j}\omega t}\,\mathrm{d}s\mathrm{d}t \tag{6-14}$$

将式（6-14）仍以 (x, y) 表示：

$$P(\omega,\theta) = \int_{-\infty}^{\infty}\int_{-\infty}^{\infty} f(x,y)\mathrm{e}^{-2\pi\mathrm{j}\omega(x\cos\theta+y\sin\theta)}\,\mathrm{d}x\mathrm{d}y \tag{6-15}$$

可以看出式（6-15）中右边就是对 $f(x, y)$ 直接做傅里叶变换时的极坐标表达式。由此可知，二维密度函数 $f(x, y)$ 在视角为 ϕ 时的投影 $p(t, \theta)$ 的一维傅里叶变换等于该二维函数傅里叶变换的一个切片，该切片与 ω 轴相交成 ϕ 角，且通过坐标原点。这就是所谓的中心切片原理，如图 6-24 所示。

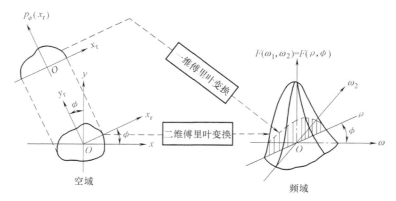

图 6-24　中心切片定理

如果对式（6-15）做傅里叶反变换，得到重建公式：

$$f(x,y) = \int_{-\infty}^{\infty}\int_{-\infty}^{\infty} P(\omega,\theta)\mathrm{e}^{2\pi\mathrm{j}\omega(x\cos\theta+y\sin\theta)}\omega\,\mathrm{d}\omega\mathrm{d}\theta \tag{6-16}$$

这样，按照式（6-16）右侧所代表的物理意义，由投影重建图像问题原则上可按如下流程求解：

1）采集不同视角下的投影 $p(t, \theta)$（理论上应为 180° 范围内连续的、无穷多个投影）。

2）求出各投影的一维傅里叶变换 $p(\omega, \theta)$，此即图像二维傅里叶变换过原点的各切片，理论上是连续的无穷多片。

3）将上述各切片汇集成图像的二维傅里叶变换。

4）求二维傅里叶反变换得重建图像 $f(x, y)$。

根据第 4）步反变换所使用数学方法的不同，重建方法又可以分为直接傅里叶重建算法（DFT）和滤波反投影算法（CBP）。

如果直接实现式（6-16）右侧的运算，就是直接傅里叶重建算法。由于这种算法要用到大量复数运算，不适用于医用 CT 常用的流水线作业的专用图像处理器，故以往 CT 系统中直接傅里叶法较少使用。对傅里叶变换公式，做一些变形后进一步推导，可以得到应用最为广泛、物理意义简明、主要由乘加运算组成的卷积反投影算法，这也是当前商业 CT 中主要采用的重建算法。

2. 平行束卷积反投影算法

首先对直接傅里叶变换公式做变形，将式（6-16）改写为

$$f(x, y) = \int_0^\pi Q(t, \theta)\,\mathrm{d}\theta \tag{6-17}$$

式中

$$Q(t, \theta) = \int_{-\infty}^\infty P(\omega, \theta)\,|\omega|\,\mathrm{e}^{2\pi j\omega t}\,\mathrm{d}\omega \tag{6-18}$$

利用傅里叶变换时域卷积定理，式（6-18）可写成

$$\begin{aligned} Q(t, \theta) &= \int_{-\infty}^\infty p(\tau, \theta) W(t - \tau)\,\mathrm{d}\tau \\ &= p(t, \theta) * W(t) \\ W(t) &= F^{-1}\{|\omega|\} \end{aligned} \tag{6-19}$$

对采样间隔为 τ 的离散数据情况，若假设图像重建区域是直径为 $N\tau$ 的圆，并假设 $p(t, \theta)$ 在 $|t| > N\tau$ 时为零，在 180° 内投影角度取 M 个的情况，可得到平行束图像重建的公式如下：

$$f(x, y) = \frac{\pi}{M} \sum_{i=0}^{M-1} Q(t, \theta_i) \tag{6-20}$$

$$Q(n\tau, \theta) = \tau \sum_{k=-N}^{N} p(k\tau, \theta) W(n\tau - k\tau) \tag{6-21}$$

式中，$\theta_i = i \cdot \dfrac{\pi}{M}$，$i = 0, 1, \cdots, M-1$；$n = -N, -(N-1), \cdots, 0, \cdots, (N-1), N$；$W$ 可称之为窗函数或滤波函数，根据系统的特性可选用不同的滤波函数。

Ramachandran 和 Lakshminarayanan 推出的滤波函数如下：

$$W(k\tau) = \begin{cases} \dfrac{1}{4\tau^2} & k = 0 \\ 0 & k \text{ 为偶数} \\ -\dfrac{1}{k^2\pi^2\tau^2} & k \text{ 为奇数} \end{cases} \tag{6-22}$$

这种滤波函数虽然节省计算时间，并且空间分辨率高，但在物体边缘及衰减系数变化剧烈的地方，波动影响明显，实际应用较少。目前更为常用的是 Shepp 和 Logan 建立的滤波函数：

$$W(k\tau) = \begin{cases} \dfrac{4}{\pi a^2} & k = 0 \\ -\dfrac{4}{\pi a^2(4k^2-1)} & k = \pm 1, \pm 2, \cdots \end{cases} \tag{6-23}$$

在系统噪声较大时，还可采用一个噪声平滑滤波器，即

$$\overline{W}(k\tau) = 0.3W[(k-1)\tau] + 0.4W(k\tau) + 0.3W[(k+1)\tau] \tag{6-24}$$

还有其他的各种滤波函数。总之选用不同频率响应的滤波函数的原则是根据系统的实际情况和要求，在空间分辨率和密度分辨率之间折中。

上述过程总结为：对被测物体的某一截面取投影→反投影→将反投影重建后的图像通过二维滤波器 $Q(\xi, \eta)$，得到重建图像。由于反投影重建后的图像通过二维滤波器实现起来比较困难，如果能够在反投影重建前滤波，运算将会大大简化，投影定理证明这种变换不会影响重建的最后结果。这样重建步骤可以调整为：对被测物体的某一截面取投影→将投影数据通过一维滤波器，得到滤波后的数据→将滤波后的数据反投影，得到重建图像。

3. "平移+旋转"扇束扫描方式图像重建

被测物体结构工业 CT 探伤系统有"平移+连续旋转"机械扫描方式，如图 6-25 所示的"平移+连续旋转"工业 CT 系统，其机械扫描系统工作方式如图 6-26 所示。根据上节图像重建理论，分析"平移+连续旋转"机械扫描方式的卷积反投影图像重建算法实现。

（1）WXHJ-1 型 CT 装置的主要技术指标

1）扫描方式：平移+旋转，每次转 10°，共转 180°。

2）扫描时间：5min。

3）有效视野尺寸：ϕ400mm。

4）每度平行扫描采集样点数：256 点。

5）断层数：每次扫描获 1 个断层面。

6）断层厚度：1mm。

7）检测器：WGO +光电倍增管（共 33 个，参考检测器 1 个）。

8）图像重建时间：扫描与图像重建同步。

图 6-25　"平移+连续旋转"工业 CT 系统

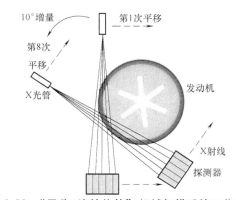

图 6-26　"平移+连续旋转"机械扫描系统工作方式

9）图像矩阵：256×256，512×512，1024×1024。

10）最小扫描步长：3.5mm。

11）像素尺寸：0.8mm × 0.8mm。

12）显示灰度：64 级，显示彩色 64 种。

13）空间分辨力：1.6LP/mm。

14）密度分辨力：水的吸收系数值的±0.5%。

"平移+旋转" 机械扫描方式的卷积反投影图像重建算法步骤如图 6-27 所示。

（2）工业 CT 检测卷积反投影算法计算机实现步骤 由图 6-27 可见，数据采集以后主要经过预处理与图像重建两大环节。这里着重介绍图像重建部分。记平移采样点数为 N_t，这里取 $N_t = 256$，平移采样间隔 $\Delta x_r = d$。x_r 为旋转坐标，$x_r = nd$。记角度方向采样点数（投影数）为 N_ϕ。这里取 $N_\phi = 180$，角度增量 $\Delta \phi = \Delta = \pi/180$，$\phi = m\Delta$。指定图像画面的像素为 $N×N$（见图 6-28）。像素位置记为 (i, j)，i 为像素在 x 方向的坐标，j 为像素在 y 方向的坐标。i 和 j 的最小值均取 1，即左下角的像素坐标为 $(1, 1)$。卷积反投影图像重建的核心是卷积运算与反投影。但为了提高精度，中间要加入线性内插运算。分述如下：

1）卷积计算。设在某一旋转角 ϕ_m 时，采得投影 $p(x_r, \phi_m)$。滤波函数为 $h(x_r)$，则滤波后投影

$$\widetilde{p}(x_r, \phi_m) = p(x_r, \phi_m) * h(x_r)$$

$$= \int_{-\infty}^{+\infty} p(x_r - x'_r) h(x'_r) \, dx \tag{6-25}$$

由于数据采集在空间是离散的，经 A/D 变换后幅值也离散，故应进行离散卷积。由上可知，$x_r = nd$，$\phi_m = m\Delta$，故对应于 x_r 取变量为 n，对应于 ϕ_m 取变量为 m，于是有

$$\widetilde{p}(n, m) = p(n, m) * h(n)$$

$$= \sum_{l = -N_t}^{N_t} p(n - l, m) h(l) \tag{6-26}$$

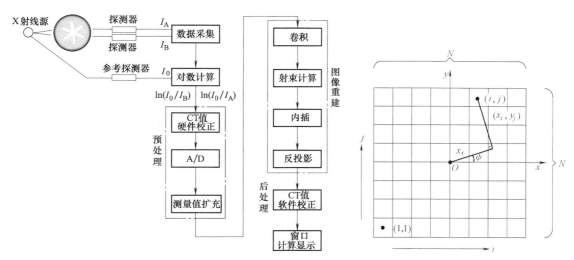

图 6-27 卷积反投影图像重建算法步骤 　　　　图 6-28 图像重建时所用坐标系统

这里 $h(l)$ 或为相应于式（6-22）的 R-L 滤波函数，或为相应于式（6-23）的 S-L 滤波函数。自然，也可为其他滤波函数。滤波函数总是对称的，理论上为无限长，实际上只能取有限长，例如取 511 点，即在中点两边各取 255 点。换句话说，l 在 -255 至 255 间各点上取值。某一 m 值下，$p(n, m)$ 的测量值由指标规定为 256 个，即 n 从 0 变至 255。当然，可用 FFT 软件实现快速卷积，但为求更快的速度，目前的 CT 装置都用硬件来实现式（6-26）的线性卷积。求和的极限中 $N_t = 255$，即取 $l = -255$ 至 $l = 255$。这样由式（6-26）可以看出 $P(n)$ 中可变量的范围为 $-N_t$ 至 $255 + N_t$。故 $p(n)$ 只在 $n = 0$ 至 255 间采集测量值是不够的。在卷积过程中还要用到 $n = -255 \sim -1$ 及 $n = 256 \sim 510$ 间的 $p(n)$ 值。最简单的办法是按以下

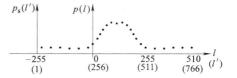

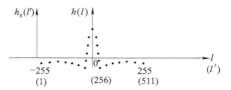

方法扩充：在 $n = -255 \sim -1$ 间补以 $p' = \dfrac{p(0) + p(1)}{2}$，

在 $n = 256 \sim 510$ 补以 $p'' = \dfrac{p(254) + p(255)}{2}$。这种处理

比补零更符合实际。取平均值是为了减小偶然误差。这一扩充处理是在预处理环节完成的。经过扩充以

图 6-29　卷积过程示意图

后，投影值 $p(n)$ 曲线的长度总共达 766 点，n 从 -255 变至 510，卷积过程示意图如图 6-29 所示。

考虑到式（6-26）中 m 固定不变，可暂时不考虑。又因 $h(l)$ 是对称的，这样式（6-26）变成

$$\widetilde{p}(n, m) = \widetilde{p}(n) = \sum_{l=-255}^{255} p(n-l)h(l) = \sum_{l=-255}^{255} p(n+l)h(l) \qquad (6\text{-}27)$$

故有

$$\begin{cases} \widetilde{p}(0) = h(-255)p(-255) + \cdots + h(0)p(0) + \cdots + h(255)p(255) \\ \widetilde{p}(1) = h(-255)p(-255) + \cdots + h(0)p(1) + \cdots + h(255)p(256) \\ \qquad\qquad\qquad\qquad \vdots \\ \widetilde{p}(255) = h(-255)p(0) + \cdots + h(0)p(255) + \cdots + h(255)p(510) \end{cases} \qquad (6\text{-}28)$$

为便于计算机实现，避免负的地址值，可将式（6-27）作如下变换：

$$\widetilde{p}(n) = \sum_{l=-255}^{255} p(n+l)h(l)$$
$$= \sum_{l=-255}^{255} p(n + l' - 256)h(l' - 256) \qquad (6\text{-}29)$$

这里引用新坐标 $l' = l + 256$，即 $l = -256$ 正好是 l' 的原点 $l' = 0$。于是得

$$p(l) = p(l' - 256) = p_s(l) \qquad (6\text{-}30)$$

$$h(l) = h(l' - 256) = h_s(l') \qquad (6\text{-}31)$$

将其代入式（6-29），有

$$\widetilde{p}(n) = \sum_{l'=1}^{511} p_s(n+l')h_s(l')$$ (6-32)

式（6-28）相应变为

$$
\begin{cases}
\widetilde{p}(0) = h_s(1)p_s(1) + \cdots + h_s(256)p_s(256) + \cdots + h_s(511)p_s(511) \\
\widetilde{p}(1) = h_s(1)p_s(2) + \cdots + h_s(256)p_s(257) + \cdots + h_s(511)p_s(512) \\
\qquad\qquad\qquad\qquad\qquad\vdots \\
\widetilde{p}(255) = h_s(1)p_s(255) + \cdots + h_s(256)p_s(511) + \cdots + h_s(511)p_s(766)
\end{cases}
$$ (6-33)

2）射束计算与内插。前已提及，图像重建中，内插是重要的一环。射束计算是为了内插。在 $p(n,m)$ 与 $h(n)$ 在离散域中完成卷积得到 $\widetilde{p}(n,m)$ 后，应进行内插，以求 $\widetilde{p}(x_r,m) = \widetilde{p}(n,m) * \phi(x_r)$，CT 中常用线性内插。前已说明，投影数据 $p(x_r,\phi)$ 以 x_r、ϕ 为地址存于存储器 RAM1 中。自然，$x_r = nd$，$\phi_m = m\Delta$ 均为离散的。

由图 6-28 可见，对子空间某点 (x_i,y_j)，在某一视角 $\phi = \phi_m = m\Delta$ 下，必有一 $x_{r,m}$ 随之而定

$$x_{r,m} = x_i\cos\phi_m + y_j\sin\phi_m$$ (6-34)

由于 (x_i,y_j) 是空间中任一点像素坐标，按式（6-34）算得的 $x_{r,m}$，并不正好为 d 的整数倍，或者说并不正好对应于 RAM 4 中某一地址。它可能位于 n_0d 与 $(n_0+1)d$ 之间，即

$$x_{r,m} = (n_0+\delta)d, 0<\delta<1$$ (6-35)

由式（6-25）知

$$\widetilde{p}(x_{r,m},\phi_m) = \widetilde{p}_{m\Delta}[(n_0+\delta)d]$$
$$= \widetilde{p}_{m\Delta}(n_0d) + \frac{\widetilde{p}_{m\Delta}[(n_0+1)d] - \widetilde{p}_{m\Delta}[n_0d]}{d}(x_{r,m}-n_0d)$$ (6-36)

为醒目起见，省去表示固定视角的下标 mΔ，并令无关紧要的 d 值为 1，则式（6-36）可以表示成（图 6-30 中 (x_i,y_j) 为任一像素位置，用 $\widetilde{x}_r$ 表示从 0 号射束起算的距离）

$$\widetilde{p}(n_0+\delta) = \widetilde{p}(n_0) + \delta[\widetilde{p}(n_0+1) - \widetilde{p}(n_0)]$$
$$= (1-\delta)\widetilde{p}(n_0) + \delta\widetilde{p}(n_0+1)$$ (6-37)

式（6-37）就是要用的内插公式。为了利用式（6-37），必须先算出 n_0 与 δ。这就是所谓射束计算任务。射束计算就是对于图像空间中每一像素计算相应的 n_0 与 δ。

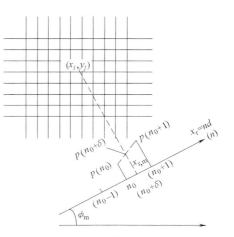

图 6-30　线性内插用图

将图像区域分成 $N \times N$ 个像素。射束在平移 N_t 步后绕图像区域中心旋转。从该中心至最极端的射束（称零号射束）的垂足的轨迹为一圆，圆心就是区域中心，直径为 $N-1$，也即零号射束与圆正好相切（见图 6-31）。对每一视角 ϕ，射束从

零号射束的位置开始向直径的另一端平移，射束编号也随之增加。

　　同样，x_r 以 $x=0$、$y=0$ 为坐标原点，按照射束的实际配置，以直径的一端作为距离的起始参考点（原点），在计算中可避免负值。记新的坐标为 $\widetilde{x}_r$，根据任一像素坐标 (x_i, y_j) [或以 (i, j) 坐标表示为 (i, j) 算得 x_r，再归算至 $\widetilde{x}_r$]。根据图 6-31，像素最宽也是 1。以图中的 (i, j) 坐标代替原点在画面中央的 (x, y) 坐标，目的也是避免负值。对于任一像素 (x_i, y_j) 及视角 ϕ，有

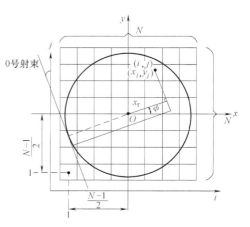

图 6-31　射束计算用图

$$x_r = x_i\cos\phi + y_j\sin\phi = \left(i - \frac{N+1}{2}\right)\cos\phi + \left(j - \frac{N+1}{2}\right)\sin\phi$$

$$= (i-1)\cos\phi + (j-1)\sin\phi - \frac{N-1}{2}(\cos\phi + \sin\phi) \tag{6-38}$$

若以 $\widetilde{x}_r$ 表示过像素 (x_i, y_j) 的射线位置，则有

$$\widetilde{x}_r = x_r + \frac{N-1}{2} = (i-1)\cos\phi + (j-1)\sin\phi - \frac{N-1}{2}(\cos\phi + \sin\phi) + \frac{N-1}{2}$$

$$= (i-1)\cos\phi + (j-1)\sin\phi + \frac{N-1}{2}(1 - \cos\phi - \sin\phi) \tag{6-39}$$

　　对于给定的视角 ϕ 及指定的 N（例如 256），式（6-39）右边第三项为

$$\frac{N-1}{2}(1 - \cos\phi - \sin\phi) = 127.5(1 - \cos\phi - \sin\phi) = C_\phi \tag{6-40}$$

故式（6-39）又可写为

$$\widetilde{x}_r = C_\phi + (i-1)\cos\phi + (j-1)\sin\phi = n_0 + \delta \tag{6-41}$$

式中，n_0 即为所求的射束编号。相应于 (x_i, y_j) 的 $\widetilde{x}_r$ 界于第 n_0 号射束与 (n_0+1) 号射束之间，与 n_0 相距 δ。实际计算时，对于某一 ϕ，先算得 $(i, j) = (1, 1)$ 时的 $\widetilde{x}_r$ 值（C_ϕ）。以后当像素坐标在 x 方向（即 i）增加 1 就相当于在 $\widetilde{x}_r = C_\phi$ 上叠加 $\cos\phi$；像素在 y 方向（即 j）移 1 格就相当于 $\widetilde{x}_r = C_\phi$ 上叠加 $\sin\phi$。由于 ϕ 的离散值总共只有 $N_\phi = 180$ 个，可将 $\cos\phi = \cos(m\Delta)$，$\sin\phi = \sin(m\Delta)$（$m = 1, 2, \cdots, 180$），和对应的 C_ϕ 存储于 RAM3 中。这样，易于对每一像素 (i, j) 算得相应的 n_0 与 δ。

　　3）反投影重建。有了上面的内插手段后，可根据有限个滤波投影值方便地得到与任一像素坐标 (x, y) 相应的 $\widetilde{x}_r$ 处的滤波投影值，再用反投影累加法重建任意点 (x, y) 处的图像

$$a(x, y) = \hat{a}(r, \theta) = \int_0^\pi \widetilde{p}(x_r, \phi)\Big|_{x_r = x\cos\phi + y\sin\phi} \mathrm{d}\phi \tag{6-42}$$

　　具体实现时，将 (x, y) 改用 (i, j) 表示（见图 6-31），x_r 用 $\widetilde{x}_r$ 表示，并令 $\phi = m\Delta$，Δ 为角增量，$m = 1, 2, \cdots, N_\phi (N_\phi = 180)$。当 $\phi = m\Delta$ 时，记为

$$\widetilde{x}_r\big|_{\phi = m\Delta} = \widetilde{x}_{r,m}(i, j) = (i-1)\cos(m\Delta) + (j-1)\sin(m\Delta) + C_m \tag{6-43}$$

这样，式（6-42）可用求和形式表示为

$$a(i,j) = \sum_{m=1}^{N_\phi} \widetilde{p}\left[\widetilde{x}_{r,m}(i,j), m\Delta\right] \tag{6-44}$$

再记

$$a_m(i,j) = \sum_{m'=1}^{m} \widetilde{p}\left[\widetilde{x}_{r,m'}(i,j), m'\Delta\right] \tag{6-45}$$

注意到 $a_0(i,j) = 0$，就可用下列递推公式来计算式（6-44）与式（6-45）：

$$a_m(i,j) = a_{m-1}(i,j) + \widetilde{p}\left[\widetilde{x}_{r,m}(i,j), m\Delta\right], m = 1,2,\cdots,180 \tag{6-46}$$

当 $m = 180$ 时，全部图像重建完毕。利用式（6-46）就可方便地用计算机实现反投影重建。卷积反投影重建部分流程图如图 6-32 所示。

初始化后对所有像素均有 $a_0(i, j) = 0$。对某一视角 $m\Delta$，从正弦图读取投影值 $p(n, m)$，计算该视图 m 的滤波后投影

$$\widetilde{p}(n,m) = p(n,m) * h(n), n = 0,1,\cdots,(N_t-1) = 255$$

当 $i = 1$，$j = 1$ 时，$\widetilde{x}_{r,m}(1, 1) = C_m = 127.5(1 - \cos m\Delta - \sin m\Delta)$。对任一 (i, j) 算得，$\widetilde{x}_{r,m}(i, j) = n + \delta$，据此算出内插后的滤波投影值。然后按式（6-44）将这个投影值累加（反投影）到原有的像素值上成为新的像素值。若 $i \neq N$、$j \neq N$，则 i 增加 1 或 j 增加 1，直至 $i = N$、$j = N$ 对所有像素值完成一次累加。若 $m \neq N_\phi$，则将 m 增 1，计算另一视角下的各像素的滤波投影值，将它再累加到原有的像素值上，直至 $m = N_\phi$，最后得到的累加结果就是准确的重建后的图像。按上述方法实现反投影重建时，不是待一个像素全部重建好后再做另一像素，即不是用"像素驱动法"，而是用"投影驱动法"：先由第一个滤波后投影对所有像素作第一次累加（反投影），再由第二、第三个、…滤波后的投影对所有像素作第二、第三次、…累加，直至最后一个滤波后投影加上，所有像素才一起重建完成。

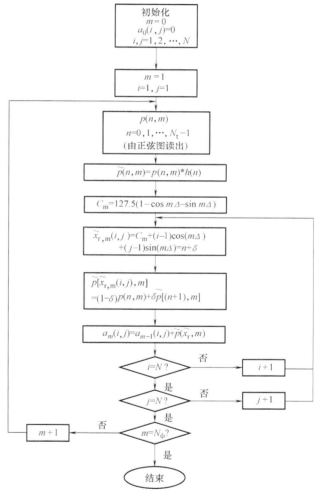

图 6-32 卷积反投影重建部分流程图

4. "连续旋转"扇束投影直接重建算法图像重建

目前三代"只旋转"扫描工业 CT 系统也广泛应用于被测物体结构的无损探伤检测，尤其是大型被测物体结构的无损探伤大多应用三代"只旋转"扫描工业 CT 系统，如图 6-33 所示。由于射束不再平行而呈扇形，故其重建算法有所不同。

（1）扇束投影重建算法　它大致可分为两类：一类是重排算法，即把一个视图中采集到的扇形数据重新组合在平行的射线投影数据，再用上面的算法重建。这种方法对扇束投影的视角与每一扇束投影各射线间的增角有一定的约束条件。另一类算法是扇束投影直接重建算法。这种算法不必先把数据重排，只需适当加权即可运用与上面类似的算法重建图像。扇束扫描检测器的布置形式有两种，故扇形射线的形式也有两种：

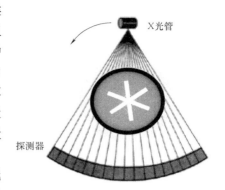

**图 6-33　三代"只旋转"扫描
工业 CT 系统**

1）等角射线型。在固定的 X 射线源位置下，射线投影是沿等角的射线采集的。检测器布置在等角的弧线上，如图 6-34a 所示。此时射线与弦 $\overline{D_1D_2}$ 的交点之间距离不等。

2）等距射线型。检测器在直线上作等距分布，如图 6-33b 所示。此时射线间的增角是不等的。

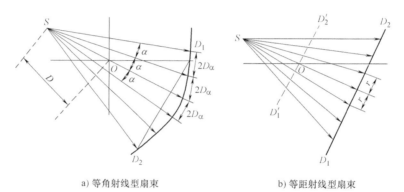

a) 等角射线型扇束　　　　b) 等距射线型扇束

图 6-34　扇形射束的两种形式

（2）等角射线扇形束数据的直接重建算法　图 6-35 所示为等角射线扇形束参数关系图。物体 $a(r, \theta)$ 在扇形内部，S_0 为 X 射线源所在点，$\overline{D_1D_2}$ 为检测器阵所在弧线；$\overline{S_0D_0}$ 为中心射线，扇形位置由该中心射线与 y 轴交角 β 确定，同一扇形中的任一射线 S_0E 由 γ 规定，γ 是该射线相对于 S_0D_0 绕 S_0 的转角。x-y 为固定坐标系，因此射线的绝对位置由（β, γ）唯一确定。如果把这条射线看作平行射线，自然也可用（x_r, φ）确定。$p_\beta^f(\gamma) = p^f(\gamma, \beta)$——

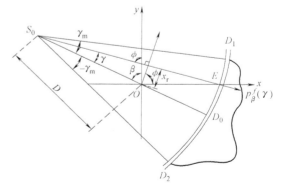

图 6-35　等角射线扇形束参数关系图

β 下的投影是 γ 的函数，当 β 在 $0 \sim 2\pi$ 间变化时形成一组投影。给定 $p^f(\gamma, \beta)$，$0 < \beta \leq 2\pi$，$-\gamma_m \leq \gamma \leq \gamma_m$，重建物体断面图像 $a(r, \theta)$。由图 6-35 显见：

$$\varphi = \beta + \gamma \tag{6-47}$$

$$x_r = D\sin\gamma \tag{6-48}$$

故射线 S_0E 的位置 $(x_r, \varphi) = (D\sin\gamma, \beta+\gamma)$ 所对应的射线投影为

$$p(x_r, \varphi) = p(D\sin\gamma, \beta+\gamma) = p^f(\gamma, \beta) \tag{6-49}$$

现在将用到 360° 旋转角的扫描，由扫描装置的对称性并略去射束硬化效应，可知下列关系式成立：

$$p(-x_r, \varphi) = p(x_r, \varphi+\pi) \tag{6-50}$$

扇束重建出发点是并行射线时的重建，然后把该射线看作是扇束的一部分，利用式 (6-47)~式 (6-49)、式 (6-42) 把它变换成用扇束参数表示，共分四步。

1) 写卷积反投影重建表达式。

由式 (6-42)，重建图像 $a(r, \theta)$ 可表示为

$$a(r,\theta) = \int_0^\pi p(x_r, \varphi) * h(x_r) \mid x_r = r\cos(\theta - \varphi) \, \mathrm{d}\varphi \tag{6-51}$$

借助变量代换 $\varphi = \varphi' - \pi$，$x_r = -x'_r$，利用式 (6-50)，并考虑到滤波函数的偶对称性：$h(x_r) = h(-x_r)$，式 (6-51) 变成

$$a(r, \theta) = \int_\pi^{2\pi} p(x_r, \varphi' - \pi) * h(x_r) \, \mathrm{d}\varphi' = \int_\pi^{2\pi} p(-x_r, \varphi') * h(x_r) \, \mathrm{d}\varphi'$$

$$= \int_\pi^{2\pi} p(x'_r, \varphi') * h(x'_r) \, \mathrm{d}\varphi' = \int_\pi^{2\pi} p(x_r, \varphi) * h(x_r) \mid x_r = r\cos(\theta - \varphi) \, \mathrm{d}\varphi \tag{6-52}$$

合并式 (6-51) 及式 (6-52)，得

$$a(r,\theta) = \frac{1}{2} \int_\pi^{2\pi} p(x_r, \varphi) * h(x_r) \mid x_r = r\cos(\theta - \varphi) \, \mathrm{d}\varphi \tag{6-53}$$

2) 改换变量以适应扇束投影数据。

式 (6-53) 可展开为

$$a(r,\theta) = \frac{1}{2} \int_\pi^{2\pi} \int_{-\infty}^{\infty} p(x''_r, \varphi) h(x_r - x''_r) \mid x_r = r\cos(\theta - \varphi) \, \mathrm{d}x''_r \mathrm{d}\varphi \tag{6-54}$$

式 (6-54) 又可分两步计算：

① 令 φ 不变，求积分

$$\widetilde{p}(x_r, \varphi) = \int_{-\infty}^{\infty} p(x''_r, \varphi) h(x_r - x''_r) \, \mathrm{d}x''_r \tag{6-55}$$

把式 (6-55) 中各变量关系画出，如图 6-36 所示。x''_r 为在固定 φ 值下变化的量，$x_r = r\cos(\theta-\varphi)$，其中 (r, θ) 为像素的极坐标。γ_0 为扇形中过 (r, θ) 点的射线的位置。现在设法把变量 x_r，φ 化成 γ，β，以便过渡到用 γ，β 来表达整个 $a(r, \theta)$。由图 6-36 可见：

$$x_r - x''_r = L\sin(\gamma_0 - \gamma'') \tag{6-56}$$

以及

$$r\cos(\beta-\theta) = L\sin\gamma_0 \tag{6-57}$$

或

$$\gamma_0 = \arcsin \frac{r\cos(\theta - \beta)}{L} \tag{6-58}$$

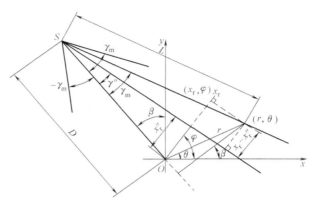

图 6-36 求式（6-55）的卷积用图

② 再对 φ 求积分

$$a(r,\theta) = \frac{1}{2}\int_{\pi}^{2\pi} \widetilde{p}(x_r, \varphi)\mathrm{d}\varphi [x_r = r\cos(\theta - \varphi)] \tag{6-59}$$

以式（6-55）~式（6-58）代入式（6-59），并注意到此时 $\gamma = \gamma''$，得

$$a(r,\theta) = \frac{1}{2}\int_0^{2\pi}\int_{-\gamma_m}^{\gamma_m} p(D\sin\gamma'', \beta + \gamma'')h[L\sin(\gamma_0 - \gamma'')]\Big|_{\gamma_0}$$

$$= \arcsin\frac{r\cos(\theta - \beta)}{L}|J|\,\mathrm{d}\gamma''\mathrm{d}\beta| \tag{6-60}$$

式中

$$|J| = \begin{vmatrix} \partial x_r''/\partial\gamma'' & \partial x_r''/\partial\beta \\ \partial\varphi/\partial\gamma'' & \partial\varphi/\partial\beta \end{vmatrix} = D\cos\gamma'' \tag{6-61}$$

所以

$$a(r,\ \theta) = \frac{1}{2}\int_0^{2\pi}\int_{-\gamma_m}^{\gamma_m} p(D\sin\gamma'',\ \beta + \gamma'')h[L\sin(\gamma_0 - \gamma'')]\Big|_{\gamma_0} = \arcsin\frac{r\cos(\theta - \beta)}{L}D\cos\gamma''\mathrm{d}\beta$$

$$= \frac{1}{2}\int_0^{2\pi}\int_{-\gamma_m}^{\gamma_m} p^f(\gamma'',\ \beta)h[L\sin(\gamma_0 - \gamma'')]\Big|_{\gamma_0} = \arcsin\frac{r\cos(\theta - \beta)}{L}D\cos\gamma''\mathrm{d}\gamma''\mathrm{d}\beta$$

$$\tag{6-62}$$

3）重置滤波函数变量。设 $h[L\sin(\gamma_0 - \gamma'')]$ 为理想的滤波函数，则

$$h[L\sin(\gamma_0 - \gamma'')] = \int_{-\infty}^{\infty} |\rho|\mathrm{e}^{i2\pi\rho L\sin(\gamma_0 - \gamma'')}\mathrm{d}\rho \tag{6-63}$$

利用代换

$$\rho' = \frac{L\sin(\gamma_0 - \gamma'')}{\gamma_0 - \gamma''}\rho \tag{6-64}$$

可把式（6-63）写成

$$h\left[\,L\sin(\gamma_0-\gamma'')\,\right]=\int_{-\infty}^{\infty}\frac{|\rho'|}{\dfrac{L\sin(\gamma_0-\gamma'')}{\gamma_0-\gamma''}}\mathrm{e}^{i2\pi(\gamma_0-\gamma'')\rho'}\frac{\mathrm{d}\rho'}{\dfrac{L\sin(\gamma_0-\gamma'')}{\gamma_0-\gamma''}}$$

$$=\frac{(\gamma_0-\gamma'')^2}{L^2\sin^2(\gamma_0-\gamma'')}h(\gamma_0-\gamma'') \tag{6-65}$$

4）用扇束投影数据与扇形变量表示重建公式。

以式（6-65）代入式（6-62），可得

$$a(r,\theta)=\frac{1}{2}\int_0^{2\pi}\int_{-\gamma_m}^{\gamma_m}p^f(\gamma,\beta)\frac{(\gamma_0-\gamma)^2}{L^2\sin^2(\gamma_0-\gamma)}h(\gamma_0-\gamma)D\cos\gamma\mathrm{d}\beta\mathrm{d}\gamma \tag{6-66}$$

$$=\int_0^{2\pi}\frac{1}{L^2}\left[\,p^f(\gamma,\beta)D\cos\gamma\,\right]*\frac{\gamma^2}{2\sin^2\gamma}h(\gamma)\,|\,\gamma=\lambda_0\mathrm{d}\beta \tag{6-67}$$

式中

$$L=\sqrt{D^2+r^2+2Dr\sin(\beta-\theta)} \tag{6-68}$$

$$\gamma_0=\arcsin\frac{r\cos(\theta-\beta)}{L}=\arcsin\frac{r\cos(\theta-\beta)}{\sqrt{D^2+r^2+2Dr\sin(\beta-\theta)}} \tag{6-69}$$

由图 6-36 不难看出式（6-67）的物理意义。通过比较可知，扇束情况下的卷积反投影重建算法可采用类似于平行束情况下的算法实现，只是需要适当加权与修正。

（3）等距射线产生的扇形数据的卷积反投影重建算法 图 6-37 所示为等距射线扇形参数关系示意图。$\overline{D_1D_2}$ 为检测器阵所在位置。S_0B 为某一射线，它在扇形中的相对位置以射线与检测器阵相遇点 B 离检测器阵中点 O_S 的距离 $s=s_1$ 确定。其绝对位置由（β，s）定出。

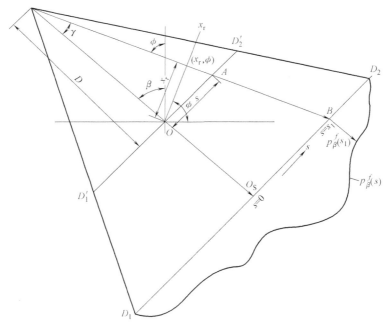

图 6-37　等距射线扇形参数关系

投影 $p_\beta^f(s)$ 表示视角为 β 的视图的投影。它是距离 s 的函数，$D_1'D_2'$ 平行于 D_1D_2，且通过 $x\text{-}y$ 坐标原点。它是 D_1D_2 的镜像，例如 B 点的镜像为 A。其间关系可从扇形的几何尺寸确定，故 B 的位置也可由 OA 定出，因此下文中的 s 均指 OA。

射线 S_0B 可看作前面所述的平行射束中的一条射线，由 (x_r,φ) 唯一确定。(x_r,φ) 与 (β,s) 之间的关系类似于式（6-47）和式（6-48）：

$$\varphi = \beta + \gamma = \beta + \arctan\frac{s}{D} \tag{6-70}$$

$$x_r = s\cos\gamma = \frac{sD}{\sqrt{D^2+s^2}} \tag{6-71}$$

令 (r,θ) 为物体断层内任一点的位置，$a(r,\theta)$ 为像素值，由式（6-54）有

$$a(r,\theta) = \frac{1}{2}\int_0^{2\pi}\int_{-\infty}^{\infty} p(x_r'',\varphi)h(x_r-x_r'')\,|\,x_r=r\cos(\theta-\varphi)\,\mathrm{d}x_r''\mathrm{d}\varphi \tag{6-72}$$

令 $\varphi=$ 常数，得

$$\widetilde{p}(x_r,\varphi) = \int_{-\infty}^{\infty} p(x_r'',\varphi)h(x_r-x_r'')\,|\,x_r=r\cos(\theta-\varphi)\,\mathrm{d}x_r'' \tag{6-73}$$

再求

$$a(r,\theta) = \frac{1}{2}\int_0^{2\pi}\widetilde{p}(x_r,\varphi)\,\mathrm{d}\varphi \tag{6-74}$$

由式（6-71）得

$$x_r'' = \frac{s''D}{\sqrt{D^2+s''^2}} \tag{6-75}$$

由图 6-38，计及式（6-70）

$$x_r = r\cos(\theta-\varphi) = r\cos(\theta-\beta-\gamma'') = r\cos(\theta-\beta)\cos\gamma'' - r\sin(\beta-\theta)\sin\gamma'' \tag{6-76}$$

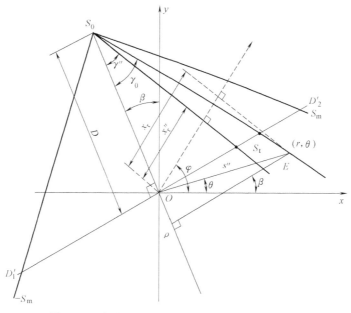

图 6-38　求式（6-70）时有关变量的几何关系图

现求 $r\cos(\theta-\beta)$。因 $r\cos(\theta-\beta)=\overline{EP}$，而 $\dfrac{s_1}{EP}=\dfrac{D}{D+r\sin(\beta-\theta)}$，所以有

$$r\cos(\theta-\beta)=s_1\frac{D+r\sin(\beta-\theta)}{D} \tag{6-77}$$

以式（6-77）代入式（6-76），并考虑

$$\cos\gamma''=\frac{D}{\sqrt{D^2+s''^2}},\ \sin\gamma''=\frac{s''}{\sqrt{D^2+s''^2}}$$

得

$$x_r=s_1\frac{D+r\sin(\beta-\theta)}{D}\cdot\frac{D}{\sqrt{D^2+s''^2}}-r\sin(\beta-\theta)\frac{s''}{\sqrt{D^2+s''^2}} \tag{6-78}$$

故

$$x_r-x_r''=s_1\frac{D+r\sin(\beta-\theta)}{\sqrt{D^2+s''^2}}-r\sin(\beta-\theta)\frac{s''}{\sqrt{D^2+s''^2}}-\frac{s''D}{\sqrt{D^2+s''^2}}=(s_1-s'')\frac{UD}{\sqrt{D^2+s''^2}} \tag{6-79}$$

式中，

$$U=\frac{D+r\sin(\beta-\theta)}{D} \tag{6-80}$$

接着求 $h\ (x_r-x_r'')$。由式（6-79）可知

$$h(x_r-x_r'')=h\left[(s_1-s'')\frac{UD}{\sqrt{D^2+s''^2}}\right]=\int_{-\infty}^{\infty}|\rho|\exp\left[i2\pi\rho(s_1-s'')\frac{UD}{\sqrt{D^2+s''^2}}\right]\mathrm{d}\rho \tag{6-81}$$

引入变量

$$\rho'=\rho\frac{UD}{\sqrt{D^2+s''^2}} \tag{6-82}$$

则式（6-81）可写成

$$h(x_r-x_r'')=h\left[(s_1-s'')\frac{UD}{\sqrt{D^2+s''^2}}\right]$$
$$=\int_{-\infty}^{\infty}\frac{|\rho'|}{\dfrac{UD}{\sqrt{D^2+s''^2}}}\exp[i2\pi\rho'(s_1-s'')]\frac{\mathrm{d}\rho'}{\dfrac{UD}{\sqrt{D^2+s''^2}}}=\frac{D^2+s''^2}{U^2D^2}h(s_1-s'') \tag{6-83}$$

以式（6-83）代入式（6-74），并利用

$$p(x_r'',\varphi)=p\left(\frac{s''D}{\sqrt{D^2+s''^2}},\beta+\arctan\frac{s''}{D}\right)=p^f(s'',\beta)$$

得

$$a(r,\theta)=\frac{1}{2}\int_0^{2\pi}\int_{-s_m}^{s_m}p^f(s'',\beta)h(s-s'')\ |\ s=s_1\frac{D_2+s''^2}{U^2D^2}\ |\ J\ |\mathrm{d}s''\mathrm{d}\beta \tag{6-84}$$

式中，

$$|J|=\left|\begin{array}{cc}\partial x_r''/\partial s'' & \partial x_r''/\partial\beta\\ \partial\varphi/\partial s'' & \partial\varphi/\partial\beta\end{array}\right|=\frac{D^3}{\sqrt{(D^2+s''^2)^3}} \tag{6-85}$$

将其代入式（6-84）后，得

$$a(r,\theta)=\frac{1}{2}\int_0^{2\pi}\int_{-s_m}^{s_m}p^f(s'',\beta)h(s-s'')\,|\,s=s_1\frac{D^2+s''^2}{U^2D^2}\cdot\frac{D^3}{\sqrt{(D^2+s''^2)^3}}\mathrm{d}s''\mathrm{d}\beta \quad (6\text{-}86)$$

$$=\int_0^{2\pi}\int_{-\infty}^{\infty}\frac{1}{U^2}p^f(s'',\beta)\frac{D}{\sqrt{D^2+s''^2}}\cdot\frac{1}{2}h(s-s'')\,|\,s=s_1\mathrm{d}s''\mathrm{d}\beta$$

$$=\int_0^{2\rho}\frac{1}{U^2}\int_{-\infty}^{\infty}p^e(s'',\beta)\cdot\frac{1}{2}h(s-s'')\,|\,s=s_1\mathrm{d}s''\mathrm{d}\beta$$

$$=\int_0^{2\pi}\frac{1}{U^2}p^e(s,\beta)*g(s)\,|\,s=s_1\mathrm{d}\beta$$

$$=\int_0^{2\pi}\frac{1}{U^2}\widetilde{p}^e(s_1,\beta)\mathrm{d}\beta \quad (6\text{-}87)$$

式中，$p^e(s,\beta)$ 是等效投影，$p^e(s,\beta)=p^f(s,\beta)\dfrac{D}{\sqrt{D^2+s^2}}$；$g(s)=\dfrac{1}{2}h(s)$；$\widetilde{p}^e(s,\beta)$ 是滤波后等效投影，$\widetilde{p}^e(s,\beta)=p^e(s,\beta)*g(s)$；$s_1$ 是经过待建点 (r,θ) 的射线，由式（6-77）得

$$s_1=\frac{Dr\cos(\beta-\theta)}{D+r\sin(\beta-\theta)} \quad (6\text{-}88)$$

5. "连续旋转" 重排算法图像重建

一条射线可由 (γ,β) 表示，此时看作扇形射线中的一条。也可用 (x_r,φ) 表示，此时就看作平行射线中的一员。所谓重排，是把所有的扇形投影数据 $p^f(\gamma,\beta)$ 重新整理成为不同视角下的平行射线投影数据，再利用平行射线投影算法进行重建。用扇形射线重组成平行射线的可能性，可见图 6-39。图中扇形射线源转动的角距为 $\Delta\beta=20°$。每个扇形内射线间的增角为 $\Delta\gamma=\Delta\beta/2=10°$。扇形角为 $60°$，自每一源位置取出相应的射线可重排成一组实线所示的平行射线和另一组虚线所示的平行射线。两组倾角差 $\Delta\beta/2=10°$。仔细观察图 6-39 有两个情况值得注意：①每一视角下平行射线数目很少，图中线数 $n=\theta_f/\Delta\beta+1$，θ_f 为扇形张角，此处为

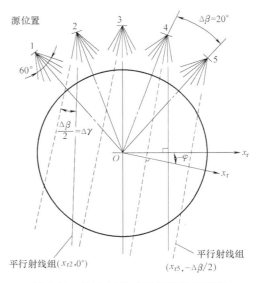

图 6-39 扇束重排成平行射线示意图

$60°$，$\Delta\beta=20°$，所以 $n=60/20+1=4$；②平行线间距离不均匀，图中由源 4、源 5 发出的虚线间的距离为 $W_{45}=D\sin30°-D\sin10°=0.326D$（$D$ 为源所在圆周的半径）。而由源 3、源 4 发出的虚线间的距离 $W_{34}=2D\sin10°=0.347D$，可见 $W_{34}\neq W_{45}$。

图 6-39 中的实线所示的平行射线组及虚线所示的平行射线组实际上可以计算出来。根据 $\varphi=\beta+\gamma$，$x_r=D\sin\gamma=D\sin(\varphi-\beta)$，欲求平行射线的位置只需维持 $\varphi=\beta+\gamma=\varphi_0=$ 常数。

不难看出，$\varphi_0=0°$，相当于实线所示平行射线组，相应的射线位置为 $(\beta,\gamma)=(20°,-20°)$、$(0°,0°)$、$(-20°,20°)$。$\varphi_0=-10°$ 相应于虚线所示平行射线组。各射线位置为

（β，γ）＝（20°，-30°）、（-40°，30°）、（0°，-10°）、（-20°，10°）。这里举出部分平行射线。后面将说明，若 $\Delta\beta$、$\Delta\gamma$ 满足一定关系，平行射线数可以更多。

把采得的有限数目的扇束投影数据变换成足够的、适合于平行射束情况下作图像重建的数据。对于等角射线情况，通常 β、γ 变化均是离散的，即

$$\beta = \beta_i = j\Delta_\beta,\ j = 1,2,\cdots,J$$
$$\gamma = \gamma_i = i\Delta_\gamma,\ i = 1,2,\cdots,I$$

这时，扇束投影可用离散变量表

$$p^f(\gamma,\beta) = p^f(i,j) \tag{6-89}$$

将 $p^f(i,j)$ 重排为平行射束数据 $p(m,n)$，这里 m，n 分别为 φ，x_r 的离散变量，即

$$x_r = x_{rn} = n\Delta x_r = nd, n = 1,2,\cdots,N \tag{6-90}$$
$$\varphi = \varphi_m = m\Delta\varphi = m\Delta, m = 1,2,\cdots,M \tag{6-91}$$

现在将（γ，β）空间变换到（x_r，φ）空间。据式（6-89），（γ，β）空间中，$\gamma = \Delta_\gamma$，$2\Delta_\gamma$，$\cdots$，$i\Delta_\gamma$，$\cdots$，$I\Delta_\gamma$ 各直线在（x_r，φ）空间中变换成 $x_r = D\sin\Delta_\gamma$，$D\sin(2\Delta_\gamma)$，$\cdots$，$D\sin(i\Delta_\gamma)$，$\cdots$，$D\sin(I\Delta_\gamma)$ 等直线。直线的性质不变，但间隔由均匀变成不均匀（见图6-40）。

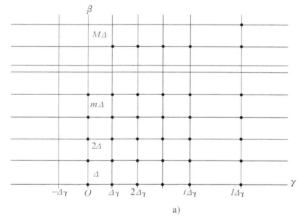

a)

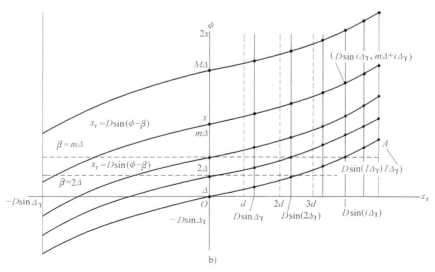

b)

图6-40　（γ，β）空间与（x_r，φ）空间之间的变换

而 $\beta=\Delta_\beta$，$2\Delta_\beta$，$\cdots$，$j\Delta_\beta$，$\cdots$，$J\Delta_\beta$ 各直线，在 (x_r, φ) 空间中变换成 $x_r=D\sin(\varphi-\Delta_\beta)$，$D\sin(\varphi-2\Delta_\beta)$，$\cdots$，$D\sin(\varphi-j\Delta_\beta)$，$\cdots$，$D\sin(\varphi-J\Delta_\beta)$ 正弦曲线。在图 6-40 中，令 $\Delta_\beta=\Delta$，以简化符号。图 6-40a 中网格的交点（代表一根射线的坐标）对应于图 6-40b 中各正弦曲线与 $D\sin(i\Delta_\gamma)$（$i=1$，2，$\cdots$，I）的交点。图 6-40b 中虚线网格为 (x_r, φ) 空间中均匀采样的平行射束所对应的位置。要求的就是与这些虚线所示网格交点相对应的投影值 $p(m, n)$。

可用两步内插来求解。第一步内插：固定 $\gamma=\gamma_i$，对 $\varphi=\varphi_m=m\Delta$（$m=1$，$2$，$\cdots$，$M$）作内插。例如当 $\gamma_i=i\Delta_\gamma$ 时，$x_r=D\sin(i\Delta_\gamma)$，对应有 M 个 $\varphi_m=m\Delta$（$m=1$，2，$\cdots$，M），但各 $\varphi_m=m\Delta$ 与 $x_r=D\sin(i\Delta_\gamma)$ 的交点并不正好落在给定的扇形射线相应的正弦曲线上，而是落在这些给定的正弦曲线之间的某一条未给定的正弦曲线上，后者对应于 $\beta=\beta_j^*=j^*\Delta_\beta$ 这一条射线。其射线投影值为

$$p^f(i\Delta_\gamma, j*\Delta_\beta)=p^f(i, j*) \tag{6-92}$$

其中，$j*$ 由式（6-91）可得

$$j*\Delta_\beta=m\Delta-i\Delta_\gamma \tag{6-93}$$

$$j*=m\frac{\Delta}{\Delta_\beta}-i\frac{\Delta_\gamma}{\Delta_\beta} \tag{6-94}$$

若 $\Delta_\beta=\Delta$，则

$$j*=m-i\frac{\Delta_\gamma}{\Delta}=j+\delta_j \tag{6-95}$$

式中，j 为 $j*$ 的整数部分；δ_j 为其小数部分。由 $p^f(i, j)$ 和 $p^f(i, j+1)$，按式（6-92）用线性内插可得

$$p^f(i, j*)=(1-\delta_j)p^f(i, j)+\delta_j p^f(i, j+1) \tag{6-96}$$

这一过程由图 6-41a 不难明白。图中标有实心圆点处的投影值是给定的。标有"+"符号处的投影值是待求的。第一步插值的结果只求出某 $-i\Delta_\gamma$，相应的 $x_r=D\sin(i\Delta_\gamma)$ 与 $\varphi=m\Delta$（$m=1$，2，$\cdots$，M）交点处的投影值。它们在 (x_r, φ) 空间中沿 x_r 方向分布是不均匀的。要得到 x_r 方向上均匀分布的投影数据需进行第二步内插。内插过程如图 6-41b 所示。根据第一步内插求得标有"+"号处的投影值。在 $\varphi_m=m\Delta$（$m=1$，2，$\cdots$，M）逐个固定的条件

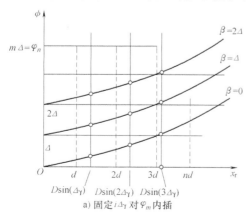

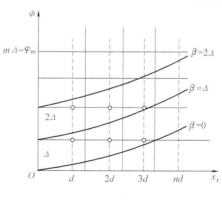

a) 固定 $i\Delta_\gamma$ 对 φ_m 内插　　　　b) 固定 φ_m 对 x_r 内插

图 6-41　两步内插过程

下，对 $x_r = nd$（$n = 1, 2, \cdots, N$）内插。因为现在已知的是 $p^f(i, j)$，而欲求的是 $x_r = nd$ 处的值。显然 $x_r = nd$ 并不正好等于 $D\sin(i\Delta_\gamma)$，而是等于某一中间值 $D\sin(i * \Delta_\gamma)$，即

$$D\sin(i * \Delta_r) = nd \tag{6-97}$$

由此求得

$$i * = \frac{1}{\Delta_\gamma}\arcsin\frac{nd}{D} = i + \delta_i \tag{6-98}$$

式中，i 为 $i *$ 的整数部分；δ_i 为其小数部分。相应于 $\gamma_i = i * \Delta_\gamma$ 的投影值用线性内插求得，为

$$p^f(i *, j *) = (1 - \delta_i)p^f(i, j *) + \delta_i p^f(i+1, j *) = p(n, m)\, m = 1, 2, \cdots, M, n = \pm 1, \pm 2, \cdots, \pm N \tag{6-99}$$

式（6-99）就是对应于 (x_r, φ) 空间中均匀网格格点上的投影数据，即平行射线的投影数据，重排至此完成。以后的图像重建可用平行射线情况常用的各种算法完成。

6. 局部区域 CT 检测

为了提高检测精度，可以对被检测系统关键部位进行 CT 检测。结构 CT 检测图像重建时间主要包括机械扫描时间和图像重建时间。如果图像重建与机械扫描过程同时进行，则发动机图像重建时间主要是机械扫描时间。因此局部的扫描和图像重建，不仅有利于提高工业 CT 的效率，而且通过对该局部区域进行精细扫描，可以获得局部重建质量更高的图像，如图 6-42 所示。但是仅对物体进行局部扫描获得局部的投影数据（图 6-43），并对局部图像进行重建的算法研究是 CT 图像重建中的热点和难点。迭代法被认为是局部重建比较好的算法。代数重建法是以"估计理论"作为其坚实的数学基础。进行代数重建首先要确定其收敛准则，以获得清晰的重建图像。例如对密度模体的某一局部进行迭代重建，如图 6-44 所示。

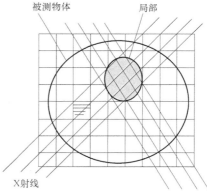

图 6-42 发动机局部 CT 检测

从局部扫描重建图像可以看出，感兴趣的局部区域图像比较清楚，而此区域外的图像很模糊，并且离局部区域越远，图像的真实性越差。这是由于射线只穿过局部区域，而每一次的迭代修正都沿着射线修正，离局部区域越远的像素被射线扫描到的概率越小，从而得到修正的次数越少。为了得到局部清晰的重建图像，需要进行很多次的迭代，因此图像重建时间长。重建图像越大，迭代所用时间越长。

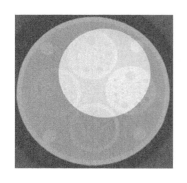

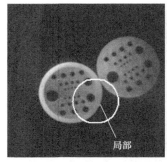

a) 完整图像局部区域示意图 　　　b) 局部区域迭代重建图

图 6-43　标准 CT 局部检测　　　　　图 6-44　局部图像迭代算法重建图像

因此迭代法重建速度慢，实时性差，其应用受到限制，故不对迭代局部图像重建做深入的探讨。

7. Radon 变换非局部性分析

卷积反投影历来被认为不能用于局部重建，因为 Radon 变换不具有局部特性。要重建的目标放在一个直角坐标网格中，X 射线只是平行移动扫过被测物体的感兴趣区域（ROI），如图 6-45 所示。记被测物体的密度函数为 $f(x,y)$：$R^2 \rightarrow R$，则射线的投影值为

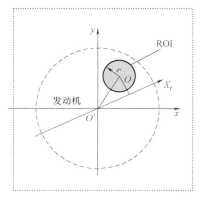

图 6-45　局部投影示意图

$$p^f(\boldsymbol{\theta}, \boldsymbol{\theta}, \boldsymbol{x}) = \int_R f(\boldsymbol{x} + t\boldsymbol{\theta})\, \mathrm{d}t \qquad (6\text{-}100)$$

$p^f(\boldsymbol{\theta}, \boldsymbol{\theta}, \boldsymbol{x})$ 是密度函数 f 通过垂直 $\boldsymbol{\theta}$ 的 $\boldsymbol{x} \in R^2$ 的线积分。

对于局部区域的 Radon 变换记为

$$p^f(\boldsymbol{\theta}, t) \rightarrow p^f(\boldsymbol{\theta}, t) \chi_{[x_a, x_b]}(t) \qquad (6\text{-}101)$$

这里特征函数

$$\chi_{[x_a, x_b]}(t) = \begin{cases} 1 & x_a < t < x_b \\ 0 & \text{其他} \end{cases} \qquad (6\text{-}102)$$

对式（6-101）取傅里叶变换，得到投影的频域表示：

$$G(\omega, \theta) = \int_{(t, \theta)} P(\boldsymbol{\theta}, t) \exp[-\mathrm{j}2\pi\omega t]\, \mathrm{d}t$$

$$= \int_{-\infty}^{+\infty} \int_{-\infty}^{+\infty} f(x, y) \exp[-\mathrm{j}2\pi\omega(x\cos i\theta + \sin\theta)]\, \mathrm{d}x\mathrm{d}y$$

$$(6\text{-}103)$$

式中，ω 是空间频率。

对式（6-103）进行傅里叶反变换，根据投影切片定理，得到图像的重建公式：

$$f(x, y) = \int_0^\pi \int_{-\infty}^{+\infty} G(\omega, \theta) \exp[\mathrm{j}2\pi q(x\cos\theta + y\sin\theta)]\, |\omega|\, \mathrm{d}\omega\mathrm{d}\theta \qquad (6\text{-}104)$$

对于式（6-104）中关于频率 ω 的积分项转化为对投影值进行滤波修正运算，从而得到

卷积反投影重建公式：

$$f(\boldsymbol{\theta},t) = \int_0^\pi P(\boldsymbol{\theta},t) * F_1^{-1}(|\omega|)\,\mathrm{d}\theta \tag{6-105}$$

写出积分的表示形式：

$$f(\boldsymbol{\theta},t) = \int_0^\pi \int_{-\infty}^{+\infty} P(t,\theta)h(t'-t)\,\mathrm{d}t\mathrm{d}\theta \tag{6-106}$$

式（6-106）中采用的滤波函数为 Shepp 和 Logqn 建立的 S-L 滤波函数。其离散表达式为

$$h(na) = -2/a^2\pi^2(4n^2-1) \quad n = 0, \pm 1, \cdots \tag{6-107}$$

式中，a 是采样步长。所谓局部重建是指利用通过局部区域的 X 射线的投影值，重建出局部的断层图像。即

$$f(\boldsymbol{\theta},t) = \int_0^\pi \int_{-\infty}^{+\infty} P(t,\theta)h(t'-t)\mathcal{X}_{[x_a,x_b]}(t)\,\mathrm{d}t\mathrm{d}\theta \tag{6-108}$$

对式（6-108）做以下变换

$$f(\boldsymbol{\theta},t) = \int_0^\pi \int_{-\infty}^{+\infty} P(t,\theta)h(\omega'-t)\mathcal{X}_{[x_a,x_b]}(t)\,\mathrm{d}t\mathrm{d}\theta \tag{6-109}$$

式中，x_a 和 x_b 分别是图 6-45 中与局部区域相切的射线位置。根据特征函数的特点得到：

$$f(\boldsymbol{\theta},t) = \int_0^\pi \int_{x_a}^{x_b} P(t,\theta)h(t'-t)\,\mathrm{d}t\mathrm{d}\theta \tag{6-110}$$

式（6-110）为只有局部投影数据情况下的局部卷积反投影重建公式。这里使用该式直接对局部投影重建，图 6-46 所示为某型号发动机断层图像，选择局部 1（图 6-47）和局部 2（图 6-48）。图 6-49 所示为发动机在角度 θ 时的投影曲线，根据局部区域 1 的位置关系，获取局部在角度 θ 时的投影曲线。直接进行图像重建，如图 6-46 和图 6-47 所示。重建效果并不理想，尤其局部区域的边缘出现了严重的古布斯现象。

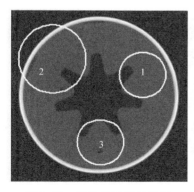

图 6-46　发动机局部示意图　　　图 6-47　局部 1 重建图　　　图 6-48　局部 2 重建图

局部 1 在 θ 角度下，x_a、x_b 处截断后的局部投影数据的投影曲线，如图 6-49 所示。局部区域的投影经滤波函数 $|\omega|$ 滤波后，投影在边缘 x_a、x_b 处的值出现异常，如图 6-50 所示。经滤波后边缘 x_a、x_b 处的值，可以看到，由于投影值突然截断后，滤波函数 $|\omega|$ 不具有局部特性，滤波后的投影值出现了变化，这也说明计算任意一点的滤波投影值，需要其他点的全

部投影数据。

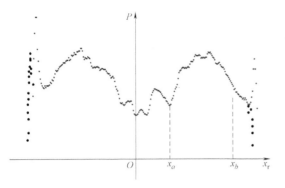

图 6-49　某被测物体结构 θ 角投影曲线

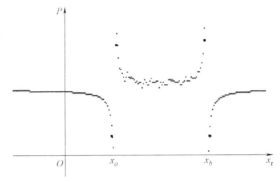

图 6-50　局部投影数据滤波后曲线

引入符号函数 $\mathrm{sgn}\ (w) = \begin{cases} +1 & w>0 \\ -1 & w<0 \end{cases}$，则有

$$|w| = w\,\mathrm{sgn}(w) = iw\left(\frac{1}{i}\mathrm{sgn}(w)\right) \tag{6-111}$$

因此卷积反投影重建公式［式（6-105）］可写成如下形式：

$$f(\boldsymbol{\theta},t) = \int_0^{\pi} P(t) * F_1^{-1}\left(iw\left(\frac{1}{i}\mathrm{sgn}(w)\right)\right)\mathrm{d}\theta = \int_0^{\pi}\int_{-\infty}^{+\infty}(iw)G(w)\left(\frac{1}{i}\mathrm{sgn}(w)\right)\mathrm{d}\theta \tag{6-112}$$

根据傅里叶变换性质，$(iw)G(w)$ 在空域里是微分的过程，即 $\partial P(\boldsymbol{\theta},\ t)$；而 $\frac{1}{i}\mathrm{sgn}(w)$ 在空域内恰好是希尔波特卷积因子 $1/(\pi T)$，这样式（6-112）可写为

$$f(\boldsymbol{\theta},t) = \int_0^{\pi}\left[\partial P(t) * \frac{1}{\pi t}\right]\mathrm{d}\theta = \int_0^{\pi} H\partial P(t)\mathrm{d}\theta \tag{6-113}$$

上述重建过程中，微分是局部的，但希尔波特变换不是局部的，即对于任何均值不为零的函数的傅里叶变换 Hf：$\hat{f}(w) \rightarrow \frac{1}{i}\mathrm{sgn}(w)\hat{f}(w)$，其将在原点处失去连续性。

8. 小波局部重建

小波作为一种数学分析工具，由于具有良好的局部性和多尺度特性，已被广泛应用于许多不同的领域。因此运用小波具有局部分析的特点，解决上述局部图像重建的问题是较好的方法。上述局部图像重建实际是 Radon 内变换，即如下定理：

函数 $f \in L^2(\boldsymbol{R})$ 的 Radon 变换 $p^f(\boldsymbol{\theta},t) \in L^2(s^1\times[-1,1])$ 可表示为

$$p^f(\boldsymbol{\theta},t) = (1-t^2)^{-1/2}\sum_{l=0}^{\infty}T_l(t)h_l(\boldsymbol{\theta}) \tag{6-114}$$

其中 $T_l(t)$ 是第一类切比雪夫多项式

$$h_l(\boldsymbol{\theta}) = \sum_{n \in H_l}a_{l,n}e^{in\theta} \quad H_l = \{-l,-l+2,\cdots,l-2,l\}$$

设 $\psi(t)$ 为二次方可积函数，即 $\psi(t) \in L^2(\boldsymbol{R})$，若其傅里叶变换 $\psi(\omega)$ 满足条件：

$$\int_R \frac{|\Psi(\omega)|^2}{\omega} d\omega < \infty$$

称 $\psi(t)$ 为一基本小波或母小波。小波的特点如下：

1）小波在时域具有紧支集或近似紧支集，即函数定义域（非零域）有限。

2）波动性。$\psi(\omega)|_{\omega=0} = 0$，即直流分量为零。

将小波母函数 $\psi(t)$ 进行伸缩和平移。设其伸缩因子（尺度因子）为 a，平移因子为 τ，伸缩和平移后的函数为 $\psi_{a,\tau}(t)$，则有

$$\psi_{a,\tau}(t) = a^{-\frac{1}{2}} \psi\left(\frac{t-\tau}{a}\right) \qquad a>0, \tau \in R$$

称 $\psi_{a,\tau}(t)$ 为依赖于参数 a、τ 的小波基函数。由于伸缩因子（尺度因子）a 和平移因子 τ 取连续变化的值，因此称 $\psi_{a,\tau}(t)$ 为连续小波基函数，是一组函数系列。

将任意 $f(t) \in L^2(R)$ 在小波基展开，称这种展开为函数 $f(t)$ 的连续小波变换

$$WT_f(a,\tau) = [f(t), \psi_{a,\tau}(t)] = \frac{1}{\sqrt{a}} \int_R f(t) \overline{\Psi}\left(\frac{t-\tau}{a}\right) dt$$

和傅里叶变换一样，称 $WT_f(a,\tau)$ 为小波变换系数。将投影 $p^f(\boldsymbol{\theta}, t) \in L^2(R)$ 由小波基 $\psi_{a,\tau}(t)$ 张成的空间进行分解得到

$$p^f(\boldsymbol{\theta}, t) = \sum c_{m,n}(\boldsymbol{\theta}) \phi_{m,n}(t) \tag{6-115}$$

$$f(t) = \int_{w'} p^f(\boldsymbol{\theta}, t) * F_1^{-1}(|w|\chi_{[-a, a]}(t)) d\theta$$

$$= \int_{w'} F(p^f(\boldsymbol{\theta}, t)) d\theta = \int_{w'} \sum c_{m,n}(\boldsymbol{\theta}) F(\phi_{m,n}(t)) d\theta$$

$$= \int_{w'} \sum c_{m,n}(\boldsymbol{\theta}) F[\phi_{m,n}(t)] d\theta$$

由于 ϕ 有几个零元素，所以它的局部性经过滤波后保持不变，这可以利用局部信息计算系数 $c_{m,n}(\boldsymbol{\theta})$。因小波滤波后，保持同样的支撑，所以进行逆变换只需要局部信息。采用基于小波变换的多分辨率局部重建算法对被测物体结构投影数据进行局部重建。

针对图 6-51a 中的脱粘缺陷 ROI，利用基于小波变换的多分辨率局部重建算法对其进行局部重建，如图 6-51b 所示。

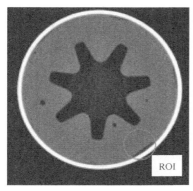

a）固体火箭发动机局部脱粘缺陷ROI

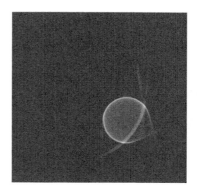

b）小波局部重建图像

图 6-51　发动机内部区域

（1）局部重建误差分析　　滤波反投影算法的离散表达式为

$$f_r(x,y) = \frac{\pi}{k} \sum_{k=1}^{K} \frac{1}{R} \sum_{n=-R}^{R} P_{\theta_k}(n) h_{\theta_k}(m-n) \tag{6-116}$$

这里 $m = [(x\cos\theta + y\sin\theta)/T_s] \in ROE$，$T_s$ 是采样步长；K 是对应每一投影均匀角度的总和；P_{θ_k} 是对应 θ_k 角度的投影值，$\theta_k = k(\pi/K)$。将内和分为两部分，即相应的 ROE 和 $\overline{ROE}$（局部区域以外的发动机区域）投影值的和。

$$f_r(x,y) = \frac{\pi}{k} \sum_{k=1}^{K} \frac{1}{R} \sum_{|n| \leqslant r_e} P_{\theta_k}(n) h_{\theta_k}(m-n) + \frac{\pi}{k} \sum_{k=1}^{K} \frac{1}{R} \sum_{|n| > r_e}^{R} P_{\theta_k}(n) h_{\theta_k}(m-n)$$

$$\tag{6-117}$$

这样仅仅使用 ROE 投影数据的误差由下式给出：

$$|e(x,y)| = \left| \frac{\pi}{k} \sum_{k=1}^{K} \frac{1}{R} \sum_{|n| > r_e}^{R} P_{\theta_k}(n) h_{\theta_k}(m-n) \right| \tag{6-118}$$

利用 Cauchy-Schwartz 不等式得到误差的上限

$$|e(x,y)| = \left| \frac{\pi}{k} \sum_{k=1}^{K} \frac{1}{R} \sum_{|n| > r_e}^{R} P_{\theta_k}(n) h_{\theta_k}(m-n) \right|$$

$$\leqslant \frac{\pi}{k} \sum_{k=1}^{K} \frac{1}{R} \sum_{|n| > r_e}^{R} |P_{\theta_k}(n) h_{\theta_k}(m-n)|$$

$$\leqslant \frac{\pi}{k} \sum_{k=1}^{K} \frac{1}{R} \left(\sum_{|n| > r_e}^{R} |P_{\theta_k}(n)|^2 \right)^{1/2} \cdot \left(\sum_{|n| > r_e} |h_{\theta_k}(m-n)|^2 \right)^{1/2} \tag{6-119}$$

如果假定 $f(x, y)$ 的支撑是在一个半径为 1 的圆内，那么有 $p_{\theta_k} \leqslant 2\max|f(x,y)|$，因而有

$$|e(x,y)| \leqslant \frac{2\sqrt{2}\,\pi}{k} \max|f(x,y)| \frac{\sqrt{R-r_e}}{R} \cdot \sum_{k=1}^{K} \left(\sum_{|n| > r_e} |h_{\theta_k}(m-n)|^2 \right)^{1/2} \tag{6-120}$$

定义相对误差：

$$|e_{r_{e1}}(x,y)| = |e(x,y)|/\max|f(x,y)|,$$

$$|e_{r_{e1}}(x,y)| \leqslant \frac{2\sqrt{2}\,\pi}{k} \frac{\sqrt{R-r_e}}{R} \cdot \sum_{k=1}^{K} \left(\sum_{|n| > r_e} |h_{\theta_k}(m-n)|^2 \right)^{1/2} \tag{6-121}$$

误差最大的情况是，局部区域为单点，这样式（6-121）的最大误差上限为

$$|e_{r_{e1}}(x,y)| = \frac{2\sqrt{2}\,\pi}{k} \frac{\sqrt{R-r_e}}{R} \cdot \sum_{k=1}^{K} \left(\sum_{|n| > r_e} |h_{\theta_k}(n)|^2 \right)^{1/2} \tag{6-122}$$

这里定义 $h_{\theta_k}^T$ 为去尖峰滤波器：

$$h_{\theta_k}^T(n) = \begin{cases} h_{\theta_k}^T(n) & |n| < r_e - r_i \\ 0 & \text{其他} \end{cases}$$

由此得到

$$|e_{r_{e1}}(x,y)| \leqslant \frac{2\sqrt{2}\,\pi}{k} \frac{\sqrt{R-r_e}}{R} \cdot \sum_{k=1}^{K} \left(\sum_{|n| > r_e} |h_{\theta_k}(n) - h_{\theta_k}^T(n)|^2 \right)^{1/2} \tag{6-123}$$

根据以上分析可以看到，局部区域越少，图像重建误差越大。因此应根据实际情况，适当选取局部区域的大小，兼顾局部区域图像重建质量和速度。

（2）基于无缺陷同截面投影数据的局部实时反投影局部检测　根据朗伯比尔定律，射线强度的衰减只与物体的密度有关。同台被测物体结构的药柱密度处处均匀，壳体的厚度也相同，因此，可以看出，不同被测物体结构的同一截面的相同投影角度和位置的投影值是相同的。因此预先获得相同射线条件下的同批次无缺陷被测物体结构关键部位截面的投影值，作为以后某截面局部以外的投影值，局部检测时只需获得局部的投影值，然后合成完整的截面投影数据，利用整体滤波反投影重构方法实时重构局部清晰图像。

为了减少检测误差，标准无缺陷被测物体结构界面投影数据获取和局部投影数据获取满足以下几个条件：

1）"平移+旋转"扫描方式的扫描步长应一致。

2）射线源管电压、管电流应该一致。

3）切片厚度和射线硬化校正方法应该一致。

4）被测物体结构应该为同一型号。

5）切片轴向位置应一致或相近。

6）周向位置一一对应。

即首先获得图 6-52 所示的固体发动机结构的二维 CT 切片序列图片，再利用三维重构算法，建立该型号的数字发动机，为发动机测量奠定基础，如图 6-53 所示。

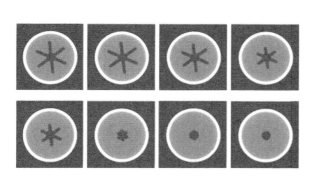

图 6-52　二维 CT 切片序列图片

图 6-53　重构的数字发动机

建立被测物体结构投影数据和二维 CT 切片序列数据库后，重构数字发动机，相当于建立了完好被测物体结构的标准结构图像，为以后在以下两个方面的工作提供基础：为长期贮存后被测物体结构的故障诊断提供诊断标准；为被测物体结构局部区域检测提供局部区域外的投影数据，以提高局部检测的分辨率和效率。

（3）局部区域的整体数据的局部图像重建

1）"平移+旋转"局部投影值的采样。"平移+旋转"局部投影值的采样是射线源在局部区域作扫描运动，局部区域确定后，射线源快速移动扫描至局部区域，在局部区域以外不进行采样。在到达局部区域后，扫描电机移动步长变得很小，对局部区域进行精细扫描，以获得大量数据。由于扫描范围大大减少，因而局部区域的检测时间很短。

局部区域参数如图 6-54 所示。已知 $X_rO'Y_r$ 投影旋转坐标与 $XO'Y$ 坐标的夹角为 θ；局部区域的中心原点为 O 点，被测物体的中心原点为 O'。局部区域与坐标原点的连线 OO' 的长

度为 R，与 X 轴的夹角为 ϕ。局部区域的半径为 r，直径为 D。垂直于 X_r 轴并与局部区域相切的两条射线分别与 X_r 轴相交于 A 点和 B 点。

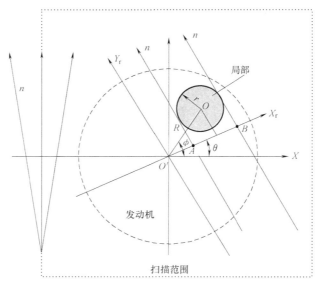

图 6-54　局部扫描参数示意图

定义距离 $O'A = x_a$，$O'B = x_b$，且 $x_b = x_a + D$。显然对于局部区域 $X_r \in (x_a, x_b)$，即局部区域的投影支撑区间为 (x_a, x_b)。

局部区域参数的确定：根据图 6-54，对于扇束中任意一条射线 n，当其运动到图中 X 轴上 A 点时进行数据采集，直到 X 轴上 B 点结束，则有

$$x_a = R\cos(\phi - \theta) - r + D\tan(m/2 - n) \tag{6-124}$$

$$x_b = R\cos(\phi - \theta) + r + D\tan(m/2 - n) \tag{6-125}$$

式中，m 是扇束中射线总数；n 是扇形束中任意射线对应的编号；D 是射线源点到被检物体中心或中心延长线的距离。当扇束中任意一条射线移动到 x_a 位置时开始投影数据采集，移动到 x_b 位置后结束投影数据的采集。

2）查找对应截面投影数据或相近截面投影数据。根据局部区域所在界面到投影数据库中查找对应截面投影数据，如果没有一致位置截面投影数据，则采用邻近领域插着法确定局部区域对应截面标准数据投影。

3）局部区域检测投影数据的完整性填充。按照具备区域扫描步长和对应局部区域的边界，向两侧对应对投影数据进行插值，完成完整性填充。

（4）局部区域的精确测量　首先对标准模体进行局部重建，确定尺寸比例大小。根据图 6-55 所示的两个局部区域，确定区域的坐标参数 (R_1, r_1, ϕ_1)、(R_2, r_2, ϕ_2)。标准模体主要是空间分辨率模体，其上有标准间距的孔

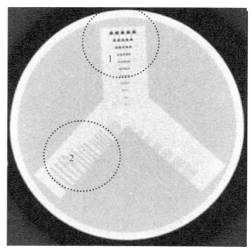

图 6-55　标准模体

和线对。对于模体的孔和线对确定两个局部检测区域 1 和 2 进行扫描重建，结果如图 6-56 和图 6-57 所示。

图 6-56 标准模体局部 1 重建图像

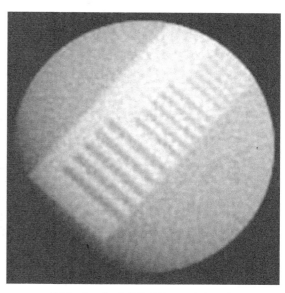

图 6-57 标准模体局部 2 重建图像

针对固体发动机，在图 6-46 中，选取 3 个任意局部区域，同样按照局部区域进行局部扫描检测，按照局部投影数据预先滤波函数和重建公式，得到重建局部区域如图 6-58、图 6-59、图 6-60 所示。通过局部图像重建后，可以对局部结构尺寸进行精确测量，以提高测试精度。发动机结构原图如图 6-61 所示，运用局部检测算法，对其切向局部脱粘层大小进行检测，得到图 6-62 所示的清晰图像。

图 6-58 局部 1 检测

图 6-59 局部 2 检测

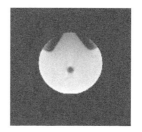

图 6-60 局部 3 检测

图 6-61 发动机结构原图

图 6-62 发动机脱粘层切向检测

6.3.2 工业 CT 测试指标特性

1. 工业 CT 硬件系统组成

工业 CT 硬件由 X 射线源系统、机械系统、自动控制系统、图像重建处理系统、辐射防护与摄像监控系统组成，如图 6-63 所示。

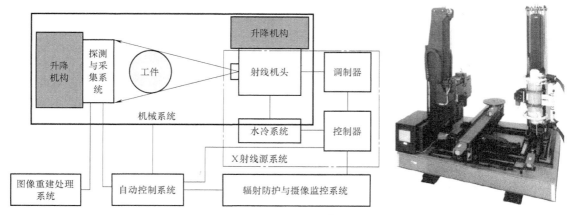

图 6-63 工业 CT 系统组成

（1）X 射线源系统及对测量精度的影响　X 射线源系统由 X 射线机头、高压电源、射线源控制装置和水冷装置组成，如图 6-64 所示。X 射线机头焦点大小对系统测量精度有很大的影响，尤其是微焦点 CT 系统的空间分辨力小于 $1\mu m$。射线源的焦点尺寸、能谱、剂量稳定性以及剂量率是影响微焦点 CT 系统整体性能指标的决定性因素。

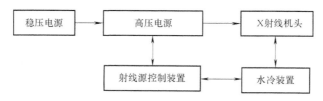

图 6-64 射线源控制装置

图 6-65a 所示为 X 射线机头装置，图 6-65b 所示为控制装置，图 6-65c 所示为控制台射线源控制装置。

（2）探测采集传输系统　探测器是工业 CT 系统的核心部件之一，对重建图像的质量影响极大，探测采集传输系统的结构组成如图 6-66 所示。探测采集传输系统在设计时一般要考虑以下几个性能指标：探测效率、线性度、动态范围、均匀一致性、稳定性、尺寸、响应速度、通道数量等。这几个性能指标的定义如下：

1）探测效率。探测效率是表征探测器收集入射射线并将其转化为可测量电信号能力的一个量，一般地说探测效率与探测器大小、几何形状、闪烁体材料的种类等因素有关，是衡量探测系统的一个重要性能指标。

2）线性度。线性度是表征探测器产生的输出电信号在一定的范围内与入射射线强度呈线性关系的指标，一般地说探测器的线性度与探测器的噪声水平及能测量的最大信号有关。

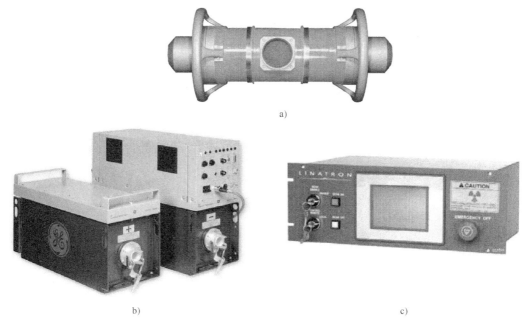

a)

b)　　　　　　　　　　　　　　　　　　c)

图 6-65　X 射线装置

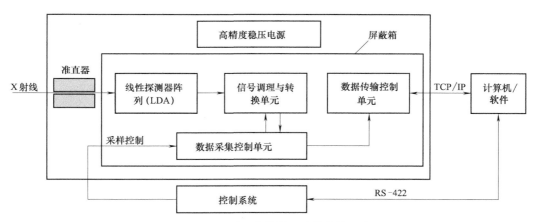

图 6-66　探测采集传输系统的结构组成

工业 CT 系统要求探测器输出信号与入射射线强度呈线性关系，若探测器产生的输出信号与输入射线强度呈非线性关系，则经过探测器一致性校正之后重建出来的图像会产生环状伪影。

3）动态范围。动态范围是指探测器线性响应入射射线强度的范围，通常定义为最大输出信号与最小输出信号的比值。探测器的动态范围是决定工业 CT 系统能检测最大等效钢厚度的因素之一（射线源的强度范围、A/D 转换位数与探测器的动态范围共同决定工业 CT 系统的检测范围）。动态范围越大，则在被检测工件的厚度变化很大的条件下仍能保持较好的对比灵敏度。

4）均匀一致性。由于工业 CT 的探测系统由很多个探测器组成，各个探测器对射线响应的不一致会导致重建图像产生伪影，因此要求探测器均匀一致性较好。

5）稳定性。稳定性是指探测器随着工作时间的推移或者环境的变化对入射射线仍能产生一致响应的能力。通常环境温度、湿度、电源等的不稳定都会对探测器的响应产生影响，导致探测器不稳定，将直接影响探测器的精度。

6）尺寸。尺寸是指探测器的几何形状及其尺寸，工业 CT 用探测器通常做成长方体形状，其长度影响探测器的探测效率。若太短，则射线沉积率较低；若太长，则会增加闪烁体对荧光的自吸收，降低光的收集效率。因此选择合适的长度非常重要。其宽度影响 CT 的空间分辨率，太宽的信号信噪比高，但 CT 的空间分辨率下降；太窄则信号的信噪比降低，但 CT 的空间分辨率提高；同时宽度还受到探测器单位宽度空间上数量的限制，因此宽度的大小需要根据实际检测需求来确定。

7）响应速度。响应速度是反映探测器对输入产生响应的快慢的一个物理量，它会影响数据采集的速率及扫描速度。

8）通道数量。工业 CT 要使用数百到上千个探测器，排列成线状，探测器数量越多，每次采集的点数也越多，越有利于缩短扫描时间，提高图像分辨率。

（3）精密机械系统　精密机械系统主要是指 CT 的高精度运动转台，其主要功能是在控制器下位机编程和上位机 PC 端的控制下，完成探测器、射线源的直线运动，以及转台的直线运动和分度运动。为获得被测对象的多角度、多层面的扫描图像，该系统的精密转台可实现实时高精度连续扫描和定点扫描。精密机械结构除了要协调其他模块完成扫描运动外，还要对扫描过程中的运动误差进行测量，并给出合理的校正方案。

常用的机械扫描布局方式有卧式和立式两种。为了满足在不同的载重工件和形状工件下转台旋转机械的精度要求，对转台的刚度、转台旋转扰动等都有很高的精度要求，这便是高精度 CT 系统对其机械控制系统的高标准要求。机械系统的精度越高，其他条件相同时所采集的数据越准确，使得重建图像的数据越准确，结构测量越准确。

2. 主要技术指标

衡量 CT 系统性能优劣的参数主要有空间分辨力、密度分辨力等，其中空间分辨力直接影响 CT 系统分辨空间细节的能力和几何尺寸测量精度。

（1）空间分辨力　空间分辨力（Spatial Resolution）是指 CT 系统能从重建图像上分辨两个近距离细节特征的能力。CT 系统的空间分辨力分为纵向空间分辨力（z 方向）和平面空间分辨力（xy 方向）。纵向空间分辨力是指 CT 系统扫描工件时对层厚的分辨力，纵向分辨力越高，每层可扫描的厚度越薄，相同的横向分辨力情况下，三维重建结构的精度越高。

分辨力通常用线对/厘米（lp/cm）或线对/毫米（lp/mm）表示。线对是指一对等宽的黑白线条组，如图 6-67 所示。

（2）密度分辨力　其表明 CT 系统区分检测断层上最小密度差异的能力。

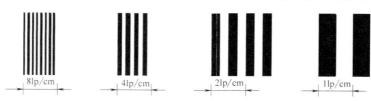

图 6-67　空间分辨力表示方法

6.3.3　二维结构测量

工业 CT 系统能够实现发动机结构尺寸和密度参数的精确测量。结构尺寸测量需要进行尺寸定标，建立像素大小与物体尺寸的对应关系，如图 6-68 所示。

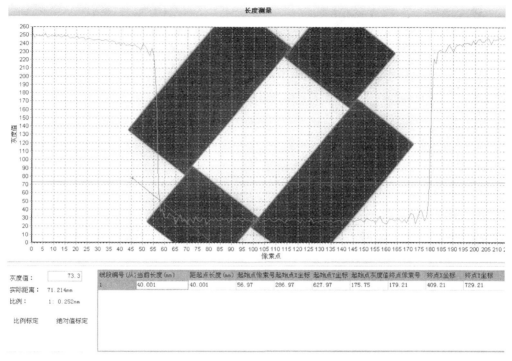

图 6-68　长度测量单像素定标

例如，已知被测物体气缸盖最大直径 $D=300\text{mm}$，所成像矩阵尺寸 DI 为 1024×1024；亚像素插值因素 FISP = 3，则单个像素尺寸 $P=D/(\text{DI}\times\text{FISP})=300/(1024\times3)\,\mu\text{m}\approx100\mu\text{m}$，如图 6-69 所示。

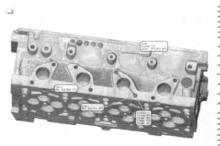
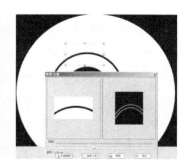

图 6-69　气缸壁测量

进行物体结构密度测量时，需要对密度进行定标，建立图像灰度与物体密度的对应关系，如图 6-70 所示。

1. 二维几何结构中点位置的测量

一般情况下，固体火箭发动机 CT 图像中的缺陷不是一个点，因此采用缺陷区域的几何

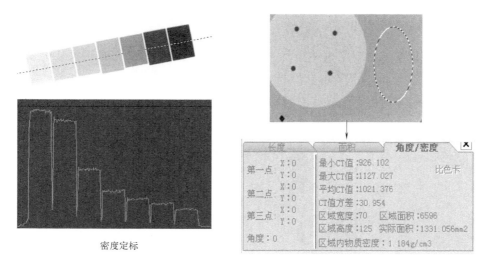

图 6-70　密度测量

中心表征缺陷的位置。

假设缺陷中某点 i 的坐标为 (x_i, y_i)，$i \in (1, 2, \cdots, \mathrm{Num}\,(i))$，$\mathrm{Num}(i)$ 表示缺陷像素的个数，i 点处的密度为 m_i，则该缺陷的质心 $(X_\mathrm{m}, Y_\mathrm{m})$ 的表达式如下：

$$\begin{cases} X_\mathrm{m} = \dfrac{\displaystyle\sum_{i=1}^{\mathrm{Num}(i)} m_i x_i}{\displaystyle\sum_{i=1}^{\mathrm{Num}(i)} m_i} \\[4mm] Y_\mathrm{m} = \dfrac{\displaystyle\sum_{i=1}^{\mathrm{Num}(i)} m_i y_i}{\displaystyle\sum_{i=1}^{\mathrm{Num}(i)} m_i} \end{cases} \tag{6-126}$$

缺陷内部密度 m_i 相同，因此质心与几何中心 $(\overline{X}, \overline{Y})$ 重合，式（6-126）可简化为

$$\begin{cases} \overline{X} = \dfrac{\displaystyle\sum_{i=1}^{i=\mathrm{Num}(i)} x_i}{\mathrm{Num}(i)} \\[4mm] \overline{Y} = \dfrac{\displaystyle\sum_{i=1}^{i=\mathrm{Num}(i)} y_i}{\mathrm{Num}(i)} \end{cases} \tag{6-127}$$

2. 二维几何结构最大长度和取向的测量

定义缺陷的最大长度为缺陷任意两点间距离的最大值，定义取得最大距离的两点确定的直线方向即为缺陷取向。

（1）一一比较法　长度线段的端点必然在缺陷的边缘，计算并记录缺陷任意两点间的距离，利用"擂台法"比较记录的所有距离，得到的距离最大值即为缺陷最大长度，再找出最大长度下的两个边缘点，从而求得缺陷的取向。

"擂台法"的规则：将第一个距离值作为最大值，与第二个距离值进行比较，如果第一个距离值大于第二个，就将第一个距离值作为最大值继续与第三个距离值比较，如果小于第二个，就将第二个距离值作为最大值与第三个距离值比较，依次类推，直至所有距离比较结束得到"擂主"，即为最大值。

这种方法思路简单，易于实现，结果唯一，但算法空间复杂度和时间复杂度太大。

（2）分类种子点法　假设二维数据场的尺寸为 $i \times j$，一一记录并比较两点距离，比较点的选择有 $i \times j$ 个，而每个比较点都需要进行 $i \times j$ 次比较，这种方法相同的两点会进行两次比较，通过算法可以将比较次数减半，即一一比较法的复杂度为 $(i \cdot j)^2/2$，但比较需要较长的机时，需要改进。

为改进比较速度，提出基于种子点的最大长度求解方法。该方法的步骤如下：选取缺陷边缘任意一点作为种子点 Z^1，找到边缘上与种子点有最大距离的点作为种子点 Z^2，以 Z^2 为种子点找到 Z^3，类似地找到 Z^4，…，Z^{n-1}，Z^n，当 Z^{n-1} 与 Z^n 互为种子点时，搜索结束，点 Z^{n-1} 与 Z^n 间的距离即为在种子点 Z^1 下的最大直径，一般情况下该法经过五次即可求出最大直径，但该方法也存在缺陷：不同种子点可能会获得不同的最大直径。

以二维情形为例，图 6-71 中白色区域表示缺陷，灰色区域不是缺陷，假如缺陷种子点选在 A 点，则种子点寻找流程为 $A \rightarrow B$，$B \rightarrow C$，$C \rightarrow B$，如图中实线所示，所以以 A 为种子点获得的最大直径 $BC = \sqrt{10^2 + 12^2} = 2\sqrt{61}$，假如缺陷种子点选在 D 点，则寻找流程为 $D \rightarrow E$，$E \rightarrow D$，如图中虚线所示，所以以 D 为种子点获得的最大直径 $DE = \sqrt{10^2 + 10^2} = 10\sqrt{2}$，$BC \neq DE$，因此不同种子点获得的最大直径有所差异。

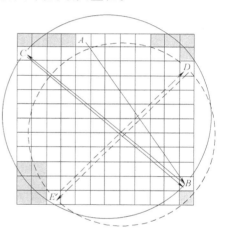

图 6-71　不同种子点下的最大直径

为解决这一问题，提出分类种子点法，该法的原理如下：选取缺陷边任意一点作为种子点 Z^1，用基于种子点的最大直径求解法求出最大直径长度 L^1，直径两个端点为坐标 $({}^s L^{1x}, {}^s L^{1y})$、$({}^e L^{1x}, {}^e L^{1y})$，以 L^1 为直径做圆 S^1，圆外所有缺陷点的集合为 $Z_w = \{Z_w^1, Z_w^2, \cdots, Z_w^m\}$，分别以 $Z_w^1, Z_w^2, \cdots, Z_w^m$ 为种子点求解获得最大直径长度分别为 $L_w^1, L_w^2, \cdots, L_w^m$，直径两个端点分别为 $({}^s L_w^{1x}, {}^s L_w^{1y})$ $({}^e L_w^{1x}, {}^e L_w^{1y})$，…，$({}^s L_w^{mx}, {}^s L_w^{my})$ $({}^e L_w^{mx}, {}^e L_w^{my})$，集合 $\{L_w^1, L_w^1, L_w^2, \cdots, L_w^m\}$ 中的最大值即为最大直径长度 $L_w^{\max}$，最大直径的端点坐标为 $({}^s L^{\max x}, {}^s L^{\max y})$、$({}^e L^{\max x}, {}^e L^{\max y})$，假若最大直径与轴向的锐角夹角为 α，α 的计算公式为

$$\alpha = \arctan \frac{\left| {}^e L^{\max y} - {}^s L^{\max y} \right|}{\sqrt{\left({}^e L^{\max x} - {}^s L^{\max x} \right)^2}} \tag{6-128}$$

假设种子点法平均在第 n 个种子后找到了局部最大直径，复杂度为 $n \cdot i \cdot j$，确定缺陷点在局部最大直径确定的球内外的复杂度为 $i \cdot j$，球外点数目为远远小于 $i \cdot j$，假设为 m，确定以球外点为种子的最大直径的复杂度为 $m \cdot n \cdot i \cdot j$，因为 $(n + mn + 1) \ll \dfrac{i \cdot j}{2}$，所以基于

分类种子点法比——比较法能更快测量出缺陷的直径。图 6-72、图 6-73 所示为孔径测量和壁厚测量。

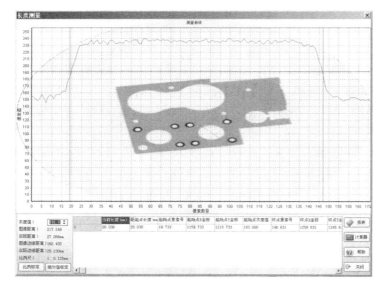
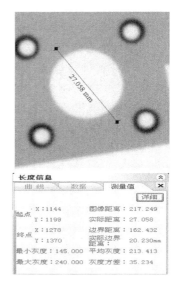

图 6-72　孔径测量

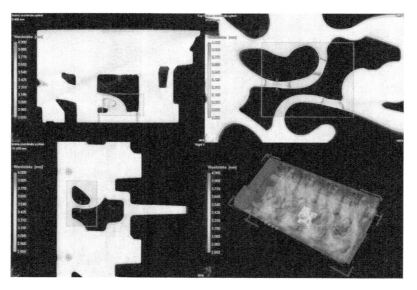

图 6-73　壁厚测量

3. 二维几何结构面积的测量

缺陷面积测量主要有三种方法：像素点数计算法、链码计算法、边缘坐标计算法。

（1）像素点数计算法　缺陷分割得到了缺陷与背景的二值化图像，一般用 1 表示缺陷，0 表示背景，若缺陷区域 $f(x, y)$ 的大小为 $M×N$，则缺陷面积为 $f(x, y) = 1$ 的像素点总数，采用像素点数计算法得到的面积公式为

$$A = \sum_{x=1}^{x=M} \sum_{y=1}^{y=N} f(x,y) \cdot \Delta L^2$$

（2）链码计算法 链码，又称 Freeman 码，是用曲线起始点的坐标和边界点方向代码来描述曲线和边界的编码，它是一种边界的编码表示方法，一般用于描述边界点集。常用链码按照中心像素点邻接方向的不同，分为 4 连通链码和 8 连通链码。4 连通链码邻接点有 4 个，分别位于中心点的右、上、左、下，分别用 0、1、2、3 表示，如图 6-74a 所示。8 连通链码比 4 连通链码增加 4 个对角倾斜方向，如图 6-74b 所示。

以图 6-75 中封闭曲线说明链码编码规则，图中灰色点为边缘，以 A 点为起点，按照 A→B→C→D→E→F→G→H→I→J→K→A 顺序进行编码，上述顺序中后一点相对于前一点的位置分别为 A→右→右→右下→右下→左下→左下→左→左上→左上→上→右上，参照 8 方向链码编码规则，以 A 为起点的链码编码为 0→0→7→7→5→5→4→3→3→2→1。

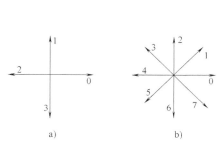

图 6-74 链码编码规则

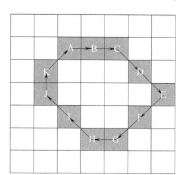

图 6-75 链码编码示意图

当数据量很大时，人工判断记录链码不仅耗时还容易出错，采用如图 6-76 所示流程可以求解 8 连通边缘的链码。流程中假设缺陷边缘像素灰度为 1，背景为 0。

若缺陷边缘已经用 8 方向链码描述，求出该链码表示的边缘包含的像素点数即为缺陷的面积。若起始点坐标为 (x_0, y_0)，则第 k（$k = 1, 2, \cdots, n-1$）段链码终端为

$$y_k = y_0 + \sum_{i=1}^{k} \Delta y_i$$

其中：

$$\Delta y_i = \begin{cases} -1 & \varepsilon_i = 1, 2, 3 \\ 0 & \varepsilon_i = 0, 4 \\ 1 & \varepsilon_i = 5, 6, 7 \end{cases}$$

ε_i 为第 i 个像素点的编码，设

$$\Delta x_i = \begin{cases} -1 & \varepsilon_i = 3,4,5 \\ 0 & \varepsilon_i = 2,6 \\ 1 & \varepsilon_i = 0,1,7 \end{cases}, \quad a = \begin{cases} -0.5 & \varepsilon_i = 3,7 \\ 0 & \varepsilon_i = 0,2,4,6 \\ 0.5 & \varepsilon_i = 1,5 \end{cases}$$

采用链码计算法得到的缺陷面积为

$$A = \sum_{i=1}^{n} (y_{i-1} \Delta x_i + a) \cdot \Delta L^2$$

（3）边缘坐标计算法 格林公式表明，在 $x\text{-}y$ 平面中的一个封闭曲线包围的面积由其轮廓积分给定，即

$$A = \frac{1}{2} \int (x\mathrm{d}y - y\mathrm{d}x) \cdot \Delta L^2$$

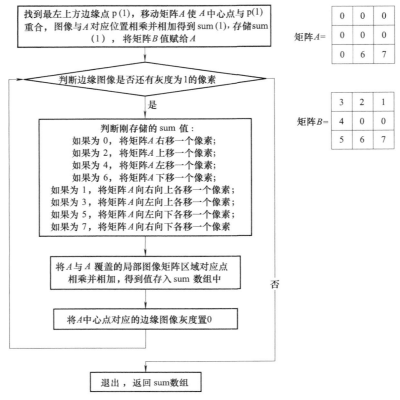

图 6-76　链码计算流程图

将上述积分离散化，则

$$A = \frac{1}{2} \sum_{i=1}^{N} \left[x_i(y_{i+1} - y_i) - y_i(x_{i+1} - x_i) \right] \cdot \Delta L^2 = \frac{1}{2} \sum_{i=1}^{N} \left[x_i y_{i+1} - x_{i+1} y_i \right] \cdot \Delta L^2$$

式中，N 是边缘点总数。图 6-77 所示为面积测量。

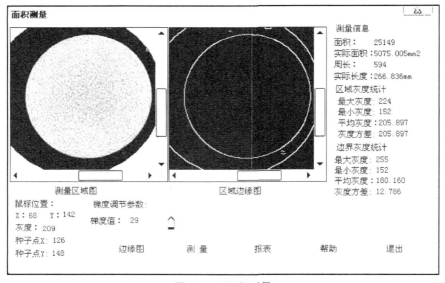

图 6-77　面积测量

4. 二维几何结构周长的测量

缺陷周长测量主要有三种方法：链码计算法、隙码计算法、面积计算法。

（1）链码计算法 以链码编码方式的周长公式见式（6-129），其中 N_e 为编码中偶数项个数，N_o 为编码中奇数项个数。

$$C = (N_e + \sqrt{2} \cdot N_o) \cdot \Delta L \tag{6-129}$$

利用链码法得到边缘周长为 $4 + 7\sqrt{2} = 13.9$。

（2）隙码计算法 隙码计算周长的思想是：计算边缘外侧与背景色的各个分界线（间隙）的长度和，如图 6-78 中，A、B、C、D、E、F、G、H、I、J、K 外边缘与背景的间隙分别为 2、1、2、2、3、2、2、2、2、2、2 个单位长度，因此隙码计算法得到的边缘周长为 22。

根据图 6-79 所示的流程，基于隙码法的周长表达式为

$$C = (\sum xm) \cdot \Delta L \tag{6-130}$$

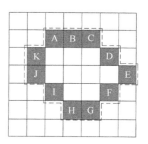

图 6-78 隙码计算示意图

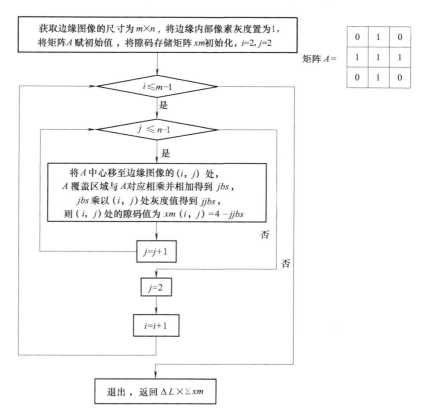

图 6-79 隙码计算流程图

（3）面积计算法 面积计算法是将每个边缘像素表示的长度用 ΔL 表示，边缘周长 = 边缘像素数目 $\times \Delta L$。以图 6-80 中封闭曲线说明表面积计算方法，图中灰色点为边缘，分别用 A、B、C、D、E、F、G、H、I、J、K 表示，因此图 6-80 表示的轮廓周长为 11。

用面积计算法求取周长比较简单，只需计算所有边缘点总数。若边缘点的灰度为 1，将

图像的矩阵求和即可得到基于面积法的周长，即

$$C = (\sum A) \cdot \Delta L \qquad (6\text{-}131)$$

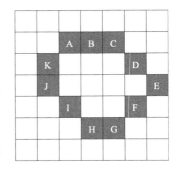

图 6-80　面积计算示意图

6.3.4　三维结构测量

缺陷三维测量包括缺陷的位置、最大长度和取向、体积以及表面积的测量。

1. 三维空间位置的测量

一般情况下，固体火箭发动机 CT 序列断层图像中的三维缺陷不是一个点，因此采用缺陷区域的几何中心表征缺陷的位置。

假设缺陷中某点 i 的坐标为 (x_i, y_i, z_i)，$i \in (1, 2, \cdots, \mathrm{Num}(i))$，$\mathrm{Num}(i)$ 表示缺陷像素的个数，i 点处的密度为 m_i，则该缺陷的质心 $(X_\mathrm{m}, Y_\mathrm{m}, Z_\mathrm{m})$ 的表达式为

$$\begin{cases} X_\mathrm{m} = \dfrac{\sum\limits_{i=1}^{\mathrm{Num}(i)} m_i x_i}{\sum\limits_{i=1}^{\mathrm{Num}(i)} m_i} \\[4mm] Y_\mathrm{m} = \dfrac{\sum\limits_{i=1}^{\mathrm{Num}(i)} m_i y_i}{\sum\limits_{i=1}^{\mathrm{Num}(i)} m_i} \\[4mm] Z_\mathrm{m} = \dfrac{\sum\limits_{i=1}^{\mathrm{Num}(i)} m_i z_i}{\sum\limits_{i=1}^{\mathrm{Num}(i)} m_i} \end{cases} \qquad (6\text{-}132)$$

缺陷内部密度 m_i 相同，因此质心与几何中心 $(\overline{X}, \overline{Y}, \overline{Z})$ 重合，式（6-132）可简化为

$$\begin{cases} \overline{X} = \dfrac{\sum\limits_{i=1}^{i=\mathrm{Num}(i)} x_i}{\mathrm{Num}(i)} \\[4mm] \overline{Y} = \dfrac{\sum\limits_{i=1}^{i=\mathrm{Num}(i)} y_i}{\mathrm{Num}(i)} \\[4mm] \overline{Z} = \dfrac{\sum\limits_{i=1}^{i=\mathrm{Num}(i)} z_i}{\mathrm{Num}(i)} \end{cases} \qquad (6\text{-}133)$$

2. 三维空间最大长度和取向的测量

定义缺陷的最大长度为缺陷任意两点间距离的最大值，定义取得最大距离的两点确定的直线方向即为缺陷取向。

（1）一一比较法　最大长度线段的端点必然在三维缺陷的边缘，计算并记录缺陷任意

两点间的距离，利用"擂台法"比较记录的所有距离，得到的距离最大值即为缺陷最大长度，再找出最大长度下的两个边缘点，从而求得缺陷的取向。这种方法思路简单，易于实现，结果唯一，但算法空间复杂度和时间复杂度太大。

（2）分类种子点法 假设三维数据场的尺寸为 $i×j×k$，一一记录并比较两点距离，比较点的选择有 $i×j×k$ 种，而每个比较点都需要进行 $i×j×k$ 次比较，在这种方法中，相同的两点会进行两次比较，浪费了较长的机时，需要改进，即通过改进比较法的复杂度，可以将相同两点比较改为单点比较，比较次数减半，节省比较机时。

为改进比较速度，提出基于种子点的最大直径求解方法。该方法的步骤如下：选取缺陷边缘任意一点作为种子点 Z^1，找到边缘上与种子点有最大距离的点作为新的种子点 Z^2，以 Z^2 为种子点找到 Z^3，类此类找到 Z^4，…，Z^{n-1}，Z^n，当 Z^{n-1} 与 Z^n 互为种子点时，搜索结束，点 Z^{n-1} 与 Z^n 即为在种子点 Z^1 下的最大直径。一般情况下，该法经过五次以内的循环搜索即可将最大直径求出，但该方法也存在与二维种子点法相同的缺陷：不同种子点可能会获得不同的最大长度。采用分类种子点法解决此缺陷：选取缺陷边缘任意一点作为种子点 Z^1，用基于种子点的最大直径求解法求出最大直径长度 L^1，直径的两个端点坐标为（$^sL^{1x}$，$^sL^{1y}$，$^sL^{1z}$）、（$^eL^{1x}$，$^eL^{1y}$，$^eL^{1z}$），以 L^1 为直径作球 s^1，球外所有缺陷点的集合为 $Z_w = \{Z_w^1, Z_w^2, …, Z_w^m\}$，分别以 Z_w^1，Z_w^2，…，Z_w^m 为种子点求解，获得最大直径长度分别为 L_w^1，L_w^2，…，L_w^m，任意两个端点分别为（$^sL_w^{1x}$，$^sL_w^{1y}$，$^sL_w^{1z}$）、（$^eL_w^{1x}$，$^eL_w^{1y}$，$^eL_w^{1z}$），…，（$^sL_w^{mx}$，$^sL_w^{my}$，$^sL_w^{mz}$）、（$^eL_w^{mx}$、$^eL_w^{my}$、$^eL_w^{mz}$），由此得到集合 $\{L^1, L_w^1, L_w^2, …, L_w^m\}$ 的最大值，即为最大直径长度 L^{max}，最大直径的端点坐标为（$^sL^{maxx}$，$^sL^{maxy}$，$^sL^{maxz}$）、（$^eL^{maxx}$，$^eL^{maxy}$，$^eL^{maxz}$），假若最大直径与轴向的锐角夹角为 α，α 的计算公式为

$$\alpha = \arctan \frac{|^eL^{maxz} - {}^sL^{maxz}|}{\sqrt{(^eL^{maxx} - {}^sL^{maxx})^2 + (^eL^{maxy} - {}^sL^{maxy})^2}} \tag{6-134}$$

假设种子点法平均在第 n 个种子后找到了局部最大直径，复杂度为 $n·i·j·k$，确定缺陷点在局部最大直径确定的球内外的复杂度为 $i·j·k$，球外点数目为远远小于 $i·j·k$，假设为 m，确定以球外点为种子的最大直径的复杂度为 $m·n·i·j·k$，因为 $(n+mn+1) \ll \frac{i·j·k}{2}$，所以基于分类种子点法比一一比较法能更快测量出几何结构的直径。

3. 三维空间结构体积的测量

缺陷体积的测量主要有三种方法：像素点数计算法、链码计算法、边缘坐标计算法。

（1）像素点数计算法 缺陷分割得到了缺陷与背景的二值化图像，一般用 1 表示缺陷，0 表示背景，若缺陷区域 $f(x, y, z)$ 的大小为 $M×N×L$，则缺陷体积为 $f(x, y, z) = 1$ 的像素点总数，采用像素点数计算法得到的体积公式为

$$V = \sum_{x=1}^{x=M} \sum_{y=1}^{y=N} \sum_{z=1}^{z=L} f(x, y, z) · \Delta L^3$$

（2）链码计算法 三维缺陷可以看作是多层二维缺陷的集合 $\{T_1, T_2, …, T_N\}$，N 为三维缺陷沿方向的层数，利用链码计算法得到集合中元素 T_m 的面积为

$$A_m = \sum_{i=1}^{n^m} (y_{i-1}^m \Delta x_i^m + a^m) · \Delta L^2$$

因此该元素 T_m 的体积为

$$T_m = A_m \cdot \Delta L = \sum_{i=1}^{n^m} (y_{i-1}^m \Delta x_i^m + a^m) \cdot \Delta L^3$$

缺陷体积为

$$T = \sum_{m=1}^{m=N} T_m = \sum_{m=1}^{m=N} \sum_{i=1}^{n^m} (y_{i-1}^m \Delta x_i^m + a^m) \cdot \Delta L^3$$

（3）边缘坐标计算法　三维缺陷可以看作是多层二维缺陷的集合 $\{T_1, T_2, \cdots, T_N\}$，$N$ 为三维缺陷沿某一方向的层数，利用边缘坐标计算法得到集合中元素 T_m 的面积为

$$A_m = \frac{1}{2} \sum_{i=1}^{N^m} [x_i^m y_{i+1}^m - x_{i+1}^m y_i^m] \cdot \Delta L^2$$

该元素 T_m 的体积为

$$T_m = A_m \cdot \Delta L = \frac{1}{2} \sum_{i=1}^{N^m} [x_i^m y_{i+1}^m - x_{i+1}^m y_i^m] \cdot \Delta L^3$$

缺陷体积为

$$T = \sum_{m=1}^{m=N} T_m = \sum_{m=1}^{m=N} \sum_{i=1}^{N^m} [x_i^m y_{i+1}^m - x_{i+1}^m y_i^m] \cdot \Delta L^3$$

4．三维空间结构表面积的测量

缺陷表面积测量分为两大类方法，一是线积分法，二是面积分法。线积分法是通过测量缺陷截面的周长，得到截面表面积微元并累加所有截面求取；面积分法是确定每个边缘像素代表的表面积，对所有边缘像素的表面积微元累加求取。线积分法根据周长的测量方法分为链码计算法、隙码计算法、面积计算法。

（1）链码计算法　三维缺陷可以看作是多层二维缺陷的集合 $\{T_1, T_2, \cdots, T_N\}$，$N$ 为三维缺陷沿某一方向的层数，利用链码计算法得到集合中元素 T_m 的周长为

$$C_m = (N_e^m + \sqrt{2} \cdot N_o^m) \cdot \Delta L$$

因此该元素 T_m 的表面积为

$$S_m = C_m \cdot \Delta L = (N_e^m + \sqrt{2} \cdot N_o^m) \cdot \Delta L^2$$

三维缺陷表面积为

$$S = \sum_{m=1}^{m=N} S_m = \sum_{m=1}^{m=N} (N_e^m + \sqrt{2} \cdot N_o^m) \cdot \Delta L^2$$

（2）隙码计算法　三维缺陷可以看作是多层二维缺陷的集合 $\{T_1, T_2, \cdots, T_N\}$，$N$ 为三维缺陷沿某一方向的层数，利用链码计算法得到集合中元素 T_m 的周长为

$$C_m = (\sum xm^m) \cdot \Delta L$$

因此该元素 T_m 的表面积为

$$S_m = C_m \cdot \Delta L = (\sum xm^m) \cdot \Delta L^2$$

三维缺陷表面积为

$$S = \sum_{m=1}^{m=N} S_m = \sum_{m=1}^{m=N} (\sum xm^m) \cdot \Delta L^2$$

（3）面积计算法　缺陷可以看作是多层二维缺陷的集合 $\{T_1, T_2, \cdots, T_N\}$，$N$ 为三维

缺陷沿某一方向的层数，利用面积计算法得到集合中元素 T_m 的周长为

$$C_m = (\sum A^m) \cdot \Delta L$$

因此该元素 T_m 的表面积为

$$S_m = C_m \cdot \Delta L = (\sum A^m) \cdot \Delta L^2$$

三维缺陷表面积为

$$S = \sum_{m=1}^{m=N} S_m = \sum_{m=1}^{m=N} (\sum A^m) \cdot \Delta L^2$$

（4）面积分计算法　面积分计算法依据曲面积分原理，该方法分为以下4步。

1）判断经过体元中心，方向与边缘提取时得到的该体元法向量平行的直线与缺陷体元六面体交于哪两个面。

设法向量为 (a, b, c)，如图6-81所示，过原点和 (a, b, c) 点的空间直线 l 方程为：$\dfrac{x}{a} = \dfrac{y}{b} = \dfrac{z}{c}$，图6-81 中的六面体用 Sv 表示，由以下平面围成：$x = 0.5$，$x = -0.5$，$y = 0.5$，$y = -0.5$，$z = 0.5$，$z = -0.5$。

假如直线 l 与六面体 Sv 交于 $x = 0.5$、$x = -0.5$ 两个面，则满足

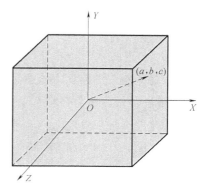

图6-81　体元六面体局部坐标系及法向量

$$\begin{cases} \left|\dfrac{x}{a}\right| = \left|\dfrac{y}{b}\right| = \left|\dfrac{z}{c}\right| \\ |y| \leqslant 0.5 \\ |z| \leqslant 0.5 \end{cases} \quad \begin{cases} \left|\dfrac{x}{a}\right| = \left|\dfrac{y}{b}\right| = \left|\dfrac{z}{c}\right| \\ |y| \leqslant |x| \\ |z| \leqslant |x| \end{cases} \quad \begin{cases} |a| = \left|\dfrac{x}{y}\right| |b| \\ |a| = \left|\dfrac{x}{z}\right| |c| \\ |y| \leqslant |x| \\ |z| \leqslant |x| \end{cases} \quad \begin{cases} |a| \geqslant |b| \\ |a| \geqslant |c| \end{cases}$$

同理，假如直线 l 与六面体 Sv 交于 $y = 0.5$、$y = -0.5$ 两个面，则满足 $\begin{cases} |b| \geqslant |a| \\ |b| \geqslant |c| \end{cases}$，假如直线 l 与六面体 Sv 交于 $z = 0.5$，$z = -0.5$ 两个面，则满足 $\begin{cases} |c| \geqslant |a| \\ |c| \geqslant |b| \end{cases}$，由反证法，上述结论逆命题也成立，即法向量 (a, b, c) 的 x、y、z 三个方向分量中，若 a 的绝对值最大，则直线 l 与 $x = 0.5$、$x = -0.5$ 两个面相交，若 b 的绝对值最大，则直线 l 与 $y = 0.5$、$y = -0.5$ 两个面相交，若 c 的绝对值最大，则直线 l 与 $z = 0.5$、$z = -0.5$ 两个面相交。

2）确定第一步中直线的垂面与直线和体元六面体交面的夹角余弦。

根据曲面面积微积分求法，可以将每一个体向量延长线与六面体相交面作为求曲面面积的微元，而法向量为曲面在微元处的垂线。根据几何的关系，如果直线 l 与六面体 Sv 交于 $x = 0.5$、$x = -0.5$ 两个面，则直线 l 的垂面与 $x = 0.5$、$x = -0.5$ 的余弦为 $a/\sqrt{a^2+b^2+c^2}$；如果直线 l 与六面体 Sv 交于 $y = 0.5$、$y = -0.5$ 两个面，则直线 l 的垂面与 $y = 0.5$、$y = -0.5$ 的余弦为 $b/\sqrt{a^2+b^2+c^2}$；如果直线 l 与六面体 Sv 交于 $z = 0.5$、$z = -0.5$ 两个面，则直线 l 的垂面与 $z = 0.5$、$z = -0.5$ 的余弦为 $c/\sqrt{a^2+b^2+c^2}$。

3）确定每个体元的表面积微元。

根据前两步分析可以得出（a，b，c）三个方向的分量，哪个方向分量（w）绝对值大，则直线 l 与 $w = 0.5$、$w = -0.5$ 平面相交，两个面（法向量垂面、第 1 步中法向量延长线与六面体相交面）夹角余弦 $\dfrac{|w \text{方向分量}|}{\sqrt{a^2 + b^2 + c^2}}$，即为 $\dfrac{\max(|a|,\ |b|,\ |c|)}{\sqrt{a^2 + b^2 + c^2}}$，由于每个体元的任何一个表面面积都为 1，因此每个体元的微小面积 Δs 可用 $\dfrac{\sqrt{a^2 + b^2 + c^2}}{\max(|a|,\ |b|,\ |c|)}$ 近似。

经验证，当（a，b，c）三个分量中有一个或者两个分量都为零时，$\dfrac{\sqrt{a^2 + b^2 + c^2}}{\max(|a|,\ |b|,\ |c|)}$ 仍然成立。

4）累计加和求缺陷表面积。

缺陷表面积为各个缺陷点表面积微元的和：

$$s = \sum_p \Delta s_p = \sum_p \frac{\sqrt{a_p^2 + b_p^2 + c_p^2}}{\max(|a_p|, |b_p|, |c_p|)} \tag{6-135}$$

由于面积与长度的二次方成正比，s 是假定体元边长为 1 的情况下获得的，因此缺陷实际表面积 S 满足 $S/s = \left(\dfrac{\frac{n \cdot t}{A}}{1}\right)^2 = \left(\dfrac{n \cdot t}{A}\right)^2$，缺陷实际表面积为

$$S = \left(\sum_p \frac{\sqrt{a_p^2 + b_p^2 + c_p^2}}{\max(|a_p|, |b_p|, |c_p|)}\right) \cdot \left(\frac{n \cdot t}{A}\right)^2 \tag{6-136}$$

复习思考题

1. 扫描电子显微镜的结构及主要优点是什么？
2. 说明扫描电子显微镜的工作原理。
3. 举例说明扫描电子显微镜的测试特点及应用。
4. 说明透射电子显微镜的检测原理及特点。
5. 透射电子显微镜由有哪些部件组成？
6. 工业 CT 测试技术有哪些优点？
7. 什么是朗伯比尔定律？
8. 中心切片定理说明了一个什么问题？
9. 谈谈自己对卷积反投影重构图像的理解。
10. 工业 CT 测试指标特性有哪些？
11. 举例说明工业 CT 检测技术的应用。

第 7 章

航空发动机特种测试技术

7.1　概述

现代先进航空发动机的结构复杂，如图 7-1 所示，且在高温、高压、高转速等苛刻条件下工作。目前，不论是发动机的设计、材料和工艺水平，还是使用、维修和管理水平，都不能保证发动机在使用中不出现故障。据统计，航空发动机的故障发生率占整个飞机故障的30%以上；飞机因机械原因发生的重大飞行事故中，40%左右是由发动机故障导致的。因此，对被喻为飞机心脏的发动机各项参数进行及时、有效的检测和监测是非常必要的。

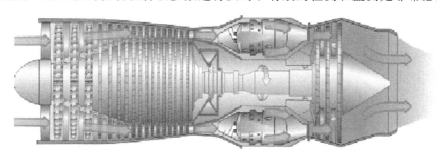

图 7-1　航空发动机结构图

航空发动机内部复杂的气动、热力过程、结构形式和控制规律，决定了它的研究和发展是设计、试制、试验与测试、再设计、再试制、再试验与测试的反复迭代过程。试验与测试技术作为验证和修改设计的唯一手段，是贯穿于发动机研制全过程的关键技术，是指导和验证发动机设计的重要依据，是评价发动机部件和整机性能的重要判据。

发动机在设计、试验、制造、使用全寿命周期都涉及试验与测试技术，试验与测试技术有多种分类方法，尤其是在我国发动机测试技术体系或发动机测试技术族谱未形成的状态下，人们可以从试验与测试对象、试验与测试目的、试验与测试参数、试验与测试环境、试验与测试方法及试验与测试原理等多角度去归类。

1）根据试验与测试对象，可分为模型试验、零部件/系统试验和整机试验。

2）根据试验与测试目的，可分为性能试验，适用性试验，结构强度、可靠性、耐久性试验等。

3）根据试验与测试参数，可分为压力、温度、流量、振动、噪声、转速测试等。

4）根据试验与测试环境，可分为地面试验、高空台试验、飞行试验等。

5）根据试验与测试方法，可分为实物试验、半实物模拟试验和数值仿真试验等。

6）根据试验与测试原理，可分为声、光、电、磁等测试技术。

其中，根据试验与测试对象对航空发动机关键测试技术进行的分类如图 7-2 所示。

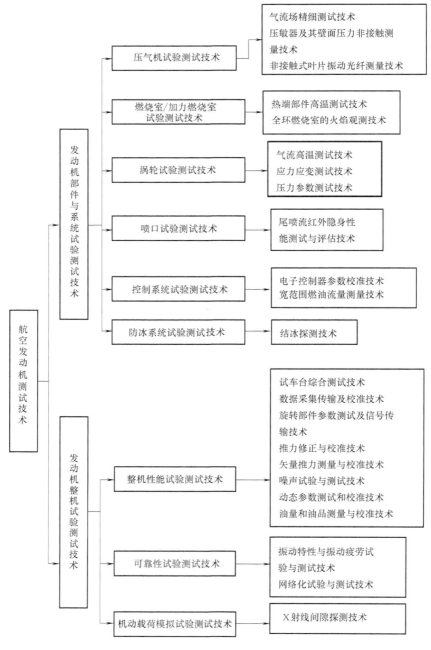

图 7-2　航空发动机关键测试技术的分类

发动机的各种试验对测试提出了很高的要求。目前的测试技术水平已经制约了发动机试验技术的发展。新型发动机畸变、防喘、稳定性和过渡态等试验对测试系统的动态特性、稳定性及精度等指标提出了更高的要求；推重比为 12~15 的涡扇发动机的涡轮前燃气温度范围提高到 1950~2100K，涡轮叶片的温度范围为 1410~1430K，这些极端恶劣条件超出了传统测量方法的测量范围。叶尖间隙、气流高温、壁面高温及燃烧室温度场等参数的测试技术，是我国发动机自主研制的重要测试手段。

上面所提及的很多发动机测试技术都面临很大挑战，目前无法满足发动机研制和维护保障的需求，因此需要研究非常规的测试手段，习惯上称之为特种测试技术。航空发动机的特种测试技术目前尚没有准确的定义，不同时期、不同人员对特种测试的概念有不同解释，但大多涉及新原理、新方法、新材料和新工艺在发动机测试中的应用。

航空发动机的特种测试技术主要针对传统测试方法由于在发动机测试过程中的测试空间、测试位置和测试感应手段达不到测试要求而产生的测不出和测不准的情况，将新材料、新工艺和新方法引入航空发动机测试领域中，利用特殊的测试手段和特殊的测试方法，有效地提高发动机在高温、高压和高转速情况下试验参数的获取能力。

发动机测试存在的难题，正是对特种测试提出的需求，概括起来包括以下 3 个方面：

1）没有检测方法，有待于从理论上解决。

2）检测方法不完善，需要从多方面进行改进。

3）检测能力无法适应发动机的发展，需要在原有的基础上取得突破。

发动机测试覆盖全寿命过程，贯穿于研制设计、生产加工、部件试验与整机试验、出厂验收、使用维护直至最终停用的各个阶段，每个阶段各有侧重，都会对测试提出要求，都可能与特种测试有关。

特种测试包括的内容很多，如高温测试、间隙测试、叶片振动测试、轴向力测试、尾喷流辐射测试、声场测试、旋转件信号传输、发动机气路测试等，本节仅对发动机行业普遍关注的内容，如复杂环境下的旋转部件测试技术、发动机气路状态测试技术、叶尖间隙测试技术和高温测试技术等进行介绍。

发动机旋转部件测试技术主要是研究在高速旋转条件下部件的性能和状态，通常需要测试静态应变、动态应变、温度和压力等信号，每个物理量的变化对发动机的影响都非常大，一些参数的变化甚至影响发动机的安全性，使发动机构件断裂或造成其他严重破坏。测量旋转部件信号通常采用的方法有集流器传输、无线传输和光电传输等。

发动机气路状态测试技术是从发动机中读取某些热力参数，如温度（发动机进气温度，发动机排气温度）、压力、转子转速、燃油流量等，然后把这些参数转换成标准状态下的数值，最后与发动机厂家所给定的该型发动机的标准性能参数进行比较，通过看偏差的变化情况来确定发动机的健康状况。普惠公司的 ECM、通用电气公司的 ADEPT 和罗-罗公司的 COMPASS 都采用这种方法实现发动机的状态监测。

发动机叶尖间隙测试技术研究的是转子叶片叶尖与机匣之间的径向间隙，以减少工作介质的泄漏而造成的效率损失，提高发动机工作的气动稳定性。据统计，叶尖间隙每增加叶片长度的 1%，效率就会降低约 1.5%，耗油率增加约 3%。但从另一方面看，如果片面地为了提高发动机性能而追求较小的间隙，则可能导致叶尖与机匣的碰摩而引发整机振动问题，影响发动机的安全。因此，如何设计和控制间隙使其最为合适，对提高发动机性能、保证飞行安全非常重要。而目前叶尖间隙的大小靠理论方法准确计算分析尚不可行，必须在试验中进行实时监控测量。鉴于上述原因，叶尖间隙监测对发动机气动性能的设计将起到强有力的支撑作用，不仅可以验证设计方法而且还可以积累数据，为设计更高性能发动机奠定基础。

发动机高温测试技术是通过传感器探头对发动机燃烧室或燃烧室出口气流进行测试的一种重要手段。高性能航空发动机在运行时，由于气流工作压力和温度的增加，燃烧室后气流温度和高温旋转热端部件表面温度的准确测试成为当前测试技术的瓶颈。因此，燃烧室出口燃气温度场对于评价其效率和温度分布具有重要意义。其中，沿叶片高度方向温度场分布的最大不均匀性决定了转子叶片寿命，周向温度分布的最大不均匀性决定了导向器叶片是否被烧坏。对于热端旋转部件来讲，准确测试其表面温度对于正确评价涡轮叶片的冷却效果和工作状态、保证发动机工作在最佳的温度范围和确保发动机的安全都具有重要意义。

我国航空发动机专用的各种测试技术，如压气机级间参数测试技术、高温测试技术、气动稳定性测试技术、探针技术、隐身测试技术、燃烧测试技术和非接触测量技术等，都取得了一定的进展：高温测试方面已研制出使用温度达 1650K 的高温热电偶，并成功地用于燃烧室出口温度场的测试；研制了单色和多色示温漆，实现了复杂构件表面温度场测量；达800K 的高温应变计已取得技术突破；在气动参数测量方面研制出了上百种的气动探针、叶型受感部、三孔/五孔探针、新型方向/速度探针、气冷/水冷探针等，并已成功用于发动机试验中；发动机转子轴向力测量分析技术也日趋成熟；基于光纤的黑体高温传感器和高温下的压力传感器的研究工作已经启动；矢量和脉动推力测量、扭矩实时监测、PIV、热线热膜、燃气分析、叶尖间隙测量、新型引电器、非接触振动测量等项目的研究与开发也都已展开。

国内测取压气机的级间性能参数多采用叶型受感部，该方法实施方便、成本低、测试数据可靠。相关科研机构为压气机级间动态参数的测试研制了圆柱单孔高频压力探针、双斜孔和楔顶圆柱双孔高频压力探针；为低速风机叶轮出口的温度、压力场测量研制了吸气式单热膜探针；在低速大尺寸轴流发动机试验台上对转子内流和叶尖流动等进行了试验研究。但是国内对于压气机级间参数测试还没有形成系统化，如堵塞对发动机性能量化影响的研究还十分欠缺。

国内对热电偶的性能开展了系统的研究和试验，不同结构形式的热电偶在燃烧室和加力燃烧室部件试验中获得了应用。另外还开展了红外测温、高温光学计和蓝宝石光纤测温技术的研究课题；示温漆应用于火焰筒、涡轮导向器叶片、涡轮转子叶片表面温度的测量，取得了较好的结果；光纤传感技术已经成熟应用于建筑等行业，有望实现在发动机测试中的应用。

关于发动机气动稳定性测控技术，已经建立了温度畸变发生器、压力畸变插板扰流器、组合畸变发生器等关键设备，开展了在失速/喘振、颤振和进口畸变流场特征等发动机气动稳定性方面的测量技术研究。

7.2 发动机旋转部件测试技术

7.2.1 旋转部件测试的难度

航空发动机旋转部件主要指转子系统，也包括传动系统。旋转部件的测试参数主要包括温度、应变、振动。由于被测物理参数处于旋转的转子部件上，将信号从转子上传输到地面设备技术难度很大，面临高温、振动和高转速等综合作用的难题。具体地说主要有两个方面：一是与传感器相关的问题，包括如何牢固地安装，能否适应离心力作用，能否适应环境温度等；二是与信号传输相关的问题，包括如何把信号引出，如何为传感器提供激励，如何降低信号传输中的噪声和干扰等。

新型发动机状态监测技术需要增加测试点来监测旋转部件的状态，导致数据传输量不断增大。同时，在数据采集过程中，为传感器等部件提供电源激励时也存在同样的困难。尤其在航空发动机转子等高速旋转部件中，由于安装空间有限、存在很大的离心力作用等原因，信号传输和提供电源激励这两个方面的困难显得尤为突出。

随着我国先进航空发动机的发展，发动机推重比和功率也越来越大，旋转部件（叶片、主轴、盘、轴承等）工作条件日益复杂、恶劣，对发动机旋转部件的可靠性提出了更高的要求。发动机旋转部件受布局空间的限制严格，形状复杂，导致测试难度增大。据统计，1962—1978 年期间，美国空军战斗机所发生的 3824 起飞行事故中，发动机原因引起的事故占到 1664 起；而在发动机所发生的各类重大机械故障中，旋转部件的故障比率高达 80%以上，其中主要是转子系统的叶片、盘、轴及轴承等的故障。据不完全统计，我国航空发动机以往所发生的各类机械断裂失效事件中，旋转部件的断裂失效率高达 80%以上，其中主要是转子系统中叶片、盘、轴及轴承的断裂失效，而且大都是疲劳断裂失效。这些旋转部件的失效表现出两个突出的特点：

1）出现的重复性，即同一零件的同类失效模式反复出现。

2）后果的严重性，即它们的失效轻则损坏发动机，重则引起飞行事故。

在旋转部件测试领域，国外已开始研究和应用基于无线数据传输的参数遥测技术。在航空发动机方面，如普惠、GE，罗-罗等公司，采用先进的参数遥测系统，对发动机旋转部件特性进行了全面而细致的试验研究，从而使其在先进性能发动机的研制能力上保持世界领先。

国外除了采用无线数据传输方式外，在一些旋转部件测试中还采用了光电数据传输技术。目前已有采用激光光源进行旋转非接触数据传输的应用。为了在旋转连接情况下使用，已有光纤旋转接头，即光纤集流器方面的研究，如图 7-3 所示。

目前来看，我国航空发动机主轴轴承的寿命较低，可靠性较差，与发达国家相比差距较大。轴承失效对发动机危害极大，但在线失效分析还没有深入开展。以往的失效

图 7-3 光纤旋转接头

分析工作多限于对事故的分析，而大量的基于未知原因造成的早期失效，由于种种原因的限制，未能进行全面、系统的统计分析。我国对失效分析工作也极为重视，并取得了不少成绩，对一些事故的处理，也是从失效分析着手，还成立了相应的机构主管这方面的工作。

我国空军和航空部门成立了飞行事故和失效分析中心，在有关高校开设了失效分析课程。在航空轴承方面，尤其是航空发动机主轴轴承方面，科研生产人员为提高产品质量和可靠性做了大量有意义的工作，在轴承的结构设计、生产和使用等方面积累了大量的经验和资料，奠定了较好的技术基础。

航空发动机旋转构件的重要意义和构件本身的故障高发性，促进了航空发动机旋转构件故障诊断技术的快速发展。目前对发动机旋转构件的诊断方法是将可观测参数与健康基准线进行比较，但这种方法在实际操作中会遇到很多困难，如：

1）大多数发动机机型的可测量参数的数量少于规定数量。

2）故障之间存在很强的相关性，目前的方法难以区分相似故障。

3）测量参数中的噪声与故障造成的测量参数偏差级别相同，且测量信号存在偏差。

4）发动机具有很强的非线性及复杂性，且工作环境变化大。

5）气路故障试验的成本过高。

6）建立适合故障诊断的发动机试验仿真模型比较困难。

因此，就有必要建立飞机发动机结构及旋转构件结构损伤导波监测和故障诊断技术综合平台，提高系统可靠性和提高维修效率。

发动机旋转件损伤监测和故障诊断是发动机安全监测和保障维护的重要部分。若采用常规的超声检测技术检测旋转构件，就必须进行逐点扫描，且速度慢。对于形状是曲面、装配隐蔽、材料各异的旋转构件而言，这种方法是无法满足要求的。激光超声技术可以很好地弥补常规超声检测技术的不足。激光超声检测有两个重要功能：缺陷检测和过程控制。此外，还具有以下特点：

1）被检测样件可以运动，也可以加温。

2）对表面污染物不敏感。

3）可以用于任何材料（铁磁和非铁磁材料）。

4）可以检测狭窄区域。

5）可以提高性能效率和减少成本。

激光超声技术既可以检测内部缺陷，又能检测表面缺陷，不受安装位置和结构的限制，而且效率高。因此，激光超声技术在飞机发动机旋转构件及结构检测中的应用具有重要意义和良好的前景。

发动机旋转构件故障诊断的常规方法，主要是基于气路参数和气路热力学模型的状态诊断技术，以及基于振动监测的故障诊断技术和内部探伤方法等。然而，现有的常规方法都需要发动机旋转构件故障恶化到一定程度进而引起构件几何参数发生变化时才能探测到故障的存在，不能在故障发生的前期提供预警信息，这就难以满足航空发动机旋转构件状态实时在线监测的需要。而无法实时在线监测意味着对突发故障无法做出及时响应，也就不能有效地降低故障率和飞行事故率。

因此，如何在发动机旋转构件发生故障之前或故障早期就能及时捕捉到故障信息，并采取有效措施防止故障的发生或扩展，对于消除恶性事故隐患、减少或避免故障发生，具有特别重要的意义。我国需要自主研发能够适用于航空发动机旋转构件故障在线检测的新技术，避免由于发动机旋转构件故障所引起的飞行事故。

7.2.2　旋转部件测试实施途径

1. 轴承监测技术

滚动轴承有很多种损坏形式，常见的有磨损失效、疲劳失效、腐蚀失效、断裂失效、压痕失效和胶合失效。滚动轴承故障可分为分布故障与局部故障。分布故障主要体现为表面波纹度、不对中、游隙过大等形式；局部故障主要体现为轴承元件裂纹、划痕、点蚀等形式。对于滚动轴承失效的监测，表 7-1 给出了相关监测方法及其适用性说明。

表 7-1　滚动轴承失效监测方法及其适用性

故障类型	适用性						
	振动	温度	磨损微粒	声发射	轴承游隙	油膜电阻	光纤法
疲劳剥落	○	×	○	○	×	×	○
裂纹	○	×	△	○	×	×	△
压痕	○	×	×	×	×	×	○
磨损	○	△	○	△	○	○	○
电蚀	○	△	○	△	○	△	△
擦伤	○	△	○	△	△	○	△
烧伤	○	△	○	△	×	△	△
锈蚀	△	×	○	×	×	△	×
保持架破损	△	×	△	×	×	×	×
蠕变	△	△	△	△	×	×	△
运动中测定	可以	可以	可以	可以	不可以	可以	可以

注：表中"○"为有效，"△"为有可能，"×"为不合适。

通过对表中各种监测方法的比较可知，振动法能够诊断大多数滚动轴承的故障，而且可在运动中测得轴承信号。国内外开发生产的各种滚动轴承故障诊断与监测仪器，大都是根据振动法的原理制成的。

2. 转子跳动量监测技术

发动机转子跳动的诊断方法很多，但都是探讨如何从设备运行的信息中识别构件状态的技术。所谓识别，一是监测，二是辨识。前者主要根据测量和数据处理技术达到去除干扰、细化信号特征的目的。后者是通过对比分析、逻辑推理，或者是依据模糊理论，或依靠神经网络乃至专家系统诊断出故障类型、地点和程度。显然，在选定故障识别的方法时，该项技术的准确性、可靠性、实时性和实现的简便性是重要的指标，尤其是在大型设备中。

3. 旋转部件无线传输技术

无线遥测系统包括数据采集与处理、无线数据传输及电能传输等，并可分为安装于旋转部件上的设备和地面设备两部分，如图 7-4 所示。数据采集与处理模块、无线数据传输模块、电源整流滤波模块安装于旋转部件上，其中数据采集与处理模块包括传感器、信号调理模块、A/D 转换及处理器。地面设备包括接收数据的无线数据传输模块、电源模块及数据后处理的地面设备等。

7.2.3　旋转部件测试应用——轴承监测系统

轴承系统的振动及其传递过程如图 7-5 所示。轴承中所产生的振动是随机的，含有滚动体的传输振动，其主要频率的成分为滚动轴承的特征频率。滚动轴承振动的频谱结构可分为低频段频谱、中频段频谱和高频段频谱 3 个部分。

1）低频段频谱（小于 1kHz）包括轴承的故障特征频率及加工装配误差引起的振动特

征频率。通过分析低频段的谱线，可监测和诊断相应的轴承故障。但是，由于这一频段易受机械中其他零件及结构的影响，并且在故障初期反映局部损伤故障位置的特征频率成分信息的能量很小，常常淹没在噪声之中，因此低频段频谱不宜于诊断轴承早期的局部损伤故障。但通过对低频频段的分析，可以将轴承装配不对中、保持架变形等故障诊断出来。

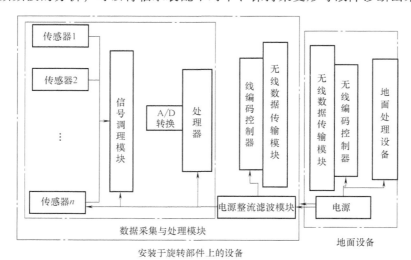

图 7-4　无线遥测系统框图

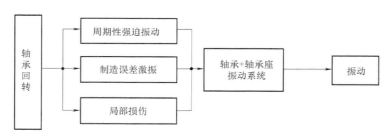

图 7-5　轴承系统的振动及其传递过程

2）中频段频谱（1~20kHz）主要包括轴承元件表面损伤引起的轴承元件的固有振动频率。通过分析此频段内的振动信号，可以较好地诊断出轴承的局部损伤故障。通常采用共振解调技术，通过适当的滤波，获取信噪比较高的振动信号，进而分析轴承故障。

3）高频段频谱（大于 20kHz）。如果测量用的加速度传感器的谐振频率较高（> 40kHz），那么由轴承损伤引起的冲击在 20kHz 以上的高频就有能量分布，所以测得的信号中含有 20kHz 以上的高频成分。对此高频段信号进行分析可以诊断出轴承的相应故障。但是，当加速度传感器谐振频率较低，且安装不牢固时，很难测得这一频段内的信号。

7.3　发动机气路状态测试技术

7.3.1　气路测试的必要性

发动机气路指从进气到排气所经过的风扇、压气机、燃烧室、涡轮、加力燃烧室和尾喷口。气路部件的状态对发动机有至关重要的影响。

航空发动机在使用过程中，零部件表面的腐蚀、侵蚀、密封件损坏、导向叶片偏离额定位置、积污、疲劳、外物打伤等，使发动机构件的结构尺寸发生变化，引起发动机部件性能衰退或恶化，以至于不能安全、可靠地工作而产生故障。气路故障按部件类别可分为气路部件故障（如风扇、压气机、燃烧室、涡轮、尾喷管等）、附件故障（如控制器、油泵、点火、引气系统等）和转子机械故障（如传动轴、轴承、齿轮箱等）等几种故障类型。当发动机一个或几个气路部件由于疲劳、磨损等原因发生故障时，就会导致部件的一个或几个特性参数发生变化。例如，压气机或风扇的故障，会造成增压能力和绝热效率的改变；涡轮故障会造成涡轮导向器有效面积和涡轮膨胀效率的改变；排气系统故障会造成喷口工作面积变化，从而引起发动机匹配工作点的变化而引发气路故障。

在航空发动机气路故障中，气路部件故障占有相当大的比例。因此，气路部件故障诊断的研究对于发动机的工作安全性能起着至关重要的作用，也可为航空发动机的维修工作提供技术支持。

7.3.2 气路参数测试

发动机气路故障诊断技术根据监测原理、方法和监测对象的不同，大致可分为基于气路参数和气路热力学模型、基于内部探伤方法，以及基于振动监测的故障诊断技术。这3种技术都需在故障恶化到一定程度而引起组件几何参数发生变化时才能探测到故障的存在。

航空发动机在使用过程中，由于气路部件性能的退化，性能也在逐渐衰退。发动机故障的成因是多种多样的，如零件表面腐蚀、侵蚀、磨损、外来物损伤、密封件损坏、叶片断裂、烧毁或变形、可调导向叶片或引气阀门由于各种原因而偏离额定位置等。这些故障都表现在发动机机件的尺寸变化上，而发动机机件尺寸的变化将导致发动机性能恶化，如压气机流量下降、压气机效率下降、涡轮导向器临界截面面积改变等。部件性能恶化又会导致发动机的性能衰退，如转速、燃油流量、排气温度和功率输出的变化。如果把发动机故障引起发动机性能衰退的实际过程看作正过程，那么故障诊断过程就是它的逆过程，即根据发动机可测参数的变化来确定发动机部件性能，从而达到故障定位。

美国在F135发动机上开展了气路碎屑监测研究，如图7-6所示，分别监测发动机进气口的吸入物引起电荷水平变化，以及排气口的排出物引起电荷水平变化。监测发动机进口吸入物的装置称为IDMS（Inlet Debris Monitoring System），监测发动机出口排出物的装置称为EDMS（Exhaust Debris Monitoring System），根据两者的变化趋势，判断是否有外来吸入及是否有内部损伤发生。当发动机气路部件发生恶化时，如压气机叶片摩擦、喷管导向叶片磨蚀及燃烧室过烧，均会在尾气中产生额外的碎片，从而导致总体静电荷水平超过临界值。

气路性能分析是发动机状态监测的主要内容，也是发动机故障诊断的有效工具。在这方面，已有多种算法应用到发动机气路性能的监测中，常见的方法有：参数估计（Parameter Estimation, PE）、卡尔曼滤波（Kalman Filter, KF）、人工神经网络（Artificial Neural Network, ANN）、模糊逻辑（Fuzzy Logic, FL）、遗传算法（Genetic Algorithm, GA）、隐马尔可夫（Hidden Markov Model, HMM）、贝叶斯理论、专家系统（Expert System, ES）、决策树（Decision Tree, DT）、主成分分析（Principal Component Analysis, PCA）和支持矢量机

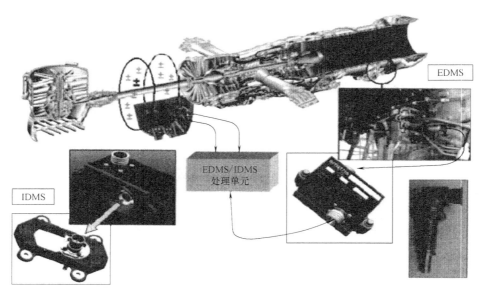

图 7-6　发动机气路碎屑监测示意图

（Support Vector Machines，SVM）等。

在航空发动机气路研究的应用上，国外最新研制的航空发动机都装备了先进的状态监测系统，能利用飞行数据对发动机进行智能状态监测、故障诊断及预报。如普惠公司的 F135 发动机是联合攻击战斗机（JSF）的动力装置，采用了先进的预测和管理系统，可以采集大量数据，以实现监测零部件的磨损和系统的润滑情况，探测不平衡的振动等。

7.4　发动机叶尖间隙测试技术

发动机叶尖间隙指发动机叶片的顶端与发动机机匣内壁之间的距离，一般情况下小于 3mm。压气机和涡轮处的叶尖间隙对发动机的影响最明显。由于机匣不是理想的圆环，圆周不同位置的间隙也有一定差异，因此叶尖间隙测试的难点是高速、高温和狭小空间。

减小转子叶尖与机匣之间的径向间隙是提高航空发动机性能的方法之一。叶尖间隙过大（尤其是高压压气机的后几级和高压涡轮）会增加气流泄漏造成的损失，使增压比下降，喘振裕度降低，从而降低发动机的性能；如果叶尖间隙过小，叶尖与机匣易发生摩擦，导致零部件损坏，从而影响发动机的安全。据资料介绍，叶尖间隙每增加叶片长度的 1%，效率约降低 1.5%，耗油率约增加 3%；而耗油率增加 1%，可使全寿命费用增加 0.7%。

航空发动机在工作时，由于各部件承受的温度和受力变形情况不同，转子、静子间的运动是很复杂的。不同部位的零件，在径向、轴向的位移大小和方向存在很大的差异，这种差异还随发动机的不同而改变。如果此值选取不当，则可能造成径向间隙过大或过小。

综合分析表明，风扇、压气机和涡轮的叶尖与机匣之间都存在着"最佳"间隙，过大的间隙会使叶尖泄漏增大，造成发动机效率降低；过小的间隙将会引发叶片与机匣的摩擦振动等结构问题，影响发动机的安全运转。由于发动机转子叶尖间隙变化的影响因素是多方面的且相当复杂，目前单靠计算分析是很难确定的，必须在试验中对间隙进行实时测量，找出

"最佳"间隙，并为改进设计提供依据。

国内外的飞行实践表明：吸入砂粒引起的污垢、磨蚀和外来物吞咽，以及飞行员负载变化和发动机过渡状态引起的叶尖与密封条的摩擦，均会导致压气机性能恶化。磨蚀和叶尖摩擦会使压气机流道变形，使转子叶尖间隙变大。1980 年，梅哈里克（Mehalic）等人的研究指出，叶尖间隙增大是商用高涵道比涡扇发动机性能恶化的重要原因。1982 年，普尔兹佩尔斯基（Przedpelski）等人在有关直升机发动机的研究中指出，磨蚀和叶尖间隙的改变是一级叶片性能恶化的主要原因。1987 年，塔巴科夫（Tabakoff）对直升机发动机的五级轴流压气机吸入砂粒的研究和同期巴乔（Batcho）等人的研究表明，接近压气机的出口处，磨蚀明显增加，压气机叶片前缘、顶端部位的磨蚀最为严重。图 7-7 所示为叶片磨蚀示意图。航空发动机转子叶片径向间隙的测量对发动机在研制及使用过程中有重大的意义。

图 7-7　叶片磨蚀示意图

航空发动机叶尖间隙的测量，主要有电火花法、电容法、电涡流法、光纤法和光导探针测量法等。如，英国 Rotadata 公司的探针式间隙测量系统，测量范围为 0~3mm，满足了压气机的叶片与机匣间隙测量的要求。图 7-8 所示为微波叶尖间隙测量系统。

图 7-8　微波叶尖间隙测量系统

7.4.1　电火花法

电火花法采用的是叶尖放电方式，即依靠电动机使外加直流电压的探针沿径向移动，当探针移向叶尖至发生放电为止，探针的行程与初始安装间隙（静态时探针到机匣内表面的距离）之差即叶尖间隙。目前使用的美国 RCMS4 的间隙测量系统主要由探针、执行机构及控制器组成。其间隙测量系统在探针上施加高压，在执行机构的驱动下，以连续的步进逐渐伸向被测物体，当探针距被测物体只有微米量级时，发生电弧放电，控制器感受到放电后，在探针与叶尖物理接触之前，停止探针步进，并将其缩回到安全位置，同时显示叶尖间隙测量结果。但这只适用于 600K 以下，转速在 6000r/min 以上，而且探针容易受到异物及油的污染造成阻塞。然而，由于是接触式测量，一旦发动机紧急停车，探针不能缩回到安全位置，就容易发生故障。

电火花法的优点是原理比较简单，不需要事先校准，实用性强，无论叶片端面形状如何都可进行准确的间隙测量，测量精度为 ±0.05mm，高温高压下稳定可靠。该方法的缺点是只能测量转子上多个叶片的最小间隙，而不能测量每个叶片的间隙，且响应慢，外加电压波动、工作流体温度和压力的变化、探针和叶尖端面污损等，都会产生测量误差。传感器体积大，执行机械复杂，探针误动作会给叶片带来安全隐患。总之，电火花法适用于测量稳态下最长叶片与机匣的间隙，或者用来验证其他测量方法，如光纤法和电容法等。

7.4.2　电容法

电容法是靠绝缘电极的机匣和转子叶尖间隙形成的电容进行测量的，测得电容是电极几何形状、两级间距离及两极间介质的函数。该方法忽略了边缘影响和测量电容与间隙的关系。电容法的特点是：灵敏度高，固有频率高，频带宽，动态响应性能好，能在数兆赫的频率下正常工作，功率小，阻抗性能好等。它的精度受多方面因素的影响，如测量时介质的介电常数的变化、环境的干扰、探头及机匣受热变形和校准误差等。

基于电容法原理的叶尖间隙测量传感器是一种非常实用的叶尖间隙测量传感器，目前已广泛应用于燃气涡轮发动机叶尖间隙的测量。电容叶尖间隙测量传感器是通过探头和叶片顶端间的电容的变化来反映叶尖间隙的变化的。其中，测量探头固定在叶片顶端的机匣中，构成电容的一个极，发动机叶片叶尖构成电容的另一个极。测量电容是电极几何形状、电极距离及两极间介质的函数。若电极形状和极间介质为常数，则电容随着传感器极板与叶尖间隙或机匣与叶尖的间隙的变化而发生变化。

电容叶尖间隙测量传感器通常可分为两类：一类是调频式，主要用于压气机（或涡轮）与机匣的间隙测量；另一类是调幅式，主要用于被测量连续变化的情况。其中，调频式电容测量系统的原理图如图 7-9 所示。

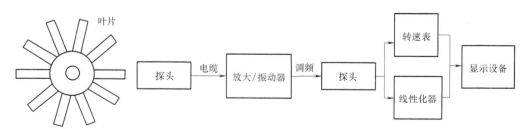

图 7-9　调频式电容测量系统的原理图

由于大多数电容传感器的探头是圆形的，探头直径几乎都大于叶片的厚度（一般为 2～3mm 或更小），因此受到横向分辨率的限制。这样，测量系统就很难准确分辨出单个叶片的信息。为了克服上述缺陷，国外一些公司开发了高性能的转子监测系统，该系统采用比叶片还薄的多个电容探针，各探针形成条纹状排列。各个电容探针被绝缘层与地隔开，6 个探针一起探测每个叶片叶尖的间隙。

电容式叶尖间隙传感器用于发动机叶尖间隙测量时，测量探头固定在叶片顶端的机匣中，构成电容的一个极；发动机叶片叶尖在经过探头前方时构成电容的另一个极，如图 7-10 所示。

一般情况下，发动机的工作介质不变。对于叶尖几何形状不变的叶片来说，叶尖/探头正对面积 S 为定值，其叶尖与探头的距离可以通过电容直接测量出来。测量中叶尖间隙传感器探头与叶尖距离和重叠面积很小，因此产生的电容也很小，电容量级为 10^{-2}pF。为了精确测量如此小的电容并便于测量记录，在构建间隙测量系统时，

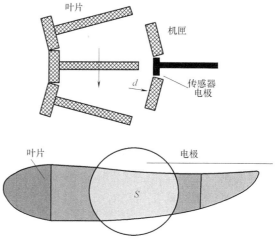

图 7-10　电容式叶尖间隙传感器测量原理图

将该测量电容并入一个振荡器，电容的改变会导致振荡器自然频率的改变，再通过解调器将自然频率转化为电压量，通过对电压量/间隙进行转化的线性化器（内置标定曲线）后可获得测量间隙值，其系统结构原理图如图 7-11 所示。

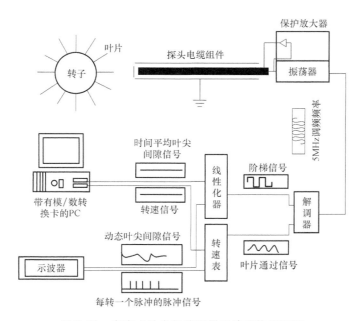

图 7-11　电容式叶尖间隙测量系统结构原理图

现在很多先进的叶尖间隙测量系统，如法国 Fogale 公司的 MC902D 叶尖间隙测量系统，将振荡放大器和解调放大器集成在电容模块，并在该模块中增加了线性补偿模块，使测量精度更高。同时，为了简化系统，去掉了线性化器，直接记录电压量。

7.4.3 电涡流法

电涡流法是采用金属切割磁力线产生磁场变化的方法，电涡流测量间隙装置主要由探头和检测电路两部分构成。检测电路由振荡器、检波器及放大器等组成。当振荡器产生的高频电压施加给靠近金属板一侧的传感器线圈时，产生磁束，金属板受此磁束的感应产生环形电流，此电流在线圈上产生反向变化。传感器线圈受涡流影响时产生阻抗，当被测物体的传感器探头被确定以后，影响传感器线圈阻抗的一些参数是不变的，此时只有线圈与被测导体之间的距离变化量与阻抗有关。如果通过检测电路测出阻抗的变化量，便可以测出叶尖与机匣壳体间的间隙值。电涡流法的特点是：体积小，重量轻，结构简单，不必做复杂的调整，频率响应范围宽，灵敏度高，测量范围大，抗干扰能力强。此方法受叶片材料的影响较大，叶尖端面还需要有一定的厚度。由于传感器输出是随着叶尖形状、安装状态和环境温度等变化，因此事先需要校准，使其适合使用环境。电涡流法不适合钛合金叶片，也做不了高温条件下的测量；如果叶尖面积太小，则不能测量。

7.4.4 光纤法

光纤叶尖间隙测量传感器是近年来才开始使用的一种非接触式传感器。相对于其他传感器，光纤叶尖间隙测量传感器尺寸小，便于现场安装，尤其在对传感器布置困难的中间级的测量中，更显出其优越性。基于上述优点，光纤叶尖间隙测量传感器未来将具有广阔的发展前景。

反射式光纤叶尖间隙测量法属于激光法的一种，当光源发出的光经光纤照射到位移反射体后，被反射的光又经接收光纤输出到光敏器上。其输出光强取决于反射体距光纤探头的距离，当位移变化时则输出光强做相应的变化，通过对光强的检测而得到间隙值。

光纤法的主要特点是：具有高灵敏度、高分辨率，抗电磁干扰，超高电绝缘，结构简单，性能稳定，设计灵活，能在恶劣的环境下工作，适合于静态和动态的实时监测。然而由于叶片表面经过高温烧蚀，它的反射系数降低，发射损失会造成灵敏度降低，因此要求反射面与光纤垂直，如果反射端面稍有倾斜，对灵敏度就会产生很大的影响。反射式激光测量方法要求叶尖表面比较光洁，精度难以继续提高，不适于涡轮中油污严重的情况。

7.4.5 光导探针测量法

光导探针法也属于激光法，它通过光导纤维将一激光束投射到转子叶片的叶尖上，当叶尖间隙发生变化时，由于反射的光返回路径不同，在光电接收器上的光点位置发生变化，其变化量经过计算即得出转子叶尖的间隙。

光导探针测量法的特点是：不受转子叶片本身材料的限制，各种转子叶片都可以测量；适用于精度高、频响快、高温涡轮叶尖间隙测量；能在恶劣的环境下工作，适用于静态和动态的实时检测；成本低、光纤探头体积较小和易安装等。然而，由于传感器运行在高温高压和大振动的情况下，因此需对光学系统进行保护，防止被污染和仪器损坏。此外，该方法同样不适于涡轮中油污严重的情况。

7.5 发动机高温测试技术

发动机高温测试涉及燃烧室、涡轮、加力燃烧室和尾喷口 4 部分，主要难点是高温和高速气流共同作用。高温测试既包括燃气的温度，也包括零部件表面温度。航空发动机涡轮前燃气温度决定着发动机的动力性能，局部燃气温度的高低影响着涡轮转静子叶片的安全和寿命。发动机高温燃气测量是最重要的测试技术之一，温度是确定热端部件性能和寿命的最关键参数，有助于燃气涡轮设计师和工艺师正确了解在燃烧室中所发生的燃烧过程，这使得高温燃气温度测量成为发动机测试中特别重要、难度较大的关键技术。传统的燃烧室出口温度场测试手段是铂铑系列热电偶。新型燃烧室燃气的高温、高速、高压条件已经超过常规铂铑系列热电偶的应用范围。为了获得燃烧室出口温度场的关键数据，必须寻求新的适用于燃烧室部件性能试验的高温燃气温度测试手段与方法。

现代军用飞机对发动机提高推重比的要求持续增加。提高压气机压比以提高循环效率、增加涡轮进口温度以提高单位推力，是提高推重比最直接和最有效的方法。因此，燃烧室部件设计将向高温升、高热容方向发展，燃烧室进出口平均温度不断提高。第四代涡扇发动机推重比为 10 的发动机燃烧室进口平均温度为 850K，出口平均温度为 1850K，按热点系数 0.3 计算，热点温度可达 2150K。第五代发动机以涡扇发动机为主，推重比为 12 的发动机燃烧室出口平均温度为 2000K；推重比为 15 的发动机燃烧室出口平均温度为 2150K，热点温度当然更高。

气体温度测量，尤其是动态气体温度测量技术，经历了一个发展过程。从 20 世纪 50 年代到 70 年代，主要工作集中于采用热电偶在测量气流温度时所遇到的几个误差的确定（如辐射误差、导热误差、速度恢复误差），以及在气流温度发生阶跃变化时热电偶时间响应的研究。为了解决脉动气体温度的测试问题，曾经力图将热电偶做得很细，但这样容易损坏。20 世纪 80 年代以后，各种新技术、新的探针和手段应用于气流温度测量，主要有先进的探针技术、燃气分析技术、光纤温度传感器、光谱技术及采用数字信号处理技术的动态气体温度测量系统。目前，提高高温应变能力的研究也在进行之中。

高性能航空发动机在运行时，由于气流工作压力和温度都大大增加，燃烧室后气流温度和高温旋转热端部件表面温度的准确测量成为两个关键问题。燃烧室出口燃气温场测量主要用于评价燃烧室的效率和温度分布。温度分布要给出沿叶高和周向温度分布的最大不均匀性。随着发动机推重比性能的提高，燃烧室后燃气温度将越来越高，已经超出了标准分度的 S 型和 B 型热电偶的测温上限。对于热端旋转部件，准确测量其表面温度，对正确评价涡轮叶片、冷却效果和工作状态，保证发动机工作在最佳的温度范围、确保发动机的安全具有重要意义。

目前，用于航空发动机高温零部件表面温度测量的技术主要有热电偶测温、示温漆测温、辐射测温和燃气分析 4 种。进入 21 世纪，航空发动机的热力学参数不断提高，如 F119 发动机的涡轮前温度为 1704K，而美国正在实施的"综合化高性能涡轮发动机技术（IHPTET）"，计划把涡轮前温度提高到 2000~2200K。这一温度范围已经是化学计量比燃烧的温度，这不仅要求发动机在材料技术上要进行革新，而且在高温测量技术上也应有更大的突破。法国为幻影 F-1 战斗机研制的快速响应进口空气温度传感器，其响应时间为 28ms。美国普惠公司采用光学高温计测得涡轮叶片热图像，该高温计是自动扫描式，测温范围为 500~1900K，在 10kHz 频带分辨力达到 0.1K，测量速度为 10μs，经过黑体炉校验精度在 10K 以内。

高温测试技术的实施途径有以下几种。

7.5.1　燃气分析

由于在发动机燃烧室压力和温升越来越高的情况下，用热电偶法测量出口温度、计算燃烧效率和温度分布系数越来越困难；又由于贵金属偶丝对未燃烧成分的催化作用和高温下的传热误差，测得的节点温度 T_i 与 T_g 之间的差别越来越大，不能准确地测出燃烧效率和温度分布系数，因此，一种用于燃气温度测量的燃气分析技术（Temperature Bygas Analysis，TBGA）应运而生。燃气分析测温法就是通过分析燃气中各种组分的含量来推算燃气温度的方法，具有工程实用性强、测温范围宽、测温精度高、在 1800K 以上优于热电偶等优点，尤其适合在燃烧室部件试验中测取出口温度场分布。此方法在国外已得到广泛的研究与应用。

20 世纪 70 年代初，GE 公司就开始探索用燃气分析方法测量燃烧室出口燃气温度，并指出在测温范围大于 1750K 时，宜采用燃气分析方法来测量。20 世纪 80 年代，NASA 刘易斯研究中心对燃气分析方法进行了深入研究，建立了分析计算程序，使燃气分析成为超出热电偶测温范围的一种燃气高温常规测量技术。

用 TBGA 技术测温，可以突破用热电偶法测温的限制，准确快捷地换算出燃气的温度，虽不能完全代替热电偶法（单点取样分析需花费长的取样时间），但在某些状态、某些区域实施测量，燃烧室出口温度 T_g 在 1400~1600K 范围内。另外，在航空发动机燃烧室、加力燃烧室部件研究及整机性能研究和鉴定评价过程中，用燃气分析法求算喷气推力、发动机效率、发动机空气流量及测量高温排气发散，分析其正常和有害的气体成分是一件必不可少的重要工作。

燃气分析测温的一般方法是对抽取的样气进行分析，计算其成分，从而可计算出温度。这种方法的检测过程如下：

1）抽取燃气/燃料混合物有代表性的样品。

2）立即淬熄样气，避免在采样探头中进一步发生反应。

3）把样气传输到分析仪（CO，CO_2、NO_x、O_2 等气体成分分析仪）。

4）对样气进行精密分析。

5）用计算机按全成分分析法或补燃法等快捷可靠的算法技术计算，测量得出燃烧效率和余气系数，并以此推算出燃气温度。如同热电偶一样，燃气分析方法也需要把取样探头插入燃气流中，并力求减少对气流的干扰。探头通常采用 6 点或 7 点水冷，总压进气采样靶与移动机构结合，可在全排气截面进行测量。较早的采样靶可用的最高温度为 1800K、压力为 1.4MPa，单点取样探头轴向伸出的部分不用水冷。然而，当试验的平均排气温度达到 2200K、峰值温度高达 2650K 时，采样靶的每只取样管部必须水冷到顶端。

高温采样时，为防止样气在探头里继续燃烧，需要对样气"快速淬熄"。快速淬熄的方法有：水冷探头；探头之后增加一段扩张通道；用真空泵抽空采样管路，使样气流经取样探头前端有 5∶1 或更高的压比。

依据不同的试验目的，可采用实验室单机或联机燃气分析系统。现在最新一代的联机燃气分析系统，主要由世界上著名的 Backman 仪器公司和英国 Ruston 燃气涡轮公司新品部研制，均可完全实现自动化操作，即时将取样成分值输入计算机，从终端显示主要成分值、燃烧效率及余气系数。其中，美国 Backman 仪器公司研制的联机燃气分析系统，造价约 20 万美元，分析装置基本由 5 台气体色谱仪和 1 台碳氢分析仪组成，色谱仪用于分析 H_2、O_2、N_2、CO、CO_2，而碳氢分析仪则用来测量未燃碳氢化合物。GE 公司有两套联机燃气分析系统，现正在使用之中。

用燃气分析测量燃烧室排气温度的算法技术得到了迅速发展，它将严密的热力学、数值解技术和程序设计等科学技术紧密结合起来，工作的重点是研制一种能够应用在实际燃烧试验的新方法，其目的是测量燃烧室出口的温度分布。通常，燃烧是指燃料和氧化剂之间发生的反应，并得出燃烧产物。要想计算出燃烧室燃气温度，就需要测量其热力学状态、反应物的浓度和燃烧过程的产物。燃烧产物的成分可以通过对燃气的取样的化学组成分析来得到。本书所叙述的这项新技术主要是基于排气组分的测量，如 CO_2、CO、NO_x 和 UHC。同时，还必须知道燃料的组分、温度、热值、比热容，以及氧化剂的温度和成分。最常见的氧化剂是空气，由于干空气的成分是已知的，因此，可以通过测量其中水的含量来求得氧化剂的成分。

20 世纪 70 年代，中国燃气涡轮研究院和北京航空航天大学等开展了燃气分析应用技术的研究，但曾因故中断而进展缓慢，目前仍处于起步阶段，测温速度慢，计算误差大，还不能真正测得整个燃烧室出口温度场。

7.5.2　激光技术

在航空发动机研究中，燃烧诊断主要涉及温度和各种成分在空间的分布及它们随时变化的过程，特别是精确地测量温度的空间分布，对于了解并控制燃烧过程是十分必要的。传统的接触式测温技术，由于探头的介入，不可避免地会破坏燃烧体系温度场的固有特性。而光学测温，尤其是激光技术测温，在非接触远距离探测中体现了其独特的优越性。

在这方面，科学家们已经做了许多有意义的研究工作，将非接触激光诊断技术用于测量燃烧环境中的速度、温度和组分浓度。已研发的激光技术与仪表有：激光多普勒测速仪（LDV）、激光诱导荧光（LIF）、自发拉曼散射（SRS）、非线性拉曼散射技术和相干反斯托克斯拉曼光谱法（Coherent Anti-Stokes Raman Scattering，CARS）。这几项技术都十分复杂，并且其制造、操作和维修费用高，还需配备先进的计算机。在这些技术中，CARS 是唯一可用于多烟实际燃烧系统中的湍流火焰燃气温度和成分瞬态及空间分布非接触式激光诊断技术，特别适用于检测具有光亮背景燃烧过程的温度分布。

在 CARS 技术中，有两束不同频率的大功率激光脉冲（伯浦和斯托克斯激光束）在被测介质中聚焦在一起。在这里，通过分子中的非线性过程互相作用产生第 3 束类似于 CARS 光束的偏振光。最后，通过对测验光谱与已知其温度的理论光谱的比较，就可求得温度。通过与已配置的标准浓度的光谱的比较，可得到气体组分的浓度。不过，要执行这些反复迭代的最小二乘法计算程序，还需要具备相当的计算能力。

CARS 技术已在内燃机和燃烧风洞中获得应用。在喷气发动机试验中应用 CARS 进行测量的仪器主要包括变送器、接收器和在试验台上装在发动机附近的测量用仪表，以及装在测量间的光谱仪检测器和计算机设备，这些设备用以采集和处理 CARS 数据。美国加利福尼亚大学燃烧实验室采用 CARS 技术对贴壁射流筒形燃烧室（WJCC）进行了试验。单脉冲多路 CARS 技术在皮秒量级的单一脉冲中能获取整幅 CARS 谱图，可应用于燃烧的动力学过程研究。

7.5.3 光谱线自蚀技术

光谱线自蚀（Spectrum Line Reversal）这种非干涉光学技术方法快捷、精确、实用，现已广泛地用于实验室燃气温度的准确测量。使用最广泛的谱线是 Na 的黄色谱线，实际上它是两波谱线（doublete，波长分别为 589nm 和 589.6nm）。如果在将要测量其温度的热燃气中加入少量钠盐，那么就会发射出 Na 的 D 谱线。其方法就是根据通过热燃气区的明亮背景光源来检测光的强弱。如果将由气体激发的 Na 谱线呈现在监视器上，那么不是以连续为背景地吸收黑线，就是以连续为背景地突出发射亮线。是呈现吸收黑线还是发射亮线，取决于背景光源的温度与燃气温度相比较，是高还是低。当燃气温度与背景光源的温度相等时，就看不见谱线，这是通过改变背景源亮度而找到的零辐射。当这个条件找到之后，背景源的温度就可用光学高温计来确定。

如果被测量燃气的温度都处处相等，那么上述方法基本上是一种简单而又精确的测温方法。如果各处燃气的温度都不相等，那么测量将受表面层温度的严重影响。因此，从实验室温度测量到燃气涡轮高温燃气温度测量，还需要突破许多关键技术。

7.5.4 热电偶温度探针

在燃气高温测量中，热电偶温度探针测温仍然占有重要地位，其研究工作的重点主要放在热电偶丝（如 Pt-Rh，Ir-Rh）、探针材料、探针结构、制造工艺和测温修正等方面。热电偶用于气体温度测量，通常只能测得气流总温，欲需静温可通过换算得到。由于在实际气流温度测量中存在着辐射误差、导热误差、速度误差和动态响应误差等因素影响，因此测温探头必须采用特殊的结构形式以减少这些误差，并进行必要的校准与补偿修正，方能测得较准确的气流温度。

随着科学技术的发展和新材料、新工艺的出现，一些已有的探针得到改进，还设计出了新型探针，如吸气式探针和一种基于暂态薄膜热传递技术的快速响应高空间分辨力总温探针，开发了各种形式的水冷、气冷和干烧的高温热电偶测温探针，建立了相应的高温热电偶探针设计、制造校准和测温误差修正计算方法。在 20 世纪 80 年代，普惠公司曾研制了一种基于双偶探针的气体动温测量系统，其测量峰值温度达 1650K，脉动温度达 ±480K，频响达到 1kHz。俄罗斯 UNAM 也采用双接点电偶测量燃烧室出口燃气温度脉动，而且还研制了最高测温可达 2400K 的 Ir-Ir/Rh 型热电偶。采用双热电偶的目的是用两个相互平行、间距很小的不同直径的锗偶丝测量同一温度，其频响可以互补，从而可测平均温度和温度脉动。在环形燃烧室温度场测量方面，发达国家大都采用安装在旋转位移机构上的测量靶（热偶探头）来测量。

范桑特（Van Zante）改进了 W. F. 尼柯（W. F. Ng）和 A. H. 埃普斯坦（A. H. Epstein）的吸气式探针的基本设计，使用 Pt-Ir 合金热丝和扩展校准间隔来测量跨声速轴流压气机转子逆流的总温。与早期的吸气式探针相比，这个探针的主要优点是：用从两根单独的热丝上获得的数据来得出总温，这样减少了探针的尺寸和由于探针而引进的阻塞。这种形状的钨热丝探针被用在目前的研究中。在试验中，使用 Metrabyte DAS-50 系统来采集高速数据。吸气式探针的静止校准由于探针的频响高而被充分考虑，其校准显示出很好的压力和温度敏感性，温度分辨力大约是 0.04K，远低于温度测量的不确信度 0.5K。经试验证实，改进后的吸气式探针能很好地测量压气机中的不稳定总温。斯雅瓦什（Suryavamshi）等也利用与上述探针结构一致的钨热丝的吸气式探针在三级轴流压气机上进行过试验。

牛津大学技术科学部的 D. R. 巴茨沃斯（D. R. Buttsworth）和 T. V. 琼斯（T. V. Jones）探讨了一种基于暂态薄膜热传递测量技术的总温探针，并进行了论证。这种探针利用两个不同温度的半圆形石英探针来测量可压缩流中的流体总温。与这种探针原理相似的技术已用于高压涡轮级的逆流测量（Buttsworth，1997）和一个二维跨声速涡轮叶栅（Cascallen，1995）。这类薄膜总温探针与吸气式探针相比，优点是有相当高的频带宽度，耐用的结构，不需要热定律校准，在任意合成的可压缩流中操作容易。

薄膜总温探针的正常工作取决于被加热的和未被加热的薄膜接触的流体是否完全相同这一前提。然而，对于瞬态时间分辨的总温的测量，为了准确地分析小尺寸波动，尽可能近地固定热膜和冷膜是必要的。在先前的应用中，最小的薄膜距离大约为 3mm，这时与吸气式探针的空间分辨力是相同的，而且薄膜总温探针的空间分辨力的提高是能实现的。在该探针中，两个薄膜间需要的温差用一个脉冲的电阻加热技术来产生。与脉冲的电阻加热相联系的暂态加热结果不影响暂态温度变化的分析。而对单面的传导影响来说，必须校正暂态对流热传递。完成这一校正的方法已经发展起来，并可以用其得到准确的测量结果。高速湍流自由喷射试验证实，用目前的装置能得到高时间和空间分辨力的精确总温和对流热系数。Buttsworth 等还在小型风洞试验中表明，探针总温的测量精度在 1K 之内。流体总温的低频和高频分量用此技术也能准确地分辨。这种探针测量时间分辨的流体总温与用热电偶测得的数据具有很好的一致性，并在试验中发现其频率高达 182kHz。目前，这种总温探针被证实为是一个准确、耐用、高速响应的装置，适合于在涡轮机械中工作。

在国内，中国燃气涡轮研究院、沈阳航空发动机设计研究所、中国航空动力机械研究所和北京航空航天大学等单位都开展了热电偶测高温技术的研究，研制的高温热电偶探头已用于各自的高温燃气测试中。如中国燃气涡轮研究院研制了使用温度达 1650K 的高温热电偶探头和工作温度达 1600 K 的水冷式位移机构，以用于环形燃烧室出口温度场测量；还发展了燃烧室使用环境中水冷和气冷热电偶测温辐射误差、导热误差的修正计算方法。目前，国内与国外相比，热电偶测温技术存在的主要差距是：国内无高温热电偶探头设计与环境误差修正规范，测温误差较大，可靠性较差。

7.5.5　黑体式光纤高温计

黑体式光纤高温传感器的工作原理是基于黑体辐射定律。黑体腔辐射强度与温度对应（根据普朗克黑体辐射定律确定），辐射光信号在光纤内产生全反射，经光纤传入 Si 光探测器后，输出的电压与区域温度有对应关系。黑体式光纤高温计（又称厄丘光纤高温计）由探头、高温光纤、传光光纤、光电检测系统和信号处理系统等组成。探头是在一根单晶、直径为 1.27mm 蓝宝石棒的端部，通过溅射厚度为 2μm 的铂，并把这个铂溅射膜部分制作成一个封闭的黑体空腔。当探头置于待测高温气流中时，黑体腔与外界温度场达到热平衡，并发射出黑体辐射光信号，经高温光纤及传光光纤传输至光检测器。光检测器中的干涉滤光片把入射光分光，获得窄波长范围的辐射光信号，经光电二极管检测转换成相应电信号，再经放大、A/D 转换输入计算机，对信号进行补偿修正、运算处理，最后显示出被测温度值。黑体式光纤高温计具有下述优点：

1）高温耐久性好、抗电磁干扰、耐腐蚀，铂黑体传感器可以在温度为 500~2000K 和速度为 300m/s 环境下可靠工作，特性稳定。

2）响应性好、敏感性高，系统响应高达 14kHz，在 10kHz 频带区域分辨力达到 0.1K 左右。

3）由于温度探针接近黑体，因此几乎可以忽略由温度和波长引起的辐射率的变化。

4）衰减小、重量轻、体积小、易挠曲，特别适应于测量高温燃气温度。

早在 1983 年，美国国家标准局就用单晶蓝宝石光纤研制出黑体式光纤高温计样机，测温范围为 600~2000K。我国于 1987—1993 年间研制出以相同原理和方法制成的仪器，能测量 600~1800K 的瞬态温度。但皆因细小的蓝宝石棒探头放置在高温高速的燃气流中做接触测量时，其强度不过关而未能得到很好应用。

黑体式光纤高温燃气测量系统原理图如图 7-12 所示。

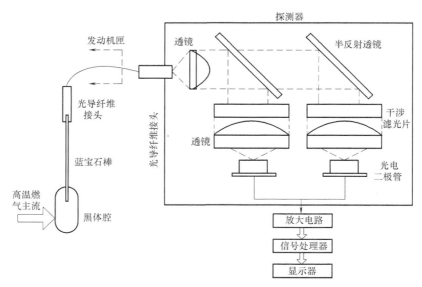

图 7-12　黑体式光纤高温燃气测量系统原理图

7.6　航空发动机综合测试系统

以中小型航空发动机为对象，分析小型航空发动机参数综合测试系统的结构组成和测试数据处理方法。

7.6.1　系统组成

航空发动机综合测试系统由实验台架系统、数据采集系统、视频监控系统、操控台系统四个部分组成，如图 7-13 所示。

（1）实验台架系统　实验台架用于固定发动机和安装存放相关附件。台架内安装有推力传感器和大气数据测量仪，如图 7-14 所示。

（2）数据采集系统　数据采集系统包括信号采集箱（图 7-15）、信号调理箱和工控机等。信号采集箱主要包含压力传感器和界线装置；信号调理箱包括信号放大和滤波等系统；工控机包含数据采集卡、显示器和测试系统软件等。

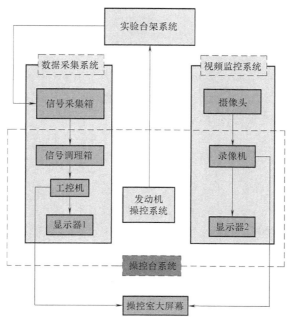

图 7-13 航空发动机综合测试系统图

（3）视频监控系统 视频监控系统如图 7-16 所示。

（4）操控台系统 操控台系统如图 7-17 所示。

图 7-14 实验台架

图 7-15 信号采集箱

录像机(NVR)、摄像头

显示器

图 7-16 视频监控系统

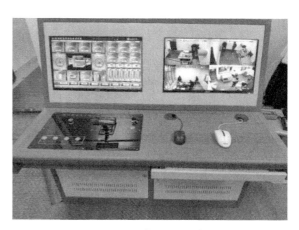

图 7-17 操控台系统

7.6.2 测试系统连接

1. 实验台架系统连接

发动机通过卡箍安装在实验台架的动架上。发动机的附件，如控制器（ECU/EPV）、油泵、油阀或者其他发动机运行所必需的设备可放置在储存室内，通过预留的穿线孔与发动机相连。实验台架功能结构连接如图 7-18 所示。

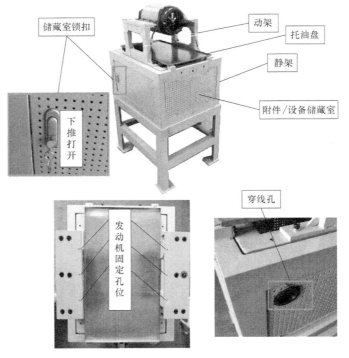

图 7-18　实验台架功能结构连接

推力传感器安装在动架上，连线也是通过储藏室穿线孔连接到采集箱上。流量传感器、油滤和大气参数测量仪都安装置于储藏室内部。相关信号电缆通过穿线孔连接到采集箱；油路通过底部开孔连接至油箱；传感器安装如图 7-19 所示。

图 7-19　传感器安装

2. 数据采集系统连接

数据采集系统连接时，首先要熟悉各端口信号定义。表7-2为压力测量端口定义，表7-3为温度传感器测量端口定义，表7-4为频率测量端口定义。

表 7-2　压力测量端口定义

端口	端口定义	量程范围/kPa	端口	端口定义	量程范围/kPa
端口1	进气道静压 （用于计算空气流量）	0~200	端口5	压力4	0~1000
端口2	压力1	0~200	端口6	压力5	0~1000
端口3	压力2	0~1000	端口7	压力6	0~1000
端口4	压力3	0~1000	供油压力	油泵后燃油压力	0~1000

表 7-3　温度传感器测量端口定义

端口号	端口定义	传感器类型	端口号	端口定义	传感器类型
端口1	温度1	K 型热电偶	端口4	温度4	K 型热电偶
端口2	温度2	K 型热电偶	端口5	温度5	K 型热电偶
端口3	温度3	K 型热电偶	端口6	温度6	K 型热电偶

表 7-4　频率测量端口定义

端口名	端口定义	连接	端口名	端口定义	连接
转速	发动机转速	转速传感器	频率2	频率测量	5V 频率信号源
流量	滑油流量	流量传感器	频率3	频率测量	5V 频率信号源
频率1	频率测量	5V 频率信号源	频率4	频率测量	5V 频率信号源

3. 供油系统连接

供油系统主要包含油箱、油滤和流量计，按照图7-20所示的顺序连接。油箱上有一个注油口和一个出油口。

出油口有一个切断阀门，在断开/连接油路时务必先关闭出油口的阀门，防止由于液位差导致燃油从油路断开处溢出。长时间不使用时，建议把出油口阀门关闭。

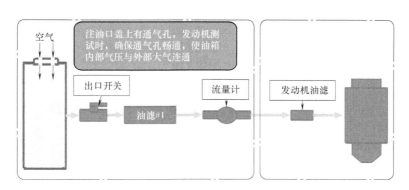

图 7-20　供油结构连接框图

7.6.3　测试系统测试操作

控制面板分成4个部分：电源控制、油门控制模块、紧急停车按钮、预留功能按钮。

（1）电源控制　包括电源总开关和油门电源开关两个按钮。

1）电源总开关：控制采集系统所有的设备供电。切断时，所有设备将停止供电（操控室大屏幕除外）。当开关打开时，工控机和监控系统将自动启动。

2）油门电源开关：控制油门控制模块的供电，如图 7-21 所示。

（2）油门控制模块　包含模式一开关、模式二开关（三位开关）和油门操纵杆。

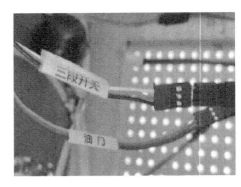

图 7-21　油门接线

1）模式一开关：一般用于单通道控制，相当于遥控器的微调。共有两个档位：停车和准备"ready"。联合油门操纵杆一起对发动机进行单通道控制，如图 7-22 所示。

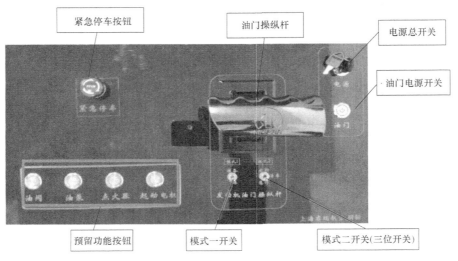

图 7-22　操作按钮

2）模式二开关：一般用于双通道控制，相当于遥控器的三位开关通道。共有三个档位：紧急停车、自动停车和启动。联合油门操纵杆一起对发动机进行双通道控制。

3）油门操纵杆：相当于遥控器的油门控制通道，用于控制发动机加减速（发动机起动至慢车以后）。

油门线已布置到实验台架处，油门线包含两个接头：油门和三位开关。油门接头连接至油门接口；三位开关接头连接至辅助通道。

（3）紧急停车按钮　控制发动机供电。紧急情况下按下按钮切断发动机供电以实现关停发动机的功能。

（4）预留功能按钮　包含油阀、油泵、点火器和起动电机四个按钮。

7.6.4　测试系统界面

测试系统图形化界面友好直观，如图 7-23 所示。

1）"退出"按钮与"x"按钮相同，单击则退出软件。

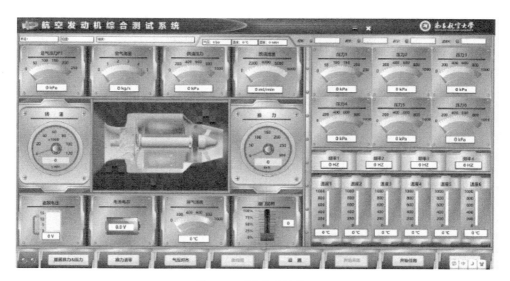

图 7-23 测试系统界面

2）"开始任务/停止任务"按钮。单击此按钮，采集系统开始测量数据。开始采集后，各仪表和数字框显示当前实时测量的数据，但当前数据不会被存储至计算机上。

3）"开始采集/停止采集"按钮。单击"开始采集"后，开始实时存储采集到的数据。未开始任务前，按钮为灰色，不可用。单击"停止采集"后，停止存储数据。

4）"设置"按钮。单击该按钮后，会弹出设置窗口，该按钮仅在开始任务前可用。单击"开始任务"按钮后，该按钮被禁用变灰。

注：以下是开始数据采集后方可进行的操作。

5）单击"推力清零"按钮后，推力值归零。

6）"气压对齐"按钮。若系统所采用的压力传感器皆是测量绝对压力，由于测量精度的存在，各压力传感器之间所测量到的初始大气压会存在差别。量程越大，误差就会越大。该功能的作用是，使所有压力传感器的起始初值修正为当前大气压值（大气压温湿度传感器模块所测量的值）。

7）"重置推力＆压力"按钮。该按钮的功能是把修正过推力值和压力值都恢复至传感器实际测量的值。

8）"曲线图"按钮。当工控机只连接一个显示器时，单击此按钮绘出当前测试曲线界面图。

9）采集状态栏。当开始采集后，所有设备均连接正常时，所有状态灯亮，状态框中显示"连接正常"。如果有采集设备出现故障或者未能正常通信，则对应的采集状态灯会变红闪烁，状态框中显示所产生的错误和可能原因。把鼠标置于状态框时，会弹出错误信息窗口，显示具体的详细错误信息。

7.6.5 测试系统设置

1. 进入设置界面

单击"设置"按钮，显示设置选项窗口。设置选项分为"通用设置"和"采集通道设置"两部分，如图 7-24 所示。

2. 通用设置

（1）数据储存设置　用户可修改测试数据保存文件夹和数据刷新速度（保存时间间隔），如图 7-25 所示。

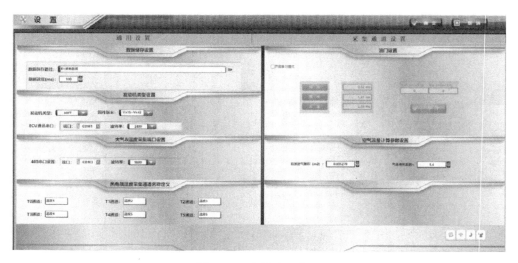

图 7-24　设置选项窗口

图 7-25　数据储存设置

（2）发动机类型设置　设置要测试的发动机类型以及 ECU 通信端口参数。ECU 端口号即 ECU 串口线所连接的串口编号。

（3）485 串口设置　温度采集数据和大气压温湿度数据通过 485 串口与工控机连接通信，需要设置串口端口和通信波特率（默认 9600，不需要更改），如图 7-26 所示。

图 7-26　485 串口设置

（4）热电偶温度采集通道名称定义　定义了温度端口对应测量的温度参数。该名称修改后会影响保存数据的对应通道的名称。根据实际测量情况修改名称，如图 7-27 所示。

（5）油门设置　该功能可以根据需要设定供油量，如图 7-28 所示。

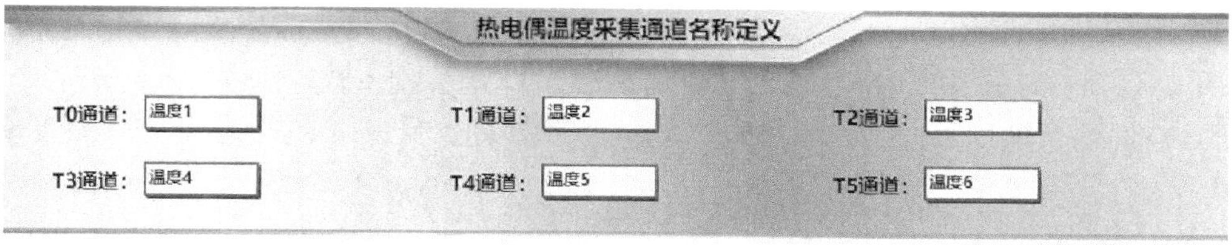

热电偶温度采集通道名称定义

T0通道：温度1　　　　T1通道：温度2　　　　T2通道：温度3

T3通道：温度4　　　　T4通道：温度5　　　　T5通道：温度6

图 7-27　热电偶温度采集通道名称定义

油门设置

□开启学习模式

停　车　　0.92 ms

慢　车　　1.27 ms　　　high period (s)　low period (s)　　0　0

大　车　　2.16 ms　　　　　　　✔ 学习

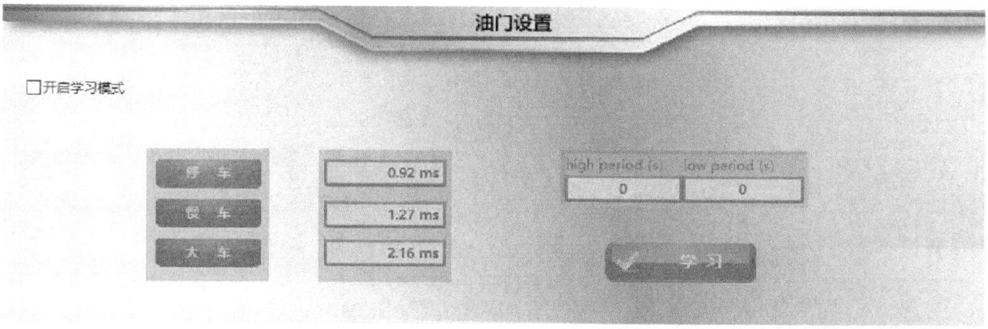

图 7-28　油门设置

（6）空气流量计算参数设置　设置测量空气流量的相关参数。

有效进气面积是指压力端口1的进气静压所测量位置截面的有效进气面积，空气的绝热系数为1.4，如图7-29所示。

空气流量计算参数设置

有效进气面积（m2）：　0.005278　　　　气体绝热系数r：　1.4

图 7-29　空气流量计算参数设置

3. 采集通道设置

（1）模拟信号测量设置　可以修改测量信号量程范围、换算系数和换算单位（$Y = ax + b$，Y 的单位是所选择的换算单位，x 的单位是 V，a、b 是缩放系数和偏移值），如图7-30所示。

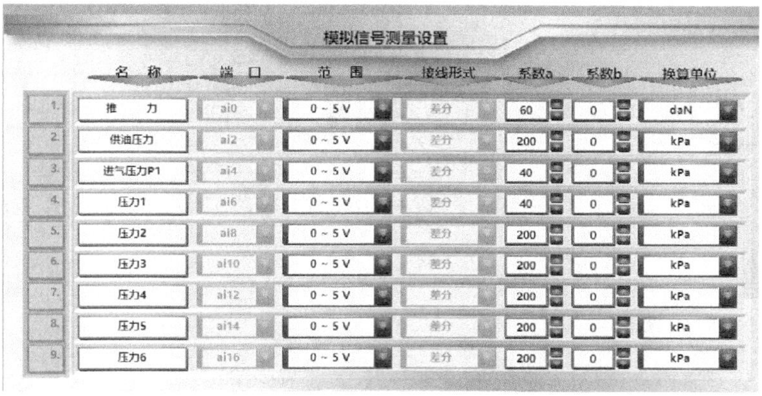

模拟信号测量设置

	名　称	端　口	范　围	接线形式	系数a	系数b	换算单位
1.	推　力	ai0	0 ~ 5 V	差分	60	0	daN
2.	供油压力	ai2	0 ~ 5 V	差分	200	0	kPa
3.	进气压力P1	ai4	0 ~ 5 V	差分	40	0	kPa
4.	压力1	ai6	0 ~ 5 V	差分	40	0	kPa
5.	压力2	ai8	0 ~ 5 V	差分	200	0	kPa
6.	压力3	ai10	0 ~ 5 V	差分	200	0	kPa
7.	压力4	ai12	0 ~ 5 V	差分	200	0	kPa
8.	压力5	ai14	0 ~ 5 V	差分	200	0	kPa
9.	压力6	ai16	0 ~ 5 V	差分	200	0	kPa

图 7-30　模拟信号测量设置

（2）频率信号测量　可修改测量方法、采样时间（单位为 ms，测量方法为 Counting Pulse By Sys Time 时有效）、超时时间（单位是 s）、换算系数和换算单位（Y = ax+b，Y 的单位是所选择的换算单位，x 的单位是 Hz，a、b 是缩放系数和偏移值）。频率信号测量设置如图 7-31 所示。

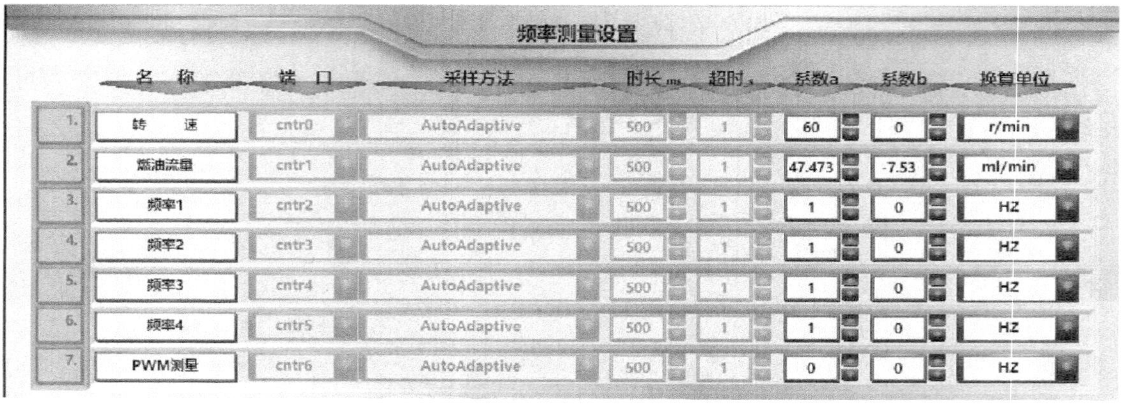

图 7-31　频率信号测量设置

7.6.6　实时数据曲线

实时数据曲线图能够实时反映航空发动机参数变化趋势，如图 7-32 所示。

图 7-32　曲线图界面

1. 打开/关闭曲线图

单显示器：单击主界面的"曲线图"按钮即可弹出曲线图界面；双显示器：程序会自动在另一个显示器显示曲线图。

2. 曲线图的操作

共提供 6 组曲线图，用户可以通过图例进行选择操作，自行定义每个曲线图要显示的参数以及曲线颜色。用户可自行组合。

3. 图例操作

鼠标左键单击对应项目的左侧的小方框，即可在对应的曲线图上显示相应的曲线。系统会自动记录选择。下次启动后会保留当前的选项。

鼠标左键单击对应项目的右侧的图形，可选择曲线颜色、线条样式等。但系统只会保存曲线颜色。下一次启动软件时，除曲线颜色以外的其他属性选项的修改都会恢复成默认样式，如图 7-33 所示。

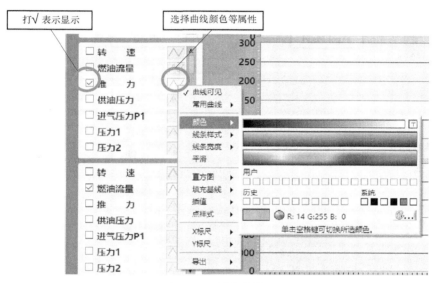

图 7-33　图例操作

4. X 轴设置

时间长度（s）指曲线图上显示数据的历史时间长度。例如时间长度设置为 15s，曲线图上将保留当前时间往前 15s 的数据显示在曲线图上，如图 7-34 所示。

图 7-34　X 轴设置

5. Y 轴设置

1）自动调整一次：根据当前显示的数据自动调整 Y 轴显示的范围。

2）实时自动调整：根据实时数据自动调整 Y 轴范围。

3）手动调整：用户可手动修改 Y 轴范围。鼠标单击 Y 轴的最大（或最小）值位置，通过键盘修改数字来更改 Y 轴范围，如图 7-35 所示。

6. 关闭窗口

单显示器时，单击该按钮可关闭曲线图界面。

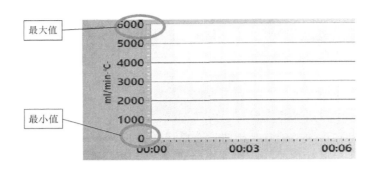

图 7-35　Y 轴设置

7.6.7　发动机测试

1. 安装发动机

1）把发动机安装在实验台架上，确保安装螺钉拧紧。

2）按照发动机说明书连接发动机油路。连接好后，确保油箱中油量充足，足够完成实验。打开油箱出油口开关，同时确保注油口塑料薄膜已被移除，注油口口盖通气孔没有被堵塞。

3）按照发动机说明书连接发动机附件和控制系统（油门），并将相关电线油管适当固定，避免在试验过程中被发动机吸入。

4）检查发动机供电电池，确保电量充足。

5）连接 ECU 串口线（通过转接线或转接器）连接至 ECU 串口通信端口。

6）连接推力传感器、大气压温湿度传感器和流量传感器至信号采集箱对应端口。

7）连接需要测量的压力点和温度测量点连接至发动机信号采集箱对应的端口。

8）清理台架周边和托盘上的其他不需要的杂物，确保不会有异物被吸入发动机内。

2. 启动采集系统

打开操控面板电源总开关，启动工控机和监控系统。

3. 启动操控系统

把油门杆、微调开关或三段开关置于最小值（停车位置），打开油门电源开关。

4. 启动数据采集软件

打开"航空发动机综合测试系统 NCH"应用程序，进入测试系统主界面。

1）单击"设置"按钮，进入设置界面，选择要测试的发动机类型。

2）单击"开始任务"按钮，检查采集状态栏各状态灯是否为亮绿色，状态框内是否显示为"连接成功"（发动机类型为 Others，ECU 状态灯将不会亮起）。如果状态没有异常，则继续下一步。若有红灯闪烁异常，则将鼠标放置在对应的状态框内，从弹出的错误串口中查阅错误原因，然后停止任务，检查相关连接是否正常。

3）检查排气温度是否正常（发动机类型为 Others 则忽略）。与发动机 ECU 通信正常时，排气温度/电池电压都应当有显示相应的值。

4）单击"开始采集"按钮，开始存储测量数据。

5）起动发动机。使用操纵系统起动发动机开始试验。

6）控制发动机。当发动机进入慢车状态后，方可通过油门操纵杆控制发动机进行加减速操作，进行相关实验。

7）关停发动机。实验完成后，先把发动机减速至慢车状态后，再关停发动机。

8）待发动机完全停止后，单击"停止采集"。

9）单击"停止任务"。

延伸阅读

洪家光：39 岁的大国工匠，获国家科技进步二等奖，擅长打磨航空发动机

发动机是飞机的心脏，而中国航发沈阳黎明航空发动机有限责任公司首席技师洪家光的工作就是为中国战机发动机研发精密铸造装备。20 年来，经他之手打造的数千件产品无一瑕疵。

在航空发动机近千片的发动机叶片中，能否掌握叶片的精密磨削技术最为关键。作为一线产业工人，洪家光带领团队将航空发动机叶片罐顶、榫头的制造精度由 0.02mm 提升到 0.005mm，这项"航空发动机叶片滚轮精密磨削技术"摘取了 2017 年度中国国家科技进步二等奖。

据洪家光介绍，要提高航空发动机叶片安装部位制造精度，首先要解决磨削工具，这个工具就叫金刚石滚轮。"第一道工序叫阴模加工，要求非常高。刚开始我凭着初生牛犊不怕虎的劲头，觉得可以攻克，但是经检验人员检验后，给我泼了一盆冷水，没有几个是合格的。高精度的加工是需要下功夫、下力气研究和试验的，我四处翻阅文献，请教了很多老师傅，重新制定加工方案，一遍一遍试验和改进。那时我每天工作十多个小时，一门心思研究阴模的加工方法，功夫不负有心人，终于加工成功，为我们团队完成金刚石滚轮项目增强了信心，也为后续项目成功走出了至关重要的一步。"

从 1998 年参加工作，经过勤学苦练、创新进取，洪家光已成为享受中国国务院特殊津贴的中国航发集团首席技师，并拥有 7 项国家发明和新型实用专利。洪家光坦言，一线工人受到知识积累的限制，因此在技术创新上，自己要特别下功夫钻研。"大家都说工匠精神是精益求精做产品，我觉得新时代创新变革求发展是更重要的。进入新时代，只有具有创新变革意识的工匠才能助推企业产品的转型升级。我觉得这种创新精神才是当今工匠精神的灵魂。"

在近 20 年的一线产业经历中，产品在实际投产中遇到哪些缺陷，洪家光总要在第一时间记录下来，随后在工作中专心钻研，克服理论和研究难关，不断进行实验，逐步由入门车工成为技术能手，再到大国工匠。如今，看到不断成长的年轻产业工人，洪家光深有感触："青年人在学习这条路上，应该沉下心来，坚定信念，不要被社会上的各种浮华所迷惑。只要我们坚定这条路，能够坚定信念走下去，就一定会收获成功。我坚信青年技能人才未来发展的前景一定会越来越好，我给青年人加油、鼓劲，我们一起努力。"

复习思考题

1. 航空发动机整机和部件试验分别包括哪些内容？
2. 发动机旋转部件测试技术有哪些难点？如何解决高温环境下实时测试？
3. 发动机叶尖间隙测试技术有哪些主要方法？每种方法分别对应哪些应用场合？
4. 航空测试传感器的发展重点有哪些方面？
5. 如何考虑航空发动机温度传感器的布置位置？
6. 如果利用激光测振仪非接触测量航空发动机整机振动？如何组建振动模态测试系统？
7. 一般航空发动机的控制器设计需要考虑哪些方面？

参 考 文 献

［1］ 郭雷. 机械工程测试技术基础［M］. 北京：化学工业出版社，2021.

［2］ 厉彦钟，吴筱敏，谭宏博. 热能与动力机械测试技术［M］. 2 版. 西安：西安交通大学出版社，2020.

［3］ 郝群. 现代光电测试技术［M］. 北京：北京理工大学出版社有限责任公司，2020.

［4］ 桑勇. 测试技术基础［M］. 北京：科学出版社，2020.

［5］ 张师帅. 能源与动力工程测试技术［M］. 武汉：华中科技大学出版社，2018.

［6］ 卢洪义. 固体火箭发动机三维可视化故障诊断技术［M］. 北京：国防工业出版社，2014.

［7］ 卢洪义，陈庆贵，周红梅，等. 固体火箭发动机 CT 图像条状伪影校正［J］. 航空动力学报，2016.

［8］ 黄素逸. 动力工程现代测试技术［M］. 武汉：华中科技大学出版社，2001.

［9］ 申忠如，郭福田，丁晖. 现代测试技术与系统设计［M］. 西安：西安交通大学出版社，2006.

［10］ 孔德仁，何云峰，狄长安. 仪表总线技术及应用［M］. 北京：国防工业出版社，2005.

［11］ 杨凤珍. 动力机械测试技术［M］. 大连：大连理工大学出版社，2005.

［12］ 李汉青. 陶瓷基复合材料结构固有频率及损伤测试分析［D］. 南昌：南昌航空大学，2019.

［13］ 张宝诚. 航空发动机试验和测试技术［M］. 北京：北京航空航天大学出版社，2005.